# 重建附近

## 社区花园与社区营造启示录

刘悦来 魏闽 王嘉颖 编著

 上海科学技术出版社

图书在版编目（CIP）数据

重建附近 : 社区花园与社区营造启示录 / 刘悦来，魏闽，王嘉颖编著. -- 上海 : 上海科学技术出版社，2024.1(2024.9重印)
ISBN 978-7-5478-6461-6

Ⅰ. ①重… Ⅱ. ①刘… ②魏… ③王… Ⅲ. ①花园一园林设计 Ⅳ. ①TU986.2

中国国家版本馆CIP数据核字(2023)第242291号

# 内容提要

《重建附近——社区花园与社区营造启示录》意在表达通过社区花园与社区规划等空间更新一系列措施来改善环境、突破边界、重建关系，成为人们发现日常生活意义与美好的起点。本书作者包括高校师生、社区居民、社会组织成员、政府工作人员等，他们从不同角度分享了自己与社区花园和社区营造的故事，传递出了共同解决问题、共建美好生活环境的愿望。在书中，故事讲述者不仅介绍了设计营造、运维工作坊等活动的心得，分享了以社区规划为抓手、探索在地解决方案的过程，还强调了如何让社区作为城市治理的基本单元生成共同体意识。本书力图通过展现社区营造温暖与美好的一面，为公众更好地理解社区花园与社区营造的价值和意义提供丰富的思考和启示。

**重建附近——社区花园与社区营造启示录**
刘悦来　魏　闽　王嘉颖　编著

上海世纪出版（集团）有限公司
上 海 科 学 技 术 出 版 社　出版、发行
（上海市闵行区号景路 159 弄 A 座 9F-10F）
邮政编码 201101　www.sstp.cn
苏州市古得堡数码印刷有限公司印刷
开本 787×1092　1/16　印张 21.5
字数 580 千字
2024 年 1 月第 1 版　2024 年 9 月第 2 次印刷
ISBN 978-7-5478-6461-6/TU·343
定价：185.00 元

# 重建附近就是对未来生活理想的社会实验

当下中国的城市化进程已经逐渐从粗放型转变为精细型，其中有一个重要的趋势是由物的城市化转向人的城市化。近年来，我持续关注着以刘悦来老师为代表的社区花园实践。我特别高兴看到悦来的新书《重建附近——社区花园与社区营造启示录》即将付梓。我认为刘老师团队这些年的工作，有两大可见的成果：一是社区花园的建设已在全国遍地开花、落地生根、蔚然成风；二是以社区花园为媒介的一个“基于选择”的创意社群正在逐渐凝聚、日益壮大。我和悦来不仅是同窗好友，在学术上也有着共同的志趣，因此悦来邀我谈谈这些年的工作，以及对社会创新和重建附近的想法，我欣然领命。

我关注社会创新是从 2007 年发起“设计丰收”项目开始的。那时上海正在筹备 2010 年世博会，主题是“城市让生活更美好”，但彼时中国还有一半人口在乡村。我认为，这是中国的机遇而不是问题。如果当成一个问题，城市化就是解决的方案；如果当成一个机遇，中国就完全可以走出一条区别于西方发达国家的城乡交互的可持续发展道路。于是我把我的 TEKTAO 工作室拆成了专攻设计的 Studio TEK 和专注研究的 Studio TAO。后者的主要工作就在上海的崇明岛仙桥村开展的一系列以“设计丰收”命名的设计驱动的城乡交互原型实验。“设计丰收”项目的工作包括了社区支持农业、创意农产品、手工艺复兴、乡村教育、生态旅游、各种基于在地的产品服务体系和商业原型开发、基于城乡交互的创新创业等。由于认识到社会创新和社群营造的重要性，2009 年我又推动了同济大学与清华大学、江南大学、湖南大学、广州美术学院和香港理工大学六所设计学院联合成立了“中国社会创新和可持续设计联盟（DESIS China）”。2013 年，我又和温铁军老师一起在同济大学办了“新三农，大设计——第五届全国社区互助农业（CSA）大会”。当时我提出要推动在中国的城乡建设一批致力于城乡交互的创新中心。而城市中的创新中心，应该结合都市农业来做。尽管之后我的主要精力投在了同济大学设计创意学院的建设上，“设计丰收”项目从研究走向实践的工作有所耽搁。但在“设计丰收”项目等实验项目引领下，全国越来越多的设计院校开始启动设计下乡和社区营造的相关行动。特别是在 2017 年 10 月十九大提出实施乡村振兴战略之后，这些行动的发展更是有如火如荼之势。

设计服务乡村振兴，一般有四个切入角度：一是用设计提升乡村的风貌；二是用设计赋能乡村产品和服务创新，激活乡村产业和经济；三是用设计提升乡村的文化和生活方式的吸引力；四是用设计助力乡村新老社群营造，恢复社群创新活力。对一个具体项目而言，可以从任何一个角度切入。但最终要实现真正的可持续振兴，则必须要四管齐下。前面说的四种方式，有些是快变量，比如风貌的改变，只要有好项目、好设计，立竿见影。也正因为快，所以此类项目最多。但仅靠优良设计驱动的风貌改良型乡村振兴，由于同当地社会、经济、产业脱节，一般很难持久。而其余三个角度，都是慢变量，是复杂社会技术系统变革。其中，社群营造和重构又是最为关键的，只有恢复乡村社群的多元性和创造力，真正的乡村振兴才能实现。人类历史上所有传奇，都是人的传奇，都是在一小群人带动下，最终影响一大群人的社会创新。

我一直强调“城乡交互”，事实上把乡村换成城市社区，上面的逻辑也一样成立。2012 年开始，作为“设计丰收”项目的城市实验，我又开始推动在虹口的曲阳街道、杨浦的四平路街道开展一系列设计驱动的社区营造。特别是 2015 年开始的与杨浦区四平路街道的合作项目：“四平三创社区”项目，也就是“NICE 2035”项目，“NICE”亦即“Neighborhood of Innovation, Creativity and Entrepreneurship”，意为面向 2035 年的“创新、创意、创业”美好社区。该项目试图将大学和周边社区、城区的围墙打开，让大学的知识、人才、资源和生态渗透到社区。在拓展大学校园边界的同时，通过创新转化和创新创业，把社区从城市创新的末端转变为源头。如果城市里的一个个社区能成为无数分布式的创新引擎，同时又能“链”为一体，那么上海全球科创中心的目标就更容易实现。

在“NICE 2035”项目的逻辑中，社会创新是打通这条创新链的前后端，形成创新闭环的重要力量。前端就是人才和知识的输入，而后端则是需求倒逼的创新转化和创新创业。而面向 2035 年的未来生活和产业方式的设计和创新，是一条有很强生命力的跑道。项目鼓励以大学为中心的创意社群勇敢地设想和创造与未来可持续、智慧、创意生活相关的各种技术、产品、服务、商业、场景和系统原型，并通过产业合作或与资本结合，转变为未来的新经济和新模式。这样，大学就成为了创新的摇篮，而社区就会转变成放大了的大学和看得见的未来生活实验室。

在这个“重建附近”场景中，通过区校合作、三区联动，基于接近的价值观和共同的事业，在大学校园和周边社区凝聚了一个创意社群，而这个社群可以称为“基于选择的协作社群”。这个社群里人员、活动、业态、经济、社会结构的多元化，为区域的创新能级提升带来了新的可能。通过产学研合作和社群集聚效应，一批分布于社区之中的校企合作实验室被纷纷建立了起来，包括同济 – MIT 城市科学实验室、阿斯顿马丁实验室、声音实验室、安吉尔未来净饮水实验室、库卡机械臂实验室、海尔共享厨房、阿普塔循环经济实验室等。这些扎根社区的实验室，改变了社区的社会结构和功能结构，给社区带来了全新的面貌和新的发展动能。设计创意学院意大利教授 Aldo Cibic 改造了“NICE 2035”项目所在的工人新村里 34 平米的小屋并住了进去。这个“老破小”套内面积虽然小，但温馨舒适，设计感十足。更重要的是在 5 分钟步行范围内，共享的咖啡馆、洗衣房、工作室、共享厨房、社交场所等生活工作需求触手可及。这个项目是事实上是对“生活质量”的重新定义，也是一个通过创意的社区营造“重建附近”的原型实验。值得玩味是“一条”对这个项目的报导，24 小时内点击量突破了 100 万。小居室加大服务应该是未来城市发展的方向之一。更进一步看，如果上海这座城市能有$\frac{1}{3}$的居民能在所居住社区附近工作和生活，那么 30% 的通勤交通将得以减少，整个城市的组织逻辑和碳排放都会发生颠覆性改变。

不管是城市还是乡村，可以想象未来十年社群营造和社会创新将变得越来越重要。社会发展既需要“自上而下”的力量，也需要“自下而上”的社会创新力量。这两种力量都可以形成社会变革需要的规模，不同是两种规模的性质。前者是一般意义的“大”，后者是“小而互联”的“大”。但最终，放大了的力量用在什么地方，推动什么样的社会改变才是最为紧要的。社会创新不应仅仅是为了创新而创新，重建附近，也不应该仅仅是因为附近而附近。

如果说悦来的社区花园和设计丰收、“NICE 2035”项目这些有什么价值，我想最重要的就是这些项目背后是一个更美好社会的理想和社会实验。在共建社区和社会的过程里，人们在彼此交往与协作中形成有黏性的社区网络及有归属感的社群共同体。以悦来的社区花园为例，它不仅是一个个有形的小花园，更有大家心中容纳美好城市、美好生活、美好社会的大花园。相信未来像社区花园这样的社群将持续生长，正是有了这些“基于选择”的社群，世界才能变得更有希望和温度。

娄永琪

同济大学副校长、教授

# 从重建附近到社会修复，社区花园行动或许是一种可能

《重建附近——社区花园与社区营造启示录》一书对我有特别的意义。这本书可能是汉语界第一本明确提出“重建附近”的专著。更重要的是，它不仅仅在阐述愿景，更是对多年实践的记录和回顾。

社区花园成为重建附近和社会修复的一个突破口，可能不是偶然。首先，这当然是刘悦来和他的团队的实践上走在了理论前面，他们早在2010年就开始了对社区花园的探索。同时，花园也具有一系列值得玩味的特征。第一，花园“好看”。好看，就让人情不自禁不由自主想要了解，这给了大家一个不需要多解释就可以做的理由。而好看是需要协调和搭配的，需要集体协同，于是附近性和社区性就自然浮现了。花园的第二个特征是“容易”。到小区楼下或者周边种种花草，容易上手和启动。花园不仅容易启动，也相对容易持续，这就涉及它的第三个特征——“有故事”，或者说它的“生成性”——它会不断长出新东西来。种下了花草，一年四季就都有东西可看可说。有了个花园，大家就有意无意地在这里驻足见面。有了那些花草，社恐的人终于有了话题和邻居说话了！

社区花园的项目同时具有强烈的内在性（可以从内到外发力）和外在性（从外面撬动、激发内在力量），这使得这一系列项目对社会修复具有理论和方法论意义。

没有内在性，就没附近重建、社会修复和社区营造。附近必然是从内往外看的。附近从来都是你的附近，你走到哪里，你的附近就跟到哪里。从里往外看，附近是丰富的小世界，时刻在变动。从外到里看，你的附近是无法定义、无可言说、没有意义的生活碎片。社会修复必须具有内在性。

广州的年轻艺术家雪莹在2023年10月《看见最初500米》社会艺术工作坊后继讨论中指出，社会修复的前提是“内在空间的复杂性”。她说：“如果一个玻璃瓶碎了是没办法修复的，因为它的内在结构太简单。一个植物破损了之后，它可以自己修复。植物的生命里面有复杂的空间。”

社区营造也必须要有内在性。营造一个社区，就是要在一定意义上把社区里的人变成“自己人”。什么叫自己人？自己人就是为交流而交流，为互动而互动的人，不问“我为什么要和你聊天”。互动本身并无明确的目的，也不基于清晰的权责界定，一切在互动过程中自然展开。自己人为了没有明确目标的互动的持续，愿意投入精力、时间和情绪。

内在性之所以重要，也是因为重建附近、社会修复和社区营造靠的是参与者的内心需求，而不是这些项目可以解决什么具体问题。可以用外在手段解决的问题，电子商务、快递服务、社交媒体、网格系统都能够极其高效地满足。但是人会孤独、人会想跟别人说话、人想有一个地方可以让他从莫名的不安中走出来、人想一个随时可以抓住的片刻让他从痛苦和恐惧里浮出水面喘一口气。这些内在需求，往往成为附近重建和社区营造最重要的驱动力。

但是内在性显然不是一切。重建、修复和营造需要外来的激发和干预。我们希望改变，就需要有意识地调动资源、需要给出一些说法、需要点子。但是这个外在，必须是轻巧的，让人一看就容易上手；必须撬动性的，激发群体内部的力量，而不是强行推进。2023年《看见最初500米》的讨论会的一部分是在广州老城区的街角露天进行的。我们在街角四处找椅子，搬来围成一圈，来了一个人大家就往后挪一挪，走了一个人大家就往前凑一凑。参与者张锋腾由此想到设计的轻巧性。他说：

“一说社区营造，设计者和建筑师总想要盖个什么东西。比如盖一个亭子。盖了亭子，就好像说公共交流一定是好的，大家应该和别人一起搞公共空间什么的。亭子在那里是固定的，只有进入亭子才可以有公共交流。这种参与是被动的。其实不如就放一排椅子，像我们这样的，大家可以随便拿。大家愿意搬到哪里就搬到哪里，怎么坐都可以。大家可以选择怎么交流。”

站在那里不动的亭子像一句标语，而一排椅子是轻盈的。椅子可以被搬动，所以也就更容易撬动周边。锋腾在《看见最初500米》工作坊里的项目就是“大家一起去种草”和“城市流动花园”（在自行车的筐里放植物，互相交换）。这些和社区花园在精神上是相通的。（《看见最初500米》是由何志森、段志鹏和我在2022年在广州组织的社会艺术工作坊，关于工作坊的具体项目和更多讨论，见何志森Mapping工作坊公众号。）

在社区花园的项目中，初始的外在干预很快转换成日常生活内在的一部分。除了社区花园，成立于2017年的温州“慢来生活”社群也有效地结合了内在性和外在性。根据创办人之一沈爷（社群里的人都这么叫他）的说法，这个社群是要建立一个在家和单位之外的“第三空间”，所以这是一个生活里本来没有的空间。这里运营着一个24小时开放的空间，年轻人可在此调酒、冲咖啡、放电影。这里定期举办“陌生人的流水席”。七年来，这里每周五会请六个陌生人吃饭。这些努力是外在于本来的日常生活的。但是沈爷特别强调“彼此不负责”的原则。“我就做一个隔壁老王，看着青年人做他们自己想做的事。没有什么目的。你不用对我负责，我也不对你负责。”在“慢来生活”，人们彼此不说谢谢，因为“谢谢”就意味着一种负担、一种期待。这样的空间，不输出方案和理念，但是让参与者的内心焦虑得以释放，内心力量得以滋养，从而改变了他们如何面对自己日常的心态。正式这种日常改变，激发人们持续地投入“慢来生活”。“慢来生活”显然不是什么“刚需”，但是它成了成员日常生活和工作的后花园。

也许，从内到外、从外到内的不断往复运动会是今后附近重建、社区修复和社区营造的一个主线。从内到外，意味着设计者、社区工作者和研究者去发现已经存在的各种力量，比方某种冲动、热情、惆怅或者抑郁，然后捕捉、呵护、组织这些能量。这些情绪听起来虚无缥缈，但是它们就是附近重建和社会修复的最大资源！这些情绪会带动巨大的生命力。关注、兴趣、执着、挂念、精力，甚至一个眼神、一句问候，都是巨大的力量。从外到内，意味着把设计方案、思想理念转换成大家可以马上“上手”的行动（思考、对话、对别人情绪的关注和对自己情绪的调整都是很重要的行动）。从外到内，把重心移到内部，也意味着社区营造以至社会工作总体可能需要重新定位。附近和社区工作，不一定要直接解决问题，也不一定能形成清晰的工作方法方案。社区营造的意义在于如何重新认识自己、认识亲密关系、认识周边的环境，让生活在其中的人感受到一种慢慢形成的气氛，其意义是可以很深远的。我们活着，并不是完全为了达到某些目标、解决什么问题，活着本身可以是一个可述说、可反思、可行动的无穷奇妙的过程。

《重建附近——社区花园与社区营造启示录》给我们的启示，不仅仅事关如何营造社区，也关系到如何修复你和我的生活。

项　飙

马克斯·普朗克社会人类学研究所所长、教授

# 项飙 × 刘悦来：陌生的花园，为何让人喜悦？

一颗种子、一丛植物、一个角落、几个邻居，能带来什么样的改变？在寸土寸金的上海，刘悦来和四叶草堂把社区的角落变成了花园。社区花园不仅把绿色和自然搬进了高密度、快节奏的城市生活，更以植物为目标，让本不相识的邻居变成了拥有共同目标的伙伴。在“你好，陌生人”系列节目的第四期中，人类学家项飙与上海社区花园发起者刘悦来进行了对谈。奥斯陆建筑与设计学院博士生、马克斯·普朗克社会人类学研究所访问学者段志鹏担任了此次对谈的主持。

在项飙看来，社区花园进行的是小尺度的工作。但这些“小”却让人们关注到身处大城市的我们常常忽略的事情：降落的雨水、开花的植物、身边一直存在但不知道名字的陌生人，甚至发现城市生活里被折叠的、具体的劳动。“大和小，远和近，实和空，都是相对的概念。”刘悦来说，无论是小小的花园，还是大江大河的大项目，都存在边界。边界也许是实体的，也许是功能性的，最靠近个人生活的那一部分，可能会率先发生改变。当一个个与每个人切身相关的‘小’组成了‘大’，‘大’就不再是一个空泛的概念。

## 用自然的陌生，打消人与人之间的陌生

**刘悦来：**

我们团队一直在研究高密度的城市里人和空间的关系。城市的密度越高，它的自然性是越来

本文出自 2023 年 3 月 10 日《三联生活周刊》邀请刘悦来、项飙两位老师参加的“你好陌生人”系列对话，这期对话深度讨论了社区花园何以能进行重建附近，对照项老师前面的序，可令读者更好地理解社区花园在重建附近中的价值和意义。

越稀缺的。当城市中充满人造物的时候，大家当然会有一种满足感。我们建造的都是我们设计的，一切是在我们的预料之内、掌控之中。但是自然是不可预知的。飞鸟经过城市上空，它们的粪便会掉下来，里面会有很多种子。于是我们会发现在阳台上、屋顶上都会长出一些陌生的植物。甚至是一些人难以触及的雨棚上，植物长起来，比人工栽培长得都好。这种不可预知性就是自然的一种魅力。现在我们的城市功能性很强，大家相互之间很陌生。所以我们在想，能不能通过共同做一件事去熟悉对方？哪怕从种一棵植物开始，大家都会有一个认识彼此的由头。社区的花园是一个理想的对象。我们首先在上海宝山区做了一个荒废的绿化带的改造，现在叫“火车菜园”。后来又在杨浦区大学路附近做了名叫“创智农园”的项目。到现在，由上海市民自己建造的社区花园有一千三百多个。不仅荒废的空间得以改善，在这个过程当中，我们也看到了很多的社区邻居，从相互不认识的陌生人变得熟悉，人和人的关系也在变得更加亲近。所以我们觉得这个过程不仅是社区花园改造，也是一种社区营造。

**项飙：**

一个完全人造的、高密度的城市空间里面，我们会突然发现一些看似陌生的自然现象。一颗种子落在阳台上长出一棵草，草是陌生，是惊讶，会给我们带来喜悦。然后我们的邻居，来一个陌生人，会让你紧张、有隔阂，所以我们要开始与他保持相对较远的距离。为什么我们会因自然的陌生而激动？但是对人和人的陌生，我们认为是一种恐惧，是要观察、要处理的一个问题？然后刘老师所做的工作很有意思：用我们对自然陌生的惊讶和喜悦，去作为一个切入点、一个话题、一个把手，去克服人和人之间的陌生感。

我们做社会修复，鼓励大家重新建立“附近”。这个过程首先要看见附近，意识到附近的存在，进而注意到附近内部很多丰富的生命、很多丰富的潜力。在这个过程当中，“把手”是很重要的。因为一个人造的空间，为了满足人的各种行为方式，已经设计得非常清楚了，它像一个完整的铁笼子。虽然在铁笼子里面人觉得很方便，但是我们要去改变这个方式，凭空生出令人讶异的东西是很难的。所以我们就要另辟蹊径，要想出一个“把手”，然后这个把手要非常容易启动，大家愿意参与，同时后续也能逐步扩大。自然可能是我们重建附近、看见陌生人一个很重要的把手。

## 种一棵树，它不属于我，但我对它有义务

**刘悦来：**

从一片荒地到一座花园，这是一个从0-1的过程。过往我们做景观设计或者空间规划，它们的直接使用者并没有出现，决定这个过程的人是开发商、是行政单位。但我们发现，当最终的使用者出现，特别是他们

在使用中产生问题的时候，他们常常会直接改变这些空间。比如说有一些小路是设计上没有的，使用者把它走出一条路来；一些锻炼的空间是缺乏的，使用者就把草地变成自己锻炼的场所……这件事的底层逻辑实际上就是最终用户能不能有机会参与到目标制定和生产过程中来。如果最终使用者本人可以参与生产的话，他从消费者变成了生产者，生产成本也可以大大降低。另一方面，很多最终用户，只是把自己当成一个消费者，所以他也不会特别去爱惜现有的环境，反而是觉得是理所应当的，觉得不好，他就会破坏或投诉。但是如果他一开始就有参与的话，他也会非常地珍惜和爱护他自己的作品。所以这不仅是空间生产的方式和运维使用方式的转变，也是一种治理方式的转变。比共同建造更加重要的是共同规划。从一个小小的种植开始，大家获得了一种成就感，感受到了一种连接的力量，也拥有了一种主动性。

**项飙：**

刘老师我觉得你这里好像做了三个工作，第一是发现，第二是对花园本身的、美学式的、规划性的设计，第三是跳出狭义的花园，做更大范围的、愿景式的规划。这是一种完全是自下而上的规划思路。首先是发现它的潜能，给大家一个理由走到一起，然后生发出一种集体性。因为介入了一个“好看”的概念，我们为了好看、为了协调，就必须要有一定的集体性，然后又形成一个更加社会性的愿景。到最后能做成什么样？结果完全是开放的，可以由居民自己不断探索。

我想问刘老师，具体的过程是怎么发生的？你们通过什么具体的方式把个体的意愿转化为集体行动？

**刘悦来：**

首先是在社区当中，我们去发现有需求的居民，通过海报或者社区的微信群去发布招募。我们会特别强调志趣相投、对公共改造有意愿，且愿意承担一定公共责任，而且有时间有精力，能够承担一定的花费，同时我们会强调要对活动中的安全问题有意识。

报完名后会进行筛选。之后我们会和大家一起开会，发现所在社区中的问题。设计的过程就是大家共绘蓝图的过程，针对的不光是植物，也包括社区里的小路、围墙、标识。然后我们也会告诉大家一个非常重要的原则：在公共空间中你种出的任何东西都不再属于你。选择植物的过程也会交流。我们认为植物都是平等的，不会因为它的价格高低、个人喜恶而轻易取舍。之后就是种植。实际施工中有一个很重要的原则，就是自己已经有东西不要去买；如果自己没有，尽量在社区内部交流。营造阶段，大家的协同很重要。什么时间谁在这现场，谁来挖坑，谁来翻土，谁要施肥，谁要种植……这些协同非常琐碎，其完成与否取决于参与者是不是守时，是不是有把控力、行动力、有技术、有领导力，几次共事之后，大家就会慢慢地熟悉起来。

当大家在一起现场劳动，小区里其他人会围过来看。这个过程中，那些不太会干活的人，特别是一些年轻人，就会被一些干过活的老人家叫来帮忙。所以我们发现社群在逐渐地壮大，超过我们原来的预想。它的功能也在发生一些变化，而这个变化是这么多人一起讨论、不断打磨下来的。

**项飙：**

我们原来觉得种了一个东西，这个东西就是我的。但是刚才刘老师讲的是，种了一个东西，这个东西不是我的，但我对它还是有责任。它是一种收养关系、一种照顾关系，但不是一个占有关系。面对一棵植物，要不断浇水，然后人看这个树开始生长，看到叶子上有白点，人的心里会发慌，会想要找办法处理。这是非常直接的一种照顾和关怀，但是这个植物又不归属某个人。这是一个很好的基层共建精神的种子，而且它是一个肉身经验式的种子。

## 像紫藤一样，找到缝隙，生长成小生态

**刘悦来：**

我们团队经常被问到，要怎么开始这件事，是不是很难？我们会说你只要去种就好了。这里面有一个原则是我们一般首要选择的是比较荒废的公共空间。堆垃圾的地方、荒废的地方，居民都会有怨言，但往往因为其中的关系复杂而个人的行动又难推进。但是集体的行动就不一样了。当种植了植物，这里变得好看大家就会给你点赞。当理解产生、获得支持、人气积攒越来越多的时候，我们种植的面积也可以扩大和延展，会有更多的人会参与进来。给它起一个名字，放一个牌子在这里，就成为小区的一个文化创设了，所以一点也不难。

**项飙：**

在建造社区花园的过程中，“难”和“易”的关系也像是一种植物逻辑，像是一棵紫藤，一颗种子种下来，先生长，长出来之后它就自己会形成一个生态。竹子的根会在土地下延伸，藤会自己找缝隙，在缝里头就成了一个小生态。所以这也是“附近”概念里一个比较重要的意思，就是大家要找缝儿。我们不能够觉得自己就在一个铁桶里面。铁桶也肯定有空隙。但是缝就是一条缝，放在那里它无法自己扩展，问题在于我们怎么利用空隙，利用好之后缝隙就会变成一个窗户。所以要先行动起来。

## 找一棵丢失的植物，也找到了公共性

**刘悦来：**

在建造和运营社区花园的过程中，发现问题很常见。比如种了菊花，有人不喜欢，那我们商量再换掉。事情要先做起来，在过程中不断地发现问题，反馈再解决。特别常见的场景之一是，大家种的植物被偷走了，被其他人挖走了。特别是种下的是某种不常见的植物，特别容易被人惦记。不能因为害怕，之后就不再去种了，而是要有一些应对的办法。

首先第一，要调整心态。所有参与者，

还是我们提到的那个共识，在公共空间当中种的东西都不再属于你。这是一个非常重要的前置条件。植物被偷走，说明真的有人喜欢它。我们鼓励大家去想象，偷走植物的人可能缺钱，或者真的种不好这种植物，植物被拿走也是间接地帮助了某个人。虽然我们不提倡这种方式，但是这么想了的话，心理上能得到舒缓。

第二，我们还是要让大家感觉到存在。如果这个地方丢失了植物，那么我们会在这边放一张植物原先在这里的照片，告诉大家这棵植物曾经在这里存在过，我们可以一起寻找。

就比如我自己住的小区，我家楼下也做了个小花园。去年春天上海封控期间，绣球花开得特别好，很多居民走过路过都觉得特别感动。但是有一天，有三颗绣球被挖走了。微信群里面，大家很有意见，说想办法要抓住这几个人。后来我说别去查了，我就写了“花儿在大地上会开得更艳”，然后写了一首诗，放了一本《花园里的哲学》，用一个纸盒子放在那里。很多人路过都看见了，有人把照片发到群里面，后来就没有人偷植物了。大家也会意识到植物是大家共同种植的，也需要共同重视。通过类似的事情，我们会发现，依赖监控这样的技术，是很难获得公共性的。公共性的获得，需要更多的人形成一些共识。

**项飙：**

经济学的公共性主要取决于资源占有与否。但从人类学的角度看就不一样，景观是没办法占有的，它有必然的公共性。人每天早上起来出门、晚上回家，景观的公共性与个体的感受是有很直接的关系的。所以这就引申到一个新的问题，建立公共性，找到让陌生人一起做事情的一个理由、一个把手。可以发现其中有一个注意力问题。注意力有负面的也有积极的，看到社区里有一个垃圾场或者很难看的地方，这是一个负面的注意力；如何把负面的注意力转化成积极的注意力？要去看里面可能有什么，潜在的能够做什么。植物会让人自然地注意到一些细节。春夏秋冬，温度不同，生长的植物不同，每种植物需要浇的水不一样，植物怎么生长也不同。不同植物，如果从美学角度有所协调，最后就让人不得不注意它。所以产生注意力，特别是产生积极的注意力，是让陌生人互相发生关系的重要契机。

## 一颗种子一场雨，发现被折叠的城市

**刘悦来：**

我们为什么选择社区花园入手，是因为种子的成本是非常低的。只要有合适的温度和基本的生长环境，甚至不需要看护和特别的照顾就能生长。有的年轻人他出差，一个月之后回到家，他会发现原来种的东西长这么大了，甚至有的已经开花了，这种变化非常明显。大家原来觉得下雨天真的是很讨厌，会弄脏鞋子，地上会有积水。但是当我们开始做花园之后，下了一场雨，大家就会特别开心。因为植物种下去一个礼拜之内，每天都要浇水，叫作定根水。所以有时候也会觉得，通过种一棵植物，大家不仅仅关注了一个小空间了，还会关注气象，更大的空间就连接起来了，这都是积极的注意力。

**项飙：**

人造物的维持需要人在其中投入很大的成本，但很多时候，这个维持的过程是不可见的。比如说每天走在路上，地面很干净，很少有人会去想这个地为什么每天都是干净的。但在背后，地面干净是需要有人这里每天擦它。城市这样一个巨大的人造物，保持电、水、下水道……人的劳动在其中非常重要。但是在巨大的人造物中，产生了折叠，维持者的劳动看不见，最后呈现的只是功能性的结果。对一个城市来说，似乎是折叠性越强越好，一切乱七八糟的东西都被隐藏起来。但是植物自己的这种生长感，让“维持”这个东西它变得可见了。自然的花园与城市里的“折叠”相反，它不断地展开。不同于城市折叠中劳动过程的隐蔽，种花园让人能够看到展开的过程。种的花不可能明天就开，也不是一定就开，但是这个过程本身在那里。一个劳动者的注意力，在折叠状态下和在展开状态下会有很不一样的呈现。

## 再小的花园也应有名字，再大的范围也有边界

**刘悦来：**

我家楼下小花园，我给它起名叫“苔藓花园”。因为我在香樟树的树根，裸土的位置发现了一小撮苔藓，我觉得这个花园可以有个名字了，就叫“苔藓花园”。一个花园再小也应该有一个名字，这是非常重要的。我们的居民能够蹲下来，关注到这一小撮苔藓的话，说明他匆匆的步伐，至少有那么一刻停下来了。然后他能够弯下他的身躯，去把他的注意力放在土壤和苔藓上。苔藓过两天又开了花，苔花如米一样小，但也在开放。这种体验，让我们跟他们在一起。

**项飙：**

花园再小也有个名字。无论从本体论、认识论出发，这都是一个很深的问题。一个事物的存在，需不需要一个名字？需不需要意义？做花园的过程，是先做起来，不需要有名字，不要有言语这个过程。然后种到一定程度，一个花园应该有名字，因为有名字它会有意义，产生注意力。在中国话语文化里，名字具有很重要的意义。还有尺度的问题。一开始刘老师提到，想要参与大的城市项目设计和规划很难，到那时从小的项目参与比较容易。我就在想，这些“小”的参与，是不是也会慢慢地对“大”的参与有所影响？因为“大”总是由各种各样的“小”叠加起来的。

一个现实问题是，“大”是非常概念的、抽象化的，“小”都是要为“大”服务。然后如果“小”与“大”不匹配，“小”就要做让步。这个在现实中会产生扭曲了，因为真实的每一天，它必然是从“小”开始。

从尺度这个角度去看，一颗种子、一

个人、一个角落，形成的一个小区里面几个邻居之间的事情。当尺度变化以后，这件事情的性质会不会变化？它是不是会需要一种套新的方法？美学也存在尺度的问题。因为一个人自己在阳台上种一盆花，美不美完全就自己说了算。但是成为小花园以后，美不美涉及到协调性。花园的名字也是一个尺度问题。名字代表了一个小生态的总体观。比如“苔藓花园”这个名字围绕着苔藓的概念，它就形成一个在尺度意义上的单位。如果我们用尺度的观点去理解我们的生活，比如像上海这样的超大城市的生活，如果我们把它当作 一个大的尺度的话，听起来是挺吓人的。因为我们人在这么大的尺度下，微小得像是粉末，会显得非常无力，会让人感到恐惧、害怕。但是如果我们倒过来想，从“最初 500 米”的尺度开始想，然后把尺度之间的关系想清楚，也许大家会在非常日常生活里面重新发现意义，重新发现生活的美好。

**刘悦来：**

大和小，远和近，实和空，都是相对的概念。我们做的小小的花园也好，我们做的大的项目也好，它都有边界。边界也许是实体的，也许是功能性的，最靠近我们个人生活的那一部分，它可能会率先发生改变。其实我们已经观察到，即便在大江大河这种大尺度的项目当中，它靠近社区的那一部分正在发生变化。我们现在倡导公众去参与这种改变，因为这些改变的缝隙就出现在边界。

我们可能要慢慢找到一种规律、一种可能性，让改变从边界出发，逐渐渗透。就像竹子的根或者藤蔓一样，它自己找到脉络成长，然后逐渐形成一张生长的网络。于是有很多若干的“小”变成了“大”，那么“大”就不再是空的了，它就跟我们每个人都产生关联了。

## 每个人的“最初 500 米”相叠，形成了大家的“最初 500 米”

**刘悦来：**

和人一样，社区花园它会经历“生老病死”。如果当时的发起人或者维系社群的骨干成员，搬家了生病了，就会产生一些断裂。社区花园也是很脆弱的，因为没有固定的经费，如果持续的支持消失，再遭遇一些变故，花园就会出现问题。但是与此同时，那么多人把一个公共空间共创出来的时候，它其实跟每个人都产生了连接。脆弱性里也有韧性。

我举一个例子。我们在某一个社区花园里，有一位看守自行车棚非常多年的人，我们叫他马叔。大家因为一起建这个花园，跟马叔认识了。后来自行车棚变成智能化的、可以充电的车棚，不再需要人值守了，马叔因此会失业。大家想要帮马叔找到新的工作岗位。今年过年的时候，我看到他们一直在讨论这个话题。虽然有很多细节我不了解，但我看到了大家的一种关心，从小小的花园里我们看到了社区的韧性，由一棵植物到最终所建立的小小的系统，足以抵抗其中的脆弱性。

**项飙：**

刘老师刚才说的马叔的故事，我觉得是一个非常美丽的“附近”的故事。这些多年来马叔一直存在，从但是大家没有太注意他。因为大家一起种花了，马叔进入到了我们的生活场景里，所以我们就看见他了。我们说“附近”，并不是物理距离的或近或远，花园会遍地开花，可能今后不同花园的人会来往，从上海的花园出发，看另一个地方的花园。在物理上这已经不是附近了，但是它会有一种“附近感”，会生出一种新的社会动力。

另外“附近”这个概念和社区是有巨大区别的，我觉得可能区别在以下三点：

第一，我们必须要考虑到，社区是一个行政单位，而“附近”它不是行政性的；

第二，社区是有边界的。因为在中国，社区需要管理，边界也非常清楚。对于居民的生活感知来说，边界也很重要，无处不在的保安提供了这样一种安全感。

但是“附近”是要打破这个心理边界，附近是与人真正产生关系。比如你放了一块砖，种了一朵花，你发生痕迹，被你的邻居看见，这是附近；走出小区大门之后，路上的小吃店、路上的商家可能也会是你的附近，虽然他们存在于社区之外。

第三，中国社区越来越倾向于同质性。回迁小区，高档社区……进入这个环境之后，在一定场合高度上，大家的社会背景、意识形态、生活方式是非常相似的。但是与这些人，其实你们日常不发生实质性关系，事实上和你产生关联的是快递、外卖、保安。

所以这就是“附近”跟社区的区别。并不是说社区这个概念不好，而是现在的管理方式和组织方式，社区有它的局限。那么“附近”这样的概念，让我们可以重新看见非常具体的生存状态，看见自己的努力，看见别人的存在，至少可以把社区丰富起来。

原来我觉得“附近”不太需要蕴含规划的思路，每个人从自己出发就可以。但是通过了解社区花园的营造，我觉得其实一定的规划思路还是很重要的，但不是外包式的规划思路，而是一种嵌入式的规划思路。

就好像是社区花园里，让大家到一起讨论设计，有没有篱笆，篱笆怎么设计，是用竹的还是用藤的，要不要有一个小装饰在花园里面……这些是我原来没有想到过的“最初 500 米”。当它开始形成一种集体性，“最初 500 米”不仅仅是个体的“最初 500 米”。当不同的“最初 500 米”开始交接、开始叠加，就形成了集体的“最初 500 米”。

# 前言

## 我们一起用我们的方式开始属于我们“重建附近”故事

这本书差不多算是团队社区花园三部曲的第三本了。第一本是2018年8月出版的《共建美丽家园——社区花园实践手册》，主要是对当时社区花园营造的技术要点进行了简单的提炼总结，用图示的方式进行了表达，以期能支持到国内正在进行的花园设计营造。2019年4月28日和29日首届全国社区花园与社区设计研讨会在同济大学召开，与会嘉宾一起探讨社区花园与社区设计理论与实践。其中，令人印象特别深刻是28日晚上秦畅老师主持的圆桌会议，大家一起讨论在更好地支持全国各地社区花园建设的基础上如何防止或缓解社区花园这一原生的草根自主行动被工具化，观点碰撞之激烈，我们至今难以忘记。在全体与会人共同努力下，这次会议之成果于2021年1月结集成册，是为《社区花园理论与实践》。

新冠肺炎疫情期间，很多人每天在社区里散步，几乎兜遍了整个社区的角角落落。慢慢地，大家发现了社区花园的价值。在上海，大批青年团长的出现，是一种自救和互助，让我们看到了社区内在合作动力在突发情况下的激发。正是在这个期间，我们联合全国高校的研究者和实践的社会组织共同发起了“种子”（Seeding）行动联盟，在2022年开启了“团园行动”，并在当年发布了第一份全国社区花园白皮书。

今年举办了第三届社区花园与社区营造研讨会。四年以来，又有很多新的案例产生，更有诸多有趣的故事。我们一直期待能有机会把社区花园与社区营造的故事整理汇编，这些故事应该是带着泥土的芬芳，是鲜活的、生动的、可以传承交流的。

《重建附近——社区花园与社区营造启示录》这个题目，是向项飙老师致敬！2021 年 4 月，团队获得了三联人文城市奖，之后与三联结缘。2023 年 3 月，我们有幸与项飙老师一起对话。项老师提出“重建附近”概念，他将“附近”定义为“最初 500 米”，与互联网商业中的“最后 500 米”相对应。而在“最初 500 米”中，重点关注的是每个个体和外界的联系，以个体为起点，聚焦第一个将个体与更大世界联系在一起的那 500 米。在“附近”尺度下，“你”才是那个起点。社区花园与社区营造的实践，正是与这种理念不谋而合，通过打造美丽的花园空间，重塑人与社区附近的联系，通过参与社区花园的建设和管理，居民们更加关注身边的环境，从自然的亲密接触中感受到社区的美好和生机，人们可以种植花草树木，感受大自然的美丽和恩赐，同时通过共同参与社区花园的规划、种植和维护，居民们更加关注社区的共同利益，形成了一种共同体意识。这种社区营造的模式不仅促进了社区的可持续发展，也增强了社区的凝聚力和社会联系。在项飙看来，社区花园进行的是小尺度的工作。但这些“小”却让人们关注到身处大城市的我们常常忽略的事情：降落的雨水、开花的植物、身边一直存在但不知道名字的陌生人，甚至发现城市生活里被折叠的、具体的劳动。“大和小、远和近、实和空，都是相对的概念。”无论是小小的花园，还是大江大河的大项目，都存在边界。边界也许是实体的，也许是功能性的，最靠近个人生活的那一部分，可能会率先发生改变。“当一个个与每个人切身相关的‘小’组成了‘大’，‘大’就不再是一个空泛的概念。”

在这个繁忙的都市中，我们常常感到与自然疏离，与邻里关系疏远。城市的喧嚣和压力让我们渴望一片宁静的绿洲，一个能够让我们重新连接大自然、与他人建立联系的地方。社区花园就是这样一个神奇的地方。它们是由一群热爱自然、关心社区的人们共同努力打造而成的。在这些花园中，我们行动着、验证着、创造着新的发现。这些经历或许在生活中微不足道，但它们却是社区中千千万万默默无闻的人们的贡献。

社区花园作为公众可以共建共治共享的空间，让居民得以在其中收获更多休闲、交往及舒缓身心的优质公共空间，其特点是在不改变现有绿地空间属性的前提下，提升社区公众的参与性，进而促进社区营造。社区花园不仅提供了一个美丽宜人的休闲场所，更重要的是它扮演了重构社区附近的角色，它植根于高密度空间和邻里生活，将田园自然回归城市社区，以其公共空间的改善促进居民生产自治的能力和社会交往、打破邻里之间的隔阂、提升城市活力等独特魅力。

《重构附近——社区花园及社区营造启示录》总共收录稿件 47 篇，来稿的作者有的是热爱种植的居民，有的是对社区营造特别感兴趣的参与者，有的是非营利组织的成员，有的是高校的老师、学生。他们通过多个角度的探索，讲述故事、探讨观点、抒发情感，从最真实的第一视角展现社区花园与社区营造的温暖与美好。

“我和先生一直深信这样一句话：‘纯洁与良好的行为、可嘉与适当的操守，能够促进世界的改善。’我们很幸运，一路走来，很少遇到非议或不理解，收获了很多朋友，一些曾经质疑的声音现在转变为支持与推荐。”

“即使我们可能暂时无法改变我们与他人、他人与他人之间的关系，我们也可以通过这个过程，发现我们更多的亲自然性、社会性，改变我们与自我的关系。从这个意义上说，社区花园不会失败，因为至少它可以疗愈我们自己。”

——本书第一部分作者

全书共分为五个部分，分别为不同的主体撰写。本书第一部分的主体是市民大众，各位作者讲述了自己是在何种机缘巧遇下开始了社区的营造、会面对什么样的困境，以及又如何联合在一起共同解决问题。我们看到社区花园的背后，居民们是如何秉承着改善生活环境的朴素期望，在没有相关专业知识及营造经验的情况下，从零开始组织、筹划、凝聚，从一开始不被理解，到最后大家纷纷加入。一步步加深彼此的联系，在挑战与变数中经历成长，收获不期而遇的美好。或许许多人心中都曾经有过做一个社区花园的想法，却由于一些阻碍及顾虑不知从何下手，那么他们的行动与记录会带来一些启示与鼓励。

“花开花落是自然规律，不必为此伤怀，对于真心热爱的人来说，重要的是见证一朵花盛开到凋谢的过程，以及在过程中学到的知识、结识的人，与看过的风景。”

“那日风大，一时间‘切过了伐（吃过了吗）’‘一道白相（一起玩耍）’‘谢谢侬（谢谢你）’‘轧闹猛（凑热闹）’‘蛮扎劲（挺有意思）’在冬日晴空下飘了满天。也许下次居民们‘一道白相’，可以从‘切过了伐’开始‘嘎山湖’，想想也是‘蛮扎劲’的。”

“我们从毫无关联的陌生人，成为了齐心协力的伙伴，丰富了我们对这个老旧社区的认识。是他们，勾勒出重庆这座城市火热的底色，展现出社区花园的更加富有人情味的深刻内涵。”

——本书第二部分作者

在本书第二部分中，社区花园与社区营造竞赛、规划师工作坊等活动的举办，吸引了许多对社区花园与社区规划感兴趣的人。他们有的是相关专业的学生、从业者，有的本身就是社区的居民，通过活动的契机，志同道合的人聚集在一起商讨、在地调研、与居民协商，以一种“半专业”的姿态，一边带着自己的经验思考，一边在实践中不断学习补充相关的知识，不断协调着自己与居民的沟通方式。他们既是引导者也是参与者，不断碰壁、纠正，从规划设计的“刻板印象”中跳出。在传统的设计流程中，规划设计师们是最前面的一环，居民使用者则是流程末端使用者，两者之间隔着方案深化、施工、后期等，但在这些经历中，这个壁垒仿佛被打破，无论是专业的学生，还是以为自己毫无话语权的居民，都参与了全流程的体验，直面使用者们，教科书里的“规范”变成对谈与“我想要一张椅子、一个花坛”这样真切的需求。

“营造一年半后，今年的古城吸引人的点是多元融合后的烟火气和生命力，像个成长期的孩子在经历许多变更和迭代后，找到自己的内在动力，同时也开放胸怀去拥抱可能。在快节奏的深圳里，和大家交上另外一份答卷。”

“建筑背阴处的植物为了追逐阳光，奋力拔高，从外立面的水泥横梁上方伸展出枝叶，下方伴着耐阴植物生长，它们在小小的空间中达到内在的平衡。从周边到我们可爱的小菜园，气质里都夹杂着这样野蛮而旺盛的生命力。”

——本书第三部分作者

在本书第三部分中，在全国城市微更新政策的推动下，非营利组织以社区规划为抓手，将各地的有志之士聚集在一起，深入社区内部，探索在地的答案。他们从冰冷的电脑前来到鲜活热闹的社区，这里充满了日常的琐碎。大家和居民一起做设计，观察着、感受着、陪伴着、引导着、反思着，收获着认可及他人的快乐所反馈的获得感和幸福感。他们带着一种信念感，以微小细腻的介入来打入居民内部，热情拥抱不确定性，尽管有过拉扯与困扰，他们也在摸索中化解矛盾、传递善意、拥抱生活的美好。

“社区花园营造是重塑我们与自我、我们与他人、他人与他人的机会。在从小到老都越来越依赖手机、微信、平板的时代，我们的生活正在不知不觉中高度地‘被’信息化、线上化。我们需要规划、营造人与人面对面交流，一起劳动，互相分享、赞美的生活场所，完善更具社会化的人性，在社群中感受到更多的个人价值。”

“当‘空间’开始启动向‘场所’的转变进程时，越来越多的人通过‘偶然’与这片环境的接触，‘意外’为场地附加了具备个人情感偏好的愿景插件。”

——本书第四部分作者

在本书第四部分中，随着中国城镇化进程的减速、治理重心下移的现状下，研究者们都意识到，在社区被当作城市治理的基本单元的情况下，社区治理成为目前需要关注的内容，他们或从自己的亲身经历或从案例中汲取灵感、提炼观点，最终进行信息共享。在看似琐碎的社区工作中构建逻辑、知行合一，从实践中总结出理论，以实践为理论提供实证和反馈，使理论得以不断修正，同时理论为更大范围的实践提供指导，使实践更加有针对性和有效性。在此理论与实践的相互推动过程中，畅想社区营造长效发展的未来。

在最后的部分中，我们还邀请到商户、学者、在地组织成员及官员来探讨关于他们对社区营造的看法。社区营造是一个多方参与，不同角色相互磨合，营造共识和共同价值观的过程。他们的参与为我们提供了多元化的观点和经验，进一步丰富了我们对社区营造的理解，为我们提供了全面而丰富的思考和启示。

写到最后，我们一遍遍回想起收到每一篇来稿时，总能与扑面的幸福感撞个满怀，就如一位挚友在当面滔滔地诉说那些让他感到快乐满足之事。一些关于社区花园与社区规划华美的形容词被一点点剥离，社区花园不是一种理想状态的都市田园生活，这里有着冲突、琐碎和无奈，但是最打动人的往往是故事背后一个个鲜活具体的人。在阅读这些文字的过程中，我们时常共情，文章里所描述的每一个“他们”跟我们身边的陈叔叔、李阿姨一样那么熟悉，会抱怨楼下哪个地方又堆满了垃圾、哪个小花坛乱糟糟的不够好看。在自己种的小菜苗发芽时，他们也会高兴地跟你炫耀分享。正如每一位作者所传递的，社区是温暖的、热情的、让人有使命感的、可以治愈我们内心的，而社区营造的未来也是更加值得期待的。

要感谢的人很多，我们一直默默在心底或者通过社区行动进行了表达，这里就不一一写出了，要特别感谢森世海亚集团对于本书出版的支持！说来也是很神奇的缘分。从严珍（Jenny）女士的陌生邮件，到如今全面支持我们团队系列科研和实践的举动，尤其是对今年的第三届全国社区花园设计营造竞赛与社区参与行动和第三届社区花园与社区营造国际研讨会，以及本书的支持。

感恩所有关心支持团队社区花园与社区营造事业的友人们，正如于海教授所说“重建附近就是重建社会之路”，期待我们每一个人都有机会去书写属于自己和家人、邻居们的“重建附近”故事。

——刘悦来、魏闽、王嘉颖

2023 年 9 月于上海

# 目 录

CONTENTS

## Chapter 01 第一章　重建身边的花园——居民自发组织的“附近”



## Chapter 02 第二章　实践赋能链接社区——社区花园竞赛与共生工作坊激活的“附近”

Chapter 03

## 第三章　多样组织化的社区营造——社会组织力量重新定义的"附近"

Chapter 04

## 第四章　构建附近网络——研究者实践参与及归纳总结的“附近”



## 采访专栏

第一章

# 重建身边的花园
## ——居民自发组织的『附近』

Chapter 01

# 关于上海嘉定丰庄三叶花园的故事

孙　晓[1]

## 1　为什么我想要发起“团园行动”？

2021年4月我搬到这个小区，搬进来之前只畅想了在屋内的居住场景。但搬进来后，如国内其他老旧小区一样的社区环境刺痛了我：社区环境较差、多个角落废弃、利用率低，平日也没有丰富的社区活动，这些让我感到很贫乏憋闷（图1-1-1）。其他居民可能因长时间居住在这儿，觉得一切都理应如此。而我可能也正因为是新搬来的，所以心里会憋着一股劲儿。

图1-1-1　社区状态

## 2　条件成熟，立马行动！

2022年上海突如其来的疫情影响了人们的生活，但也使得社区里的居民更加团结互助，在此期间我认识了一群无私奉献热心肠的邻居！临近解封时，我恰好旁观了一场同济大学线上公开直播课：刘悦来教授的“共治的景观　人民的城市”（图1-1-2）。瞬间我仿佛抓到一束光，又似一场雨，一场可以将社区这块干涸板结的河床滋润的大雨！我立即拉着几位热心邻居成立433弄共治小组，并毫不犹豫加入了刘老师所创立的四叶草堂发起的全国性活动——“团园行动”！加入“团园行动”后，我们小组先选择与业委会沟通了在社区推行社区共治及社区花园的想法，得到支持后我们拿着业委会的“背书”成功与居委会也取得了沟通，各位领导都亮了绿灯。共治小组发展到现在已近20人，更多人都是从未互相见过，但就是因为共治这件事，我们连接在一起（图1-1-3）。

---

1　即豸峰，三叶花园联合发起人，金沙社区居民。

图 1-1-2 讲座封面（图源：四叶草堂）

图 1-1-3 KJLR 小组合影

## 3 一起策划社区花园！

拿到社区里开的“共治通行证”后，我们收集了居民对社区花园的想象与需求并与四叶草堂积极沟通，四叶草堂细心为我们绘制了花园的美丽蓝图。结合四叶草堂蓝图和社区情况，初版三叶花园主要包括四部分：用于活动和展览的一小片绿地、儿童沙坑、儿童种植花园、公共种植花园。

随着三叶花园共建的不断实践和探索，最新状态是：活动绿地和儿童沙坑保留并延续下来；儿童种植花园由于缺乏成熟管理，已被轮胎花园（以多肉为主）代替；公共种植花园则变为以 KJLR 小组为主体、邻居为辅的运营形式；另外还探索增加了主理花园形式，来支持个人想要造花园的需求。三叶花园希望能够不断调整并适应 433 弄社区，为 433 弄社区邻居编织一张交流共享的链接网络。

## 4 要与居民面对面！

我们将初版社区花园的方案进行摆摊式的线下公示与讨论（图 1-1-4），获得很多邻居的关注和支持。期间，我们也收获了两位宝藏邻居、后来也是花园小队的主力——许建南及马玉斌。退休后的许建南在后续的花园活动每次都参与，且主动承担了社区里日常的社区花园事务，如接受邻居捐赠、修补花园、浇水、管理工具等，大家都亲切地称呼他为“大管家”，同时许建南的摄影爱好也多次为三叶花园拍摄高质量照片，提升花园的传播；马玉斌是花园旁边自行车库的管理员，除了帮我们解决了花园物资的存放问题外，还与许建南组队为社区花园制作门头、沙坑处的雨水天沟等。

图 1-1-4 第一次线下宣传

## 5 筹款支持

对于我们这种没有任何官方公益的背景、人员也是临时拼凑的小组来讲，政府基本不可能初始阶段就提供资金支持。要想实现手上的蓝图，就必须直面邻居并获得大家最真实的信任——捐款！线下募捐会的前一天对我们小组来讲绝对是难熬的一天。我们为此开了一个通气会，梳理了需要注意的事项，分派了要承担的内容。

第二天募捐会还算顺利，大家纷纷开始捐款，最后一共筹集到人民币 4 836.79 元（图 1-1-5），感谢每个愿意捐出善款支持我们的人！虽然表现善意的邻居很多，但也有风言风语说我们是骗钱的。指责和赞美通常会同时来到，放平心态最重要。

## 6 大家撸起袖子加油干！

资金与蓝图都有了，我们终于可以喊着邻居一起共建社区花园了（图 1-1-6）。

共建过程中我有如下几点感触：

### 6.1 记录下活动的一点一滴！

在四叶草堂的建议下我们采用云文档的方式记录花园成长的一点一滴。持续的记录能够让所有人看到自己的付出，我相信这可以有效激励大家的积极性。另外云文档式的成长记录传播起来更方便，可以让更多人了解三叶花园的故事。

### 6.2 珍惜愿意与我讨论的邻居！

我想大多数有自主发起社区花园意愿的社区，通常居民参与议事的能力都不低。而我所居住的小

**433弄社区共治活动——社区花园项目捐资清单（截至2023.5.12）**

| 序号 | 捐赠人 | 捐赠日期 | 捐赠金额/元 | 方式 | 状态 |
|---|---|---|---|---|---|
| 1 | 豸峰 | 22.8.24 | 60 | 99公益 | 待打款 |
| 2 | 勺子 | 22.8.27 | 200 | 微信 | 确认 |
| 3 | 阳光阿南 | 22.8.27 | 500 | 微信 | 确认 |
| 4 | 文君 | 22.8.27 | 100 | 微信 | 确认 |
| 5 | 月半圈 | 22.8.27 | 100 | 微信 | 确认 |
| 6 | 丁丁 | 22.8.27 | 100 | 微信 | 确认 |
| 7 | 老陈 | 22.8.27 | 10 | 微信 | 确认 |
|  |  | **累积至8.27合计（到账）** | **1 010** |  |  |
| 8 | 练华 | 22.8.28 | 200 | 微信 | 确认 |
| 9 | 小宝拉 | 22.8.28 | 50 | 微信 | 确认 |
| 10 | 张鸽子 | 22.8.28 | 100 | 现金 | 确认 |
| 11 | 姜红伟 | 22.8.28 | 100 | 现金 | 确认 |
| 12 | 杨叔 | 22.8.28 | 10 | 现金 | 确认 |
| 13 | 夏明喜 | 22.8.28 | 5 | 现金 | 确认 |
| 14 | 刘阿姨 | 22.8.28 | 20 | 支付宝 | 确认 |
| 15 | 杨阿姨 | 22.8.28 | 20 | 微信 | 确认 |
| 16 | 俞辰东 | 22.8.28 | 20 | 现金 | 确认 |
| 17 | 俞曼 | 22.8.28 | 100 | 支付宝 | 确认 |
| 18 | 黄小姐/秋雨 | 22.8.28 | 100 | 微信 | 确认 |
| 19 | 小核桃 | 22.8.28 | 10 | 现金 | 确认 |
| 20 | 杨达 | 22.8.28 | 200 | 微信 | 确认 |
| 21 | 皋媛 | 22.8.28 | 200 | 微信 | 确认 |
| 22 | 珍珍 | 22.8.28 | 30 | 微信 | 确认 |
| 24 | 。 | 22.8.28 | 100 | 微信 | 确认 |
| 25 | 红霜 | 22.8.28 | 100 | 微信 | 确认 |
| 26 | 薛静海 | 22.8.28 | 101.79 | 微信 | 确认 |
| 27 | Teresa | 22.8.28 | 200 | 微信 | 确认 |
| 28 | 王文平 | 22.8.28 | 60 | 支付宝 | 确认 |
|  |  | **累积至8.28合计（到账）** | **2 736.79** |  |  |
| 29 | YFF | 22.8.29 | 200 | 微信 | 确认 |
| 30 | 豸峰 | 22.8.29 | 200 | 微信 | 确认 |
|  |  | **累积至8.29合计（到账）** | **3 136.79** |  |  |
| 31 | owent.net | 22.8.30 | 200 | 微信 | 确认 |
| 32 | 蜜蜂 | 22.8.30 | 200 | 微信 | 确认 |
| 33 | Shero | 22.8.30 | 100 | 微信 | 确认 |
| 34 | 马陈飞 | 22.8.30 | 100 | 微信 | 确认 |
| 35 | Anne | 22.8.30 | 100 | 微信 | 确认 |
|  |  | **累积至8.30合计（到账）** | **3 836.79** |  |  |
| 36 | 徐颖 | 22.8.31 | 100 | 微信 | 确认 |
|  |  | **累积至8.31合计（到账）** | **3 936.79** |  |  |
| 37 | 桃子 | 22.9.11 | 200 | 微信 | 确认 |
|  |  | **累积至9.11合计（到账）** | **4 136.79** |  |  |
| 38 | 漫步优活瑜伽(鹤旋路58弄19号)钱大大 | 22.9.19 | 500 | 微信 | 确认 |
| 39 | 瑶 | 22.9.19 | 200 | 微信 | 确认 |
|  |  | **累积至9.19合计（到账）** | **4 836.79** |  |  |

图 1-1-5　捐款公示表

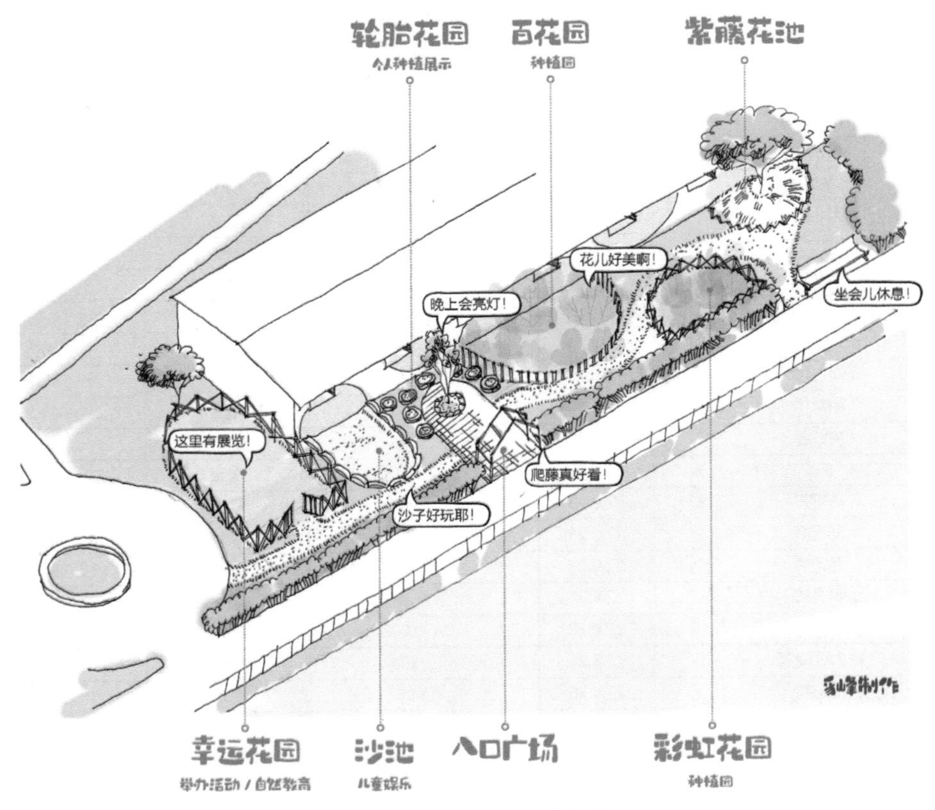


图 1-1-6　三叶花园导览图

区以拆迁户为主，贫困户也不少。能够认可居民自治，同时有意愿、有能力参与项目讨论的居民就凤毛麟角了。在这里特别感谢组员高倩倩，她愿意投入精力去同我一起思考花园的未来，虽然有时意见不合，但最后都能取得共识。脑力的思考和讨论与体力的付出同样重要，感谢有你！

6.3　采用低成本活动启动花园共建！

在这个小区里，居民自发造园是大家都没经历过的，我们通过“种植袋＋儿童播种”的形式去试探广大邻居对社区花园的态度（图 1-1-7），这个方式兼顾了活动的目的、效果与成本。从 2022 年 9 月播种到年前，无人破坏也无人偷盗，这表明三叶花园已经成功融入社区。年后我们大胆地将种植袋全部替换为轮胎，邻居马占群率先在里面种满多彩的多肉。

图 1-1-7　儿童种植活动

6.4 沙坑真是一场噩梦，苦并快乐！

沙坑从设计阶段就遇到难题。常规的沙坑会采用砖砌作为保护边界，但这种方式对我们来讲工程量大、难度高、成本高。其间还想到购买注水的塑料路挡作为沙坑边界，虽然成本下来了，但耐久性堪忧。最后大家集思广益决定采用废旧汽车轮胎作为边界，将轮胎一半埋入土中，中空处填入挖坑收集到的石头，以有效避免沙子外扬。得益于小区门口汽车店老板的支持，我们以单个 10 元的价格购入 20 个轮胎，成本进一步降低。半年过去了，现在看来采用轮胎作为沙坑边界除了不必担心耐久性且成本低外，高起的轮胎还为宝爸宝妈们提供了柔软的坐处，方便与沙坑中玩耍的孩子互动。

相比较沙坑设计的困难，挖沙坑则是属于地狱级难度。还记得我们第一次拿起铁锹试图铲入而被板结坚硬的建筑垃圾回填土及长在表面的金缕草抵住无法深入一丝一毫的震惊和无奈心情。在第一次挖坑活动中，我们庆幸结识了体能达人刘建胜！大家讨论后购买了破土神器——铁镐，并在刘建胜的神力下与邻居们花了一个月的时间完成了沙坑的挖坑及注沙。刘建胜持续参与了后续活动，每次共建活动有他在我们就会很安心！

那个月里每个周末的挖坑真的是辛苦且枯燥（图 1-1-8），但也正因大家经历了这些，对社区花园有更深的理解，相互间的感情也更坚固了！

图 1-1-8 齐力做沙坑

6.5 有时间就多在社区里转悠、多闲聊！

社区花园若只有几个种植袋和一个沙坑，那肯定是无法称为花园的。社区花园在策划之初就设有专门种植花卉植物的区域，不过我一直被“谁来种”（主理人）、“种什么”（效果）的问题困扰，直到一天我路过马叔的车棚。

之前花园活动结识了一位邻居裴老师，不过他经常在小区另一边活动。那天他在马叔的车棚门口

图 1-1-9　讨论种植（右一张跃年、右二许建南、左一孙晓）

乘凉，我好奇于他与马叔的关系就也坐下来闲聊。过程中我抛出了推进种植花园遇到的困难，裴老师为我介绍了三个月前刚搬家到小区里的张跃年。后续张跃年也加入花园共建活动，带领邻居去采购植物、确定种植位置等，也同许建南一起承担了日常花园维护的工作。另外得益于退休前在上海花园博览会工作的丰富经历，张跃年也为三叶花园提供了很多宝贵建议（图 1–1–9）。至此花园框架搭建基本完成。

6.6　积极参与社会公益活动！

2022 年 10 月底正是工作繁忙、花园也忙于挖坑的阶段，因此虽然四叶草堂建议我参与联劝公益发起的有资金支持的美好家园活动，我也无暇顾及。感谢四叶草堂持续的动员，我们没有错过这场公益活动并最终获得将近 5 000 元活动资金（图 1–1–10）。也是依靠这笔资金，我们完成了花卉植物的采购、墙绘的绘制、花园栅栏的落地等工作。

图 1-1-10　“团园行动”和联劝基金标识牌

6.7　经常参与分享可能会有惊喜！

花园植物的成长是需要时间的，刚种下的植物短期内不会为花园增色太多，因此我希望通过墙绘活动来为花园着装。一开始我们打算通过邻居热心介绍的彩绘机构来运作墙绘，不过这种会产生额外成本的方式对我们来说性价比不高，最后复旦大学新闻系的朱芷扬同学提出可以介绍学校社团免费带领居民进行墙绘活动。至于结识朱芷扬同学，则是一次我在四叶草堂组织的“团园行动”直播分享会后的偶然。在朱芷扬的协调下，复旦大学的拓客科技教育协会的同学们连续四个周末来社区组织墙绘活动（图 1–1–11）。在他们的持续付出下，三叶花园迅速提升颜值，并获得邻居们的好评。另外上海师范大学研究生金依同学也是看到三叶花园的宣传后参与到花园共建，至今仍每周按时来我们社区参与活动。以后若有机会我还会积极参与三叶花园的宣传！特别感谢刘悦来老师、真新街道公众号编辑栗子丫、邻居徐翠萍及许建南为三叶花园做的宣传！让我们一起为花园争取更多资源！

图 1-1-11　参与活动的大学生们

## 7　仍有很多问题待解决！

到现在我们的花园还在持续建设中，并仍不断地在解决老问题、遇到新问题中。

目前遇到的最大问题还是缺乏更多关心社区问题且能够一起讨论、策划、执行的邻居，只依靠我和高倩倩两人的力量终究是过于脆弱和单薄，能解决的社区问题也很有限。目前，我们的想法是通过后续在花园举行各类活动（如 6 月中旬的花园共建展览暨微发布会、7 月计划与社区党群公益组织合作开展社区集市活动等）来寻找伙伴，以增强小组的能力。

另外，完成三叶花园的共建并不是终点，正如我从“团园行动”团长群学来的一个观点：社区花园是一种生活方式。我希望能够结合三叶花园后续开展更多社区活动，但活动组织、活动类型仍然未知。

三叶花园是一场偶然，若没有 2022 年的疫情封控、没有看到刘悦来老师的直播，这种想法可能会像种子一样只能埋藏在我内心。但可能这也是必然，只要行动起来，内心的种子就会破土而出，有意想不到的际遇。

最后，感谢 433 弄 KJLR 小组的成员们！也请允许我代表 433 弄 KJLR 小组感谢积极参与活动的邻居们！

# 疫情中的“一阳来复”——记人乐小区两个超低成本投入的迷你社区花园实践

张黛英[1]

2022年的夏天注定不同寻常。如果要找关键词的话，一定有核酸、口罩等。也许还有在疫情将要放开还是继续防卫之间的人心摇摆，以及生活常规被破坏以后很多家庭内部关系经历考验的烦躁和焦灼。对于上海这个“陌生人城市”来说，或许还有一个关键词：久违的“邻里守望”。

作为一个有四岁孩子的普通家庭，疫情期间住在人乐小区的我们深感幸运。这个小区在城市规划中大概率属于老旧小区，但这里却不乏经营各种小生意的个体老板，所以在普遍物资缺乏的大背景下，我们并没有经历太多匮乏的艰难时刻。邻里家庭之间自然的互助和互动也因为疫情的关系较之前更为频繁：这家的食物多了，给别家送点去，或者交换一下，反而吃得更丰富。大人或许害怕流行疾病传染，但相比于费心费力管教精力旺盛在家上蹿下跳的孩子，大多数家长选择放过自己，于是很多孩子反而有机会在楼下肆无忌惮地玩耍、晒太阳，封控期间车辆往来也少，完全不必担忧安全问题。谁曾想到在这个特殊的时间段，没有疫情的情况下的大自然缺乏症和小伙伴缺乏症一并得到治疗？虽然天灾无人主动欢迎，但它似乎有意无意带回了之前常被忽视但其实很重要的一个生活维度：小区里人与人的连接。

作为一个在读中国哲学的博士生，我直觉性地联想到这或许是疫情中的“一阳来复”。中国古典语境中，《周易》的“复”卦中只有最底下一条是阳爻，以上都是阴爻，意味着阴极生阳。比如每年冬至，表面上似乎寒冷依旧，但阳气已经悄然地由息转消，正所谓“冬天已经到了，春天还会远吗？”在艰难的岁月里，人心回暖或许就是天灾背后“一阳来复”的智慧。那么，除了体悟，还可以做些什么呢？

## 1 暑期的爱心百草园

这年夏天，在看到四叶草堂发起的“团园行动”以后，几个疫情里经常互动的家庭开始尝试在小区里建一个小小的社区花园。我们希望无论有没有疫情都能以某种方式延续这种人与人之间本有的温情和一起参与社区建设的热度。原先我们希望有一片地，大家可以一起开垦，一起种一些花草，孩子们可以与土地和小伙伴，以及更大范围的周边建立联系。

理想总是很美好，但现实往往会更骨感。经过一轮沟通，我们发现小区绿化是由物业统筹，居委会当时又忙于疫情防控，所以大家沮丧地发现在选择合适的场地上就卡壳了。其实，居委会对于居民自治的意愿还是认可的，当时就鼓励我们从几个小区闲置的种植箱开始尝试。但这次又因为种植箱的位置离我们住的地方太远，看护不容易，所以几个家庭无法就是否继续达成一致。在这个一波三折的过程中，我们发现小小的举动背后就要牵涉个人、家庭、机构和社区的多方合作，单就各方是否能达成一致就可能成为事情开始的阻力。然而，也是因为这些阻力，如何促进团结合作始终成为后续活动

1 上海复旦大学哲学院中国哲学系在读博士生。

中需要重点留意的一根弦。

后来，一次偶然闲逛时，我们在小区里发现了一个离几个家庭比较近的坑位，是很久以前放置垃圾箱的。虽然这个坑位现在常常堆满垃圾，但它的大小恰好可以装下一大一小两个种植箱。于是，我们当时就想，是否可以将这个垃圾角变成一个居民自发共同维护的美化角呢？也许，对于初次接触社区花园这个陌生事物，也没有很多种植和组织经验的我们而言，或许这次可以成为一个小小的预备实验。而刘悦来老师也恰好在线上跟大家分享了他本人做社区花园也是从一些微小的尝试开始，苔藓花园的案例给了我不少信心。如果苔藓也可以成为花园，那么两个种植箱又何尝不可呢？

尽管 7 月就报名参加了“团园行动”，但一开始我们还是很犹豫。我们看着“团园行动”中全国一个个社区花园雨后春笋一样冒出来，说心里一点儿不着急也是不可能的。但有时候犹豫也可以视为孕育新事物的自然过渡期吧。犹豫期过去，我们确定了几条行动开展合作原则：

（1）有问题解决问题，不抱怨、不指责、不放弃。

（2）专注建设的力量，让美蔚然成风。

（3）不论老幼，不论力量大小，都可以做贡献。

（4）尽可能降低成本，甚至零成本。尽可能利用改造废物。

（5）鼓励孩子主动参与每个环节。

（6）每次行动都尽量带动周边居民了解和参与。

8 月开始，我们进入了实质的密集行动期。由于疫情还在，所以线上活动与线下活动同步开展。

8 月 10 日，我们和三个邻居家的孩子一起丈量了垃圾坑位和种植箱的尺寸。

8 月 11 日，同济景观设计系的同学们远程帮助我们设计了两个种植箱构成的迷你花园的布局及具体的种植建议（图 1-2-1 至图 1-2-4）。

图 1-2-1　垃圾坑位

图 1-2-2　孩子们测量场地

图 1-2-3　手工测量和标记尺寸

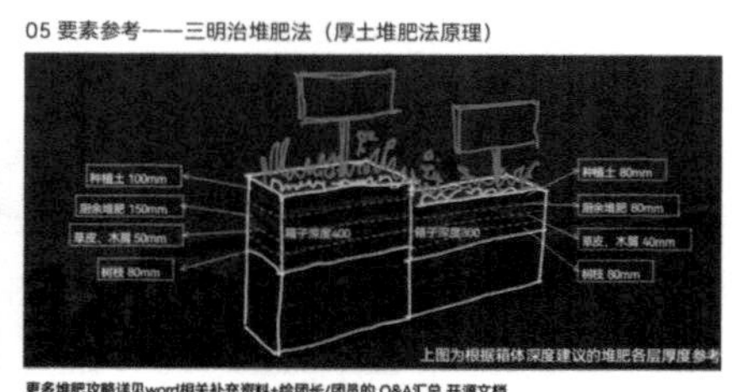


图 1-2-4　同济景观设计系学生设计的方案

8 月 13 日，在邻居们的支持下，人乐迷你花园启动会顺利开展，重要的是过程没有额外经费，全靠众筹。活动需要的纸、笔、物资全部是废旧利用，群里一喊，大家就会把闲置的旧物捐出来。比如在废旧产品的纸板上贴项目方案说明，放在快递柜背后做成临时展板，孩子们对种植箱后续的可能充满期待。孩子们在剩余的纸板上创作对未来花园种什么、迷你花园叫什么名字等展开畅想，最后制成了独一无二的相框，一起拍照留念。由于活动是在户外，这吸引了更多居民驻足。志愿者事先准备好二维码，新邻居就扫码入群，为后续行动准备。还有社区达人推荐的邻居爷爷带着专业单反，冒着暑热，给大家拍了很多漂亮的照片。

8 月 17 日，线上征集花园名称和美化标语投票。最后 27 张投票中，“爱心百草园”获得 16 票。“护一抹绿色，多一分（份）清新。”“人乐之家，有你，有我，还有它！”这两条标语分别获得了 10 票和 11 票。

8 月 17 日至 8 月 20 日，三波孩子前后来我家，我们一起做了一张花园名牌和两张标语牌，以及堆肥养土期间需要的提示牌。一位邻居捐了塑料封套。其中一天，同济刘悦来老师和上海视觉学院王圣彧老师到访。孩子们带路参观小区，两位老师给孩子们介绍小区里的本土植物。两位临时贵宾的到来，给了大家莫大的鼓舞。

8 月 20 日，种植箱搬运与堆肥完成，这是里程碑式的一天。如前所言，整个过程中，合作是否顺畅、过程中孩子们是否能从中获得成长始终是我们重点关注的一个方面。

因此，在这次活动正式开展之前，我们邀请了参与活动的孩子们在我家集合，大家一起学习了一句引言——“人类的至高需求乃是合作与互惠”。然后，我们跟孩子们一起探讨，得出结论：任何有意义的人类事务都取决于磋商和合作的有效性。大家一起分析出了一些可能导致不团结的情况和如何应对。

有了这样的铺垫，后续的行动明显流畅有序了很多。首先，大家了解了三明治堆肥法。然后，根据之前刘老师的建议，我们用水枪一起清洁了场地。

场地清洁完后，孩子们分成两个小组，一组用借来的推车运送两个种植箱，一组用废旧雨伞收集堆肥需要的落叶树枝等堆肥材料。

在约定的时间，邻居把家里没有过油的瓜果厨余和咖啡渣、自家种花用的花园土、煤渣和兔子粪便，以及刚刚收集好的枯枝落叶，按照堆肥法一层层地铺在两个种植箱内。无法来现场但一直关注的爱花人士小米阿姨，默默地捐助了手套、蛇皮袋等一系列工具。我们在场地上插上孩子们自制的提示牌，在箱体上贴上打印出来的爱心百草园的由来说明。活动结束的时候天已经黑了，还下了雨。这一晚，有邻居路过拍了照，照片里，不知是谁在种植箱上堆了一些垃圾，引起群里一阵谴责。也有无名好心邻居留下了两盆花。建设美好的过程，破坏的力量总也会在。但这一天，参与的邻居一定感受到了不同的东西，正在生长，尽管植物还没有种下去。

8 月 21 日至 8 月 26 日，等待养土期间，据说每天都有孩子过去看，中间大家有几次自发添土和浇水。每次过去，都会吸引一群孩子呼啦啦围过来。

8 月 27 日，户外纳凉观影又是一个大事件。傍晚，全程参与的几个孩子一起回顾反思了之前活动的心得，大家一起又学习了合作过程中磋商的重要性，然后一起讨论晚上的观影如何安排是有序的。晚上，大家搬出家里的小矮凳、野餐垫，一起回顾了爱心百草园的整个历程，反思各自的成长。最后一起观看了《共建社区花园》的短片，畅想了一下未来。

8 月 28 日，孩子们开学前的最后一个周末，第一波太阳花种下去了。太阳花种子和垂盆草都是小米阿姨给的，一个孩子还从小区里挖了几棵薄荷过来。大家用筷子在土里扎上一个个坑，大大小小的孩子都能参与。事实上，大人们也都不亦乐乎地忙碌着。一个住在附近楼的老阿姨还带来了本地水果分享给孩子们。这一刻，除了艳阳高照，相信每个人的内心都荡漾着暖意吧（图 1-2-5 至图 1-2-8）。

图 1-2-5　迷你花园启动会

图 1-2-6　培土

图 1-2-7　水枪浇水

图 1-2-8　合作培训

作为第一次尝试建设迷你社区花园，大家的积极性空前高涨。我们也认识了很多邻居，尤其是不同年龄段的孩子。当然，首次尝试也注定有很多要改善的地方。比如原先计划的维护种植箱的志愿者小队并没有如愿持续。但种植箱到今天依然欣欣向荣，今年春天先生趁小区给树剪枝，带着孩子们锯树枝，搭了简易架子，期待种下去的蓝雪花和飘香藤能攀爬上去。然而，并没有产生我们期待的效果，反而是种植箱外面地上野生的乌敛莓不亦乐乎地爬着电线杆（图 1-2-9）。

图 1-2-9　（从左到右）爱心百草园不同阶段变化图：种植完毕 / 太阳花盛开 / 今年爆盆的垂盆草和蓝雪花

爱心百草园的故事就分享到这里。在暑期到寒假的这段时间，除了日常照顾爱心百草园，我们还组织了这些通过共建认识的大小孩子一起做的微小服务和节庆活动，比如清除加拿大一枝黄花、中秋节花灯会、池塘边尖角告示牌包边、台阶荧光贴条提示等。过程中，我们认识了越来越多的邻居。后来，我们还开展了一个儿童班，希望通过为孩子们提供对友爱、合作、团结、慷慨等品质的教育，提高未来社区服务的质量。

## 2 寒假的蚯蚓塔计划

寒假的时候，居民群里抱怨最多的就数狗屎问题。突然想起来我曾经在社区花园手册，以及创智农园里实地看到过蚯蚓塔，是否可以成为问题的一个解决方案呢？经过一轮简单的前期了解（这里特别感谢四叶草堂魏闽老师、嘉定社区先行者慷慨分享的蚯蚓塔建设经验），以及之前爱心百草园的经验，在蚯蚓塔计划上，我们希望能更进一步，做得更系统一些。虽然依旧是一个比较微小的行动，虽然依旧以孩子为中心。

这次我们招募了小区里一批五年级到初二的少年，跟他们一起讨论小区的狗屎问题。第一次见面，通过破冰游戏熟悉彼此以后，简单介绍了蚯蚓塔的原理之后，孩子们就对这个想法充满了期待，但决定从做好一个蚯蚓塔开始，脚踏实地地积累经验。于是，我们把整个行动拆解成了：调研、选址、设计、安装、宣传和维护六大板块，又根据每个孩子的性格特长分派了每个板块的负责人，但同时，我们希望所有人参与所有环节。这样确保对整个过程的熟悉，为未来更多蚯蚓塔做好准备。

整个行动以春节为界分为前、后两期，前期主要是准备工作。期间，孩子们走访了隔壁小区蚯蚓塔的使用情况，并就为什么那些蚯蚓塔没有发挥相应作用这一问题做出了自己的分析。随后，孩子们又分别拜访了居委会和物业，将自己的观察分享给两个部门，听取了他们在选址和设计方面的建议，同时也赢得了两个部门的支持。物业提供了挖坑工具，居委会提供了闲置的提示板。孩子们又一起设计了调查问卷，随机地采访了几位养狗人，在了解他们的铲屎习惯的同时，也书面征得了这些养狗人使用蚯蚓塔的承诺。孩子们从这些前期准备的环节中学到了很多，也破除了不少之前的预设。比如，之前大家认为其他小区有蚯蚓塔，我们小区没有，可能是相关部门不作为导致的。但调查以后发现，有蚯蚓塔未必得到恰当使用，而各个部门也确实有各自的难处。孩子们亲身经历过后，就了解到即便是一件小事，也需要聆听多方意见，换位思考，共同磋商。同时，他们也开始看到居民对周边环境可以承担的责任，以及可以创造的影响。

春节过后，孩子们期待已久的动手环节终于到来。光是挖坑的部分，就让他们激动不已，在最后反思回顾的时候，大家一致认为这是最有趣的一个环节。当然，在这个过程中也有遇到挫折的时候。由于在春节期间，很多管材商店都没有营业，我们好不容易找到一家，管材的尺寸又偏小。后来终于买到合适尺寸的水管，孩子们抱着管子找打孔的地方，又扑了一个空。最后一个上初一的少年独自抱着管材坐地铁上母亲所在工厂，才解决了这个问题。少年归来，仿佛英雄凯旋，又是一个里程碑的时刻。然后是设计蚯蚓塔提示牌和塔身图案。孩子们终于就少年小队起什么名字达成一致，名字很拉风："地球之光小队"。装饰蚯蚓塔的时候，现场吸引来了很多更小的孩子，对于大孩子来说形成了一定的挑战。后来临时决定用贴美纹胶的方式，小孩子就可以直接上手涂色块，没有比一起干活更和谐的了。

最后还有一次试运营，"地球之光蚯蚓塔计划"参与率最高的一个孩子牵来了他们家的柯基，现场使用狗便夹，成为宣传片的头号代言。紧接着，孩子们一个个来使用，我们家当时才四岁的孩子也完全胜任。参与者中最小的孩子只有两岁，最后在妈妈的陪伴下也成功使用（图 1-2-10）。

蚯蚓塔的计划顺利完成，孩子们也开学了。后来，我们发现小区的这座蚯蚓塔使用率最高的其实并不是养狗人，恰恰都是孩子们。偶尔，在小区居民群里，我们也会收到正向的反馈，比如同小区另一个村的养狗人慕名牵狗来使用过一次，说非常好用，希望未来在他们村也能有一个。接近夏天的时

图 1-2-10 （从上到下，从左到右）人乐小区第一座蚯蚓塔建造过程：居民调研 / 彩绘塔身 / 提示牌完成 / 落成试用

候，肉眼可见附近一球球的蚯蚓土，蚯蚓塔的工作我们完成了，蚯蚓也开工了。

今年暑假，在居委会、物业、新华社造“一平方米”计划和联劝基金会美好家园项目二期的支持下，我们又如法炮制，再次邀请更多的孩子为小区增设更多的蚯蚓塔。

## 3 反思

其实无论是爱心百草园，还是“蚯蚓塔计划”，用上海话来说，有些“螺蛳壳里做道场”即“小题大做”的意味，都是在社区这个空间里极其微小的尝试。我也时常问自己，做这些的意义在哪里。因为如果是物业或者一般成年人来做，孩子们耗时一个月的事情也许几天就可以搞定，而孩子们的参与表面上看来更耗时间（甚至我们也并没有刻意屏蔽一些困难，也没有去赶进度）。两个行动都是有机地生长着，就像花园本身，是人为和天定的一种配合。虽然至今百草园旁边时不时还会有一两包垃圾，蚯蚓塔附近也仍然时不时会有狗便便，但这不是什么大问题。当然，这里面有我们需要持续进步的能力空间，如何持续、如何维系团队、如何更加系统性推进项目、如何高效利用资源等。但正如之前所言，微小的行动背后，我们更了解自己所在的社区，更清楚一起可以做些什么事，以及如何做可以将疏远的人心重新凝结到一起。

从教育的层面来看，这个时代，我们发现孩子甚至大人都太需要这样的集体干活机会了。整个过程中，孩子们在脑力、体力，以及综合素质方面得到了三重锻炼。更重要的是，这样综合的实践机会就在家门口，不需要花费高昂的费用去很远的地方。但或许，就在身边的社区，通过与土地与自然的重新连接，通过人与人之间不带功利计较的合作，诗和远方同样可以实现，卷和躺平也可以恰如其分。

在一次刘悦来老师和项飙老师关于陌生人的对谈中，他们提到一段话，让我印象特别深刻："社区花园进行的是小尺度的工作。但这些'小'却让人们关注到身处大城市的我们常常忽略的事情：降落的雨水、开花的植物、身边一直存在但不知道名字的陌生人，甚至发现城市生活里被折叠的、具体的劳动。"

这两个微型行动，或许就是将这些城市习以为常折叠起来的具体劳动重新摊开，让它们被看见、被拾起的开始，也是曾经陌生的人之间重建连接的开始，而这，或许才是生活本来的样子。孩子们互相串门，大人们聚餐聊着做些什么可以改善社区。这些是项目，是行动，归根结底也可以是一种生活模式。

我和先生一直深信这样一句话："纯洁与良好的行为，可嘉与适当的操守，能够促进世界的改善。"我们很幸运，一路走来，很少遇到非议或不理解，收获了很多朋友，一些曾经质疑的声音现在转变为支持与推荐。我们还在继续，寒假过后，我们在小区里一起策划过两场小区音乐会、一次窨井盖彩绘，以及数不清的邻里之间的连接，愿意共同创造集体生活新可能的个人、家庭、机构也更多了（图 1-2-11）。

如果说去年此时是疫情后的"一阳来复"，很多事情并不明朗。一年以后的今天，阴霾散去，有更多人感受到了阳光的温暖。

图 1-2-11　（从上到下，从左到右）种植箱之后更丰富的社区生活：清除一枝黄花 / 中秋灯会 / 捡拾垃圾 / 窨井盖彩绘

# 三分地

张永梅[1]

今天是 2023 年 4 月 28 日，明天将正式进入 2023 年“五一”长假。突然收到四叶草堂发起人之一刘悦来老师助手的约稿，让我介绍一下“三分地”的缘起和走向。顿感荣幸，因文字表达能力有限，特以流水方式呈现如下文字。

2020 年初，人际交往仿佛被被动地按下了暂停键。彼时，四叶草堂发起了无接触种子分享“种子”（Seeding）行动项目，让我情不自禁加入其中，开启了一直追求的诗意生活模式。从此，我发朋友圈常用短句：“生活如此美好。”

三分地是我对小院的命名，寄寓：虽小但有“乾坤”。

2020 年初，“种子”（Seeding）行动是四叶草堂在疫情期间发起的旨在“重建信任、种下希望”的社区花园邻里守望互助公益计划，倡导居家自主邻里守望互助，以无接触分享种子 / 绿植的空间媒介来传递爱与信任的力量，以行动者共创的方式筹划社区花园空间站与在地网络，协同构筑安全美好的永续家园。该行动属于花开上海“Blooming Shanghai 计划”的特别行动，在疫情期间开放支持全国范围家庭和社区。

2020 年 4 月，四叶草堂创始人刘悦来老师和“种子”（Seeding）行动项目团队到杨浦区四平路街道抚顺路 363 弄社区花园芳园（Fun Garden）开展种子接力站搭建活动，这是四平路街道社区花园陪伴计划第 6 次活动。受疫情影响，这也是今年首场公开活动。活动相当圆满，社区居民积极参与，分享植物交流种植经验。充满爱的线下活动，让我记忆犹新。

2020 年 5 月 2 日，由草图营造发起的抖音直播“五二”云野餐，才知道还有抖音这一档子事儿，才知道抖音还可以这么“抖”，天南地北的“抖友”相聚云上，博物角、艺术村、后花园、美丽乡村、荒野林地……你方唱罢我登场。作为社区花园的三分地首次线上亮相，云上直播主播村民萱妈轻松自如范儿十足的主持，花友、孩子们热情参与，悦来老师莅临现场鼓励指导，直播结束一起合影留念，那情景太好玩啦！

2020 年 5 月 27 日，由四叶草堂发起的“云上、人间、社区花园节”在创智农园拉开帷幕，开幕式上我收获了“超级行动者”的称号，是鼓励，更是鞭策。因为疫情，许多线下的活动无法像往常那样热热闹闹，但又恰好把“社区花园是一种日常生活方式”的理念日常化生活化，我们每个人都可以成为召集者和参与者，每个人都可以留下美好记忆和行动成果。哇哦！！！

2020 年 6 月 26 日，由澎湃新闻发起的讨论“后疫情社区如何更加融合”在创智农园举行，我很荣幸受邀参加，并因此结识澎湃新闻主持人小冯姑娘。没过多久竟然在新鲜提案大会上再次相聚，有缘相识皆因“种子”（Seeding）行动，意外的收获。在创智农园的讨论是线下线上同时进行的方式，不曾料到这种方式今后会成为常态，与会人员的发言分享让我受益匪浅，原来的社区治理是政府和少数人在推动，而在这次疫情中，更多的社区力量自发行动了起来，其中的动力机制和协同模式将是我们思考和实践“人民城市”理念的宝贵财富。无法成为光芒万丈的人，就努力使自己温暖有光吧。

1　三分地社区花园主理人，上海同济新村居民。

2020 年 8 月 25 日，社区花园研究小组、“种子”（Seeding）行动线下分享交流会，在梦（秦梦迪）冠（刘冠鹏）花园举办，交流会由同济大学城规学院博士生秦梦迪主持，与一群高学历、高颜值的美（才）女才俊交流，感觉太好了。大家的专业分享，让我这个草根植物爱好者收获多多，对社区花园有了更进一步的了解。尤其是梦冠花园的布局，随手一拍皆美景的设计，更让我心生敬佩。嗯，跟着学吧。

2020 年 11 月 28 日，秋天即将落幕的时节，“种子”（Seeding）行动“种子串门”骑行活动抵达三分地。他们以低碳环保的出行方式来寻觅秋的足迹，走街串巷，感受秋日的美好，好新奇。

据说“种子串门”车队最早的想法来源于“种子”（Seeding）行动华南联盟的串门线下互动展，想着以后在村里也试着串串门。嘻嘻，拷贝走个样也是可以的吧。

2021 年 4 月 26 日，春天来了，“光合作用”市集拉开大幕，在社区花园集市溜达，观摩即学习。满载而归，这就是美好生活。

2021 年 6 月 27 日，一次有趣的互动交流在阜新路社区睦邻中心开展，是由“自然荫”组织的可持续生活工作坊，关注点从自然教育的技巧转变为人与邻里空间。

大家针对种植和都市畜牧业等相关问题进行了交流探讨。之后，根据伙伴们的兴趣和关注点，大家分成了植物、动物和公共空间三个小组，为社区可持续生活提供了自己的创意构想，妙啊！

2021 年 8 月 14 日，年初，刘悦来老师参与拍摄的山东电视台“五湖四海山东人——刘悦来”今晚播出了。

实现“我家门前有这样一处花园”，社区花园的设计超越空间和景观之上的人文关怀和精神内涵意义非凡，这也是刘悦来老师和他的团队所从事的事业感染人的地方。

我家门前有这样一处花园，是最吸引我前往的地方。

“一定是最吸引我前往的地方。”导演如是说。

我说：“社区花园（三分地）是我生命重生的地方，是‘我的诗和远方’。”

生活如此美好！！！

2022 年 2 月 22 日，梨视频拍摄的纪录短片上线了。从垃圾遍地到花香四溢任重道远，记录美好时光，追求诗意生活，有人生巅峰之惑，慢慢来不着急。

2022 年 3 月 16 日，一觉醒来，小区被封控了。因为有“种子”（Seeding）行动加持，慢下脚步，随遇而安，坦然自若，播种栽苗，开启朋友圈晒花新模式，嘚瑟！

2022 年 3 月 30 日，小区正式封控。封控第一天，井然有序，没有焦躁，大家坦然接受。

2022 年 4 月 2 日，春天，三分地的花儿开得格外艳丽。许是因为封闭，有更多的时间侍弄花草。功夫不负有心人，这里俨然成了村里的网红打卡地，焦虑疗愈处。

四叶草堂推出了“种子”（Seeding）行动 2.0 版本——让疫情不“抑情”的几件小事，云上邂逅模式开启。

缘于“种子”（Seeding）行动让原本互不相识的我们，试着去交流去分享，延伸出相似的感受和想法，这种美妙实在难以用文字表述。你送来一把葱，我送出一袋米，仿佛又回到了儿时的情形，真诚的付出和简单的满足，才是人生最大的意义，独似人间第二泉。

2022 年 5 月 21 日，由四叶草堂发起了线上读书会，我分享的书名是《影响世界的中国植物》。同名纪录片《影响世界的中国植物》，去年曾在央视播出，这是一部老少皆宜的佳作，总导演是我十分尊敬的李成才导演，如诗般的画面和解说，让我陶醉其中，摘取部分解说词分享给大家：

苔藓：陆地上最早的拓荒者之一。它，不安于水下生活，在潮汐间爬上岸，用矮小的身体拓荒。土地诞生了，地球开始有了绿色。

蕨类植物：最早站起来的植物。它，不但扎根大地，还向往蓝天。它站立起来，不断长高，第一片森林出现了。

一起进入植物的世界，感受它们的伟大与谦卑、壮美与温暖、浩瀚与脆弱。在“影响世界的中国植物”纪录片中导演是这样阐述的：“我想分享给大家，一是大自然的馈赠。二是人类的创造力，我们为祖先给予我们的一切抱有一种感恩的愿望，我希望我们的影片能够对得住他们，能够对得住与植物打交道的人，能够对得住我们璀璨的中华文明，这是我们的情感。”太多人少有端详植物的愿望和习惯，片子定位于“影响世界的中国植物”，是因为“我们太缺这一课，太多人不了解我们的文明从哪里来”。希望与大众一起上这一课，愿意为此多做一点点事情，植物世界是值得深爱的。

是的，植物世界是值得深爱的，我深深地爱着它们。

万物之中，成长最美。

2022 年 6 月 3 日，同济新村“种子”（Seeding）行动群云上线下花园行终于开启了，这是借鉴“种子串门”理念，以花会友话端午，其乐融融好幸福（图 1-3-1）。社区花园小环游，标志着居民自治美化生活不再遥不可及，人民城市人民爱，社区花园人民建，家门口的花园从梦想照进了现实。

图 1-3-1　线下花园活动

2022 年 6 月 11 日，我们开启了新的尝试。这一次由“种子”（Seeding）行动群友主导，邀请家长带娃来三分地……孩子们发现了鹌鹑下蛋。在“菩提里的向日葵”老师的茶课上，大家体验了用热杯子微醺茶香。除此以外，还可以“闻香识茶”，内容相当有趣（图 1-3-2）。当时，直播的点击率攀升，我很开心。孩子们给我们很多惊喜——建立连接，人与人在接近土壤的环境里共生，收获欢喜。

图 1-3-2　社区花园里的茶课

2022 年 6 月 29 日，上海电视台《下一站》栏目到访同济新村，选择了村里五户一楼居民作为拍摄对象，三分地亦在其中。这是解封后首次以普通人的自然生活为视角，用无比诗意的镜头语言，呈现从三月底到六月初，日复一日的封控生活中，人们对美好的渴望，对新鲜和自然的渴望，以及不同群体对社区花园的认知。疫情封控推动了居民自发种植的热情，越来越多的人在房前屋后及阳台种植花卉蔬果，专业人士的帮助使这种自发行为获得越来越多的关注并加入其中。

2022 年 6 月 30 日，感谢四叶草堂的鼎力推荐，我参加了上海市民耳熟能详的广播节目“市民与社会”的视频采访，与我的偶像秦畅老师相会线上。三分地名声大噪，新村周边的商务楼白领、穿过大半个上海的市民到访三分地，因为疫情让原本互不相识的我们拥有了非常多相似的感受和想法，但当我们独处的时候，却很难将这种感受表达出来。我们愈发意识到一个人能做的事是有限的，此时，媒体穿针引线，架构起了一道道看不见的“彩虹桥”，大家就可以一起为美好诗意生活做些力所能及的事……

2022 年的这个特殊的春天，同济新村“种子”（Seeding）行动微信群成员已超过 200 名，社区花园的共享精神从三分地延展到了周边公共空间。群里有着花园建设营造专业能力的小伙伴，将邻里们聚在一起，让周边的“废弃”公共空间变成了花园一景。乱扔垃圾的少了，前来分享花种的多了；邻里的隔阂少了，邻里关系更深了。花园可以连接陌生的心灵，治愈烦躁的心情。

四叶草堂发起的“团园项目”，有着“种子”（Seeding）2.0 之称，它连接起了更多的人，让大家看到了一个小花园的无限可能。社区导览、自然科普等功能的增加，让社区花园不只单单承载着赏花观景，更有自然教育、科普展示的社会功能，串联起邻里网络的是互帮互助、和谐共生的社区精神。

2022 年 8 月 7 日，连续举办 5 年的创智社区花园节，在今年得到了上海市绿化指导站的大力支持，升级为首届“上海市民社区花园节”，作为“种子”（Seeding）行动超级行动者、“团园行动”的积极参与者，我很荣幸受四叶草堂邀请，与众多社区花园的践行者们，一起交流分享成功的喜悦、失败的教训。飞花入户将成为今后一致行动，我们期待着（图 1-3-3）。

图 1-3-3 “绿草盈盈，飞花入户”首届上海市民社区花园节

2022 年 12 月，种子接力站开始扩容，不仅有种子还有花苗及花盆，邻居们也开始把自家的苗放过来供其他邻居取用，一种非常好的共享植物种子的氛围形成了。大家拿回去以后就开始种植，并在“种子”（Seeding）行动群里交流经验。

我们计划开启新的行动——改变村里西侧一块堆满垃圾的荒废林地。群友相约一起商议改造方案和众筹方式，获得了刘悦来老师、魏闽老师大力支持。空谈误“园”，实干兴“村”。撸起袖子干起来，不给村里“三衙门”添乱，形成了一整套行动规范。努力吧！只有努力，才能永远给你金黄的希冀！

# 家校社共筑育才云端花园

贺　宇[1]

一群人，用一个多月的时间，一起白手起家从零开始，打造了一个富有美感的云端花园，而且这群人的主力还是一群天真懵懂的初中学生。你敢相信吗？这是发生在成都市市区一个小小的天台花园的美妙故事。这个故事中有孩子，有社区，有企业，更有家长和老师。一次小小的花园改造，联动了家、校、社三方资源（图 1-4-1）。我们本来以为这一切只是教育学生的资源，是让他们成长的契机。没有想到，这些改变的是整个社区关系，是即使身为成年人的我们也被唤醒了沉睡已久的赤子童心，被激发了向美而行的愿景。植物，真的有疗愈的作用；劳作，真的可以蓄积能量。在社区花园中，我们重构与自我、与他人、与环境的关系，一起成为更松弛又有力的自然人！

图 1-4-1　工程施工时团队成员合影

故事起源于一个平平无奇的秋日，成都七中育才学校的孩子们在参观完 2022 年成都园艺展一个个充满巴蜀韵味的特色园林园艺展区后，惊叹于各种花卉草木的错落有致。园林园艺中极强的美感与创意让我们极尽视听之娱。在得知成都将于 2024 年举办世界园艺博览会后，孩子们也想为永续生态成都之美贡献一己之力，他们想把美带回校园，想亲自试试校园绿化改造。回看我们的校园，七中育才学校位于成都市中心一块寸土寸金的区域，麻雀虽小，五脏俱全。在建校二十多年的时间里，学校培植了各种植物，有极高的植被覆盖率。可定睛一看，却发现这些草木排列毫无层次感，更别提园艺之美了。在这样的背景下，萌芽生物学社团的孩子们大胆向校长提出了他们想改造校园绿化的想法，而

1　四川省成都七中育才学校生物学教研组组长，中学一级教师。西南大学教育硕士。

在听完叙述后，吴明平校长也大力支持我们生物组的老师们带着孩子们在学校天台进行试点，看看我们有没有办法能做好一个花园。于是，孩子们和老师一起认真规划、设计和组织“共筑育才云端花园”项目。我们准备将其改造成能匹配学校新风貌的天台花园，并一起探讨“一个好的育才云端花园长成什么样？”我们未雨绸缪，提前开始准备。在询问再三后，我们感觉从头做一个花园还是一件难事。该怎么开始改造项目呢？

改造的第一步，就是进行合理的勘测与调查。这个步骤是想告诉孩子们，凡事不可想当然随意地开始，我们对背景信息了解得越全面，越有利于项目的规划、管理和实施。孩子们在第一次看见这个天台时，也有一些震惊了。小小的天台虽然荒废已久，但却绿意葱葱。里面有大量杂乱无章的野草，还有一些蔬菜。一打听，原来有一位物管阿姨见这个天台无人管理，就自主在里面播种了一些蔬菜种子。无心插柳柳成荫，她随手种下的蔬菜竟已经长了好多菜叶。阿姨种了萝卜、油菜、软浆叶等蔬菜，也从某种意义上讲将学校的一块天台化为了一片菜地。但整体来说，这样的花园显得规划不足，也不符合孩子们对校园天台花园的构想。另外，孩子们还用皮尺和测距仪等对花园的面积进行了测量（图 1-4-2）。发现天台有接近 50 平方米，可用于植物种植的空间还是非常丰裕。从课本中他们得知对植物而言最主要的生活因素就是光、水、土壤等。孩子们发现这个天台要用于降雨时的排水，所以是有一定坡度的。虽然带来了一些风险，但也自然而然地形成了干燥与潮湿不同的湿度条件。此外，有孩子用电子手表测得学校这块天台坐北朝南，这个孩子也很有心地观察了一天之中不同时段天台的光照情况。在细心地观察下，我们也了解到上午时段整个天台光照都很好。但在午后，就会因为建筑物遮挡，而呈现不同的光照量。这个时候，问题就来了。我们需要记录观察到的所有细节与勘测结论。该怎么更专业且规范地进行记录呢？学校老师和家长虽是成年人，但在工程学与园林园艺方面也都是零基础小白。面对如此复杂的项目，我们要想做得好只靠自己是不行的。所以这也第一次展开了校际合作。我们联系上了成都信息工程大学银杏酒店管理学院的副教授蔡汶青老师。在遇到工程改造的具体问题（如如何测量、如何绘制规划图、如何现场进行施工等）时，我们都可以向他求助。他不仅给孩子们详细科普了工程制图的基本知识与技能，还跟我们反复强调“工程是很严谨的”。工程学上使用的约定俗成的尺寸标注、图线、字体比例等规则都需要严格遵守。听完这一切孩子们也开始认认真真绘制属于自己的勘测图（图 1-4-3），将调查到的信息反馈到了图像上。

图 1-4-2　在阴雨天进行勘测与调查

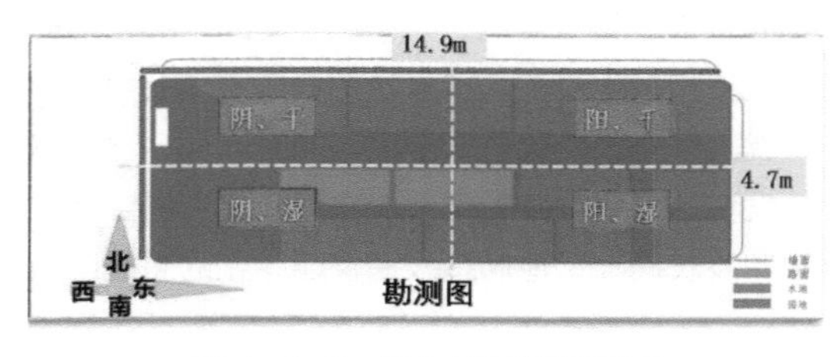


图 1-4-3　学生绘制的勘测图

改造的第二步，就是进行清晰的设计与规划。好的设计不仅要考虑美观性，更应该考虑科学性和实用性。一开始孩子们设计的时候只考虑美观，他们天马行空地选择了造价很高的防腐木地板和玻璃围栏。手绘的效果图特别漂亮，却忽略了我们项目组经费有限，不能像高档住宅一样进行园林美化。在充分考虑和讨论现实因素后，孩子们也三言两语开始叙述他们对于理想中天台花园的构想（图 1-4-4）。

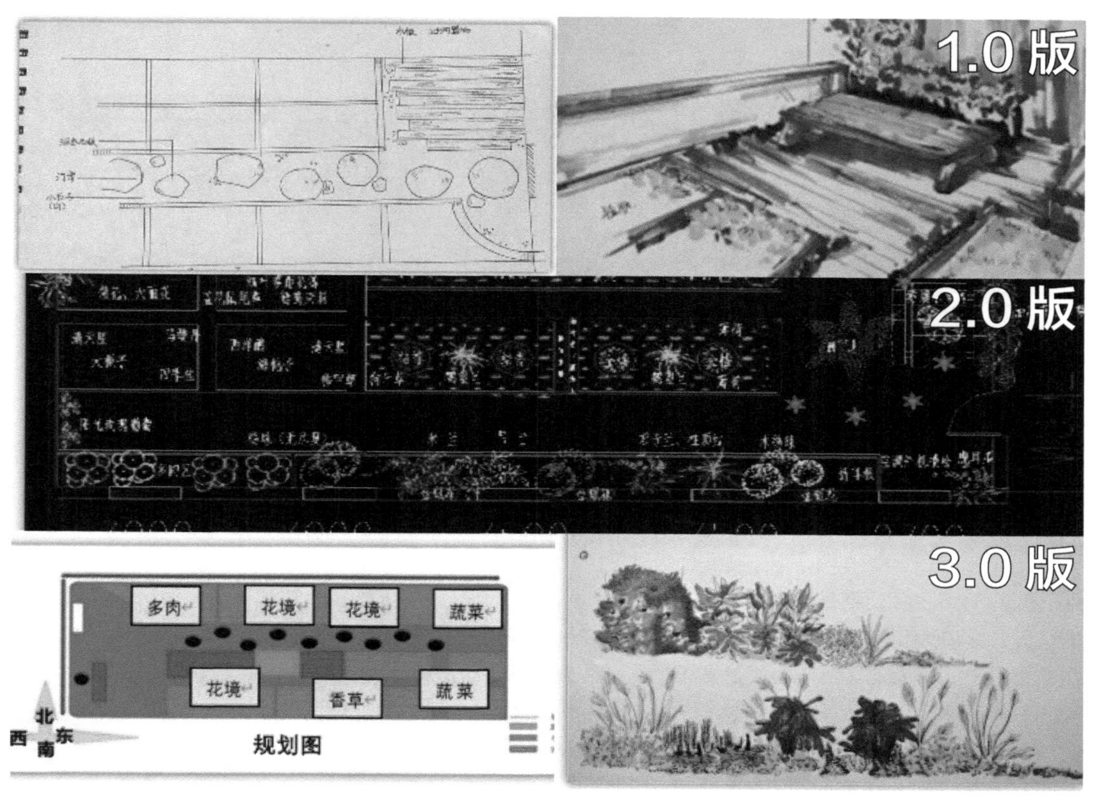


图 1-4-4　三版设计方案的迭代

“我希望这儿有很多漂亮的花，我想一来花园就感觉很放松。”

“我想种蔬菜瓜果，想一年四季都能享受采摘的乐趣。”

“你们知道‘花钟’吗？我们可以种不同时节开放的花，这样哪种花开我们就知道什么季节到了。”

“可不可以有一些萌萌的多肉呢？我很喜欢多肉。”

“对，还可以搞个水池，我们可以养一点水生植物，还可以养鱼。”

“最好花园要很好打理，因为我们都是学生，也没有时间经常来管它。”

……

为了有更多设计的灵感，我们带领着孩子们一起围观了英国的一档综艺节目——《切尔西园艺挑战大赛》。这部纪录片将园林园艺的基础知识以短平快的方式展现给了观众们，在一集之内我们就能看完 6 名选手快速打造自己花园的过程。学校生物组的宋雨婷老师也在专业方面给了我们很多启发，她毕业于中国科学院华南分院，更巧的是她本科的专业正好是“园林园艺”。宋老师给孩子们开展了园林园艺基础课程，不仅给孩子们提供了进行绿化设计的具体操作过程，还与孩子们探讨了如何将花园打造得有韵味、有起伏（图 1-4-5）。后续我们又遇到了园林园艺施工方面的很多问题，我们又联系了成都某园林设计公司的设计师。他们非常热心地对我们的方案进行了指导。比如如何进行绿化设计、如何进行景观布置等，还给我们提供了“花瓣网”“绿篱”等工具及资源，让我们受益匪浅。终于到了方案比选的那一天，几个孩子借助各种资源做出了自己的方案，最终我们采取了张睿轩同学的方案，他制作的方案用 CAD 制图制作，十分精准，其中所有的植物也是同学们一起选出来的。看到我们喜欢的植物出现在了效果图和模型中（图 1-4-6），孩子们也对工程及绿化施工充满了信心，他们迫不及待想要动手大干一场！

图 1-4-5　孩子们讨论方案如火如荼

图 1-4-6　利用废旧物制作的花园模型

改造的第三步，就是进行细致的栽植与观察了。纸上得来终觉浅，绝知此事要躬行。在工程施工的当天，之前教我们工程学知识的蔡老师也带着他的学生们来现场教孩子们和水泥、砌花池、铺花径。在专业人士的帮助下，我们很快就亲手砌好了一块块砖，也改变了花池的高度（图 1-4-7）。总共要砌的砖石并不多，每个同学也只能感受体验性地砌十块。很多同学砌的时候不够细心，就导致花池歪歪扭扭，但也有同学砌得横平竖直，就连学工程的大学生都感叹说这些初中生真厉害。他们干起活来一点都不娇气，带上劳保手套就麻利行动。很快就把工程施工做完了。

又等了几天，我们开始了绿化施工，这次完全低估了栽植植物的困难程度。理想很丰满，现实很骨感。虽然我们讨论出了一个完美的计划，但是实施起来却困难重重。

先说移栽的问题。首先，因为时间不充裕，大家在讨论出要种的植物名称后丢给老师就走人了。结果第二天一来学校想进行栽植，但所有人都不知道采买植物的数量。看着不同植物一批一批地送过来，大家都感觉很懵。于是只能送来一点就移栽一点（图 1-4-8），导致有的地方植物密度过大，有的

图 1-4-7　在高校师生指导下学习砌砖

图 1-4-8　亲手移栽多肉植物

地方又很稀疏。然后我们又只好把植物拔出来重新进行移栽，这就导致部分植物的根系损坏。移栽当天，我们花了三个小时移栽到七点半，天都黑了，但是很多植物都还没有来得及移栽，就只好草率地把它们放在地上，根本没有进行覆土工作。结果后面我们又花了很多时间来弥补这个错误。再说说播种，我们也遇到很多困难。首先，天台之前很长时间都没有人管，上面杂草丛生，我们先要进行除草工作。一开始大家没有经验，直接用手去拔掉了表层的杂草，手指甲里面全是泥土，效率还很低。然后很多人就拿着一个像茶勺似的小铲子，在那里用精卫填海的可敬精神如同绣花一般处理杂草。又说松土，我们也遇到了大困难。个别同学携带了工兵铲来松土，但工具质量太差，一不小心把工兵铲给用废了。可见我们的工作量之大，工作强度之大。后来在同学们的强烈要求下，学校给我们网购了农具小锄头，瞬间我们的工作效率都提高了十倍。种地这项工作还是得请专业人士。在这里，我们要感谢邱颢添同学的爷爷，他亲自到学校来，并且带上了种地用的终极神器—— 长长的农具锄头，我们的工作效率一瞬间可能提升了几百倍。平时可能会花半个多小时完成的工作量，他只用了不到五分钟就完成了。辛苦劳动很久，结果半个月过去了，我们第一批播下的种子迟迟没有发芽，我们只好移栽了菜苗来代替，终于在春天迎来了植物的疯长。

回顾本次校园绿化改造项目，突然想起了熵增定律—— 一个孤立系统里的所有物质，如果没有外力做功，总是向着混乱度（即熵）增大的方向演化。在这个定律中有几个关键词："孤立系统""无外力做功""熵增"。换句话说，如果要想克服熵增，我们就需要保持系统开放，也需要不断用外力对其做功。想想本次校园尝试也是在这两点因素的作用下克服了熵增，迎来了最终的"可控"和"有序"。在保持开放的过程中，老师与孩子们一起走进广阔的社会天地，跨界向校园外的伙伴学习新知识，也在无数外力的帮助下攻克了一个个难关，最终能将事情做成。

作为老师，我们克服了自己想要事事为学生安排，让他们依样画葫芦的这种控制欲，尽可能多地给学生提供机会和平台，让他们自主进行项目的探索。我们也要努力认清，在打造云端花园这方面，老师也不是专业的，所以我们应该和学生一起以更谦卑的姿态来学习新知识、获取新资源、求助新老师、用新的方法做新的事情。采取了开放系统、外力做功的方法来解决每天都喷涌而出的问题后，我们也不断地推翻自己以前的认知，在不断吸收物质能量、不断学习获取信息、不断调整心态的过程中，最终走出困局。

作为学生，我们努力尝试真实世界中的问题解决过程。从一个个看似不可能的想法，到成为现实，我们经历了失败、调整、行动与成功。在与周围的伙伴们一起讨论"好的育才云端花园长什么样"的标准过程中，我们突然意识到这里的"好"中首先包含了有形的好，这是事物的制作、调整和完善，因为行业的发展明确了事物应该本身具备客观评判的标准。但更重要的是，这"好"里也应该包含了无形的好的部分，这是人的生成、付出和创造。我们在努力追求客观的好的过程中付出的呕心沥血和全力以赴也同样不可忽视，因为这关乎人的自我发展与成长。这也关乎人与人之间的关系，设计的关键还是"人"。在做花园的过程中家长积极参与打造，甚至带领我们种菜。老师积极搭建平台，让我们认识社会各界人士。同学间合作分工，相互配合完成这一创举。我们对花园又岂是普通的情感，这可是我们自己打造的"云端花园"（图 1-4-9）啊！在上学的紧张压力中，我们还能有自由探索的空间，时不时去花园看看，当看到春天百花盛放的场面时（图 1-4-10），我们也感受到了生命的喜悦！

作为家长，我们也看见了孩子的成长。原来他们真的长大了，远比我们想象得更加有力量。我们可以将更多街道上的花坛交给学校里的孩子们来设计，他们的设计那么有美感和童趣。这才是更真实有意义的社区花园。在往后的时间中，我们要在短暂的生命之熵的变化中，释放出更多有益的能量。既然"熵增"不可避免，那就享受由"变化"和"失控"带来的新机遇、新挑战和新资源。我们在吸收、加工、释放的过程中，也能迎来自身的改变。去挑战那些你从未做过的事情，即使你不知道该怎么做。因为尝试本身，就充满了意义和价值。因为打破自己的舒适圈，就是改变的开始！今天，我们探讨的不仅是一个花园、一个课程、一个项目，也在探讨人生无数变局、无数转机、无数新奇、无数新颖和有趣。在那些无数的闻所未闻和见所未见，我们经历和成长，也终将变成更有意思的人！

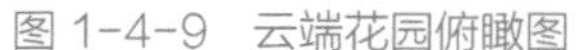
图 1-4-9　云端花园俯瞰图

图 1-4-10　萌野园春季美景

# 通过一次小区路面翻修，谈谈社区微改造的实施困境

王大全[1]

## 1　缘起：业委会的一份小区路面翻修通告

2022 年 7 月初，我在自家楼栋单元门上看到了一张小区业委会张贴的告示，告知拟对小区路面进行翻新，诚邀对道路工程比较熟悉的热心居民一起来参与。

这里先简单介绍一下我所在小区的基本情况。小区位于上海宝山区大华新村（图 1-5-1），建筑面积约 8.8 万平方米，共计 1 204 户，约 3 300 人。居民一多半来自原黄浦、原卢湾两区动迁户，剩余部分则为购买商品房居住至此。

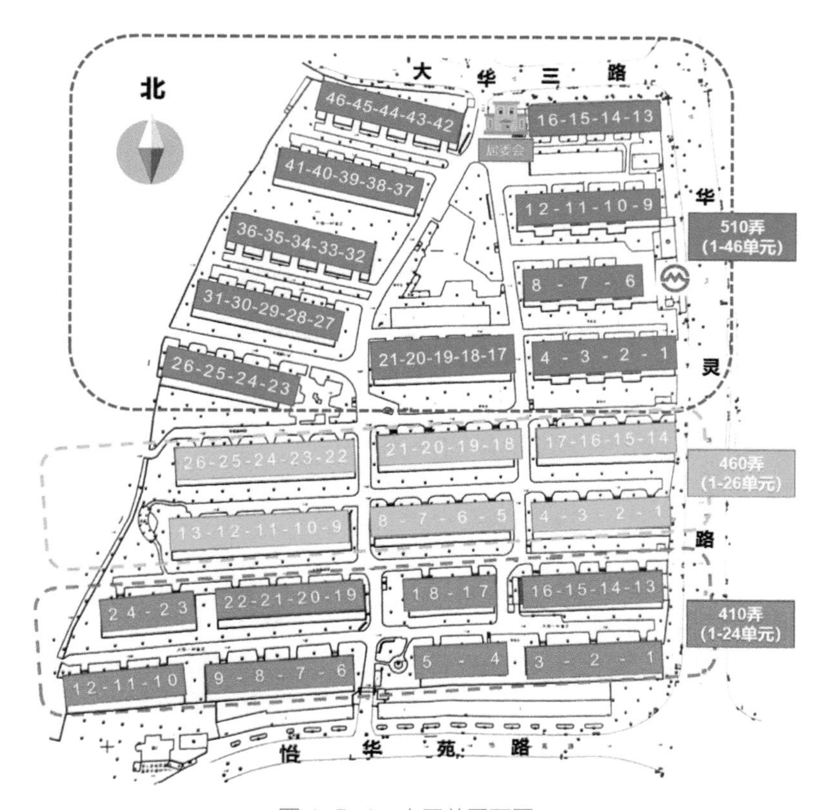


图 1-5-1　小区总平面图

1　上海明联建设工程有限公司高级工程师，一级注册建造师。

小区建于 20 世纪 90 年代中后期，建造年代较早，建设标准不高。加上后续日常维护不到位，与那个年代大多数老式小区一样，居住环境每况愈下。

近些年，小区进行了诸如“美丽家园”、雨污分流、上水管线更新等升级改造。但略感遗憾的是，每次改造升级之后，某方面得到改善，却又产生一些新问题。比如此次业委会打算翻新修整的路面，就是为配合上述工程施工多次挖掘路面却没有得到妥善修复的结果（图 1-5-2）。

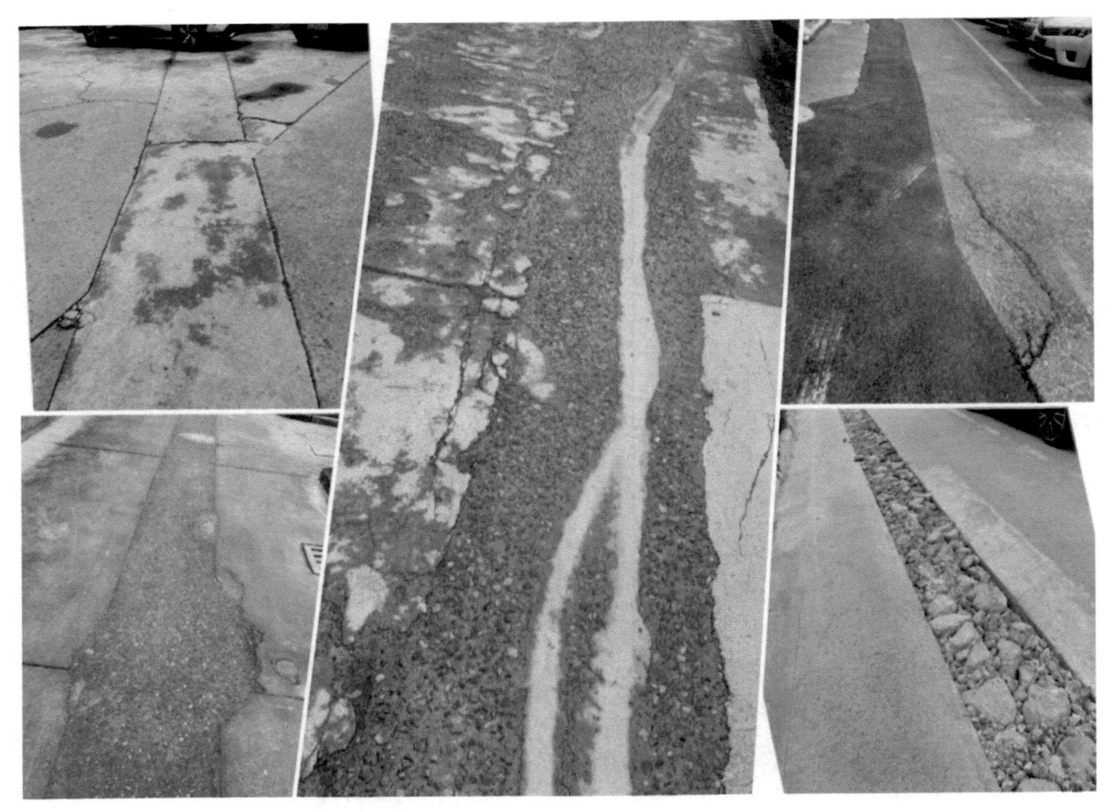

图 1-5-2　经过多次改造后的小区主路早已坑洼不平

所以看到告示后，我第一反应就是感觉有必要跟业委会沟通一下，对施工工艺提点儿自己的看法，免得本是一件让所有居民受益的事，最终结果却事与愿违。

## 2　尴尬：一次被迫中断的碰面

我先是通过单元楼组长周老师，转给小区业委会几条路面翻修的建议。很快，我就收到业委会陈主任回复，并按约定时间去业委会办公与他碰面。见面后没有过多寒暄，直奔路面翻修主题。相比陈主任比较关心怎么找施工队伍、怎样开展施工这些内容，我更关心翻修路面的钱从哪里来?

陈主任介绍说，资金筹措主要来自小区公共收益，另外他和居委侯书记先后都去过小区物业公司的集团总部“化缘”，拿到了 25 万元的支持。只是他目前收到一份某工程公司给出的翻修报价，总费用将近 200 万元。那目前资金上还有一定的缺口，所以需要更精确地核算一下。

我俩谈话只进行了约半个小时，这时从办公室外面推门而入一位身材高挑的女士。她进来也没跟我们打招呼，就径直坐在办公室门口处的一张办公桌前，摊开带来的一沓资料看了起来。我感到诧异的是，她在旁边听到我们商谈路面翻修的事情，冷不丁地会突然插一句话进来，满是对业委会工作的冷嘲热讽，让人感到莫名其妙。

没多久，又进来一位六七十岁的长者，他进来劈头盖脸地就质问陈主任是否清楚最近张贴在单元门上物业维修公告的内容。陈主任显然是认识这位长者的，称对方为老罗。但陈主任对老罗的问题应对不足，老罗便由此而言他，开始罗列业委会工作的诸多不当之处，言辞较为激烈。

这时我已经意识到，他们应该是小区里要求更换业委会的那部分住户代表了。

说到我们小区部分居民与业委会（包括物业）之间的矛盾，源头可以追溯到 2022 年三四月份，住户对小区物业管理方面不满情绪都比较集中地爆发出来。等到封控管理结束，就有一部分住户自发建群，着手操作更换物业公司一事。

他们操作中发现，若想更换物业公司，只能由业主委员会代表全体业主执行。一来二去，事情最终由原本更换物业公司的行动，转为换选业委会，从而实现“曲线救国”的目的。当然，换选业委会也非易事，要由超过小区居民总数 1/5 的业主集体签字确认，才可以发起改选业委会流程。

在他们召集居民签名改选业委会的那段时间里，每到周末，就会有人拿着小喇叭，在小区里一遍遍地播放录音，号召大家积极去签字罢免现在的业委会，签字地点就是业委会提供的一张办公桌。这就像军事家汉尼拔·巴卡（Hannibal Barca）所说的那样：“将战场建立在敌人的腹地，将前线放在敌人的家门口。”

在这个过程中，双方发生过争执，甚至还报了警。但大概这样喧闹了两个多月，这些居民最终没能凑到规定的签字人数，换选业委会及更换物业公司的事情也就暂时搁浅。我个人的体会是，过往小区业主状态很像是一盘散沙，现在节外生枝，衍生出割裂、对立情绪。后来业委会、物业要推进某项工作，就会遇到更多的质疑与阻碍。

小区的南大门和北大门，就像电影里村口的老槐树，成为两个天然的“公共议事厅”。只要天气条件适宜，每到晚饭后，每个大门附近都会聚拢一群人，据说会分属两派，对小区最近发生的事情评头论足。

## 3　纷争：社区自治，比缺钱更致命的是缺乏信任

路面翻修计划，因燃气公司对老化燃气管道更换拖延。同时，这次燃气管道的更换，也让路面翻修的必要性又增加了几分。

直到 8 月底，我再次接到业委会陈主任电话，他说小区里面还有一位热心的居民江老师，也在积极参与此事。江老师还设想以修路为契机，让主张换选业委会的居民骨干代表也参与进来，弥合彼此分歧。

后来我陪着江老师去跟他们几位居民代表沟通。其实，大家在小区路面翻修这个事情上还是有共识的。他们的顾虑无非就是，这个过程中要防止业委会暗箱操作，违规使用小区公共收益。

经过协商，我们最终成立了关于路面翻修的 9 人工作小组。陈主任作为业委会代表进入了工作小组，另外根据镇政府房办指导意见，为居委侯书记保留一个名额，剩下 7 名成员则都是我们小区自愿加入的业主。这样保证了居民人数上的绝对优势，实现充分协商自治目的。

9 人工作小组随后的几次会议，有决议（图 1-5-3），但总体气氛不够融洽，甚至大家会吵到不欢而散。虽说大家在路面翻修这个事情上能达成共识，但因为前面经历的一些事情，互相信任的协作基础还是没能建立起来。比如老罗坚持，所有事项不得有物业公司人员插手。其实这个就是矫枉过正了，没了物业公司配合，这个事情很难推进。

终于，在以何种方式遴选施工作业队伍的问题上，9 人小组陷入了“投票僵局”，彼此都无法说服对方，也无法达成一致意见形成 6：3 绝对多数投票比。

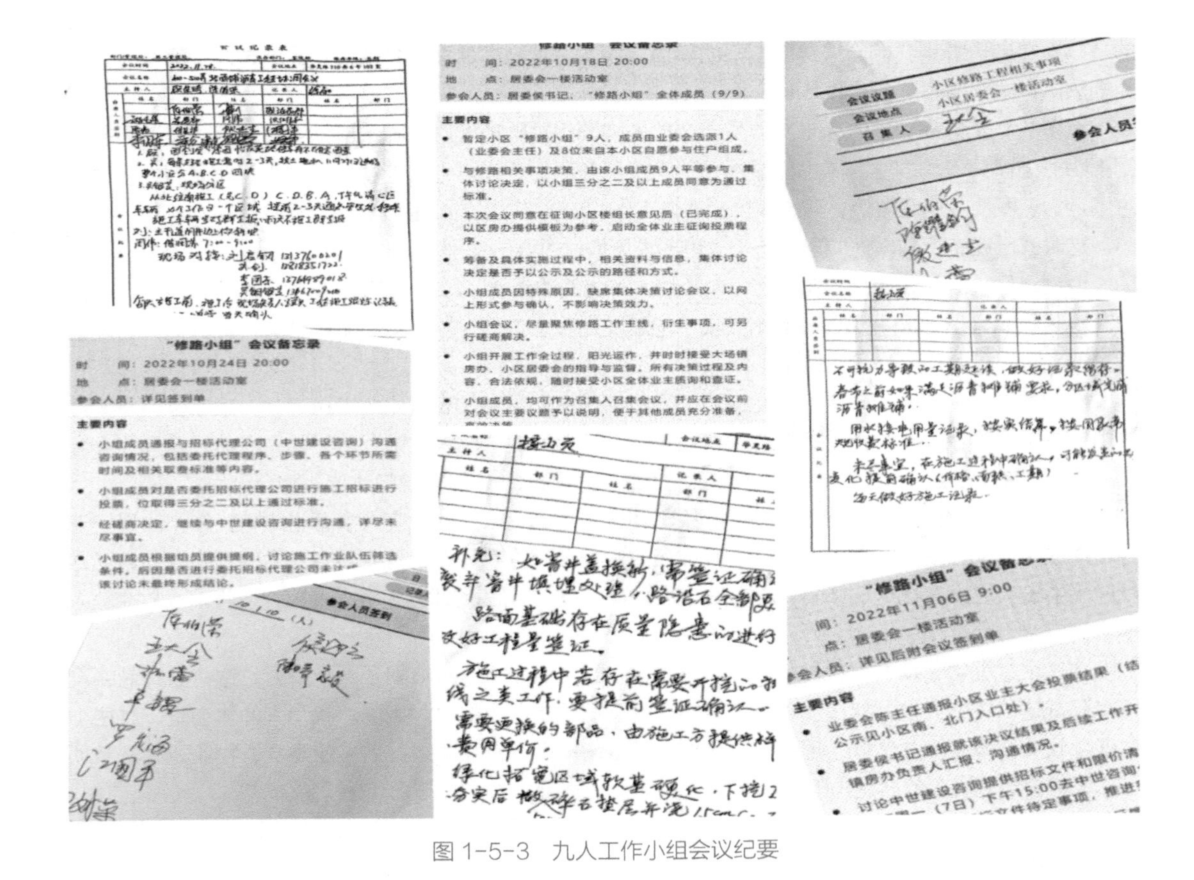

"修路小组" 会议备忘录

时　　间：2022年10月18日 20:00

地　　点：居委会一楼活动室

参会人员：居委侯书记、"修路小组"全体成员（9/9）

主要内容

- 暂定小区"修路小组"9人，成员由业委会选派1人（业委会主任）及8位来自本小区自愿参与住户组成。
- 与修路相关事项决策，由该小组成员9人平等参与，集体讨论决定，以小组三分之二及以上成员同意为通过标准。
- 本次会议同意在征询小区楼组长意见后（已完成），以区房办提供模板为参考，启动全体业主征询投票程序。
- 筹备及具体实施过程中，相关资料与信息，集体讨论决定是否予以公示及公示的路径和方式。
- 小组成员因特殊原因，缺席集体决策讨论会议，以网上形式参与确认，不影响决策效力。
- 小组会议，尽量聚焦修路工作主线，衍生事项，可另行磋商解决。
- 小组开展工作全过程，阳光运作，并时时接受大场镇房办、小区居委会的指导与监督。所有决策过程及内容，合法依规，随时接受小区全体业主质询和查证。
- 小组成员，均可作为召集人召集会议，并应在会议前对会议主要议题予以说明，便于其他成员充分准备，

"修路小组"会议备忘录

时　　间：2022年10月24日 20:00

地　　点：居委会一楼活动室

参会人员：详见签到单

主要内容

- 小组成员通报与招标代理公司（中世建设咨询）沟通咨询情况，包括委托代理程序、步骤、各个环节所需时间及相关取费标准等内容。
- 小组成员对是否委托招标代理公司进行施工招标进行投票，位取得三分之二及以上通过标准。
- 经磋商决定，继续与中世建设咨询进行沟通，详尽未尽事宜。
- 小组成员根据组员提供提纲，讨论施工作业队伍筛选条件，后因是否进行委托招标代理公司未达成……该讨论未最终形成结论。

"修路小组"会议备忘录

时　间：2022年11月06日 9:00

地　点：居委会一楼活动室

参会人员：详见后附会议签到单

主要内容

- 业委会陈主任通报小区业主大会投票结果（结……公示见小区南、北门入口处）。
- 居委侯书记通报就该决议结果及后续工作开……镇房办负责人汇报、沟通情况。
- 讨论中世建设咨询提供招标文件和限价清……下午15:00去中世咨询……

图 1-5-3　九人工作小组会议纪要

老罗他们认为，一切都应该公开化、透明化，委托招标代理公司公开招标"按规矩办"。施工过程也要委托专业监理公司监管。总之一切都按照最规范的方式进行，过程无瑕疵，经得起小区业主质询。

但我和江老师都是工程出身，比较倾向另外一种做法，就是大家广开言路，接受各方推荐合适的队伍，然后在 2 ~ 3 家备选队伍中选择最适合的队伍来施工。其实这很像家庭装修，找到知根知底的施工作业队伍最为关键，为的是把本就不多的自筹资金"用在刀刃上"。

公开招标看似公平，但从我多年的工程实践下来看，其结果往往逃不脱层层转包的命运。经过层层转包，作为招标方的我们多花了钱，而最终"接棒"的施工队也被"中间商"赚了差价。

双方僵持一周，工作不能总卡在这里，最终我们还是选择了妥协，同意了委托招标代理公司操作。因为工程总价不高，又是一番周折才找到接受委托的招标代理公司。代理公司根据工程实际，最终建议采用了"公开比选"的简易招标流程（图 1-5-4）。

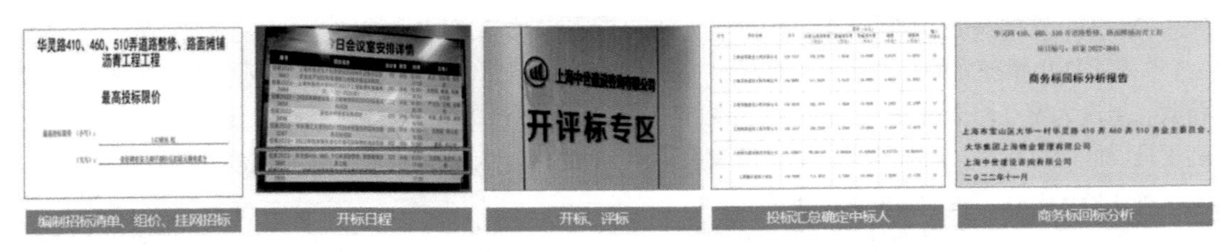


图 1-5-4　委托专业代理公司完成公开招标比选流程

而后我跟招标代理公司对接，做工程量清单、组价、编制招标文件挂网，最终有 6 家施工单位完成投标。我作为小区业委会委托评标专家进入评标小组，最终确定了施工作业队伍。

在评标中，因为工程本身的技术含量不高，所以报价是评审关键因素。招标拦标价为 147.89 万元，最终中标单位报价为 129.16 万元。虽说结果尚可，但我个人略感遗憾，如果按照我们直接委托承包单位的方式，其中还有十几万的降价空间。不是说价格压得越低越好，但对于我们这种自筹资金进行社区改造的项目，真是恨不能一分钱掰两半花。

这里值得一提的是，从接洽招标代理公司开始，原本主张以公开招标方式选择施工作业队伍的几个小组成员，以有事或其他理由，陆续不再参与后续工作。我们大费周章成立并竭力维系的 9 人工作小组，到这个时候实际上已经解散了，此后也没能再召开小组的工作会。小区又回复到以往状态：沉默是大多数，一部分反对者，剩下几个在推进工程实施。

翻修于 2022 年 11 月底开工，事不凑巧，进行不到一个月就受到疫情冲击使得施工变得断断续续。于是小区"换选群"里舆论又起，说我们是因为"分赃不均"导致施工节奏变慢。

接下来进入冬季，每日平均气温在 10℃以下，这样的低气温不利于道路沥青面层摊铺，我们只好将施工节奏再次延缓。就这样，本应速战速决两个月内完成的项目，被硬生生地拖到春节后才最终完成，变成了"跨年工程"。而上海的这个冬季，似乎异常寒冷又漫长。

最为关键的工序——沥青摊铺那 3 天，又发生一些意想不到的小插曲，但好在最终没有影响摊铺工作按计划完成（图 1-5-5、图 1-5-6）。

图 1-5-5　热火朝天的施工过程

图 1-5-6　沥青摊铺、车位划线完成

## 4　困境：一个尚需改变的现实

通过这次路面翻修，让我想起多年来时常被提及的“社区自治”话题。

大概是从 20 世纪 90 年代开始，“社区自治”开始成为我们城市社区建设的重要内容。国家层面也出台了许多政策引导社区自治。但从我的体会看，让居民走出家门参与社区公共事务管理、让小区具备自治意识并具备一定的自治能力却并非易事。都说居委、业委、物业是“社区自治”的“三驾马车”，分别代表国家、社会和市场的力量。但三者在实际操作时，也各有掣肘之处。

以我们小区路面翻修这件事为例，镇房办要求全过程“党建引领”，但翻修资金来源是小区业主自筹，居委会在监督完成“业主大会”投票通过并公示后，这件事就算完成了。还有一个不能忽视的很现实的问题，我们小区的居委会常驻人员只有 5 人，每天面对繁杂的社区事务已经有些捉襟见肘，确实很难再有精力参与其中。

业委会的成员全部是离退人员，平均年龄在七十岁。他们是利用自身的闲暇时间来参与小区管理，更类似一种“长期志愿者”的状态。

本来他们也不是坐班制的，去年复杂多变的一场疫情，突然就将他们推到前台。在某些事情上，他们甚至还成为部分业主的对立面，变成众矢之的，这是让人始料未及的。我们小区业委会原有 7 人，封控期间因承受不住居民指责退出两人，至今仍未补齐。

业委会工作经常会给人“心有余而力不足”之感。就拿全体业主核心利益之一公共收益来说，业委会并没有专业财务人员进行“共管账户”管理。据我所知，我们周边的绝大多数小区，这个工作也都是委托物业公司来代为管理。听上去不尽合理，这就像东家请了一名管家，却把钱包也放在管家那里。

至于小区物业公司经常被投诉服务质量差、人手不齐这些问题，本质也是一本经济账。

我们小区物业可计费面积大约 8.8 万平方米，原来的物业费是 0.8 元 / 平方米（也是多次调高的结果）。在物业费百分百收取的情况下（假设的理想状态），一个月物业管理费收益大约为 7 万元。小区共有 6 个保安，每人 5 000 元 / 月；6 个保洁，每人 3 500 元 / 月，这部分支出就有 5.1 万元。

我不清楚物业公司项目负责人、财务、工程主管、维修人员的具体人数和薪资情况，但想必每个月剩下的那 1.9 万是肯定无法满足分配的。不足的那部分，主要就是靠小区停车费这类公共收益中提取的管理费来弥补。

从去年开始，物业费调价到 1.0 元 / 平方米，今年又调到 1.1 元 / 平方米。但每次调价，都会有反对之声，都会导致又有一部分业主不缴纳物业管理费，理由是并没有体会到服务质量的提升。于是物业公司因费用不足导致人手不足，结果就是小区居民的居住体验感差，不缴纳物业费，如此往复，形成恶性循环。于是物业、居民也困在“先鸡生蛋还是先蛋生鸡”这个死循环里。

此次路面翻修过程也证明，没有物业方面的支持，翻修就是一个不可能完成的任务（图 1-5-7）。工程实施最基本的内容如临水、临电及材料堆放、看护，已完工程的成品保护，建筑垃圾清运等，无一例外需要得到物业方的配合与支持。

图 1-5-7　路面翻修过程中物业公司的日常

## 5 出路："社区自治"需要更清晰的制度设计

当前社区治理的主体力量还是不够平衡，身为消费者的业主往往会处于一种被动接受的状态。因此，成立一个具有代表性、有领导力、执行力的业委会，还要依托于居民权益意识的自我建立和基层选举的自我组织。

要将"社区自治"作为一种运行模式推广，就要有更为细致的制度设计。比如如何让居委会、业委会有更合适的组织形式，可以充分代表和表达社区意愿，与行政管理末梢顺利衔接。

在当前上海房价高企的情势下，只有少数住户可以通过置换的方式去环境更好住所。对于绝大部分住户而言，现在的居所可能就是终身寓居之地。所以我们不能期待外力解决所有问题，要降低"等、靠、要"心理，通过共同努力让自己的家园变得更舒适、温馨。

在小区里，有些业主会自行对家门口进行装点美化（图 1-5-8）。如果能有专业的社区规划师来牵头做较统一的规划，那也不失为一种很好的实现路径。

图 1-5-8　小区业主自行栽种绿植

改变家园面貌的过程，就是打破邻里藩篱构建和谐的过程。这个过程可以产生"人与人的连接"，让居民产生对社区的归属感。让大家体会到，凝聚人心，形成合力，就可以让我们的家园变得更美好一点。

# 美岸的故事

谷光灿[1]

重庆市北碚区童家溪镇同兴老街是一个处于嘉陵江100年洪水位线下的巴渝传统小镇。因为一直没有开发方面的动静，同兴被遗忘在城市扩张的洪流中，建筑破败，居民流失，整个小镇处于萧条的状态，老年人居多。2012年，作者从日本留学归来。面对同兴，我启动了挽留乡愁的情感齿轮，开始带动社区首先捡垃圾清洁河岸，然后进行社区营造，做了一系列面向整个重庆市民的活动，如老街社区长龙宴、中秋赏月社区联谊会、场镇河边植物调查、昆曲拍曲体验等活动，既引发了社区居民对场镇的重新认识和热爱，也引发了社会对衰落的场镇的新的关注。我带动老街社区居民把同兴称为“美岸”，并以此为理念进行细致深入的社区内部关系耕耘，促进同兴巴渝传统场镇的保护和发展。

## 1　取名为“美岸”

嘉陵江从北向南流去，在同兴这里有一个大拐弯（图1-6-1），再通向磁器口、牛角沱，最后在朝天门汇入长江，结束它三千多公里的跋涉。同兴这里中华人民共和国成立前曾经是中梁山煤矿的货运码头，船只来往很多，码头非常热闹。寺庙、客栈、钱庄、食店很多。老人们都说，从街口往河坝捆绑房排成了一条长龙下到河滩去，有很大的阵仗。

河滩边上还生长着一些芦苇和秋华柳。九月，芦苇和秋华柳都会开花，秋华柳开的花就像棉花一样，白色的一团一团的，所以老街人都把秋华柳叫野棉花。

这一片河滩是老街人的最爱。下午或傍晚，老街上的居民都会跑到河边来望望，吹个凉风散个步。涨水的季节，大家更是要跑河边，或者看看热闹，另外也是有一份担心。

老街的居民中老年人居多，年轻人很少住在老街。老街的房子太破，传统建筑的墙破、瓦破、窗户破、门破，很多都是危房。有的居民们居住在自己三十来年前修建的房子或许是水泥瓷砖房子，看上去比较结实，但多半失去了巴渝乡土的韵味。有的居民为了经济性用上了蓝色玻璃彩钢瓦，搭在老瓦的上面，防止漏雨，将就补救一下。整条老街就是这样，居住着一些离不开老街的人。

同兴的自然环境的确是非常好的。河岸有青翠的苇草，白色的鹭鸟时而飞过，河滩还有比足球场还大的一片石滩石坝。常有一些钓鱼、烧烤、踏青的人，但不算多。要从老街走过几百米的小巷才能走到河边码头，很多人不知道这里有一片天然胜景。从同兴街口进来开始往河边走，刚开始是人们的生活用店铺、超市、面馆、药店等，然后慢慢会出现一些闲散的茶馆，再往后走会出现空置危房，很萧条，很破败。最终会看到江和码头，这一条老街的主街就走完了。除了这些，还有一条横街和后街。在码头可以看到嘉陵江的大拐弯，说是码头，其实是渡口旧迹。渡船在2016年4月已被废弃了。这是一条非常有特色的河岸，包括丰茂的植被和广阔的石滩。我们称之为美岸是非常贴切的。

---

1　重庆大学建筑城规学院副教授。

图 1-6-1 （从上到下，从左到右）同兴老街手绘地图 [1]/ 从中梁山脉的猪头寨东望同兴老街 / 老街上川主庙的阁楼

1　同兴老街美岸志愿者协会绘制。

美岸是美丽的，老街却是破旧的。但没有老街，美岸的意义不是很大。风景的意义在于有人去欣赏。没有人欣赏的荒野只是地貌学上的地表、地形、地貌或者植物群落。最近几年流行荒野景观，那是因为人们容易被这种还少有人烟的地方所惊艳和迷倒。从风景园林学的视角来看，在那些郊野的江边，很多地方都有很清新的自然风景，但似乎并不值得专门跑去观赏猎奇，舟车劳顿，不太方便也没有地方好好休息，出行价值较低。但是，有了老街美岸就会有依托，老街成为出行的给用站点，美岸同老街嵌合在一起，不可分离。这种组合可以让人惬意地慢慢品味，细细体会一种穿行小街小巷又迎面大河大江的闲情。完全可以好好利用美岸的自然风光来进行社区营造的主题，虽然这里人们同嘉陵江已经少了捕鱼乘船等传统生产生活关系，但是嘉陵江美岸的翠色可以带来新的人和土地的关系（图 1-6-2）。

图 1-6-2 （从上到下，从左到右）同兴美岸江矶群鸟 / 石阵 / 楼廊 / 芦苇群落

## 2 美岸的改变

2015 年底，作为一个试图改变同兴的面向实践的学者，我开始思索，老街如何更新、如何兴旺、如何活化。最开始我尝试在江岸捡垃圾，后来我带朋友来江岸考察，看如何在美岸能烧起一把火，把老街的寂寥都驱赶走。在 2016 年的 6 月 8 日，我联合了同事、学生及一些亲友来江岸捡了垃圾，之后利用自己家的茶馆举办了一场美岸之火慈善画展（图 1-6-3）。绘画只是一些老街老人和小孩等的画，也找一些朋友的画来友情支持。但来的人很多，大家非常认真地看画，请了重庆大学建筑城规学院的教授欧阳桦老师来做了讲解。大家里三层外三层拥着，表现了从未有过的艺术热情，还有一些外国朋友也来到了现场。我们是通过微信朋友圈发送的通知。那一天美岸还很热。在这样一条萧条的老街，

居然有这样一个民间画展。这种反差大家或许觉得很有趣。夜晚，美岸燃起了火把。体现了主题“美岸之火”，小朋友们如预计一样，兴奋得很，高高地举着火把，仰望着火焰，享受着美岸漆黑的江天。那个时候，美岸的夜真的是黢黑的。因为当时江对岸礼嘉还没有开发，只有上游有一座桥，没有多少光，美岸就是自然，纯粹的自然。

图 1-6-3　美岸之火慈善画展

从那以后，我开始向更多的人介绍同兴。

怎么样才能让美岸持续燃烧起生命之火来呢？热闹的画展之后，我们又举办了镇域调查、植物探险、老街振兴破冰、中秋联欢、昆曲清场、老街长龙宴、元宵节、旗袍练习、三月植树节、五月端午节嘉陵女儿、湿地探险、老街游戏 CS、舞龙、编竹篮沙龙等各种五花八门的活动都不断展开了。我们有三个主题愿景，一个是生态保护，一个是文化保护，还有一个就是老街的经济振兴。让老街居民来参加来当主人，大家和从微信邀约的外面来的城市里的居民一起玩。所有的人都被称为志愿者，大家都很乐意来到老街，一起玩，一起保护老街的江岸湿地，保护老街的传统风貌。微信成了方便召集志愿者的助手。后来美岸的名字越传越远，很多市里的人们都知道了美岸，都在询问美岸在哪里。受到我的影响，来过美岸的人都乐意把这里叫作美岸。美岸也出现在了《重庆晨报》等媒体上。

这些都是比较热闹有趣正面的，其实我们在宣传美岸的生态保护的时候，特别是涉及退耕还草的宣传时，会碰到一些在江岸开垦的居民，甚至在这里多年种植蔬菜的农民，有的农民不理解，根本不理睬我们。当我去向居民游说退耕还草的时候甚至出现了向我扔石块的情况，我一度成了在江岸种耕地的居民眼中不受欢迎的人。但是，最终这个扔石块的老人被志愿者团队的友爱欢乐感染了，最终放弃了耕地，将它还给了嘉陵江岸。

## 3　美岸的课题

我一直在思索该如何去建设美岸，打造美岸？没有资金，没有政策，没有项目，没有红线范围。但有一些事情还是可以用一些方法不花钱的。社区营造的目的就是让社区居民们爱上这个家，诞生出改变的力量来。对自己的家园的建设和改造是可以依靠热爱这块土地人们的集体智慧做出来的（图 1-6-4），但可能进行具体的大的实体建设有些困难。在 2017 年，我联合几位志趣相同的人组织社区绿植大赛，发给居民们少量的补贴费用，在自己家门口进行了个性化种植，社区居民们都贡献了自己的创作，美化了老街，同时老街居民可以从知识素养文化思想上获得培养，促进居民进行精神文明建设。

美岸其实是一个模糊的区域，有的时候就是指渡口，有的时候指江岸，有的时候又指向整个小镇老街。我们从三个方面指向一个目标和信念，那就是文物保护、生态保护、经济发展，这三个指向了高品质的生活，后来成了正式申请注册的公益组织嘉溪传统聚落保护与发展中心的宗旨。公益组织的成立只是公益伙伴们的一种热心促成。因为社会组织对社区营造的一点点深入，美岸一点点变美。以

图 1-6-4 （从左到右）专家、学者考察美岸 / 居民志愿者讨论美岸发展

此为模范，政府各职能权属部门也开始不断地投入力量改造老街的建筑，种植老街的花草。

美岸被喊响了名称，在重庆市北碚区童家溪镇同兴老街的墙画地图上就标有美岸湿地。面对美岸的建设，社区营造者们呕心沥血，社区居民们团结一心，建设着自己的美丽生活。有理由期待美岸十年后就会上一个真正的台阶，变成一个有品质的美丽小镇。而三十年后，这里或许可以变成一个著名小城，迎接来自各方美丽的人，真正成为人景双美的美岸。

对于美岸人居环境，还有很多具体的事情需要做，美化建设、培植适宜的花草、适当人气吸引游客、提升政府的管理意识、进一步更新居民素质、提升居民层次、带动产业发展、提升商业品质、促进文化内涵，让居民团结凝聚起来，增强社区自豪感。美岸是原住居民居住的家园，并不是我们常见的商业旅游区。所以捕捉好关于生活的有质感的细节。我们可以把美岸看成是一个巨大的社区花园，所有的社区居民都是园丁，所有的游客或者志愿者也可以变成场镇的主人，因为同兴是一个可以承载巴渝乡愁的巴渝传统人居环境，同兴可以成为所有重庆人的心灵故乡。

## 4 美岸的现实

在同兴，有一个无比伤情的现实。

那就是，美岸是在一百年一遇的洪水线以下的非建设用地的土地规划的土地。就好像刘慈欣笔下的 3T 世界一样，过一段时间，这里就会面临一场淹没全镇的特大灾难。洪水过后，美岸居民们就又一次开始重建家园。周而复始。

我所知道所经历的有：

1980 年，同兴特大洪水，淹没全镇。

相隔 40 年，2020 年，同兴又一次特大洪水，淹没全镇。

所以美岸受到房地产巨头的投资开发是一场不能期待的梦。

美岸社区的居民都是街坊邻居。从 2016 年开始的社区营造，老街居民们经历了 7 年的各种活动的熏陶，对生态这个事情已经摸得很清楚了，对江岸的生态保护说得头头是道，河岸的耕地还草已经好几年了，居民们很早就认可了美岸是一个湿地自然公园，大家在 2017 年就提出了愿景（图 1-6-5）。文物保护和文化传统保护内容较少，经济发展方面的内容还没有真正展开。

同兴作为一个码头遗址，从明末清初开始建场。目前老街可圈可点的文物构筑是两座清代石桥了。还有一本生活在老街的居民揭祥麟写于 1953 年的小说《抗丁记》。美岸最主要的资源就是那条具有优美生命状态的河岸。所以，我给居民们宣传传递自然保护的理念希望美岸能够成为同兴湿地自然公园，被保护起来。

图 1-6-5　2017 年我们发出同兴美岸湿地自然公园的愿景

2023 年，美岸的社区营造已经形成了规律，这里有了一两个好的活动，围绕生态保护和传统保护来进行的。美岸可以年年定期持续地来进行。比如为保护生态宣传的嘉陵女儿活动。活动是这样的，嘉陵江流域的学校的选手受邀请来到同兴，进行一分钟生态演讲。选出最美嘉陵女儿冠军、亚军、季军。根据前两次的情况，活动可以带来很多人流。在人流的基础上，活动又可以带来很多产业机会。这场活动给整条老街带来新机遇，同时也会带来建设的推进，更是带来老街满满的幸福感。如果同兴能操作好整个嘉陵江流域的最美嘉陵女儿评选活动，那么这个活动足够让同兴焕发出美丽的光芒。嘉陵女儿们头戴鲜花参赛而来，她本身就如同花儿一样，老街美岸社区成为一个花与“花”的海洋（图 1-6-6）。还有一个活动就是亲子美岸湿地植物调查认知活动，去走入湿地，去看芦花，去探寻一些白鹭的踪迹，有的时候还可以惊飞一群野鸭，去看秋华柳的棉球，用一些植物的形态和色彩的灵感来作画。提升人们对大自然的认知。

美岸的社区营造就是这样的，去探索大自然的美，去保护大自然的美，去调整社区和大自然的新的精神依赖的关系，让社区有凝聚力，让居民们有自豪感，让人们在美岸生活感到越来越幸福。所有的都在于这是一个青草依依、繁花簇拥的美好家园——美岸。

美岸的实践对于社区花园、社区营造来说，最重要的是促发了人居生活向美向好的根本内在动力，调动了居民热爱自己家园建设自己家园的积极性，让大家合力来处理、转变、美化场镇老旧社区中各种衰败破落陈旧没有活力的公共空间，挖掘社区人际关系潜力，凸显社区空间景观价值，成就社区生活水平的提升，让大家安心舒适幸福地一起生活。

这就是美岸的社区营造的故事，居民们围绕着美一起活动，一起投入，从而产生了生活的乐趣和热爱，为社区的建设，为江岸的保护，为老街的幸福生活一点点贡献着力量。

生活在，美岸在。

图 1-6-6　第一届到第三届嘉陵女儿评选公益活动

# 让日子越过越美——从孩子的自然启蒙中，开启重构邻里关系的大门

施柳燕[1]

在翻看去年个人公众号“给宝贝的故事书”记录中，无意中看到当时的自己留下过这么一段——“加缪说：‘推动人类进步的重任不能等待完人来完成。’所谓行是更高级的思考。从一个设想到行动，自然观察小组开始渐渐地定期开展活动。每次好玩的点子或许都是来自一个还童心未泯的自己，任何一场活动，首先自己觉得好玩有趣，再带给孩子们，来激发孩子对大自然的好奇和探索欲。我的思绪瞬间回到去年这个时候……”

## 1　一个偶然，促成邻里交流的契机

那时候大家的生活都处在不确定中，每天只有下楼做核酸时放个风。我常会在这个时候带着孩子一路观察小区里的植物，慢慢地认识了和几个孩子年龄相仿的邻居。从刚开始送小朋友们几条蚕宝宝一起观察，一起找桑叶，到后来大家慢慢熟悉。5 月中下旬，疫情渐渐好转，大家下楼的次数渐渐变多了。为了给孩子们下楼多个由头，我开始萌发出了一些想法。孩子们在家里待得太久了，如果能组织一些活动，让孩子们能在出来玩中学习，不是很好吗？于是我便开始萌发用自己积累的一些动植物知识和小区的亲子家庭一起分享的想法。这样除了孩子成长外，也促进了人与人之间的温情与关怀，这是一件很有意义的事情。

## 2　邻里合力，给孩子更多乐趣

2022 年 5 月 22 日，防控形势有所好转，邻居们可以下楼在小区内走走，那天也正是世界生物多样性日。在和几个邻居妈妈商议得到支持后，我在微信群中发了一个通知，约定了下午 2 点左右，在小区里带孩子们进行自然观察。我整理好教学用具——植物昆虫标本盒，由邻居妈妈帮忙打印好材料（那时候打印纸和墨盒都是比较紧张的，网上还不容易买到，邻居妈妈们协调了下资源，终于准备全了材料），带着孩子去楼下集合，每一次孩子们的观察活动都是家长们一起努力的成果。

下午 2 点，在小区中心花园参加活动的小朋友们都到齐了，我开始从身边的生物和我们的关系开始，通过生物之间彼此竞争和共生的关系，来告诉大家我们平时餐桌上的蔬菜瓜果都是植物，植物需要昆虫来帮助授粉才能结出果实。有些小朋友很怕虫，一看到就想要踩死，接着我拿出了蝴蝶标本，孩子们一看蝴蝶都很喜欢，我告诉他们：“蝴蝶也是由一条不起眼的小毛毛虫蜕变而来的。如果没有了昆虫，我们的植物就无法授粉，那么也就没有丰富多样的食物提供给我们人类了。而大多数昆虫都和小朋友一样，在吃东西时都有自己的偏好，有的只吃桑叶，有的只吃朴树叶，有的只吃橘树叶。”接着我又拿出蝴蝶的生长史图片，让他们了解如何一条毛毛虫变成蝴蝶（图 1-7-1），傍晚我们一起寻找路

---

1　上海多家幼儿园、小学客座教师，上海辰山植物园科普志愿者、上海根与芽志愿者。

边的一颗野生小橘树，观察上面的玉带凤蝶幼虫（图 1-7-2），孩子们记录观察所见（图 1-7-3）。慢慢地孩子们开始认识了昆虫也认识了植物，还知道了植物和昆虫之间的关系。进而大家又开始了解鸟类，植物是昆虫的食物，昆虫是鸟儿的食物，鸟儿会迁徙，能带动整个地球能量的转移。每一种生命都有它们存在的价值，就像我们的小朋友，我们都各有特点，都具有擅长和不擅长的，但没有好和坏不好之分，大家做自己就是最好的。

图 1-7-1　带领孩子们了解毛毛虫变蝴蝶的过程

图 1-7-2　带领孩子们观察玉带凤蝶幼虫

图 1-7-3　孩子们记录所见

孩子们在潜移默化中在发生着改变，其中有个小朋友，从一开始看到楼下的草就要拔掉，看到虫子就要踩死，到慢慢地开始爱上昆虫，现在已经是一位昆虫小达人。后来随着彼此间慢慢了解才知道，原来在家中，他的爸爸很怕蚊虫，觉得小区里的杂草是滋生蚊虫的地方，所以也就影响着孩子，觉得小区就要一棵杂草都没有才是好的，但在经过几次课程之后，孩子的行为慢慢发生了转变，家长的态度随之悄然发生了变化，他们更积极地参与并支持着我们接下去的活动。

## 3　连续持久的观察，培养了一批小自然爱好者

疫情期间，我们开展了邻里互助的科普活动“植物的秘密”“虫虫探险队”“护鸟小卫士”等（图 1-7-4），从自然观察到手工制作，从单次课程活动，到持续性对同一物种的观察。我们一起动手收集自然材料从设计到动手制作了“昆虫之家”（图 1-7-5），一起分析不同昆虫都喜欢怎样的“家”，进而关注生物多样性的重要。我们也一起观察了白头鹎育雏（图 1-7-6），从一枚到四枚，从一只到三

图 1-7-4 开展邻里互助的科普活动

图 1-7-5 带领孩子们制作“昆虫之家”

只（最后一只没有孵化），我们从它还是一枚紫色的蛋，到挺着光溜溜的身体、摇晃着脑袋、张大着嘴巴嗷嗷待哺，到羽翼渐渐丰满，眼神炯炯有神地看着我们，到站在巢穴边昂首挺胸神气的样子，最终飞离鸟巢。我们一起见证了整个过程，也把不打扰不干扰的自然观察法则传递给孩子们。通过观察大自然野生动物，我们进行了生命教育。我们也一起养了蚕宝宝，在疫情桑叶难求时孩子们彼此帮助养活了蚕宝宝，并为幸存的蚕宝宝们寻找配偶。过程中孩子们一起分享蚕宝宝的成长变化，在被困家中的那几个月，自然观察成了守护孩子们心理健康的一道安全屏障。

图 1-7-6　与孩子们一起观察白头鹎育雏

以前我们总以为要去很远的地方才能看到诗和远方，现在，我们发现“只要拥有好奇的眼睛，停下脚步仔细观察，小区其实也很美”。我们在小区里前后发现了一百多种小草，三十多种昆虫，邻居一年级的乐宝还自创了一组画:《一园青虫成了精》，在年级末的自然课上被老师表扬。同在一年级的雨宝的作文中描写自然观察的收获，奶奶看了很高兴特地发给了我。邻居琳宝把在我们自然美育课上的微景观养了很久，每次见到我都快乐地告诉我，小草还活着。琳宝四年级的哥哥更是把观察到的昆虫一一手绘，成为一本图鉴（图 1-7-7）。孩子们的兴趣被大自然中的某个点打动，他们慢慢地因为这个活动，开始更愿意走出家门，来到户外。记得有个妈妈曾经对我说，以前他的孩子总是宅在家里看手机 iPad，每次想拉他下楼都不肯，但是自从参加了我们的活动，孩子开始对大自然感兴趣了，随之她和孩子也成了我们活动忠实的拥护者。

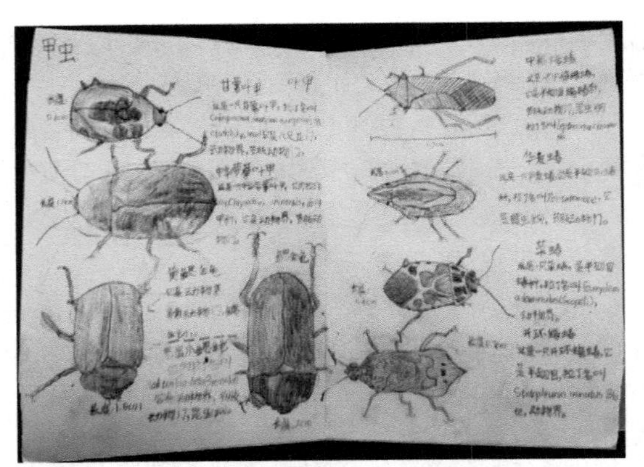
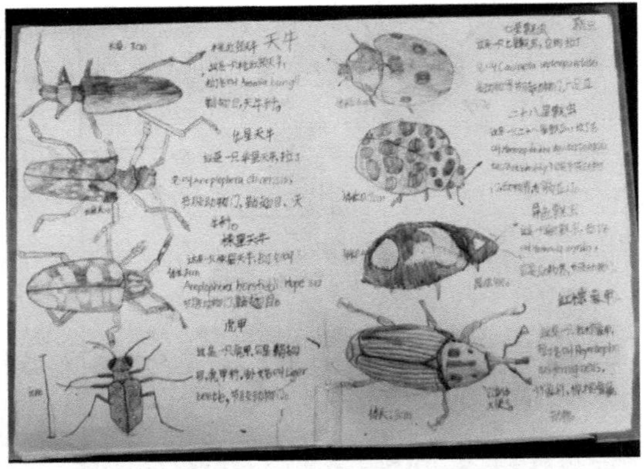
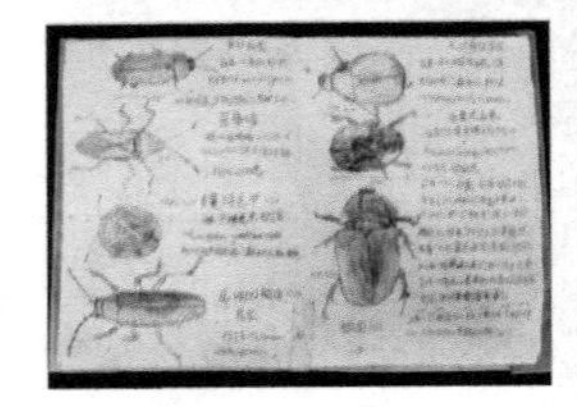
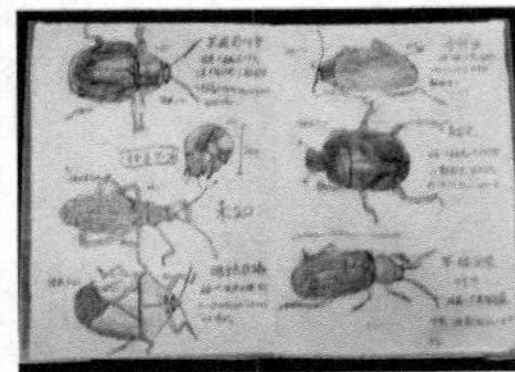

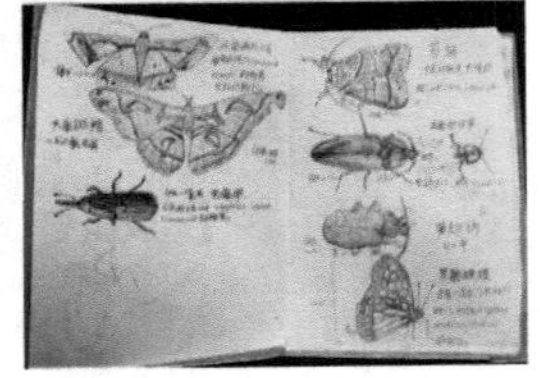

图 1-7-7　琳宝哥哥的昆虫观察手绘图鉴

从孩子开始影响一个社区，让邻里间关系愈加融洽。播下一颗自然的小小种子，收获邻里间大大的温暖。还记得有一次我给孩子们科普植物课，当时我们家妹妹带了一把尤克里里，在我们课程时，有一位爸爸就自发地在旁边默默帮我们调试好了音准，拿到尤克里里的瞬间，我们彼此心照不宣又是满满的感动。还有一位奶奶，在小区里带孙子散步时看到我们的活动，也一起加入，疫情快要结束时，这位奶奶发了自己的微信公众号，记录疫情期间小区里的故事，其中就记录了我们的自然课堂活动，并专门发来微信表示感谢。孩子是每个家庭的希望，孩子的喜爱和收获带动了家长，甚至祖辈们的改变。还有更多孩子因为一起观察而开始爱上大自然，甚至会带动他身边的朋友一起观察。乐宝说，他回到老家，也带着他的妹妹一起去寻虫，现在妹妹也爱上大自然了。

孩子在大自然中眼睛都是“闪闪发光”，他们自然而然展现的专注、阳光、自信的能量，感染着身边更多的人。我们鼓励孩子发问，去发现未知，因为现在孩子学校学习中的答案都太容易了，网络上一搜就有现成答案，太容易得到答案，然后失去深究的兴趣，我们鼓励孩子保持求知欲。一条昆虫的幼虫究竟是什么？在答案未知的情况下，鼓励孩子持续观察，在每一次幼虫的蜕变中发现惊喜，最终收获答案，我想思考的过程比马上给出答案对孩子内心来说更有意义，也更有趣。就像许倬云老先生曾说过：“人没有了判断能力、没有目标、没有理念，这个人生是灰白一片，这是悲剧。人类历史最重要的时代：轴心时代，那时，每个文化圈都冒出一群人来，提出大的问题，多半提出问题，不是提出答案……现在都是现成答案，一抓就一个，短暂吃下去，饱了就不去想了，这些事今天物质生活丰富方便，精神上空虚苍白，这么做下去，人变成活的机器，我们来配合人工智能，人配合 AI，而不是 AI 来配合人，就没有自己了。”（出自：许倬云对谈项飙）美学大师蒋勋也提出过类似的观点：“我们的学校教育都是学已知的东西，应该更多去让学生提出未知的问题，去让学生在未知中求索答案，这才能促进人类发展。”

在活动之初，我们的孩子来自不同的背景，也有不同的加入动机。有的是本身对自然感兴趣，但不知道如何入门，有的是虽然对自然无感，但潜意识觉得自然是有价值的，还有的纯粹是为了给孩子寻找玩伴，抱着试试看的心理而来。但随着活动的开展，我们一起来阅读大自然这本书，一起去发现自然中有趣的故事。从孩子的喜欢开始，我们会慢慢地得到家长认可，从点到面地影响着整个家庭乃至社区。

## 4 在大自然中安顿内心，让社区变得更美好

我们和大自然有着怎样的联系？千百年来，中华魂中华根，中华文明有着浓厚地大物博的色彩，中国人是靠丰富的物资生存下来的。

另外当代世界著名教育心理学家——霍华德·加德纳（Howard Gardner）的多元智能理论中就提到“自然探索智能”。儿童时期充满好奇心与探索欲，这正是培育自然沃土的最佳时期，种下能产生智慧和知识的种子，让孩子的未来产生更多的可能性。

当下我们最关心的就属孩子的心理健康问题，一个人在生活中是否幸福，是否充实有盼头，除了有基础的物质作为保障外，自我定位和自我调节起到至关重要的作用。面对当前日益上升的青少年抑郁人群，从自然观察中疗愈人心，找到生命的意义，逐步搭建应对外界多变和不确定性的强大心理健康机制，可以为孩子们的成长保驾护航。

大自然这本书包罗万象，有我们孩子成长所需要的一切。珍视它，知行合一，在我们的社区中去践行。时间飞快，三年已经过去，回过头来看这段过往，我们看到了正在发生的改变：以前门对门都不相识的邻居、曾经放学就关在家里的孩子们，因为“自然观察”大家从不认识到认识，最终大人孩子都彼此成了朋友。也在最严峻的疫情阶段彼此照应，分享食物和精神食粮，互帮互助。在疫情过去后，邻里之间增加了联络，从我带孩子们自然观察，渐渐发展为孩子们自发结伴进行自然观察，发展了共同的兴趣爱好，结成了伙伴友谊。在孩子成长中，因自然结缘，融洽邻里感情（图 1-7-8）。

图 1-7-8　邻里间孩子们成了朋友

回首一起经历的困难和努力，也愈发感受到，虽然城市化发展快速解构了原有的社区关系，但因为一个交流链接的平台，人与人之间的关系开始发生着改变——变得更有“味儿”了。我们行动着验证着，也创造着新的发现——我们的经历是生活中微不足道的很小的事，我们的社区就是由这千千万万默默无闻的人像毛细血管般为自己的家园默默地输送养分，这些都让我们的社区越来越好，日子越过越美。

采访专栏

# 东明咖啡梁小玉：公共事务已成为我生活中，最“日常”的习惯[1]

谢宛芸[2]

## 1　采访背景

在上海浦东新区东明路街道灵岩南路有一家非常特殊的咖啡厅，名为东明咖啡。作为东明路居民们心中“小南京路”的灵岩南路，最为繁华人流量也最大却全段缺乏卫生间，唯一的卫生间条件较差且需要收费使用。但在灵岩南路与三林路的十字交叉路口有一家特殊的“东明咖啡”，不仅长期向所有人免费开放卫生间，今年3月份还将一楼走道入口空间由原本的荒废水池改造成了爱心座椅，方便路人休憩及工人吃饭。

“东明咖啡爱心座椅”的建成缘起于店主梁小玉观察到平时有很多人在一口入口的过道休憩、吃饭等等，但是一楼属于通行空间且环境比较差。2022年10月，店主梁小玉通过“街区共生计划”萌力街区工作坊提出提升提案，由街区共生联盟成员社会组织四叶草堂人员孙凡、青年社区规划师顾钺等人辅助提案，与政府、商家等多方群体协商推进，并试探各类经费的可能，包括政府街区更新项目经费，联劝基金会经费等等，通过持续的共创跟进，最终于2023年3月底落地实施，为附近的工作人员提供了可休憩、吃饭的友好空间，提升了商业楼的楼道公共空间（图1-8-1）。

1 这里有些脏乱差，人们需要休憩空间

2 梁小玉希望这可以增添休憩座椅，美化环境

---

1　本次访谈由国家社科基金《城市微更新中居民基层治理共同体意识形成机制研究》支持。

2　访谈采访、整理者。同济大学建筑与城市规划学院景观学系硕士研究生。

4 最终这里为大家创造了友好空间

3 与街区发展中心持续的跟进和共创

图 1-8-1　街区发展中心建设进程一览

近日，东明咖啡的故事引起了更多人的关注和重视，小编也对店主梁小玉做了专访以了解座椅背后更动人的故事。

## 2　访谈问答

**问：据我们了解，东明咖啡不仅牵头完成了一楼爱心座椅改造，还有免费开放卫生间、为保洁人员提供冷热水等行为，能请您谈谈具体的故事经过吗？**

**梁小玉**：从开业到现在9年多的时间里，我们一直都有免费提供店内洗手间，从楼下商户开始逐渐辐射到周边，现在可以说大半条街和路人都知道可以来我们咖啡馆，甚至还有周边商铺专门骑电瓶车来上卫生间，也算是把招牌名气用这个方式打出去了。商铺或是店员也曾问过我是否要一起承担水电和纸巾损耗的费用，我的想法是人都有三急，大家都知道咱们街道缺乏基础设施的现状，上卫生间这类基本需求在不妨碍到我们日常工作的情况下，我都很愿意主动提供给周边商户和居民，也很愿意在这个过程中结交更多朋友。

人是没有高低贵贱之分的，大家在我眼里都是平等的，也都是我的朋友。现在除了商户，周边骑摩托车、环卫、保洁等的工作人员也都会上来，我们也会有冷水热水提供，偶尔也会给大家送些瓜果茶饮解渴避暑。每一份职业都是值得尊重的，我们也时常会邀请他们上楼到咖啡厅里休息，但很多人往往觉得自己职业穿着会影响生意，选择搬个小椅子坐在水池旁边吃，这也就启发了我，或许可以让这个废旧的水池发挥更大的作用。于是就借助街区共生行动的契机，和联劝合作一起完成了爱心座椅的设计和制作。

现在不管什么时间去看，都会有不同的人坐在楼下的座椅上歇息，以前很多工作人员只能坐在路沿上，现在这里变成了街上难得的另一个休息场地。座椅建成之后，有很多外卖员、送货员、保洁或是各类人员和我说谢谢，还会主动上前来帮忙。看到他们发自内心的笑容和感谢，我也由衷地觉得这所有的一切都值了。

**问：您提到爱心座椅建成之后看到了很多使用者的变化，那在参与到街区共生计划之后，您的生活中是否发生了什么有趣的改变？**

**梁小玉**：在参与到街区共生联盟、一起开展更多公益性行动之后，除了达到更大范围的品牌宣传效益之外，我也感受到很多自己和身边人的变化。首先，在共创之中，不仅是跨圈交友，更是相互学习、互相成就。如果没有加入众多的公益组织、商户联盟及街区共生联盟之中，我可能就没有办法认识例如同济的刘教授、街区发展中心的草莓、聚明心的月月等优秀且充满热情的人。这样的过程不仅是在各行各业交友，也是在从不同类别的人身上学到更多跨界跨领域的内容。

第二点，参与经历是辛苦但值得的，不仅可以实现个人价值和心理满足，还有利于促进家庭邻里关系。从心理层面来说，在力所能及的范围内能够帮助他人，是一件让我乐意且感到心安的事；从家庭邻里关系层面来说，在我积极参与公益行动之后，我家小朋友对我最大的评价就是"妈妈最大的特点就是自律＋善良"，而且我的行为也影响到了身边的家人朋友，一起参与到校园、社区的公益活动中。有了自己热爱的内驱力，家人的支持理解以及志同道合朋友的陪伴，才让我更加有了持久做下去的决心。

第三点，参与到社区规划当中，也增强了我对社区的认同感、自豪感及归属感。这份独特的经历让我更加热爱这片土地，不仅是生活、工作在这片街区，还能在参与中掌握到更多街区发展的一手信息，了解社区的最新动态才能更积极参与公共事务。在这场参与式行动中，我也越了解越坚定，成为行动中的正能量传播者，公共事务已经不再是一项"额外的事"，而是我生活中最"日常"的习惯。

总的来说，从我决定参与、决定共创开始，我得到的大多是正向的反馈，也让我得以发自内心地越坚持越热爱。

**问：您刚才谈到了很多参与之后带来的益处，但是仍然有部分参与者会出现无法坚持的现象。那么您认为是怎样的原因促使您可以长期保持参与公共事务的热情，而没有半途而废呢？**

**梁小玉：**首先我认为我可以一直长期参与最根本原因是个人性格和热爱驱动，不只是参与街区发展事宜，其他的校园志愿活动、上海图书馆志愿者等我都积极报名，所以"心甘情愿"也成了我可以坚定选择的基本因素。其次，上海这座城市特有的开放、包容与创新，让这座城市、这条街区变成了你可以肆意盛放自己、努力就会有回报的地方，也让我更愿意做一些力所能及的事情回馈这片土地，在兴趣与愿意中，公益与参与已经成为日常最习惯的行为、最生活的爱好。最后，我的长久参与离不开咱们街区的组织与引导，街道自上而下的组织和我作为商户想要自下而上地参与提案，形成了一种良性循环的双向奔赴。同时我的这一份热心公益的性格，也真切地从自己和他的兴趣出发，也更好地带领了身边人。这可能是我持之以恒的最大原因，自主乐意之外还有更多的收获。

## 3 总结

东明咖啡梁小玉的故事让我们看到设置这个小小的爱心座椅和开放卫生间这些简单的举动背后更多深层的付出、热爱与坚持，除了积极参与街区公共事务，梁小玉还报名了家校护卫队、上海图书馆、金博会志愿者等公益志愿活动，除此之外还担任了东明路街道的商铺联盟理事长和街区共生联盟商户代表的角色。如果说店主自身乐于助人、善良自律及热心公益的性格是参与的开端，在这场参与式行动中，政策制度的支持与身边人的理解加入，就是源源不断的驱动力。无论是在观察与结识他人之后的自省，还是在忙碌与充实中坚定的爱好与乐趣，都成为梁小玉对自我、对集体、对社区的认同感、自豪感、使命感，让积极的个人得以融入共同体之中。

未来也期待有更多像梁小玉这样的在地商户和居民汇聚起来，积极参与社区公共事务、自下而上发表提案，期望达成更大范围更大尺度更大辐射效益的街区愿景呈现。

# 第二章 实践赋能链接社区——社区花园竞赛与共生工作坊激活的『附近』

Chapter 02

# 好爱这个世界啊，好爱这座花园的花与人

黄欣虹[1]

## 1 共建花园前传

### 1.1 与大家相识：认识团队成员

很多事情的起点源自一系列事件的积累。每个人都经历了各自不同的事情，通过这些经历和感悟才有了当前的状态。我是一名即将读完六年大学的女生，还记得2021年，我大二，在专业课上，我注意到了一个名叫杨一冰的学妹，她在课堂上努力地画图，从她身上我感受到了一种坚韧不拔的精神。想到我自己也曾经转过专业，我内心涌起了一股渴望将这种互帮互助的暖流传递下去的冲动。我默默地下定决心，希望能够努力帮助她顺利实现转专业，从某种意义上说，我把她引入了这个"坑"，也因此让我和她有了交集（图2-1-1）。

图2-1-1 和高文、佳琦、一冰在花园的合影

### 1.2 感谢善意的启发：受人鼓舞参赛

我曾经休学了一年，这段时间里经历了许多事情。我前往宜昌参加了以社区营造为主题的奥雅城建营，而在这期间我遇到了很多友善的人。其中有一位像亲爷爷一样对待我的曹爷爷，他在我的生日时会给我发红包；还有一个妹妹梓萱，总是忙里偷闲地跟着我忙这忙那；还有一位Judy阿姨，热情地带我去社区逛，以便我对社区有更好的了解。我很享受和这些善良的人交往的时光。宜昌对我来说是一个修炼场，它逐渐融化了我因为之前过于单纯善良而受伤的心，让我从小心翼翼变得开朗自信。

正是基于在宜昌的这些“奇遇”，我得到了一个更友善的人的帮助：袁嘉祺。他告诉我可以尝试参加“第二届社区花园营造大赛”，争取让我们的学校成为全国高校营造社的一员，要相信努力是会被看到的，有很多种可能性（图2-1-2）。

### 1.3 不为名利，只为好玩：校内组建团队

我在经历了各种事情之后，明确了一个信念：我今后只与那些有情怀、敢于尝试的人建立真诚的交往，共同从事有意义的事业！我和杨一冰、郭佳琦，以及B.U.T.团队都属于那种坚定不移、对于所热爱的事情毫不顾忌时间和其他因素的人，一旦确定了目标，我们会全身心地追求，即使有时候带有一丝飞蛾扑火的味道。我还记得杨一冰曾经在私下和我说过：“看看我们团队的成员，大家很多都已经是大四学生了，不再需要依赖保研竞赛加分来帮助别人，我们愿意给予帮助，并不图什么回报，更多

---

1 南京农业大学园林专业本科生。

与 judy 一起准备为居民送灯送光亮

对宜昌桃花岭社区进行无障碍实验

居民收到灯与灯合影

与梓萱一家在社区留念

夜晚咨询室活动

与小朋友们在桃花岭

在曹爷爷家吃饭

图 2-1-2　在宜昌的点点滴滴

的是出于一种热爱，一种不计成本的支持！”

1.4　共建花园前期的“无心插柳”与准备

在我离校期间，杨一冰所在的团队赢得了学校微景观设计大赛的一等奖，并且愿意帮忙处理比赛中产生的多余植物。这让后勤部门对她印象深刻，并委托她处理六舍区域的园艺工作，也就是我们后来的 " 小小乌托邦 " 所在地。这并非偶然的巧合，而是因为我们不计较得失，乐于帮助他人，才逐渐取得了这些成果！

在老师层面上，事情进展得非常顺利！我们还首次联系了同济大学的刘悦来老师，他非常友善！他认为我们的思路很好，并且鼓励我们去实施。在着手实施之前，我们认真研读了他写的书籍，了解了具体的步骤，并根据他的建议起草了策划书和行动框架，为接下来的工作打下了良好的基础（我们读的书也是宜昌的陈坤叔叔送给我们的，所以每一步都环环相扣）。

## 2　共建花园经过

### 2.1　连接多方、策划

花园的建设涉及许多方面，包括与相关部门的对接、设计工作、获取建议，并进行反复校对。同时，还需要学习与施工相关的内容。主要涉及的部门包括南京农业大学后勤保障部、园艺学院、风景园林系、园艺协会等，同时还需要考虑到场地周边的居民和校园学生等等（图 2-1-3）。

整个过程需要投入大量的时间和精力，但幸运的是，我们拥有一支愿意无私奉献的团队，他们的善良和付出为我们提供了巨大的支持。同时，也得到了各位老师和各路大佬的帮助和支持。樊澄珉以其认真负责的工作态度，为我们创作了独具特色的海报和明信片，其高效的工作能力极大地推动了花园项目的进展（图 2-1-4）。

### 2.2　宣传推广

接下来是方案改进与宣传同步的阶段。我们在玉兰路举办了意见征集活动（图 2-1-5）。人们积极参与，并表示期待：“你的方案很有意思，我期待看到它的实施！”然而，也有一些反对的声音出现：

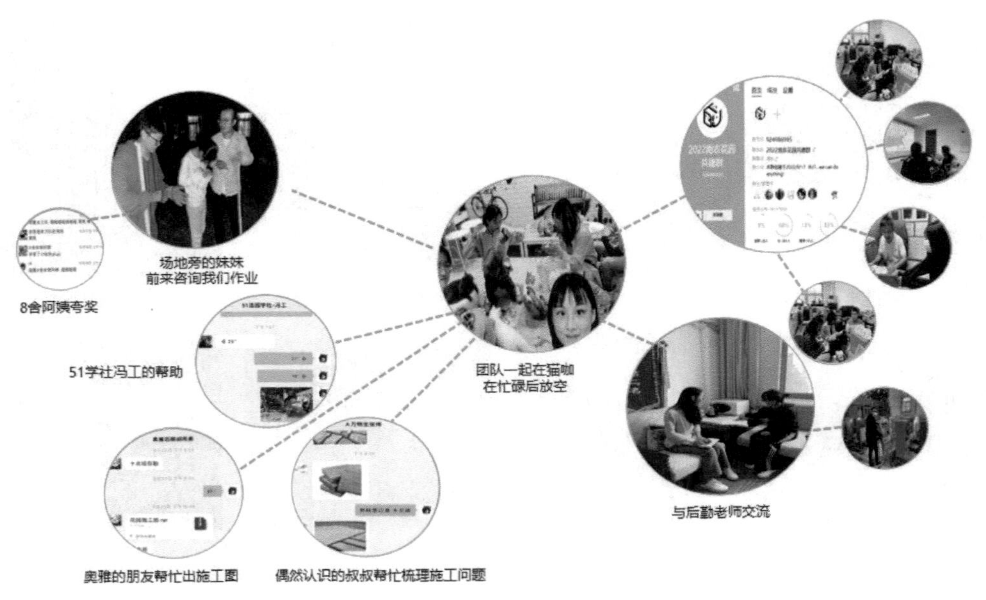


图 2-1-3　团队连接情况

图 2-1-4　樊澄珉制作的文创内容

“曲线设计可能会妨碍车辆通行，功能布局需要调整，阳光最好的地方应该用来安放休息区而非种植植物。”还有人提出疑问：“为什么道路不是闭合回路呢？”

当时，这些问题给我们带来了一些困扰，但我们积极与园艺协会和施工方进行沟通与对接。我们对功能进行了调整，同时了解了施工的难点，并进行了协调与完善。我们关注到了每一块汀步的尺寸和距离，同时考虑到人的步行距离以及如何方便照顾植物的需要。细节方面，我们做了精确的考量，以确保方案的实施与细致的考虑相结合。

图 2-1-5　玉兰路征集意见活动，扩大知名度

## 2.3　设计打磨

### 2.3.1　与园艺协会对接

然而，实际的过程却经历了一系列的波折。当时，我们面临最大反对声的是原场地的使用者，也是学校园艺协会（种植爱好者联盟）的资深成员任学长。他对我们的设计提出了质疑，认为功能区的设计可能会给日后的使用带来困难，同时批评我们的初版设计过于注重效果而忽视了光照对植物的影响。

图 2-1-6　在园艺协会的指导下更改花园功能布局

后来，我们才了解到任学长之前也提出过一份方案，但未得到后勤部门的认可。基于解决问题的原则，我们充当了这两方之间的桥梁，倾听大家的意见和想法。在确保功能性的前提下，我们结合美学，完成了一个让大家基本满意的方案。这个过程中，我们不断地调整和改进，以达到各方的共识（图 2–1–6）。

### 2.3.2　与施工方对接

同时，我们还在与施工方持续对接，以降低施工难度。我们在学习的过程中不断改进方案，还前往校外的 51 造园学社进行学习和参观。我们发现，使用汀步和石头路是施工难度最低、成本最低的方式。在施工流程方面，我们尽量选择直线的方式来确保效果。在某一天，我们突然灵光一现，决定采用六边形的设计方案。在此之前，我们一直在方形和曲线方案之间犹豫不决，无法做出决策。最终，中庸的六边形方案成功实现了美观和功能的统一。这个决策的结果让我们感到非常满意。

### 2.4 施工前打磨

#### 2.4.1 10 月 1 日清理场地活动顺利举行

任学长的行为真的很令人感动。尽管他深爱花卉，明白搬运植物可能会对它们的根系造成损害甚至死亡风险，但他还是同意将原场地上的花卉搬走，为建设花园做出了牺牲。这种无私奉献真的很伟大。其他同学也帮助我们清理场地上的杂物，虽然是国庆假期，天气炎热，大太阳底下辛苦流汗，我很心疼他们，一直鼓励大家多休息。但大家都没有怨言，女孩们也不嫌花园的东西脏重。直到将所有物品搬运到旁边，大家才结束工作。这真的让我感动不已。在辛苦劳作中，我们也获得了额外的收获，比如捏到薄荷时闻到的清香，以及拔南瓜藤的挑战。面对场地上的废旧热水器，我们努力与负责方进行对接。幸运的是，百绿集团的叔叔帮助我们将所有热水器移动到不影响施工的地方。这让我们感到非常欣喜（图 2-1-7）。

图 2-1-7 （从上到下、从左到右）前期准备活动开展：10 月 1 日清理活动现场 1 /10 月 1 日清理活动现场 2 / 百绿集团朱大伟老师示范撬棍用法 / 百绿集团朱大伟老师示范热水箱搬运方法 / 对场地进行放线 / 废旧木材再利用 /10 月 16 日清砖活动 / 木材收集整理

#### 2.4.2 万事开头难：场地底下全是砖？！

施工过程中的意外情况确实会给工作带来一定的困难。当我们打算使用旋耕机松土场地时，意外地发现地下是由砖块构成的。为了清除砖块，我们需要进行两个步骤：首先是清开表面的土壤，然后是将砖块挖出来。这对于我们来说确实是一个额外的挑战。

#### 2.4.3 一波未平，一波又起："井盖事件"

在施工过程中，水池的安装确实是一个极具挑战性的任务。尽管我们成功地安装了水池，但却在阳光最好的区域增加了两个大井盖，从而浪费了宝贵的种植空间。这件事给我们带来了巨大的压力，甚至被学长指责，我们感到非常委屈。然而，在反思中，我们意识到这是由于我们在施工过程中未能及时关注结果和进行过程追踪，没有及时解决问题所导致的。正如俗话说，万事开头难。在调整心态和工作方式后，我们没有气馁，勇敢地迎接挑战，继续推动施工进程。

#### 2.4.4 植物设计与采购

关于植物的选择和种植方面，我们咨询了相关的老师和园艺协会，并最终确定了效果好、变化多样的公共植物，如葡萄风信子。随后，这些植物在花园中的盛开发挥了它们的作用，冬天到春天期间的花朵绽放激励着我们继续前进。

至于花境植物的选择，我们前往苗木市场进行决策。当时面临一定的挑战，因为每株植物处于不同的生长阶段，具有不同的高度。我们无法严格按照最初的设计进行购买，而是根据实际能够购得的植物进行现场配置和购买。考虑到苗木市场的价格较高，我们不得不进行取舍，并采用了拼多多、淘宝等方式来节省预算。

#### 2.4.5 尝试捡垃圾

在追求“零废弃”的原则的同时，利用校庆活动期间捡拾校园里的垃圾是一个很有意义的举动。即使最终大部分垃圾没有被使用或消失了，整个过程仍然让人感到温暖和鼓舞人心。

和好朋友一起出去吃饭时的经历也很特别，我们在看到垃圾后心生兴趣，并愿意耐心等待交谈、收集垃圾和帮助搬运。同时，遇到了很多好心的店家，他们愿意主动留下物品给你们，并帮忙保管。这些人真的非常友善和乐于助人，让整个过程变得更加愉快和有意义。

### 2.5 施工阶段

#### 2.5.1 施工队施工

那些施工和搬运的叔叔们在施工过程中主动帮助我们解决问题，比如为种植池设计了碎砖排水系统，甚至打碎废砖来填充底部。这种支持真的让我们感到非常温暖和感激。

另外，那位“力大无穷”的叔叔在开始阶段的帮助对我们推进工作起到了至关重要的作用。他的出现让我们不再担心重物的搬运问题，无论是石板路还是石头，他都毫无怨言地完成任务。我对他的感激之情溢于言表。还记得他为了帮助我们搬运学校的砖块甚至舍弃了午饭，为了争分夺秒地完成任务。他的付出和奉献精神真的非常值得赞赏和感谢。

#### 2.5.2 学生方参与施工

同学们的积极参与真的让花园建设充满了活力。大家一起刷漆、种植植物，相互鼓励着，共同完成了花园的建设。周围的同学们也目睹了花园的变化，他们觉得这一切很不可思议，很神奇（图 2-1-8）。

我还记得一次“精卫填海”行动，我们需要将 10 吨重的石子铺在场地上。一开始我们觉得这个任务非常困难，但后来我们突发奇想，在群里告诉同学们只要有空就从石子袋里抓一把石子丢到场地上，就像是在进行“精卫填海”。我们并没有期望能够在很短的时间内完工，只是希望有空的同学能随手帮个忙。

然而，令我们意想不到的是，在发布半个小时后，就有同学在群里告诉我们石头已经全部铺好了。这个消息让我们无比感动，无法用言语来表达。花园总是给人带来感动，让我们感受到团结和合作的力量。

### 2.6 维护阶段

最后，由于我们成功种植了花境植物，花园开始展现出她的美丽效果。同时，我们还发布了盆栽入驻条例，让越来越多的同学捐献自己的盆栽，为花园增添了更多的美丽。与此同时，花园播下的草籽也在慢慢生长，使整个花园变得绿意盎然。花园里的花朵也开始绽放，一切都变得越来越好（图 2-1-9）。

在这里，同学们可以聊天，交流种植经验，同时我们也开展着园艺疗法，一切都和我们最开始设想的完美吻合。花园不仅仅是一个美丽的景观，更是一个让人们心灵愉悦的场所。我们的努力得到了回报，每个人都在花园中找到了属于自己的喜悦和满足。

花园在一点点变好……

图 2-1-8　花园点滴过往

图 2-1-9　花园植物生长情况

### 2.7 宣传阶段

在花园初见成效后，我们没有止步不前，而是继续努力向前推进。我们利用南京农业大学、南农青年、南农后勤等公众号发布推文，以吸引更多的同学了解并参与其中。大家都对在学校内建立这样一个乌托邦感到非常开心。同时，校园宣传部还帮助我们联系媒体进行外部宣传，在现代快报、江苏省广电总台等媒体上发布了新闻报道，进一步增强了花园的影响力。

这些宣传举措使更多的人了解到我们的花园项目，吸引了更多人参与其中，从而扩大了花园的影响范围。我们希望通过这样的宣传和报道，能够向更多人传递关于花园的美好和意义，促进更多人关注和支持园艺事业。

### 2.8 运维阶段

在花园的维护运营阶段，我们面临着一系列问题，如有人将烟头扔在场地上、夜间的噪声干扰、后勤清理盆栽不当，以及花园的病虫害等。然而，我们总是能够迅速反馈并解决这些问题。

我们采取了多种措施来解决这些问题。我们撰写了倡议书，呼吁大家保持花园的整洁和安静。制作灵活的告示牌，提醒人们注意花园的使用规定。同时，我们与学校的各个部门进行沟通，协调解决后勤问题，并寻求他们的支持和合作。我们希望花园能够不断改善，始终保持学习和进步的态度。

这些努力的目的是确保花园的良好运营和管理，使其成为一个宜人的环境，给所有人带来愉悦和享受。我们愿意不断学习和改进，以使花园能够持续发展，并为校园带来更多的美好。

## 3 总结

在花园建设初期，我们受到了他人的鼓励和启发，这激励着我们决定参加这个活动。他们的善意和支持成为我们前进的动力。我们在校园内组建了一个团队，由一群热爱园艺和风景园林的学生组成。大家齐心协力，共同为建设花园而努力。

在这个校园乌托邦中，我们创造了另一个“乌托邦”，每个人都有自己的故事和经历，每个人都得到了他人的帮助和支持，其中充满了感动和喜悦。

我们种下的是爱意，收获的是更多的爱。这个花园不仅是美丽的风景，更是彼此之间的情谊和友爱的结晶（图 2-1-10）。我们希望这个世界充满爱，愿我们的努力能为周围的人们带来快乐和温暖。让我们继续用爱心和努力创造美好，让这个乌托邦成为更加美丽和宜人的地方。

图 2-1-10　花园实景图

本项目由以下团队成员协作完成：黄欣虹、杨一冰、郭佳琦、时高文、吴佳倩、樊澄珉。

# 一个稻草人的社区花园观察后记

汤雪儿[1]

## 1　面子还是里子

在南京，有一千多个老旧小区已经或正在经历改造和环境整治，其中不乏一些“面子工程”：千篇一律的景观设计，标准化的施工方式，一蹴而就的建造过程等。这当然不失为一种稳妥的做法，但随着城市建设脚步的放慢，社区治理日益精细化，越来越多社区基层选择另一条更贴近民生的道路，香铺营社区就是其中之一。

恰逢2022年9月第二届全国社区花园设计营造竞赛召开，在东南大学建筑学院曹俊老师的组织下，我和风景园林专业冀李琼，城乡规划专业袁源、王筱璇，建筑学专业陶蕾，社会工作专业李倩倩、周一如组建参赛队伍，与香铺营社区居委达成合作，在社区实地开展一场零废弃花园营造试验。

但是，这种合作不是一拍即合的，在磨合的过程中社区居委也表达出了他们的担忧。一个现实的担忧是钱的问题。如果交付给设计公司、施工单位，或许能通过一次性投入获得一劳永逸的结果，如果选择高校、或类似公益性质的社会组织，那么如何用有限的资金发挥出更大的价值潜力则是重点和难点。怎么打造一个普惠型的社区花园？有两种方法回应。第一，就地取材，资源循环，秉持“取之于民，用之于民”的方针，也是响应竞赛主题“零废弃”的号召；第二，通过培育社会资本，反哺经济资本，吸引居民自发营造和维护，从而节省人力物力。

另外还有对于时间的担忧。这种担忧是在所难免的，因为社区花园是一项需要漫长打磨的事业，并不仅仅是建一个花园这么简单。背后维系的人际关系，搭建起的社会网络，唤起的社区归属感才是其真正的意义，所以往往三到五年时间才能卓见成效。也因此，比起通过快速翻新“面子”做出的短期政绩，从长期来看，通过社区花园培养的好“里子”会产生更长远的社会经济效益。这同时对设计师的专业和耐心提出了更高的要求。

## 2　没有一步到位的设计

香铺营社区建成于1988年，是一万七千多个居民赖以生存的憩所。然而，早期的不合理规划导致社区绿化面积极少，尽管近年来社区为改善环境增加了一些树池，但可供居民聚集交流的活动空间屈指可数，仅有离小区东门30米处一块不足40平方米的硬质场地可供活动，这里是很多社区老人、儿童仅有的消遣之处，然而残破的地面、摇晃的桌椅，满地的车辆，使这仅存的慰藉也岌岌可危（图2-2-1）。如何改善场地环境，还居民一个干净安全、充满色彩和活力的休闲场所，成为本次设计的主要目标，同时我们也不得不面临如何在水泥地上种花的难题。

在和团队成员数次讨论的过程中（图2-2-2），有人首先想到用砌砖墙的方式围出花池，可是场地现有两副石桌石凳，经过与社区居委沟通不能挪动，导致空间不够。有人又提出利用旧桌椅、旧柜子

---

1　东南大学建筑学院城市规划系硕士研究生。

优势
社区周边交通便利，地处繁华
周边活力高，人群活动丰富
S
W
O
T
劣势
老旧小区建筑和社区设施较为老旧，
路面破损严重，缺少室外活动公共空
间和停留休憩的场所。
机遇
社区内居民自发种植
植物空间丰富
威胁
人群混杂，管理难度大，公共物品
有被人为盗取和破坏的可能性
2019->2022
消失的座椅


图 2-2-1　场地 SWOT 分析

与居委沟通设计意向
组内每周线上讨论
线下方案共同绘制
老师指导设计细节
与居民现场共商方案

图 2-2-2　方案更迭过程

等家具放上盆栽做些小景观，但这个方案的整体性不足，还可能会有安全和被偷盗的隐患，因此也被否决了。

一筹莫展之际，我又来到小区里闲逛，和居民聊聊天，找找灵感。突然，我发现有几户人家门口摆放着四五个种植箱，花开得十分茂盛，询问之下得知是居民从附近水果店、菜市场收集的塑料箱改造而成的。这一下提醒了我——我们是否可以回收利用塑料箱做社区花园的主体框架？如果对摆放空间、连接形式和种植方式进行好好设计，说不得能得到意想不到的效果。好的设计往往来源于平凡的日常生活。

通过问卷、访谈、心愿墙和共商会，我们尽可能多地倾听和收集居民的意见。经过反复调研、设计、反馈再修改，一个看似满意的方案出炉了。但等到按照图纸落地后，我才意识到永远没有真正令人满意的设计，因为每个使用者都有自己对空间的一套理解。比如最初按照残疾人无障碍设计的操作台意外地成为儿童喜爱的手工桌。受到地面材质和平整度的限制，原计划的盲道路径也被替换为彩色地绘。回访后发现，最初用塑料箱和木板搭建的座椅并未得到居民的青睐，于是我们转而利用学校闲置的矮柜，组合成更为安全舒适的木质座椅。另外，我们还有一个有趣的发现：冬天柜子里突然出现了几张泡沫垫。原来是常在花园闲坐的老人为了让石凳不至于太冰凉而自备的，于是我又淘来了更多的防水泡沫垫，切割成合适的大小贴在了在石凳上。

在与居民对话的过程中，我不断从居民的反馈中获得反思，也时常为居民的自发创造而感到惊喜。社区花园不应是设计师个人意志的强加，这一系列试错的过程给我们这些久居象牙塔里的学生提供了将理论与实践结合的宝贵机会，也让我明白了，从来没有一步到位的设计。

## 3　勇于做个“伸手党”

这次经历对我而言仿佛是一次从“社恐”到“社牛”的变形计。为了贯彻零废弃建造理念，抓住身边一切可回收利用的资源，仿佛练就了一双“鹰眼”，去观察过去生活中未曾留意的角落，与往日里擦肩而过的人产生交集。

我看到小区水果店老板把几十箱卖空的水果箱一筐筐搬到面包车上，这是方案的主要构件，并且所需的数量只多不少。在多次碰壁后，我在菜市场对面的一家小水果店找到了一位老板娘，她竟然愿意以极低的价格卖给我们。她说，本来这些箱子就卖不了几个钱，就当作环保了，只不过现在店里有的数量不够多，还得再攒一周。于是我和她预订了将近一百多个塑料箱，施工那天一起搬到场地去。临了，总会有意想不到的事情发生。开工前一天突然收到老板的消息说没攒够，这可让我们的心都揪了起来。随后老板又打电话过来解释原因，他说：“做人要讲诚信，做生意更是。我明早到批发市场，倒贴路费也一定给你们运过来。”后来他果然做到了。

我看到了路口工地上正在运送建筑材料的农民工，花园的塑料箱底正需要铺一些大石块来稳固。我递给他一瓶水，向他请教这些材料都是从哪儿来，听他操着陌生的方言细数起南京郊外的工厂。术业有专攻，在这方面我远不及他有经验。临走之时，他答应可以把废弃石料放在一个角落，不至于被大卡车清走。

最有意思的是瓶盖墙的制作过程。经过大致测算，一整面的瓶盖墙需要上千个瓶盖。我们用大家拆下的快递盒和纸板制作成瓶盖回收“小狗”，从宿舍门口、教学楼下到小区门口，流动式“求投喂”。“小狗”出门的第一天，我们还担心会不会没人理睬，收集不够，没想到第二天早上就在“小狗”肚子里发现了一袋子保洁阿姨留下的瓶盖。之后经过一个多月的收集，最终收获了满满三大袋五颜六色的瓶盖。

那段时间走在路上，凡是看到路边正在装修的铺子就想冲上去和店主人询问一番，因此获赠了泡沫垫、硬纸板、小木砖、油漆桶、铁丝等各种小物件。在向周边的居民和商户们“套近乎”，讨价还价的过程中，也让更多人知道了零废弃理念，了解社区花园并参与进来（图 2-2-3）。

向水果店预订塑料箱

从建筑工地拾取基底石料

瓶盖回收小狗和它的战利品

捡学校里的落叶当作种植肥料

在木工坊对木板切割加工

收集废弃轮胎改造成花池

图 2-2-3　就近回收各种可利用资源

香铺花园正式开始施工那天，我从附近小卖部老板那借来了一辆三轮车，如约见到了被尼龙袋和砖头稳稳地压着的大堆石料，也如约从水果店运来了上百个塑料箱。在居民和志愿者的共同帮助下，我们用石块和铁丝固定框架，种上各种植物。小区里的孩子们也来为花园增色添彩，发挥各自的想象力肆意创作，快递纸板被裁剪成花草果蔬的样子，挂在塑料箱上，装点了大家共同的花园（图 2-2-4）。

图 2-2-4　居民、儿童和志愿者共同劳动过程

## 4　在石头变成金子之前

当然，碰壁也时有发生。在香铺花园建造之初，有很多人不理解，他们会问你们捡这些垃圾有什么用。在一些反对者中，有一位老爷爷态度最为抵触，在他看来，一堆废物搭起来的空壳子几天就散了，还不如建个棋牌室实在。我多次和他沟通，向他解释零废弃社区花园的概念和作用，希望能扭转他的印象并邀请他一起参与共建，可惜营造当天在人群中没能见到他的身影。花园建成以后，却据熟识的居民说，有一次路过遇到这位老爷爷坐在花园槐树下的椅子上乘凉。

还记得在一次社区花园经验分享会上，一位过来人讲述起他的不易，他辛苦从各地收集来的建造材料和植物肥料，找不到地方存放，甚至被清扫驱逐。他说，在不了解情况的人们眼里，这是丑陋的，

图 2-2-5　独具慧眼的拾荒者

居委和物业为了追求干净美观、立竿见影的效果，也无法容忍它的存在。这不禁令人发问，美的定义是什么？所有现在看来是美的东西，难道与生俱来就是美的吗？

在石头变成金子之前，必须面对大众的冷漠，承受不断的质疑，才能等到一双慧眼。事实上，最具慧眼的其实是我们身边最不起眼的拾荒者，而他们自己就常被当作“城市的垃圾”。这次社区花园营建让我可以从一个从未触及的角度去近距离观察他们（图 2-2-5）。

一次热闹的营造活动结束后，我发现路边昏暗的灯光下一直站着位老奶奶，她佝偻着背，等我们有空了才开口讨要是否有不要的塑料箱和废纸板。但她可能也没有想到，这些东西也是我从别处讨来的。从物的交换上说，本质上我们用的是同一种方式，只不过于他们而言缺少一个中介转化的思维过程，而我们可以通过艺术加工赋予这些东西金钱之外的附加价值。这令我联想，社区花园是否可以成为一个资源中转站？如果可以用略高于废品回收站的报酬与拾荒者进行交易获得所需物资，同时也可以让拾荒者参与花园的种植和维护，充实他们的老年生活，这样，他们也就成为城市环境美化的一部分。

## 5　距离最近的陌生人

在古典社会学理论中，城市和农村被抽象为人类社会中对立的两极，城市中人与人之间的疏离和不信任，令相隔仅几米的邻居成为距离最近的陌生人。在香铺营社区，这种不信任表现得更为明显，因为小区居民构成中近三分之一是外来打工租客，不易形成属于地方的身份认同和社区意识，另外三分之二是本地回迁老人，两者之间的差异和矛盾使社区共同体难以为继（图 2-2-6）。而我作为纯粹的外来者，又何谈建立信任呢？现在回想，最初来到场地的时候，我甚至连一桶水都借不到。

图 2-2-6　社区居民构成差异

人与人的信任是慢慢建立的，而社区中的花友和儿童就是突破口。孙爷爷是小区的养花达人，他过去是小广场的常客，就住在场地东面的住宅楼底层，自家的小院子里种满了花草，还有一棵茂盛的柿子树。在他的介绍下我结识了袁爷爷。袁爷爷住在小区北门，平时也爱种花，并向我自豪地展示了他手机里保存的一段视频，视频配上了时下老年人中最流行的滤镜和花体字，令人惊叹不已。后来我又在小区里认识了更多的人，他们为社区花园提出了不少建议，我也从他们那里学习到很多种植养护方面的知识。就像树木的生长一样，社区里的人际关系也需要悉心培育，从挖掘核心人群，到组建支持伙伴，吸引潜力人群，逐渐扩展社会网络，令这棵大树生生不息（图 2-2-7）。

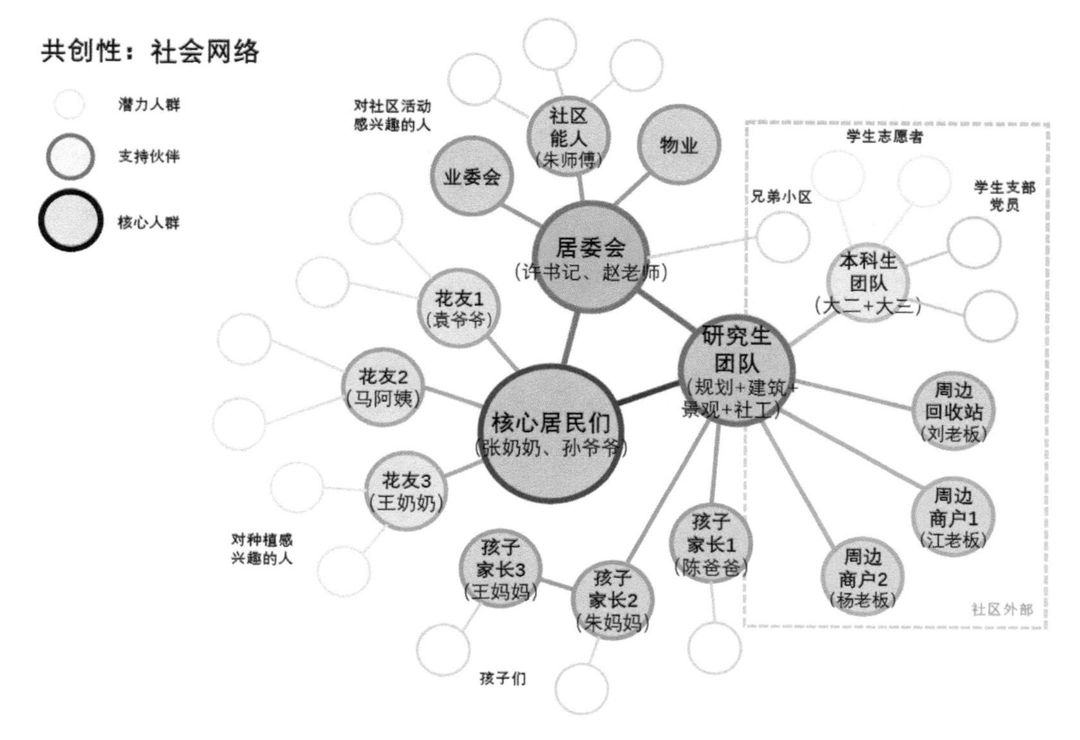


图 2-2-7　生生不息的社会网络

儿童是最容易建立信任的群体，和成人不同，他们还没有被社会彻底规训，属于自然并向往自然。他们是社区花园最积极的参与者和传道者。从花园营建、装饰画、植物认知、轮胎改造到瓶盖墙活动，我逐渐放下大人的身份预设，学着与社区里的小朋友打交道。孩子的笑容足以融化寒冰，影响他们的家长，进而影响社区中沉默的大多数。

曾经借不到水的我，活动那天从小区门口的小卖部打到了满满三桶水，小卖部店主说她家孩子就在社区花园里画画，让我照看着点别让孩子把自己的衣服弄脏了。施工时急需一把老虎钳，一位居民立马跑上楼拿来了家里的老虎钳借给我，直到后来瓶盖墙活动时他的女儿来找我，这才发现他家的老虎钳之前被忘在了花园工具箱里，非常感谢他们一家的信任和包容。还有一件事让我很感动，社区花园活动中间因为疫情搁浅了一段时间，某一个周末我收到家长的消息，说她的孩子很感兴趣，一直问她下一次活动什么时候才会有。虽然都是些小事，但正是这些点点滴滴的温暖瞬间，构成了共建社区花园的意义（图 2-2-8）。在此，感谢每一个为香铺花园提供帮助的人，也感谢所有对花园提出过建议的人，无论是正面还是负面的反馈对我们来说都很重要。感谢每一个路过花园片刻驻足的陌生人。

图 2-2-8　孩子们为社区花园带来的温暖瞬间

## 6　花谢花会开

如果问我在这六个多月里感受最深的是什么？现在想来，令我印象最为深刻的却是来自小朋友简单的一段话。刚来小区里做需求调研时遇到了一对母女，小女孩戴了一副黑框眼镜，俨然一副小大人的模样。她告诉我，她的妈妈也爱种花，但种的花总会死，死了还是要种。天真直白的话语让我和她一旁的妈妈都忍俊不禁。我接着问她，那你知道花为什么会死吗？她严肃地说，因为附近泥土里有很多虫卵，如果不注意养护，花就很容易死掉。她言谈之中表露出对种植知识的熟练掌握。小小年纪，在种植这块反而比我更有经验。最后，我问她为什么花死了还要再种呢？她哈哈大笑起来，边笑边说，还能因为什么，因为喜欢呀。

后来，疫情再次侵袭南京，导致原定的活动计划被打乱。再后来，寒冬来临，在阵阵凉风的摧残下，花园里的植物不复往日风采，室外活动参与的积极性也大大下降。每当我为此焦躁烦恼时，都会想起当时那个小女孩。花开花落是自然规律，不必为此伤怀，对于真心热爱的人来说，重要的是见证一朵花盛开到凋谢的过程，以及在过程中学到的知识、结识的人，与看过的风景。

最后，与所有参与社区花园行动的同行者们共勉，愿我们都能像稻草人一样，无论经历多少风雨，依然坚守不屈，依然挺着胸膛，迎着阳光，守卫着脚下那片净土。

# 盒子花园—— 一种促进邻里关系的微型花园

边思敏[1] 孟 露[2] 李 倞[3]

## 1 社区花园 / 微更新的理论前提

微型花园也被称为袖珍公园、口袋公园等，是规模较小的城市开放空间，是一种城市更新的重要路径，适应了城市发展从大规模增量向存量提升的转变和高质量发展需求，是改善城市生态环境，提升社区治理的重要载体。

北京的街巷胡同正是践行基于微型花园的城市更新的重要场所。胡同中融合了原住居民和多元族群，是体现地方文化特色的公共空间，同时也面临着居民多元化的利益诉求。如何更好地协调邻里之间的关系，满足各方对于公共空间的需求，是风景园林师在社区花园设计中需要考虑的重要议题。金融街天仙胡同微更新项目就此进行了积极探索。

## 2 建设背景：一个典型的老胡同负空间

### 2.1 场地原貌

天仙胡同位于北京市西城区金融街温家街社区，是一个腾退拆违后产生的公共空间。这个半封闭的“U”形场地经常被各家堆积的杂物占据，总体来说是一个功能不明确、缺乏环境形象的消极空间（图 2-3-1、图 2-3-2）。

### 2.2 协作主体

胡同更新的主体涉及设计团队、居委会、居民和社会服务组织四类，明确各类主体所关注的问题，也就是关系网络转化中的第一个阶段“问题呈现”，是实现积极共建的前提。

### 2.3 各方需求

通过实地踏勘、与居委会和社会服务团队深入交流、居民议事会等形式，设计团队逐步了解到各方的基本需求：

首先，居委会希望通过更新改造来有效缓解邻里矛盾、共建和谐社区，以能给居民带来实际生活改善的方式完成其本职工作。

其次，社会服务组织受居委会委托制定施行方案，由于严格的经费和时间限制，改造必须建立在极低的成本预算和相当紧张的时间内。但受限于专业知识，无法独立开展社区更新改造，因此需要设计团队的介入来提供技术支持。

最后，周边居民类型包括原住居民和租户，年龄跨度低至 6 岁、高达 82 岁，对公共空间的使用需求存在较大差异；同时由于该场地的功能、权属不明确，长期处于先到先得的使用规则中，居民们普遍对这一边角公共空间的环境品质和功能不满意，邻里间偶尔会由于停车、放置物品、晾晒等问题产

1 北京林业大学园林学院讲师。
2 北京林业大学在读博士生。
3 北京林业大学园林学院教授。

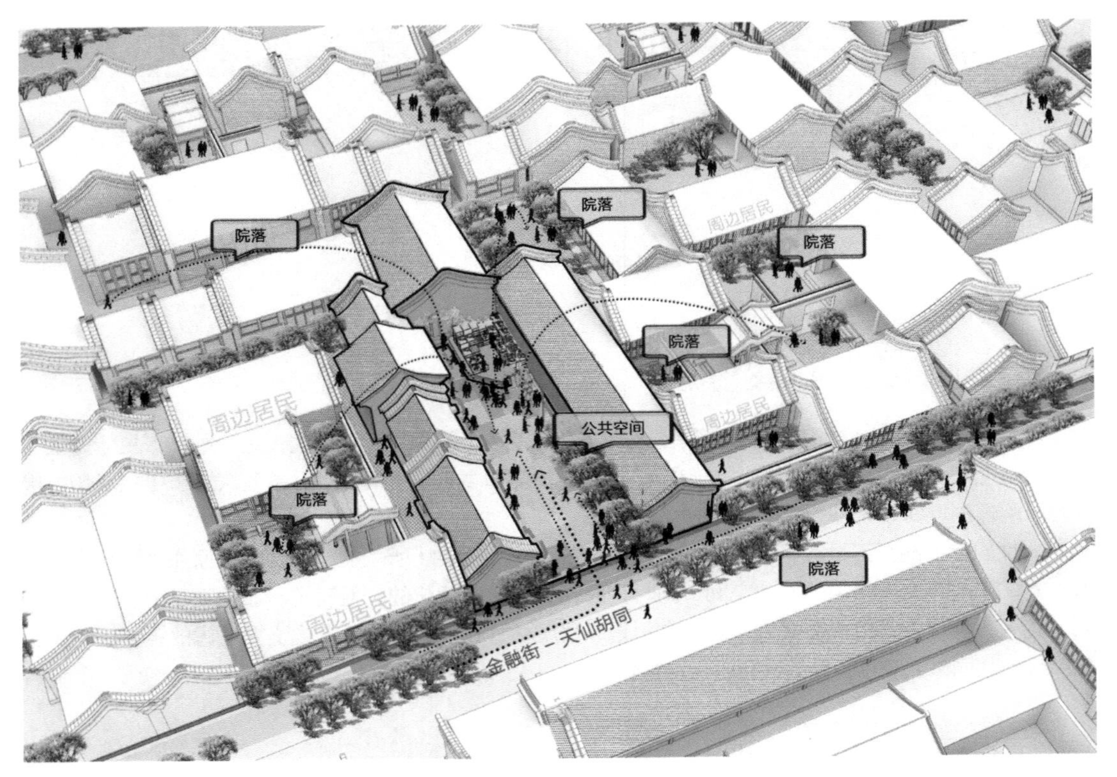

图 2-3-1　场地位置轴测图

图 2-3-2　场地现存问题

生矛盾。因此居民的总体需求是希望将该场地改造成小花园，以观赏为主，兼具其他功能，在提供优美公共环境的同时明确场地功能和权属，杜绝邻里私占场地的现象。

## 3　建造过程：一个以“社区协商与讨论”为主要方式的更新过程

在传统的项目中，景观设计大致可以分为三个阶段：场地勘察、设计和协调施工。本项目的推广过程以“利用社区协商与讨论”作为设计推广的主要方式和重要节点。自 2020 年 8 月以来，设计团队与社区组织和当地居民召开了 7 次会议。项目经历了破冰、参与式设计、参与式营建、主题讲座与活动等几个必要的过程。随着更新的进行，社区之间的凝聚力逐渐增强。

### 3.1　破冰：从空白到清晰的需求

设计团队明确了居民的核心需求，走访了天仙胡同的院落，了解了院落的实际情况，这些工作为后续的园景改造方案的设计和实施提供了方便。居民在大致了解了我们正在开展的微花园营造后，开始愿意参与进来。他们提出自己对于这个花园的需求，包括晾晒问题、植物要易于养护、花园要便于后期维护、可以有一些攀援的植物等，但要避免造成墙面潮湿和遮挡窗户的一系列问题。

### 3.2　参与式设计：从初步设计到调整

接下来我们重点针对这些需求提出了“盒子花园”的方案，选取了物流周转箱作为基本单元。物流周转箱的材料便宜、易于获得、尺寸多样、灵活多变，是居民参与到方案的整体设计过程中的基础。设计团队选取了两种尺寸类型：它们的长宽相同，便于竖向叠放。高度上有所差别，有助于形成丰富的层叠效果（图 2-3-3）。由于盒子的空间组织方式是模块化的，既有控制又有变动的余地。居民也可以参与到设计的过程中来，不仅可以对方案提出自己的想法与意见，还可以在图纸上修改方案，调整盒子的大小与位置，设计出内心的设计方案（图 2-3-4）。

物流中转箱尺寸：

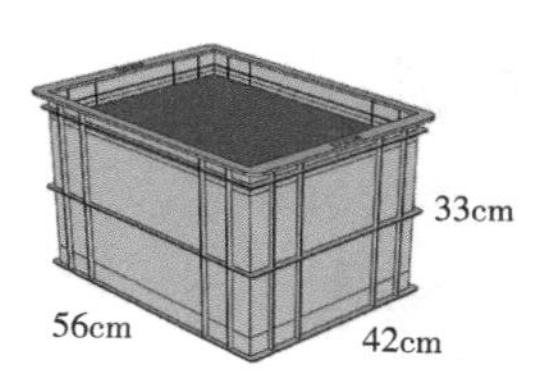


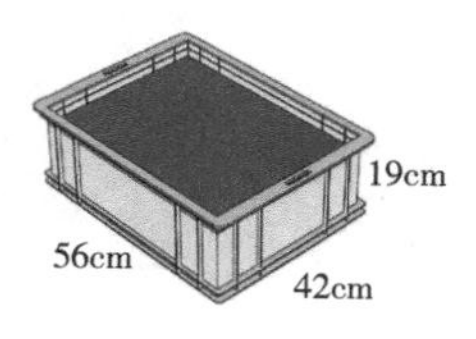


图 2-3-3　构成盒子花园的基本单元——物流中转箱

图 2-3-4　居民与设计师共同商讨方案

在功能设定环节，居民可以在图纸上修改方案，将特定的盒子涂成特定颜色以示其希望被赋予的功能。讨论过程中，居民们提出尽量减少甚至取消可以坐下休息的盒子，有效控制街坊邻里在此处逗留的时间，午休、夜间等时段能保障室外空间较为安静。还有居民提出，场地内现存的井盖下隐藏着几家住户的水表，时常需要打开，因此提议将覆盖井盖的几个盒子做成可移动的，方便使用。热爱园艺的居民认为需要设置 1 ～ 2 个储物盒子，方便储备日常浇灌植物的园艺工具，方便邻里时常养护等。此外，关注晾晒问题的居民认为方案原有的伸缩晾衣竿方式不够便捷，伸缩杆在户外也容易损坏，因此提议直接在场地边缘另辟一块场地做永久性晾晒区域，这一提议也得到了居委会的支持并最终实施（图 2-3-5）。

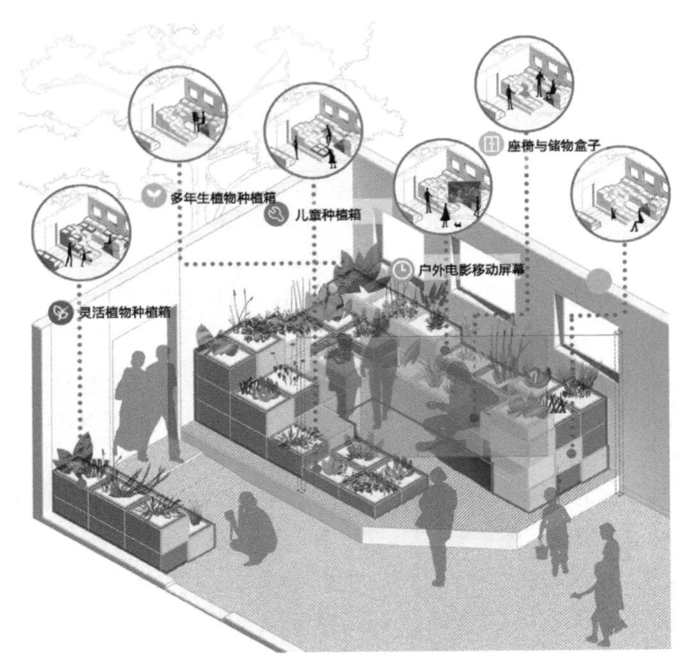


图 2-3-5 盒子花园的多种功能分析

此外，在植物选择环节。设计团队首先组织制作了一些植物认知卡，然后在居委会开展了一些植物认知讲解活动。热爱种植的居民被吸引到居委会，亲自参与种植植物的类型。方案设计与植物挑选的过程都极大地激发了居民的参与热情（图 2-3-6）。

图 2-3-6 居民根据喜好选择种植植物

3.3 参与式施工：从图纸到现场施工

随后开始了为期 2 天的师生现场建造环节。随着建造推进，每个阶段居民都要完成重要的任务。在物料筹备阶段，居民负责清理场地，在现场建造阶段，居民与师生、居委会、社区工作者一起，参与盒子的摆放绑扎、植物的种植工作等，有些热心的居民还为大家提供放置多余物料的场所、提供热水等。一些居民从漠不关心到在场地旁围观，最后到积极参与到盒子花园的建造过程中，几个团体在 2 天的集中建造中巩固了彼此的信任感，居民们通过亲手建造小花园，增加了对他们共享公共空间的认同感。图 2-3-7 为盒子花园建造过程中的纪录，图 2-3-8 为建成后的场景。

3.4 作为邻里交流媒介的盒子花园

花园建成并不是结束，而是一个新的开始。建成后的盒子花园成为天仙胡同，甚至其所在的温家街社区的标志性公共空间，吸引了众多居民前来参观。但改造后的胡同空间不仅是景观更新的物质结果，更是承载居民交往、激发功能潜力的空间媒介。迄今为止，盒子花园已经陆续举办了一系列活动，包括社区的邻里节暨小巷公约的揭牌仪式活动，很多居民自发在其中表演才艺；植物养护活动，设计团队为居民做具体的养护知识的讲解、带领居民捆绑攀援月季；标牌绘制活动，邀请小朋友绘制“盒

图 2-3-7　盒子花园建造过程

图 2-3-8　盒子花园建成后的场景

子花园”标识牌、与居民一起给植物挂牌等；园艺知识课堂，师生团队帮助居民掌握冬季植物养护技巧并带领居民们一同进行植物过冬准备；堆肥科普活动，设计团队给居民们讲解堆肥的知识，让居民们一起收集堆肥所需要的材料，一起参与堆肥，待来年作为花园植物的肥料（图 2-3-9）。随着交流活动的举办，很多居民开始自觉地参与到治理的行动中来，也涌现了像沈阿姨夫妇这样的居民牵头人，牵头形成了天仙胡同“花园守护者”组织的形成（图 2-3-10），为花园后续可持续的维护提供了基础。通过多种方式，让居民发挥自身特长，有效参与到社区更新中来，体会到价值感、获得感，有助于在后期维护中自发自觉地形成团体，将改造后的公共空间维护视为一种责任和光荣。

图 2-3-9　盒子花园邻里活动

图 2-3-10　天仙胡同“花园守护者”组织

## 4　结论：盒子花园作为一个社区整合和可复制的尝试

盒子花园的突出贡献有两个方面：

第一个方面是通过这样一件“小事”，解决了胡同里邻里之间普遍存在的问题。

场地由拆迁引起的消极空间转变为邻里之间日常交流的媒介空间。在这个过程中，居民之间的交流不断加强，他们之间的距离也不断缩短。在如此短的时间内，越来越多的居民自愿参与到花园的建设和维护中来。在这一过程中，邻里之间之前存在的一些困难问题，如户外晾晒衣服、公共区域被私人占用、邻里冲突积累等，逐步得到了解决。“花园守护者”的形成也代表了社区居民自主意识的形成。

第二个方面是这是一次可复制的更新尝试。

花园的箱子（物流集装箱）的基本单元具有大小、颜色多样、价格低廉、便于取用、施工简单可行等优点。现场建造和后期局部替换的难度较小。依据盒子花园的社区更新过程，我们还制定了 3 个手册（包括传播手册、建设手册和植物手册），适用于胡同区域、街道边区和小巷等其他社区的场地。

## 5 结语

总体而言，金融街盒子花园实践的核心价值在于它是一个媒介。在花园里，我们开展了一系列深受居民欢迎的活动，让居民在一起协商和建造，逐渐成为管理花园的主人。我们还开展了一些其他邻里活动，最终实现大家亲密邻里关系的重建。在这个社区花园建造的过程中，社区居民不仅实现了环境美化提升，更重要的是实现了社区关系的修复与人文和精神的提升。

从方法的角度来说，基于盒子花园的实操经验，提出以下两点思考：

第一，在拟方案时，以“框架体系”作为基本设计思路，将居民关心的各方面内容如总体布局、功能安置、植物搭配等组织在框架体系中，同时预留共同商议和居民自主修改方案的空间，赋予居民参与设计的权利，使之积极、有效地参与到更新改造中来。

第二，在后期维护过程中，将社区公共空间的日常维护与“周期性的事件”活动有机结合，有助于居民建立定期维护习惯。充分挖掘社区公共空间的潜在价值，使其成为联结邻里关系、丰富社区生活的催化器。

当下的社区更新已经逐渐从结果导向转向过程导向。盒子花园的建设为社区更新提供了一种新的思考与实践，有助于以动态的、过程的眼光看待更新过程。此外，“设计思路框架化”“后期维护事件化”或许是使各主体尤其是居民团体有效参与到社区更新中、在各个阶段充分发挥作用、协助形成更为健康的关系网络的一种途径。其可行性还有待通过更多学者和实践者来循证、修正，并最终通向更多参与，更加自治、更可持续的社区更新之路径。

本项目由以下团队成员协作完成。北京林业大学：李倞、边思敏、李晓捷、李鑫、吴雪菲、贺洋、林婕、魏伊宁、贾敬涵、孟露、陈昱笛、代宇曦；北京园林学校：周大凤；远望社会工作服务中心：郭爽、高瑞、王雪、常昊宇；金融街街道办事处；金融街街道温家街社区居民委员会；乡愁北京大创项目团队。

## 参考文献

[1] 魏宇茜.口袋公园在城市公共空间微更新中的特色实践[J].城市建设理论研究(电子版)，2023，429(3)：167–169.

[2] 宋若尘，张向宁.口袋公园在城市旧社区公共空间微更新中的应用策略研究[J].建筑与文化，2018，176(11)：139–141.

[3] 李晓捷，李倞，边思敏.关系网络转化视角下的社区更新思考与实践——以北京金融街天仙胡同社区更新项目为例[J].新建筑，2022(1)：91–95.

# 种子小圃：小花园、同生长、共联结

余孜婕[1]　许芗斌[2]

如今，中国城镇化进程进入“下半场”，城市微更新这一革新的城市规划建设理念成为进行城市公共空间改造主要途径。社区作为城市治理和居民生活的基本单元，其中的空间改造与环境美化则为城市微更新关注的重点内容。近年来，人居环境领域的相关研究聚焦在了社区营造这一概念上，强调通过空间载体、活动组织及社区培力等方式构建起居民彼此之间、居民与社区环境之间紧密的联系。社区花园作为实现社区营造的一种重要方式，不仅能够改善居民日常活动的公共空间，更因其公众性、多元化等特征而备受关注。本篇文章想通过分享种子小圃营建的完整过程，记录社区花园在一处老旧社区生根发芽、成长开花，并成为连接人与人、人与社区还有人与自然的纽带的成长故事。

## 1　故事缘起

在上海等地，社区花园已经进行了多项成功尝试，如创智农园、百草园等，取得了广泛的影响和成效。然而，在西南地区，尤其是重庆，“社区花园”这一概念仍相对陌生，缺乏实践和研究的开展，也没有形成专业组织团队和搭建平台。为积极响应“第二届全国社区花园设计营造竞赛与社区参与行动”号召，重庆大学建筑城规学院与重庆市沙坪坝区住建委、规资局以及双碑街道联动，积极开展“风景园林在社区”校地联合行动，多位风景园林系师生参与了这次社区花园营造的尝试。

堆金村是重庆嘉陵厂的50年代修建的家属区，拥有丰富的苏式住宅建筑资源，以及极具山城特色的空间布局形式。伴随着嘉陵厂的兴衰与搬离，堆金村社区逐渐走向了老旧破败，社区也产生了老龄化严重、空间低效、环境老旧等问题，但其中保留下20世纪的生活气息，成为重庆工业文化背景下的历史印记。

我们在走访中发现，纵然社区环境老旧，但每家每户在门口或窗台上都种植有或多或少的植物。特别是在社区车行道入口交界处，有一家门口的绿植格外茂盛，郁郁葱葱，翠绿盎然。经过与居民交流，我们了解到这位“社区园艺大师”易爷爷不仅在门口勤奋耕耘，还将后方公共空间的一块长条形梯坎改造成了花园（图2-4-1）。

这块长条形的花圃宽约3米，长约20米，位于社区穿行通道旁侧，与西侧的居民楼形成了高约3米的堡坎，其中前$\frac{1}{3}$部分已被易爷爷精心打理，充满生机。这样一处“棘手”的小微空间，远远看过去，已花开满园。同时，它的后面部分也正被其他居民一点一点开垦、栽种。这样带有“生长”意味的空间序列和“接力”的发展形势深深触动了我们——是否能够接力易爷爷的花园，在长条形的花圃的中段开展社区花园营造，同时在后端留下一些空白地，鼓励社区居民继续参与花园的打造，形成一处不断生长、接力营造的小花园呢？经过与易爷爷、其他居民以及街道办工作人员的沟通后，我们正式确定了这个选址（图2-4-2）。

1　重庆大学建筑城规学院硕士研究生。
2　重庆大学建筑城规学院副教授。

图 2-4-1　易爷爷介绍花园

图 2-4-2　选址示意图

## 2　生长的花园

### 2.1　“零废弃”的背景

本次活动以“零废弃花园”为主题，这里的“零废弃”被国际零废弃物联盟（Zero Waste International Alliance）定义为：“在产品、包装和材料的生产、消费和回收利用过程中，以负责任的态度保护所有资源，并且不对环境或人类健康构成威胁，不焚烧，不向土地、水或空气排放任何物质。”对于社区花园来说，即倡导在花园的建设过程中采用生态环保的方式，最大限度地回收和循环利用生活垃圾和废弃材料，以美化社区公共环境，推动零废弃理念在居民中的传播和推广。

我们带着对“零废弃”理念的理解对双碑堆金村社区展开调研，我们发现居民们早已用实际行动成为“零废弃”理念的践行者。他们不仅利用废弃的枯木树桩、水管及淘汰的盆碗改造成花池和堆肥箱，还收集雨水和厨余垃圾，用于浇灌植物和施肥（图 2-4-3）。这些闪耀着“零废弃”理念的种子给我们带来了灵感。我们设想将这些闪耀着“零废弃”理念的种子进行灵感收集，将它们整理、归类、优化、推广，在未来种子小圃耕耘播种下去，通过与居民及社区共建、共营、共享的方式，让这些来源于社区灵感土壤的“零废弃”种子们生根发芽，影响、吸引更多的居民去栽种自己的“零废弃花园”。

### 2.2　花园营建的展开

在确定了概念后，我们持续思考以下几个问题：如何体现零废弃主题？如何实现花园的可持续发展？如何贯彻社区居民参与共建的理念？如何扩大整体活动的后续影响效果？针对这些问题，我们从方案构思和活动策划两个方面展开思考和计划（图 2-4-4）。

在方案构想方面，我们明确了“零废弃、促参与、可生长”的原则。首先，尽可能利用场地现有或社区废弃材料进行花园的营建。其次，花园的构想需要由社区居民共同商议，确保他们的参与和意见得到充分尊重。同时，我们计划在花园的后续部分留白，以吸引居民主动参与进来，进行进一步的建设。根据意见征集和与居民的互动讨论后，我们最终确定了设计方案，主要分为三个步骤：首先是理动线，保留场地现有流线，同时增设北侧主入口，南侧小路移至中间；其次是增细节，包括改造废弃衣架为廊架、设置宣传黑板、增设座椅、丰富植物季相，增加可食植物等元素；最后是塑场景，设置自建花园、一米菜地、立体花架等多个不同主题的空间，把周边废弃建材用作铺地，利用枯木桩底

枯树改造的吊篮
石槽改造的花池
废旧瓷形成的水果
废弃篮子改造的种植池
竹编改造的吊篮
枯树制作的木雕
废弃雨伞改造的艺术品
废旧浴缸改造的种植池
淘汰的盆改成的花盆
钢架做成的植物攀爬架
废弃水管制作的花池
废弃雨棚制作的小箱


图 2-4-3　堆金村中的“零废弃智慧”

如何体现花园的零废弃主题？
如何实现花园的可持续发展？
方案
PLAN

活动
ACTIVITY
如何贯彻社区居民参与共建主旨？
如何扩大整体活动后续影响效果？

运用场地现有或社区废弃材料进行花园搭建 …… 零废弃 ZERO WASTE

花园部分留白，吸引居民后续接力建设 …… 可生长 GROWABLE

花园的构想和搭建与社区居民共商共建 …… 促参与 PARTICIPATION

双维度 OTO …… 线上线下结合的双维度推广宣传方式

有奖励 REWARD …… 激发兴趣提供参与满足感的奖励机制活动

低成本 LOW COST …… 同时保证活动的仪式感和纪念性低成本的参与活动

图 2-4-4　方案构思与活动策划

部做展示花盆、采用废弃物制作花架及种植器皿等（图 2-4-5）。

在活动策划方面，我们坚持着“双维度、有奖励、低成本”的原则，采用线上线下结合的双维度推广宣传方式，设置激发兴趣及提供参与满足感的奖励机制，并注重在低成本的基础上组织活动，以确保活动的可持续性和高效性。整体上也是策划为“一起说”“一起想”“一起做”三个阶段，与居民们一起完成花园的构想、营建和运营。首先是“一起说”阶段，我们于去年十月初进行了周边设计，并结合收集的灵感和刘悦来、魏闽老师的著作制作了《零废弃花园手册》，同时在公众号上发布了

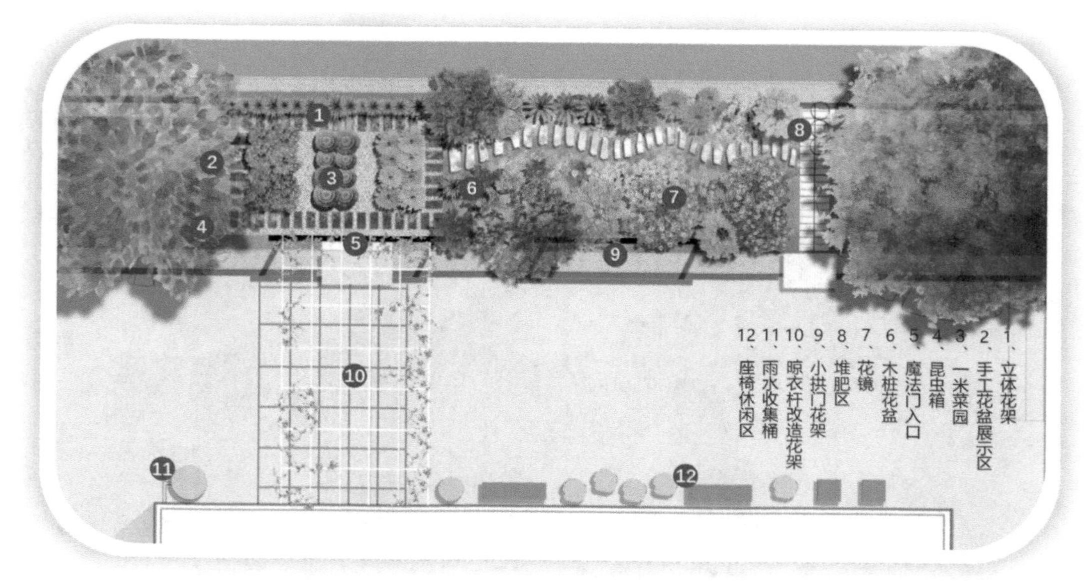


图 2-4-5　种子小圃设计平面图

13 篇相关推文，并得到了多个平台的转载。接下来是“一起想”阶段，我们展开了线下流动式的意见征集和线上花园名称征集活动。从五十多份投稿中，我们选出了花园的名称——种子小圃。我们还在社区活动中心举办了知识分享会，邀请了二十多位居民参与“零废弃”知识宣讲活动和花园方案的探讨。此外，我们还举办了创意设计坊活动，社区居民和志愿者利用废弃容器、玻璃碎片和工地废料等材料制作了将在种子小圃展示的花盆。最后是“一起做”阶段，我们举办了旧物回收站的环保活动，搜集了社区中的旧家具及废弃物品，为捐献材料的居民颁发了小证书。我们还招募、组织了校内外的三十余名志愿者，进行了为期 3 天的正式营建活动，与志愿者们一起制作了枯木桩坐凳、花园标语牌、蚯蚓堆肥塔、昆虫屋，还铺设了废弃砖块小路等，将花园主体搭建完成（图 2-4-6）。我们还在搭建结束后进行了堆肥除草、工具捐赠等活动。经过营建小组半年的辛勤努力，我们与社区居民紧密合作，最终将这个面积只有 20 平方米的种子小圃呈现在大家面前。

### 2.3　小小困境

种子小圃的营建过程并不是一帆风顺的，尽管这个小花园的面积看似不大，但实际上营建起来并没有像我们最初想象的那样轻松。

营建活动刚开始没多久，我们就遭遇了疫情突袭。去年冬天，我们无法离开校园，也无法进入选址地，所有原本制定的工作计划因为突如其来的疫情被迫搁置。在经过与主办方、参赛团队等多方积极沟通协调后，最终商议推迟比赛进程。

然而，在疫情过后，当我们重新回到场地进行调研时，我们发现原本计划用于长条形花圃中央的区域已经被易爷爷栽种了新的植物。在经过仔细考虑后，我们最终决定将设计的场地进行平移，置于原计划的后方位置。虽然原来确定的方案需要进行大幅度改动，无法完全实现之前设想的“留白”设计理念，但本着尊重居民意愿、共商共议和共建的原则，我们在移栽植物与更换场地这两个方案中，还是选择了后者。

除此之外，在实际的花园营建过程中，原定的方案经过与居民和街道办的协调，进行了多次修改。我们并没有预料到小乔木和灌木的位置会遮挡住堡坎下居民居住区的采光，因此在栽种过程中不得不临时调整它们的位置和种类；我们也没有考虑到居民晾晒衣物的需求和更新成本，不得不取消原计划

图 2-4-6　花园实施过程

中预计更换为花架的晾衣架方案。此外，住建部预计扩展的周边更新项目与花园的实际营建时间不一致，导致无法完全按照方案来实施等。所有这些困难和挑战使得花园最终的呈现效果与最初的设计方案有所不同，但也因为这些不确定性因素，让种子小圃变得更加生动可爱（图 2-4-7）。

图 2-4-7　花园最终效果

## 3 居民连接

事实上，在与堆金村的爷爷奶奶、伯伯嬢嬢们的互动中，我们发现他们可能并不完全理解“社区营造”“零废弃理念”和“社区花园”这些概念的含义。在他们看来，我们可能只是一群图新鲜的年轻人而已。还记得我们第一次在社区菜市场门口摆摊宣传时，我们卖力吆喝却仍然少有问津。然而，随着我们越来越频繁地在社区活动中出现，大家逐渐熟悉了我们，开始对我们的营建活动产生了好奇，甚至主动询问下一次活动的时间。种子小圃落地建成后，在回访中我们发现，尽管没有一个完善的管理和维护机制，小圃中的植物依然保持着良好的状态，甚至有一些居民自发地进行了维护，并在其中移植了自己的花卉。

扎根在堆金村的这半年里，我们遇见了形形色色的居民们。我们挨家挨户上门宣传、回收旧物时，认识了一个跛脚大哥，尽管他行动不便，但他仍然把自家门口打理成一个郁郁葱葱的小植物园，并用废弃的浴缸制作了一组非常有艺术气息的盆景。后来，他还非常热情地带着孩子参加我们的工作坊活动。还有一个隐居在堆金村的“大佬”姐姐，在社区开了一家艺术工作室，里面展示了她亲手制作的手工茶具。我们枯木树桩花盆的创意就来源于她工作室门口的吊兰盆栽。她还为我们的活动提供了很多有意义的建议。还有罗嬢嬢，每次我们来的时候都会和大家一起“摆龙门阵”，嘴上虽然一直说不懂我们在做什么，但每次活动她都会带上她的姐妹们前来支持。最热情的还属易爷爷，当我们最初与他协商能否把花圃让一小部分作为场地时，他热情欢迎，并给提醒我们花园土壤中存在的问题；当我们邀请他来进行花园经验分享时，他欣然应允，给予我们巨大的鼓励；当我们搭建完种子小圃之后，他悉心照料，在我们的基础上丰富了更多内容。易爷爷作为我们的“技术顾问”完整参与了活动全程，不仅是我们的“好伙伴”，更是我们的“大导师”。除了他们，还有堡坎下年过九旬的奶奶，她主动提供了家里的水电供我们正式搭建时使用；还有围着我们转悠的蒋小朋友，他在搭建过程中积极地帮忙，成为我们的得力助手等。我们通过社区花园这个平台，在短短半年时间，与居民建立了联系，并分享了丰富多彩的故事。我们从毫无关联的陌生人，成为齐心协力的伙伴。这次活动丰富了我们对这个老旧社区的认识。是他们，勾勒出重庆这座城市火热的底色，展现出社区花园更加富有人情味的深刻内涵。

## 4 结语

种子小圃的故事才刚刚开始。为了花园的可持续化发展，我们需要更好的规划和组织，以持续关注和支持社区花园的运营，同时需要重视教育和知识分享的组织，提供更多的培训和工作坊，促进居民之间的学习和交流。通过这一次与居民共商共建共享的社区花园营建的实践经历，我们更加意识到社区花园的建设不仅仅是为了提供一个绿化空间，更是为了促进社区居民之间的互动和合作。社区花园通过促进互动、建立关系、共同学习和加强社区公众意识，拉近了人与人之间的关系，产生了羁绊，并凝聚了社区的公众意识。这种社区花园的力量超出了单纯的园艺活动，为社区带来了更加融洽、紧密和有活力的社区环境。我们相信，通过持续的努力和支持，社区花园将成为社区发展的重要组成部分，为居民的生活增添更多的美好和欢乐。未来，我们期待着社区花园项目在西南地区和全国范围内蓬勃发展，让小小的花园开出更加多彩的花朵。

# 花厢记

姚　喆[1]

王尔德有一个关于花园的故事：巨人拥有一个美丽的花园，他不在时孩子们溜进去玩耍，一片鸟语花香。当他归来，他却粗暴地把所有人赶走，将门牢牢锁住。春天来了，巨人的花园依然是白雪皑皑的冬天……

## 1　从一扇窗开始（场地特征是设计的原点）

图 2-5-1　场地原状

2022 年秋天，我第二次带学生们参加社区花园设计营造竞赛与社区参与行动。放弃了上次参加时的多点开花，我们这次选了独苗一块的场地。场地邻近社区入口，二十多平方米，是由临街商户和住宅的山墙半包围形成的一块水泥地。平时是左邻右舍的晾晒之所，真是标本一般的宅间畸零地块（图 2-5-1）。

"居然选了块硬地？"同学们问道。硬地开花，才有做头。

踏上这块场地，首先进入视野的就是正对街面山墙上的一扇窗，用常见的防盗窗焊得严实，周围盘绕着破旧的水管和电线。窗内晾着衣服，隔着厚厚的窗帘，有个看不太清面容的叔叔不放心地问："你们要待多久？我一会要出去。"

那天我们待了很久，丈量了场地，做了居民访谈和第一次参与式设计工作坊，还认识了日后参与营造的几个小伙伴，但最重要的是，我们在那晚讨论中确定了设计的切入角度：打开大家心上那扇窗。

正如上届范甜甜同学写在设计手记里的这段话："我们常常以家门为界限，将门以内的空间定义为家；将门以外的空间，定义为外面的世界。我们常常忽略，当我们将门和窗打开，就已经引入了外面的空间和环境。如果眼光看得再远一点，我们会发现，那些距离家门一步之遥的地方，也是我们的家园。"

那天，一个叫作窗下小花园（后来改叫花厢记）的微信群建起来了。第一稿的方案里，有这样一张意向图，代表了我们从场地初印象衍生而出的愿景（图 2-5-2）：

彩虹代表多彩，代表联结，也代表大家在一起。

## 2　居与游、园与院（小空间复合需求的博弈）

江南园林的传统，是宅与园融合共生的壶中天地。我们的这个小小花园，开轩面场圃，三面临街舍，不免认真担负起居与游、园与院的责任。

---

1　上海第二工业大学应用艺术学院环境设计系副主任。

图 2-5-2　最初的方案意向图：彩虹之窗

一轮设计工作坊做下来，发现左邻右舍中有人想要晾晒场，但反对有人聚集。年轻人想要香草绿植和墙绘，老人想要花卉和聊天休息位且希望避开昆虫，小朋友则想要昆虫观察和涂鸦，我们这些社造人还想加入活动和展览空间（图 2-5-3）。总之，地方是螺蛳壳，需求是“水陆道场”，利益相关者的诉求不仅复合还相互矛盾，好一番博弈。

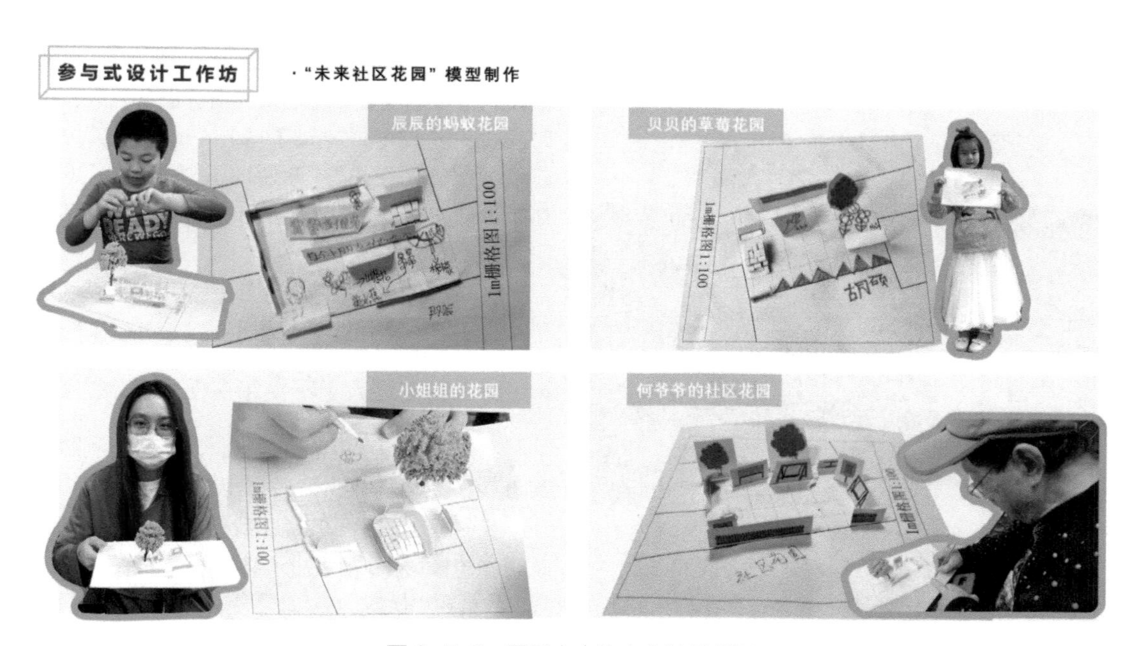


图 2-5-3　居民心中的未来社区花园

所幸我们的营造与行动小分队六位同学艺高胆大。空间不够，大家就一物多用换空间。当产生了需求矛盾，大家就分区营造解矛盾。以脚手架作为框架，以旧花箱作为模块，我们在场地上集合了晾晒、种植、分区、休憩、游览、展示诸般功能（图 2-5-4）。

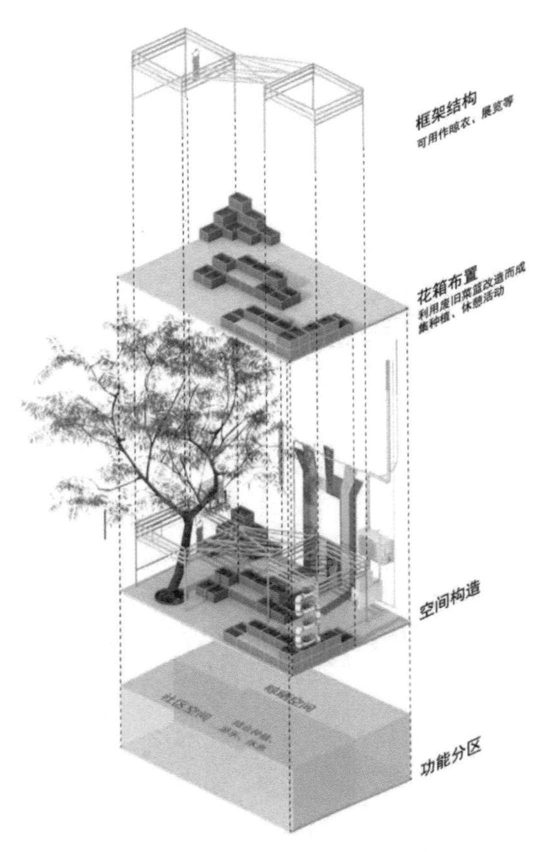

图 2-5-4　功能分区与空间构造

图 2-5-5　第一届邻里纸上“噶山湖”大会

## 3　一道“噶山湖”（社区联结，语言为媒）

在社区里工作，第一关是交流沟通。居民调研走访、组织活动、发掘社区能人、发动参与力量，都需要言语为媒。而用方言，则是个捷径。和老社区里的阿姨叔叔沟通，沪语和沪普齐飞，一下子就能拉近距离。这种因在地口音而带出的认同感与归属感，也给了我们后面举办社区活动的灵感。除了让原住居民会心一笑之外，也能让外地新居民了解一些简单有趣的沪语，进而解锁社区文化密码。

我们第一次社区活动内容是花园里的植物认养，主题叫作“侬好，唔是 ______ 窝里厢宝宝”（你好，我是 ______ 家宝宝）。给每一株小花小草都做标牌，设计台词，把它们变成嗲声嗲气的“上海小囡”。这个策略大受阿姨们和家长们的欢迎，很多大朋友小朋友都在大家的花园里认养了自己的宝宝。

第二次社区活动，我们将晾衣架变为临时展厅，用晾衣竹夹展示了营建历程图片，还举办了“第一届邻里纸上噶山湖（聊天）大会”，邀请居民们留下墨宝，一起笔谈沪语。那日风大，一时间“切过了伐”（吃过了吗）、“一道白相”（一起玩耍）、“谢谢侬”（谢谢你）、“轧闹猛”（凑热闹）、“蛮扎劲”（挺有意思）在冬日晴空下飘了满天（图 2-5-5）。

也许下次居民们“一道白相”，可以从“切过了伐”开始“噶山湖”，想想也是“蛮扎劲”的。

## 4　最小的主理人（不要忽视任何在地力量）

我们的花园意见留言板上，有一张便利贴上写着：山茶花、柠檬树——紫小孩。

我们那一刻还不知道，我们后来真的买了山茶花和柠檬树，并由这个穿着紫色衣服的小男孩亲手种到了花箱里，而且他成为全程参与我们每一次营建的重要小伙伴。

小男孩叫辰辰，11 岁，不像其他孩子参与我们的活动总是有父母陪伴或带领，他是以一个独立的社区居民身份加入我们的（图 2-5-6）。第一次设计工作坊的时候，他就展示了出色的联络和组织能力，上门邀请了两位居民小姐姐加入我们的深度讨论。辰辰还在我们讨论儿童相关设计的时候，认真提出了儿童安全问题。那天我们一直聊到夜里才散，我预感到我们的花园将在儿童友好这方面大放异彩。

后来无论是营造、种植还是举办活动，总有他柯南般踏滑板而来的身影。辰辰和团队里的大哥哥大姐姐们结下了深厚的战斗友谊。他是我们在社区的联络人，是花园的忠实粉丝和最小的主理人，以及柠檬树的守护者。他非常爱那棵柠檬树苗，并许诺说等它结出果实就摘下来泡水给大家喝。

看着他我就会想，所有栋梁，都曾经是小树苗啊。

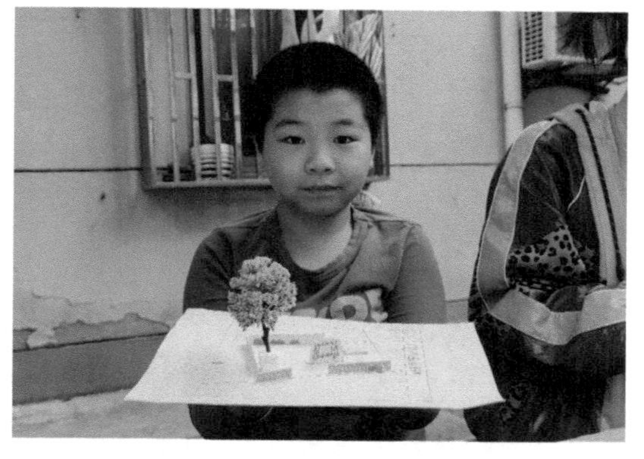

图 2-5-6　辰辰设计的小花园

## 5　得娃者得天下（中国式社区活动组织）

作为一个没有娃的人，有时候很难体会到中国家庭以娃为第一推动力的生态。但在社区做活动，让我明白了“得娃者得天下”。无疑，社区活动的常客是退休的阿姨叔叔们，阿姨们参与性强，叔叔们关注度高，但论行动力，那还得是有娃家长。做社区活动的时候，不妨融入一些亲子向寓教于乐的元素，会大大提高关注度和人流量。我们在策划花园植物认养活动的时候，有意加入了一些可爱的植物卡通插画，并辅以沪语打招呼的台词，创造出一种绘本的视觉风格来吸引亲子家庭，果然人气空前。

在活动中，我们随机访谈家长们为什么会带着孩子认养社区花园里的植物，有家长说希望孩子能学会尊重生命与自然，有家长说希望孩子通过定期照顾植物养成责任感，令人动容。这样的家长会在孕育了新生命之后，更加关注社区，希望为下一代创造一个安全美好的成长环境。他们正是我们培育社区内生力量的合适对象。我们组织这个“在大家的花园里，认养一个自家的宝宝”活动，即是希望借此由头让大家多来花园相遇。

图 2-5-7　小花友

那个认养植物的下午，有素不相识的孩子们因一起种下花苗而成为朋友，并留下了合影。这些照片后来在我们的营建记录图片展中被展出（图 2-5-7）。开春的时候我们去场地上补种植物，发现当时留在现场的塑封照片大多都被居民们领走，留下的都是合照，倒也成全了我们以花会友的初衷。

## 6　关于杜鹃（认同感与归属感来自场所记忆）

第一次去踏勘场地的时候，和一位路过的叔叔聊天，得知这块场地最初并不是硬地。他印象里这里曾经有两棵枝繁叶茂的杜鹃花，春天的时候是小区一景。我们做方案的时候，便决定恢复这两棵杜鹃，将它们种在入口两侧。

那天做植物认养活动的时候，一个慈眉善目的阿姨一眼就相中了其中一棵：

“哎呀杜鹃好呀！以前这里就有两棵杜鹃，那个时候……”她凝神想到了什么，但并没有说出来。

图 2-5-8　阿姨认养杜鹃花

“我们就是知道以前这里有杜鹃才特别配的！”我们的同学这样回应她。

阿姨看我们的眼神顿时充满了相知。那天她不仅认养了这一棵杜鹃，还带自己的小姐妹来认养了另一棵（图 2-5-8）。稍晚的时候又专程来场地上问我们有没有什么需要：“我就在对面楼上，一直看着这里呢。好感谢你们来给社区建花园。”

我不知道阿姨和杜鹃有什么故事，但直觉那是一段美好的回忆。因为阿姨也成了花园的忠实粉丝，路过都要来看一眼，深冬的时候把杜鹃抱回家保护了起来，开春又送回了花园。

### 7　我们社造史上“最甜”的一笔（“零废弃”反思）

这次社区花园设计营造竞赛与社区参与行动的主题是“零废弃”。我们尝试使用废弃的蔬菜筐作为花箱来进行种植，从各处搜罗了不少废旧的塑料菜筐，车载手提，费力地运到了场地上。但在后期使用中，居民反映老化的塑料菜筐出现了严重的开裂问题，致使大量泥土散落在地面，和参考案例中看到的整洁有序又接地气的种菜神器截然不同。我们后来不得不重新购置真正的花箱取而代之。

另一个尝试是使用绳子串联废弃的大饮料瓶，将其做成垂直种植的容器。一开始我们打算去垃圾站碰碰运气，后来发现饮料瓶是一个回收的门类，有专人收走。提出饮料瓶种植计划的范冲同学表示这不成问题，他们男寝消耗碳酸饮料的速度迅雷不及掩耳。但是他忽略了季节，当时已是十一月底，气温的下降消解了大家对碳酸饮料的热情，收集到的饮料瓶数量并不能满足计划。于是，就着初冬凛冽的空气，我们在花园隔壁的苍蝇馆子里，每人用不锈钢大碗干了一碗雪碧，此举堪称我们团队社造史上“最甜”的一笔（图 2-5-9）。但这又甜又凉的饮料流进心里，却不是滋味。

图 2-5-9　一人一海碗雪碧

以上两个尝试，都不能算是成功的“零废弃”案例。真正的“零废弃”，是简约适切地使用和再利用，在这过程中不产生不必要的成本和废弃物增量。我们在社区花园的营造中，常常希望倡导一些绿色的理念，比如生态友好，比如零废弃，但实现方式的可行性、维护成本、是否会造成违背初衷的结果，都值得审慎深思。

### 8　越冬之花（社区花园本身是一颗种子）

从 2022 年 9 月到 2023 年 4 月，营造的过程漫漫长路，从秋到冬，春天再临。

由于不可抗力，我们定植植物的时候已是初冬，并不是特别适合的时节。虽然认养与定植的那天阳光晴好，但大家看着早早落山的太阳也是心中发愁，不知这些刚种下的苗木是否能够撑过上海的冬天。半个月后，天气越发寒冷，按照居民陈叔叔（就是我们场地上那扇彩虹之窗的主人，后来不仅热情参与了我们的营建，还犒劳了同学们一次饭）的建议，我们在志愿者群里发动大家把能移动的盆栽都暂时带回家中养护，并且做好了开春去全面补种的打算。

从陈叔叔发来的照片来看，冬天的花园有些寂寥，我们在群里互相打气说，等待春播。作为一个见证过植物生命力的人，我心中始终存着希望。对于植物来说，生存的场所只有脚下的方寸，遇到风霜也好，得到恩泽也罢，它们并不逃避，而是拼尽全力一生只在一处生存，这是草木的根性，也是生命的力量所在。

当我们再次回到花园的时候，已经是阳春三月，果不其然没有全军覆灭，甚至有些植物阵容壮大。长势最旺的，是匍匐于地的梵根们，它们已经爬满了花箱。春天的到来和自然的复苏，从不失约。在花园里，我们又见到了辰辰、杜鹃花奶奶、窗口的陈叔叔（这次他从画着彩虹的窗口探出脸来）和许多其他新老朋友。

花园这颗种子，也如期发出了新芽（图 2-5-10）。

王尔德那个故事，后来是这样的：当巨人推倒了围墙，让孩子们重回花园，春天就一起回来了。

图 2-5-10　我们在一起

# 灵气花园的街区共生实验——街区微更新中空间社会关系与介入模式研究

崔灵楠[1]

故事开始于第二届全国社区花园营建竞赛与社区行动。“有没有人想一起来建小花园？”的一呼把7个同济＋UCL的小伙伴集齐了。竞赛接受开放性选址，因为东明路街道是我们所在团队核心项目的实验场，所以我们带着半命题走进了东明。

东明路街道位于上海市浦东新区，伴随浦西、浦东大动迁、大开发而生，在农村城市化、城市现代化的过程中吸纳了大量中心城区重大工程动迁居民和征地农民。东明路很年轻，城市层面高强度的建设开发年限只有不到三十年。尽管人口结构层面存在一定老龄化少子化现象，青壮年人口占比却在整个浦东新区排行靠前，是一个潜藏活力、“正值壮年”的社区。但与此同时，街道也有它沧桑的一面：整体缺乏公共空间、15分钟生活圈内基础设施与服务设施配套不足，疫情过后社区内商业活力普遍减弱等。

回顾第一届社区花园竞赛，全部团队的选址落位于东街道东部的三林苑片区，原因很大程度在于东明路良好的自治土壤。2020年四叶草堂开展在地实践以前，就已经出现居民共建微花园。迄今为止，研究团队开展的东明实验触及社区花园、社区规划、街区共生三大参与式行动领域，形成基层参与式社区治理制度建设与东明街道社区规划师制度双重机制保障，凭借在地培育、广域网络、重大节事举措努力促进公众参与社区更新中的在地化、组织化、制度化、常态化。一年一度的社区花园竞赛便是社区花园与参与式规划网络的一大组成部分。

## 1 选址：从对接需求到嗅探需求

参照主办方提供的有改造意向的点位，小组首先接触了一处住区小广场的周边绿化提升。场地一百平方米左右，超出了赛制建议规模。我们提出提供整体改造方案、分步实施营建的计划，但沟通过程中社区以“希望场地纳入社区整体改造规划”婉拒。我们锐气稍挫，可见非在地力量想要短时间取得社区信任并非易事。但过后，我们逐渐体会到社区花园网络构建潜移默化的感染——在地治理者的选择并不意味对空间更新、环境提升缺乏重视，反而是意识到社区规划与参与式行动的意义，才对完整、宝贵的待激活空间资源有了预判的能力和更高的期待与标准。社区空间更新的底层逻辑已在老师与团队的实践中打通，我们或许更需要通过实际行动争取在地利益相关者的信任。

紧张的赛程下，可供对接地块已所剩无几，大伙为难中老师抛出了新的尝试方向——试试结合今年东明社区花园节“萌力街区”的主题在灵岩南路片区寻找可能的契机。相对于东部三林苑，灵岩南路板块空间更新需求更加迫切，而且因南北向主路沟通住区与服务设施等多种要素，因此关注街区复生意义显著。我们团队从被动对接转为直面挑战，成为街区共生实验的先遣小队。

---

1 同济大学建筑与城市规划学院景观学系硕士研究生。

小组先后调研灵岩南路商铺店前下沉空间、永泰路商铺楼间的廊架空间，遇到相似的阻力：作为公共空间的潜在使用者不足且直接利益相关者改造意愿相对消极。因而评估资源输入、推进行动的可行性与后续可持续性便无从谈起。

最终，在灵岩南路凌兆二村西出入口出现了突破点。场地为一片东西向的通道空间，北侧为结合底商的沿街居民楼，南侧一层建筑为街道所有，花园节期间做论坛主会场，日常为社区认知障碍健康筛查点。这样一个集商、住、公共服务等功能于一体的特殊地带很适合成为街区实验的第一站（图 2-6-1）。

图 2-6-1　灵气花园改造前后对比

## 2　设计：参与式设计——多元参与的严谨输出

从进入场地的一刻，我们尽可能压缩非客观的判断表达，将自己定位为社区声音的收集者、场地内外现象的记录者，调动专业素养与理解认知去整合各类变量、辨别权重，最终输出可行的解决策略。

通过为期 3 周结合问卷、访谈与旧物回收行动的在地调研，商户与居民在前期的参与意愿与参与程度大致相当。我们计划以两者为主体受众，以适当的空间策略化解最为凸显的矛盾、整合回收行动收集的资源：

（1）保证基本的通行功能；

（2）以种植装置化解空间边缘的堆放现象，但考虑维护强度应控制体量；

（3）以地面装饰实现动静功能的软性分隔，配合墙绘、回收物装饰、科普标识实现空间质量提升。

我们期待以空间为媒介促进商户、居民两类人群的交往融合。生成初步方案后，展示征集海报被形形色色的参与者停留了解、提出迭代建议。在设计逐渐清晰、反馈变成一声声笑眯眯的“灵咯”“灵咯”的鼓励时，我们感到终于融合进了一片“被需要”的地方。

## 3　营造：寻求资源输入者到赋能者的转型

在选址阶段的小波折中，我们结识了东明街区规划与支持中心的负责人月月，在她的帮助下我们快速取得了街道与居委对空间改造的许可。通过月月，我们在小小规划师和各社区自治共建社群收获了相当可观的行动关注度与参与意见。2022 年下半年，即使面临疫情的不确定因素，小组仍以线上线下投票结合的形式确定了墙绘方案。我们感受到“附近”的关系网络一旦构建后不会轻易阻断的韧性，以及社区花园网络在东明散发的巨大能量。

前期顺利的进展和较高的参与度一定程度上也影响了我们对“什么样的群体才是有主体性、愿意深度参与主力”的预判。起初，我们认为只要积极地输入资源、通过工作坊等活动搭建参与平台创造机会，不同类型的利益相关者自然而然会聚到一起，与小组并肩行动，但事实很快出脚狠狠踩了我们一下：大家发现即使将场地角落清扫归置干净，留下标识，下一次行动前依然会有严重的烟头纸巾乱丢现象；营建工具托付无门，只能掩藏在场地角落祈祷不被“薅”走。似乎只要我们停止干预行为，场地便会不可控地逐渐从有序走向无序。但真正促使我们放慢进程、回顾思考街区实验的社会关系与参与者介入模式的是我们开展墙绘前对污损墙面的预处理的开支：由于出校频率受疫情管控限制，墙绘底漆粉刷只得求助在地专业人员。“零资金支持”的行动背景下，1 500 元一面墙的人工 + 材料费对小组而言相当“刺客”。

我们似乎不应成为承担全部成本的那一方，让实验行动变成一场纯粹的“志愿服务”——好心的同济小姑娘们“为”大家美化环境。但大家质疑的并不是行为本身的价值，而是我们是否只有“单项输入资源”这一种选择。于是我们复盘了营建行动开始后商户与居民两大直接利益相关者的参与情况：街区空间与更多人有着浅层的关联也意味着实质上没有关联。如果说居民是一种被动、随机性的参与，与场地联结不够稳固，难以自发开展主体性、系统性的行为，那商户群体则几乎没有参与到营建阶段的行动中。参与社区花园节的走街工作坊后，我们得以进一步了解商户低参与的逻辑：灵岩南路的商户中雇员经营占比远高于店主直接经营，意识里周边环境提升与否与自己关系不大。此外作为雇员，他们能够调动的店内资源有限，无法代表店主的态度。这成为商户群体与社区融合的阻碍。

但如果从商户的需求考量，以场地有限的资源调动能力，似乎并不能带来直接的利益价值，促使商户投入支持。为此我们进一步征求了老师的建议。尽管老师打包票会成为我们坚实可爱的兜底方，给了我们敞开去试的信心，但更多情况下是在传授扮演赋能方的经验。资金上，我们通过主动申请取得了联劝基金会“美丽家园行动”的支持；行动上，拓宽寻找利益相关者的思路，在公众对街区公共性认知不够成熟的情况下向上寻求更稳定、更全盘了解社区，也更具有赋能经验的管理者、社会组织，去尝试争取他们的支持。从输出转向培力，我们才有全身而退实现可持续的可能。

## 4　连接：灵气花园社会网络的快速生长

经历了一两次带着方案与想法的拜访，小组转换思路尝试主动出击，寻求居委与健康生活馆内社会组织的支持。管理者与第三方支持者路径的社会联系成功搭建，灵气花园的行动多了一条更值得居民信任的宣传途径，我们还直接获得了居委书记种植土和活动期场地清扫的支持。工作日的花园则受到健康生活馆爱老组织三位女孩子的照看，种植部分向认知疗愈开放产生形成内外空间的互惠闭环。

着眼于场地内，我们学会听到更多流经花园留下的故事，看到了更多具象的形形色色的面孔。灵气花园社会网络的质变来源于我们和吴阿姨双向联系的构建。吴阿姨是从我们初次来到场地就在的一位老朋友，两把椅子、一台缝纫机、一辆盛放工具的板车，提供极简极实惠的理发织补服务。我们曾经向吴阿姨打听过场地的信息，前期热闹的活动中吴阿姨也一直都在，像这片空间中几经回旋绕不开的主题旋律。但或许是因为不够敏锐，我们与吴阿姨之间始终隔着层彼此不再产生更多好奇的生疏波澜。现在回想搅动这层隔阂的应该是东明花园节的活动日：整条灵岩南路都被归置得整整齐齐兴高采烈，甚至曾经我们场地中沿墙一字排开的废旧座椅也被收进居民区整整齐齐地锁在一条落水管上。这时，吴阿姨的如期出摊似乎开始与节事里的灵岩南路格格不入。阿姨陷入是否需要撤摊的犹豫，也引来管理者的关注。但最终在老师和小组成员的沟通下，花园节和吴阿姨达成了相互的接纳，甚至阿姨每周末在场地的出摊都得到了某种默许。

“我们能再为吴阿姨做点什么？”

“留住吴阿姨。”

关于街区共生的模糊憧憬在那时汇聚成了具象化的一点，达成它或许就实现了我们的实验价值。我们将吴阿姨调整为这片空间的重要主体进一步深化设计，改造提升回收来的城市家具，为吴阿姨制作了符合场地气质的长期招牌（图 2-6-2），我们想告诉大家——灵气花园的灵气在这里。

图 2-6-2　吴阿姨和她的灵气招牌

不记得吴阿姨从什么时候开始会在干活间隙介绍我们是同济来的小姑娘。但从催促我们放下活赶紧去吃饭，答应帮我们照看"工地"，再到特地回家拿出松紧带和纽扣一起围护植物、装饰立面……连接一旦开始双向生长，速度是惊人的，灵气花园连同我们像女儿一样受到了吴阿姨的照拂和庇护。

然后我们就从更多可爱的爷叔阿姨口中得知了吴阿姨的更多故事：

"阿姨姓吴，既是抬头这栋楼上的居民，也是此时场地的商户。"

——这是最典型的这片空间使用者的代表。

"阿姨周末在这里干的是兼职，只是为了方便小区的老人家。"

——这是我们一直在寻找的街区里的公共性。

"小吴很好的，你们要多帮她宣传生意，多帮帮她。"

——这是街区社会关系网络中公认的关键人物。

做过花园节志愿者的楼长阿姨来了，我们知道了灵气花园和花园节网络千丝万缕的继承关系；小区里爱种花的叔叔阿姨来了，想用闲置花盆换我们多余的新土；不满意喷漆气味推窗大声抗议过的奶奶来了，愿意试坐一下我们新奇的水果筐座椅……我们知道，通过吴阿姨，属于灵气花园自己的有生命的社会网络构建起来了。

## 5　思索与困境：街区微更新中空间社会关系与不同角色的介入模式

行动总结阶段，我们通过梳理全部关键参与者的身份类别与参与特征绘制介入模式图。从图 2-6-3，大家可以看出即使是位于街区空间的花园项目，居民仍然是参与主动程度最高的群体，个人参与倾向略高于协作参与。我们据此推断居民之间的资源需要适当的统筹力量实现交互与充分利用。社会组织是第二重要的参与力量，充分展现构建联系、链接资源的优势。商户在整体参与中处于相对被动孤立状态，与预期存在显著差异。但观察结果展现的规律一定程度上具有个案的特殊性，参考价值有限。

### 5.1　吴阿姨存在对灵气花园的特殊意义

在受到感召之余，我们也对吴阿姨这样一个关键角色进行了小小研究。

首先，吴阿姨为什么会存在？客观层面对灵岩南路生活服务类 POI 进行梳理，整条街上便民服务

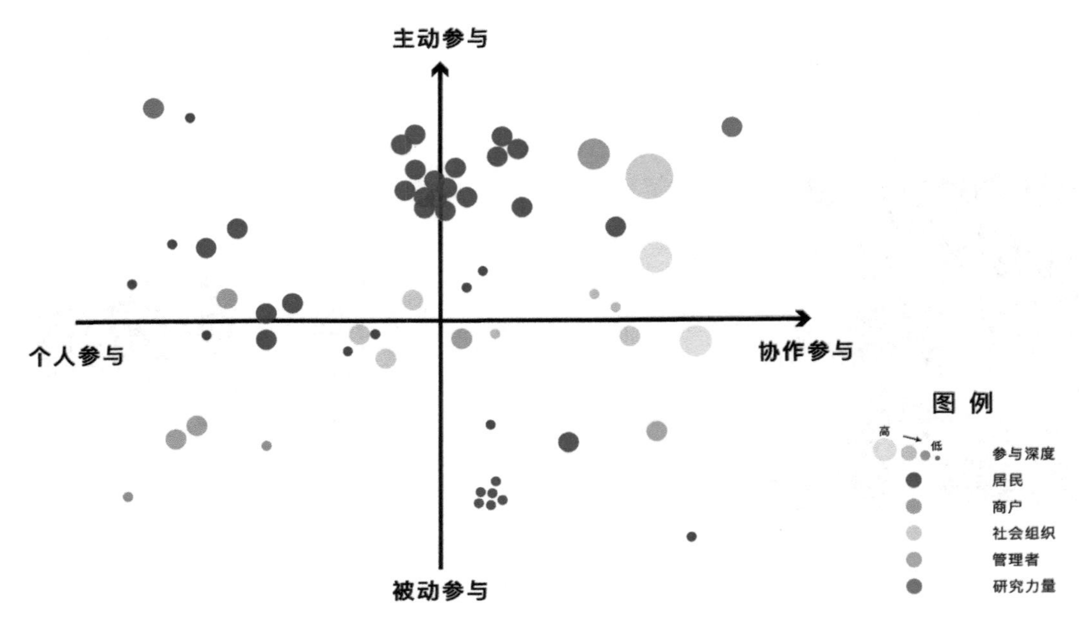


图 2-6-3　灵气花园关键参与者身份类别 - 参与特征介入图谱

经营极少，覆盖范围与服务能力均有限。吴阿姨填补周边重要的业态空缺。我们还对比观察了同济附近的租借在洗衣店的织补铺位，吴阿姨出摊或许有个人的经济因素的影响。最后，较为独特的一点是灵岩南路形成了自己特有的“低配版”网红商业发展特征，即对“新客”的追求大于“常客”，商户改换经营类型的频率很高，直接影响铺面形成简单甚至简陋的装修风格。因此，商业空间形态的反映不一定与周边真实的经济水平正相关。吴阿姨“临时性、低成本”的摆摊模式不是个例，也能被灵岩南路的商业意识甚至生活态度包容接纳。

吴阿姨身上折射出老人、商户被折叠的社交需求，商户与社区的融合实际上具象化反映在介于吴阿姨构建的交往中。反之，由于吴阿姨“被需要”的这层坚实的社会关系，她在空间中不稳定的存在也受到了管理者认可。而吴阿姨能带给灵气花园物理和社会层面可持续性的保障已不需要再多赘述。

### 5.2　街区与社区花园的介入差异

#### 5.2.1　优势

（1）设计阶段，空间内外可以利用的建成环境与空间要素相对多样，带来灵活可能；

（2）带来相对更大的人流量和不同身份的使用者，能够通过使用情况快速验证策略的成效。

#### 5.2.2　劣势

（1）硬件方面。按照项目周期，街区更新常见的分类方法为：快闪项目、短期项目、永久项目。街区空间设施损耗要大于社区花园的。“零资金”支持竞赛通过快闪 / 短期项目证实方案有效性后，能否转化为永久性改造才是可持续性的关键。

（2）公众对街区的公共意识共识弱于住区。空间层面，相较于社区花园，居民角色难以对公共街区形成直接、明晰的责任意识，一旦维护力量减弱，衰颓的速度非常惊人。商户关心店前公共空间是否更利于商品的曝光，稍远位置的街区空间辐射有限。社会层面，关注店员等社区的“租客”或“外来者”呈现出的自我陌生化倾向，可能更少地将情感精力投入工作环境。整体相较于社区花园也就更难形成地缘为连接的自治组织。

（3）街区问题从规划层面开展策略更容易触及根本。如增设垃圾桶根治乱丢垃圾的现象本质上是清运线路的改变和环卫工作量的增加。

对街区而言，社区多利益相关者的协调与公共性的激发在初期阶段可能需要以一定经济投入争取参与度，帮助商户认识社会效益带来的潜在价值，因此街区更新中体系构建带来的结构性优化必要性大于现象与活动对居民仅仅在意识层面参与意愿的触发。单个街区花园行动不一定具备足够的资源，触动和激发商户主动关心社区公共事务，产生公共意识，或通过让渡利益等方式达成较高层级的街区发展共同体。

### 5.3 触及社区花园与规划网络下体系衔接的边界

最后，是对灵气花园遭受的一点小小挫折和现状的思考：年后开学，我们回到场地发现健康生活馆外立面正在接受改造（图 2-6-4）。北侧沿墙有一些临时堆放，但由于南侧东侧墙面被重新粉刷，墙面曾经的装饰、攀援网和生长中的植物都受到了损坏。经过多方了解，施工行为属于居民社区规划师提案的改造项目。

图 2-6-4　健康生活馆外立面更新后灵气花园使用现状

竣工后的复生或许没有那么困难，但让我们深思的是我们构建的社会网络并没有起到预警的作用。或许还有以下不足：

（1）无论是规划师提案还是学生竞赛行动，两者的在地曝光度都一定欠缺。一方面居民知道施工但不知道因何施工，即使是共建群内每日路过的居民也无法解答，另一方面施工方的暴力对待呈现出对零废弃设施价值的低估，多方产生了信息差。

（2）破坏行为或者说这种扰动超出了吴阿姨为代表的初级自治群体的韧性承受能力。有能力修复的主要共建者——学生处于非在地状态，在未来常驻空间的可能性也很小，两者之间一旦缺乏高紧密度的沟通链接，花园就几乎没有解决突发问题的自治力量。

（3）社区规划师机制是常态化的，而学生竞赛却具有时效性，必须客观承认学生作为“不那么成熟的专业力量”对在地参与者赋能的局限性，或许应该思考两个板块乃至社区花园与社区规划网络与竞赛机制的衔接，以及管理统筹者在其中扮演的角色，让“潜在可持续”真的可持续。

最后，当然还是要祝灵气花园越来越“灵”，有更多可爱的行动者愿意主动出现，多多关照我们的附近，我们的家园。

# 单位制社区居民异质化情境下社区花园营建——资源视角下社区多元重构[1]

杨光炤[2] 祝芙琳[3] 李林蔚[4]

西安明城区存在大量单位制家属院。受单位弱化、福利削减，权属改变等系列因素影响，社会单位制社区出现空间的衰退、转型、融合等，因此其社会治理问题难度愈加凸显。社区规模小、空间局促、人口密度高、群体构成多元、复杂性高、流动性大与异质性强是单位制社区家属院的共同现状。人与人之间由熟悉转向陌生，社会关系不稳定，连接性减弱，社区内部及周边传统“附近”关系维系艰难甚至丧失。正如项飙所说的“消失的附近”，现代社会的趋势是人越来越原子化，对附近丧失兴趣，大多数现代人对自己周边的世界失去了解诉求与意愿。

伴随社区群体构成逐渐多元化的趋势，需求异质化特征也变得非常强烈。社会治理本质上是协调不同群体间的利益关系，消除各种冲突与矛盾。而在老旧社区中，社区治理的工作重点是协调不同群体之间，特别是各个群体与社区公共空间的关系。老旧社区中公共空间供给能力难以满足人们日益增长的空间需求，进而发展成不同群体之间的冲突与矛盾。因而，本文聚焦于建立社区多元联合机制，形成人与人、人与社区、人与地域之间更为密切的联系，进而重塑“附近”关系。

## 1 初识“炉料”社区

炉料社区是我在进行走访过程中无意间进入的一个院落。该社区始建于 20 世纪 70 年代，属于国有制单位家属院，位于西安火车站五路口附近的西四路与尚德路街角，毗邻西安市人民体育场、实验小学、革命公园。我走访发现，其入口是一个进深 12 米，只能容下 2 人并排通过的夹壁空间，站在外部一端甚至无法一窥社区内部究竟。在街道中的位置极不显眼，唯一的标识是巷道入口处的一个小名牌“炉料家属院”（图 2-7-1）。社区建筑呈三面环绕，由一个“L”形筒子楼、一个“一”字形单元楼外加一个收发室门房围合而成，形成进深 14 米、宽 35 米的院落空间，仅有 75 户。中央的自行车棚占据大部分院落空间，所以除了满足通行基本需求几乎没有其他功能。在这个公共空间严重不足的院落里，有三块居民自发种植维护的花园菜地，这也是小区里仅有的绿色（图 2-7-2）。

## 2 “熟人”社区下的自治

炉料家属院原住户居民大多数曾经同属于同一个单位。单位社区的最大特点，是邻里之间的地缘关系与单位中的业缘关系相互重合，是在业缘关系的基础之上建立地缘关系。这种同质性关系维系了社区居民的情感与日常互动，推动居民结合自身需求相互协作，创造性地采取了大量的非正规空间利用方式，开展社区公共活动。

---

1 本研究受陕西省教育厅重点科学研究计划项目（项目编号：21JS028）资助。

2 西安建筑科技大学建筑学院教师，苍耳社区营造发展中心主任。
3 西安建筑科技大学建筑学院风景园林系本科生、苍耳青年营造学社成员。
4 西安建筑科技大学建筑学院风景园林系本科生、苍耳青年营造学社成员。

图 2-7-1　社区入口空间

图 2-7-2　社区内部院落空间

小区绿地最初是由于邻里将家中的花盆植物放在院子里慢慢形成的，之后便有热爱种植的居民利用身边废旧材料，在硬化的地面上围合出不到两平方米的一小块花池，平日中从邻近的公园里取土背回来倒入其中，在此基础上移栽植物，形成小区内仅有的"绿地"空间。这种个人行为在协作中得到群体的默许与认同，长此以往便形成了公共的社区花园。花园里长了十多年的无花果树、不同季节的花卉与时令的蔬菜，不仅在色彩上美化了社区空间环境，也在大家的舌尖上拉近了彼此的距离。平日间老伙伴们也会搬来马扎座椅围坐旁边，使花园变成大家聚集聊天的场地。井井有条的社区花园与菜园俨然成为社区邻里间的黏合剂，而借助种植所形成的老人互助机制，也成为社区特有的文化。

## 3　社区居民异质化带来"附近"变化

"附近"包含"空间"与"时间"两方面，附近关系变化预示人际关系的疏离、不确定性与社会链接信任度的改变。受老城区发展以及年代历史等外部因素影响，炉料家属院自身环境处于停滞衰败状态，俨然呈现出"老旧小区"的特征。然而受益于附近周边便利的交通以及优质的教育资源，还是获取了不少的关注。为此一些原住居民为了改善自身居住条件，将房子出租或出卖后搬离了社区。伴随着单位效益下滑、供给减少、居民迁入迁出，社区传统的业缘关系与地缘关系逐渐被打破，内部人口结构慢慢发生异质化改变，居民相互间的社会链接性也在逐步削弱。"异质化使居民之间的关系出现疏离，弱化了居民的社区认同感和归属感，引发社区管理多元化，且弱化了社区管理。"——学者孙炳耀在研究中指出。由外部人群的介入造成的社区内部人口结构异质化问题，导致居民生活节奏不同，邻里矛盾也日益加剧。社区作为日常生活的基本载体，其疏离、独立、分散的个体特征日渐明显，原有的"附近"关系被打破，社区治理难度增加。

炉料家属院旁边不足百米有一所公立小学，因此家属院被划定为学区房，这便导致很多的家长为了孩子选择在这里租住生活。这样一来，社区里面就有了以就读为目的的"新居民"，基于新业缘关系与地缘关系的群体重新出现。孩童的到来为社区带来了新的活力，但对社区老人原有的生活秩序造成了影响。老同志平日喜欢安静，而孩子们的天性是活泼好动，再加上社区周边缺少公共活动空间，平日里小朋友还会叫上自己的同学来社区玩耍、踢球、打闹嬉戏，不仅影响到社区安静的氛围，还常常波及花园里的植物。因此老人对儿童行为活动较反感，进而对孩子们呈现出排斥的态度。

与之相反的是，孩子群体由于在同一所学校就读经常打成一片，家长们因此也变得熟络。疫情期间社区实行封闭管理，在这段特殊时期由于社区居民委员会人手力量不足，居住在这里的小朋友便在小学少先队大队长带领下，自愿成为社区小志愿者，协助核酸检测、分发物资、传播信息，参与到社区公共事务中，承担起一定的社会责任，已然成为社区自治的新生力量（图 2-7-3）。社区孩子们共同的行为得到居民间的认可，彼此间距离也被拉近。在公共事件中依托社区新社群所建立的链接，使“附近”关系重新得到了加强。新的同质关系出现，也为社区“公共生活”重建、社区及周边互助关系的重塑形成提供了良好契机。

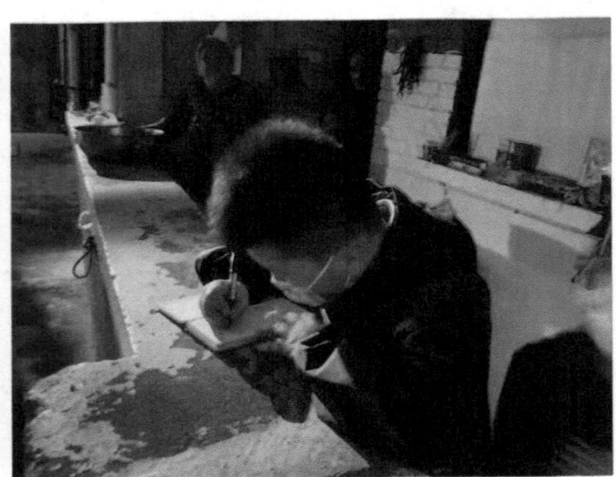

图 2-7-3　疫情期间社区儿童在值守

## 4　异质化社区资源解构

社区这个“家”，对于每位生活这里的居民来说有着不同的意义。社区的成员里一半是老居民，在这里度过了半辈子时光，相互熟识。即使院落设施陈旧，也依旧舍不得这里的邻里亲情，对于他们而言社区就是记忆，就是“根”。而另一半作为“新居民”，生活节奏很快，工作、学习早出晚归，如候鸟般匆匆往往。由于在这里仅是短住，对于社区公共事务往往置身事外，没有认同感。社区居民由于生活“领域”与“时间”的差异化，共同的生活内容几乎没有什么交集，人与人之间的依赖性十分微弱，个体之间的社会链接断裂。总之，这种“附近”的消失意味着共同体基础的消解。

社区异质化一方面使人们需求产生差异化，进而形成矛盾。但从另一方面来看，其所掌握的资源及其援助能力也呈多元化表现。如何对各方资源及其需求进行梳理与整合，如何通过重构方式达成互补共赢，是亟须关注的重要问题。通过重建公共生活的场实现社区文化建设，促进社区心理形成，加强社区认同感和归属感，会很大程度缓解社区异质化带来的冲突与矛盾，推进公共利益共同体的建立。社会治理共同体的特征主要包括两点：一是公共性，建立在公共利益基础上的集体行动，不同于传统共同体基于地缘、血缘或精神的同质化纽带，人们可以基于共同的生活环境和价值观念达成“默认一致”；二是交往性，共同体表示一种混合的社会关系，是成员之间基于伦理和情谊，彼此紧密联系的公共生活，是社会治理中的情感纽带。

在走访的过程中了解到，随着社区原有住户的搬离、离世，社区青年原住居民人口数量减少，老龄化严重。以前围绕在小花园旁欢声笑语的老伙伴们越来越少，社区“绿地”主理人因年纪和身体原因无法像以前一样打理，社区花园社区中的黏合作用在逐渐降低，活力慢慢减弱，仅存社区公共空间面临消亡的危机。

对于儿童来说，活泼好动是儿童的天性，虽存在某些破坏性行为，但也是主动探索环境的方式。由于社区周边没有相应的公共游憩与交往空间，孩童放学归家后更多局限于室内空间，与各种电子产品为伴，对此家长们纷纷表示出担忧。儿童在成长环境中缺失能量释放途径与正向引导，不利于其健康成长及良好人格的塑造。炉料家属院周边分布着大量情境相似的单位社区家属院，有些院落甚至没有院子，直接接驳城市道路。还有一些家属院虽然设施相对完善，但在管理上缺乏科学性，特别是疫情后大多采取严格的封闭式管理办法，从另一方面也阻断了社区里孩子们的交往。

## 5　资源视角下的社区重构

社区居委会将西安建筑科技大学风景园林系同学、苍耳社区营造发展中心（以下称为苍耳营造）团队引入到社区，为居民提供理论与技术支持。苍耳营造团队考虑到炉料家属院自身的开放性，选择为社区内外的孩子们创造朋辈协作的场所与机会。通过将已有的社区花园进行改造或升华，为社区及周边孩子们提供介入的可能，并在这个过程中重拾共同生活的内容，重构公共生活的场所。

首先是对“资源”进行梳理，广泛听取社区居民意见，充分理解由社区异质化所带来的多元性，对资源进行重构。将看似无序甚至相互冲突的需求联系起来，通过构建有形或无形的载体，使“资源”实现深度融合，助推人与人之间产生“社会”关联性。具体来看，社区中不同群体的需求各异。如社区居民的需求在于社区生活环境品质的提升；社区居委会希望居民种植等个人行为规范化、社区邻里间关系融洽；社区小朋友需要同龄人之间交往游憩的空间；家长们希望孩子们放下手中的电子产品，拥有更多与现实朋辈的交流及合作机会。

其次，面对炉料家属院社区内部资源动力不足、缺乏财政资金支持的情况，如何调动外部资源的进入成为亟须重点解决的问题。对此，苍耳营造团队采取了诸多方法。

一是尝试进行空间资源重构，对院落内消极空间进行活化利用。调研观察中发现，社区花园旁的单元楼入口成为人们交流的场所，承载了多样的生活功能，如茶余饭后闲谈、夏天纳凉，雨天避雨等。因此对楼道“画廊（Gallery）”小微空间进行改造，用极低的成本将楼道转化为社区共治宣传的阵地与场所，为居民参与社区“新文化”创造机会（图 2-7-4）。

图 2-7-4　楼道空间活化利用与变身

二是对营建材料进行重构。原来花园营建所使用的材料，是筒子楼住户装修改造淘汰下来的水磨石水池，以及身边可获得的泡沫箱，水桶等材料。在此基础上，共建团队秉承零废弃原则，发动居民群众力量搜集身边可利用的废旧材料，包括木板、木箱甚至废旧轮胎与部分搜集来的建筑砌块等，将这些材料进行再创造。既节省了营建费用，同时也宣传推广了环保的理念，使其达成观念共识。

三是推动社区与周边关系的重构。社区居民通过社区空间使用权的共享引进外部力量，重建个体之间的社会链条，增强社区及其周边群体之间的相互依赖性。通过宣传讲解社区花园意义，吸引周边社区没有公共空间环境的小朋友及家长加入，积极投身到花园营建中（图 2-7-5）。他们的加入为自身资源不足的社区带来了发展活力。四是对空间使用权进行重构。通过与原住居民合理协商，以不改变生活习惯为前提，采取渐进方式为社区儿童提供介入空间。在不增加整体种植面积的情况下，通过边界梳理与调整来实现花园改造。社区老人退让出来一部分边界种植区，为孩子们创建儿童种植观察区提供可能（图 2-7-6）。

图 2-7-5　周边社区小朋友共同参与炉料“纽扣”花园共建

图 2-7-6　儿童与家长共同参与“纽扣”花园儿童种植区美化与种植

实际上，空间重构不仅仅是新空间形态的生成过程，也是社会关系重组和社会秩序再生产的过程。社区花园营建不仅仅是物理空间美化与提升，更是通过人的活动行为而产生的社会关系连接过程。人们在协作过程中收获愉悦感、劳作感、责任感，从而加固了彼此间的联系。总之，社区花园营建是以公共利益为目标，以动员社区居民全程参与为手段，培育社区内部协商解决问题的人员、组织、程序及方法，激发社区发展的内生动力以形成社区共同体。

最终的花园建设与运维促进了社区联合机制制度的建立，并且这种机制不再因居民的人口流动而发生断裂与改变。空间不是简单的物理概念，而是根据人的活动而产生的社会关系的集合，空间不仅被社会关系所支持，也生产社会关系并且被社会关系所生产。因此老旧小区公共空间的更新除了是对物理空间的改造升级，更是对社区共同生活场的重构。通过公众参与激发社区活力，重塑社区场域精神，孕育崭新的社区文化，使其有更加旺盛的生命力与持久性。

## 6 “IP”无形资源助力社区认同与社会链接

苍耳营造团队思考以“纽扣”作为花园主题，并在此基础上进行社区花园的文化 IP 设计（图 2-7-7）。为方便居民深入理解社区花园背后的联系与社会链条逻辑框架，纽扣花园标志采用纽扣与系带的图案，中文的“纽扣花园”和英文“BUTTONS GARDEN”系带系起纽扣的两头，像花园中绽放的花朵，也像花丛中飞舞的蝴蝶，而系带是链接老旧小区中不同年龄段人群的线。创建文化 IP 能够增强社区花园的地域属性与社区居民的荣誉感、认同感。现如今的时代电子信息发达，人口老龄化加剧，在这个公共活动空间匮乏、“附近”关系逐渐消失的老旧家属院中，希望通过营造出一个有纽扣作用的“社区花园”，作为联系两代人的“系带”，建立区域中人与人之间的社会联系，形成文化认同并对外传播。苍耳团队关注社区营造助力“附近”关系重建，让社区互助文化得以传承和延续。

图 2-7-7　社区花园文化 IP

## 参考文献

[1] 刘海盟.西安明城区社区开放空间环境的更新与改造研究[D].西安建筑科技大学,2018.
[2] 李国庆.社区类型与邻里关系特质——以北京为例[J].江苏行政学院学报,2007(2): 59-65.
[3] 孙炳耀.社区异质化：一个单位大院的变迁及其启示[J].南京社会科学,2012(9): 49-54.
[4] [德]斐迪南·滕尼斯.共同体与社会[M].张巍卓,译.北京：商务印书馆,1999.
[5] 崔宝琛,彭华民.空间重构视角下“村改居”社区治理[J].甘肃社会科学,2020(3): 76-83.
[6] [法]亨利·列斐伏尔.空间的生产[M].刘怀玉,等,译.北京：商务印书馆,2022.

# “林”的花园——重塑人与人之间的连接

杨艺红[1]　董一瑾[2]　周一文[3]　陆　熹[4]　杨云峰[5]

这是一个方方的世界，
这里有小红、小黄和小蓝。
在这个春天，它们相遇了。
在有棱角的世界里，亲密的碰撞有时是疼痛的。
但是，它们可以创造所有的颜色！

## 1　社群分离的现状

“林”的花园位于江苏省南京市，为南京林业大学与锁金第三社区的交界处，锁三社区建成于20世纪90年代，是南京林业大学教职工家属区，现已划归社区管理。在校园与锁三社区之间形成了没有围墙的线性边界，一端直达南林东门，一端连接着学校最新落成的教八图书馆。“林”的花园就是位于线性空间上的一米见宽，长约三十米的已被忽视的空间。

场地周边用地性质的多样，让场地成为居民、学生、商户与教职工等多元群体生活轨迹的交汇点。疫情期间，由于防控需要，原本密不可分的校园与社区之间筑起了一道“高墙”，居民与学生之间交流被阻断，群体之间矛盾加剧，如今疫情消散，围墙也已拆除，但人与人之间的“心墙”，却最是难解。

## 2　第一次交流

线性空间的功能，不止于穿行，也在于连接。

在这条路上，行人步履匆忙，不曾驻足停留，群体之间的联系冷漠，好像已经习惯这片荒芜场地与周围环境的格格不入。“这个车棚墙上怎么这么多广告牌啊”“一直都在，很多年了，但是没人愿意来管，我们也做不了什么”。这样的对话常有发生，居民有着改变现状的期待，但由于种种客观原因，场地仍旧荒废着。

场地现状其实并不糟糕：巨幅银杏树叶色金黄，下午四点的阳光为它镀上一层柔光滤镜，树叶投影洋洋洒洒地落在地面上，这里虽然有着疯长的杂草、碎裂的石砖、斑驳的水泥路面、年久失修的锈水管和杂乱无章的广告涂鸦，却难掩它本身的历史积淀（图 2-8-1）。

带着对场地使用人群多元化的思考，团队期待与多方群体有着更深的交流，希望了解他们的对场地的看法与诉求，了解他们心中社区花园的样子，团队在车棚墙面、校园和社区的多个区域张贴调研海报与问卷，对周边住户挨家挨户地走访，线上交流平台也为多方群体各抒己见提供便捷的途径。

---

1　南京林业大学风景园林学院园林设计系副教授。
2　北京林业大学园林学院在读硕士研究生。
3　南京农业大学园艺学院在读硕士研究生。
4　南京林业大学风景园林学院园林设计系讲师。
5　南京林业大学风景园林学院副院长、副教授。

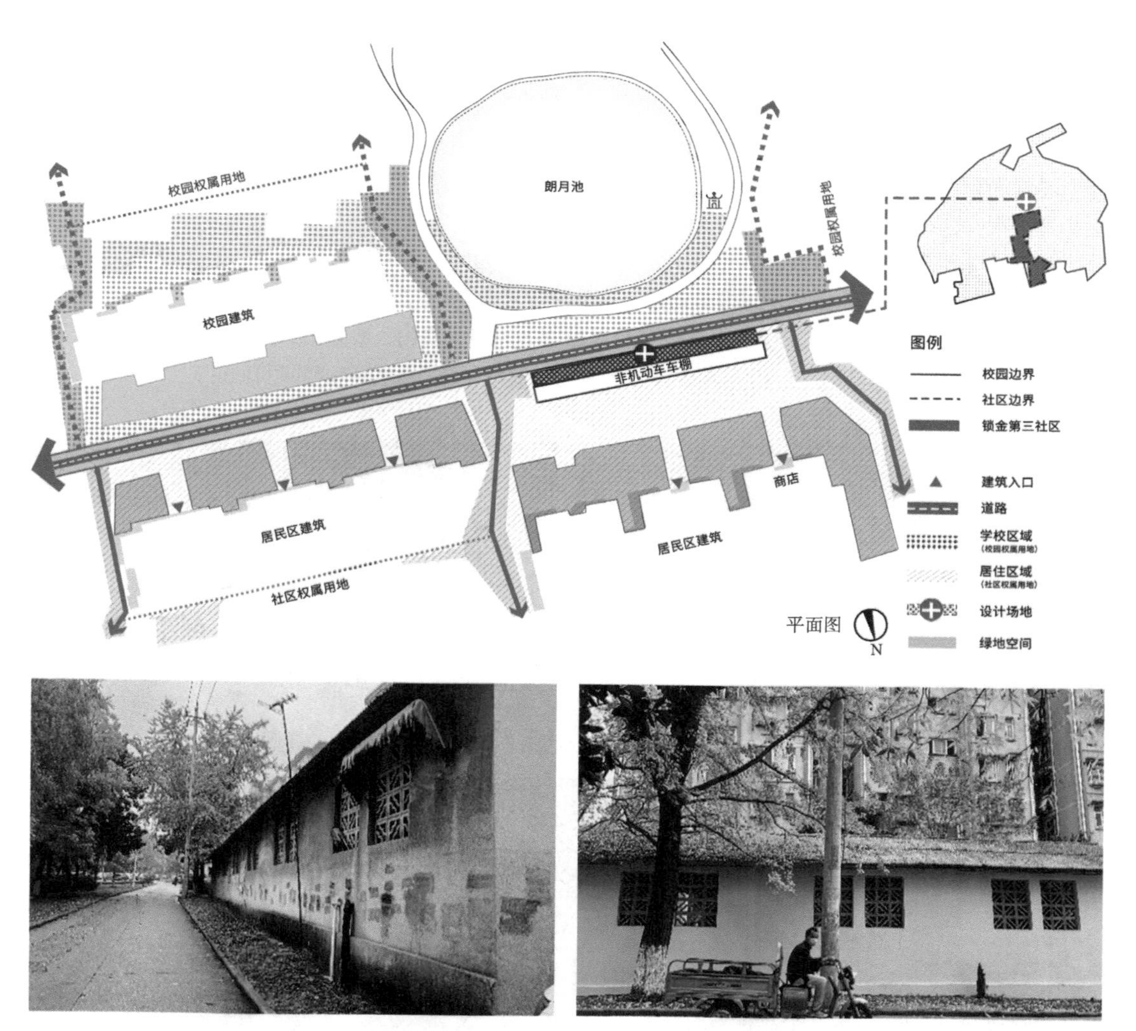


图 2-8-1 （从左到右，从上到下）场地区位总图、校园与社区生硬的边界、深秋铺满银杏叶片的车棚屋顶

人们在谈到对于场地的第一印象时，往往会从自己形形色色的生活出发，因此团队听到了很多不同的声音和故事。学生与居民之间会因为生活问题产生矛盾，比如电动车充电、快递拿取等等，少数个体甚至会认为自己的生活受到了外人的“冒犯”；居民与商户之间也存在矛盾，小吃摊位聚集的人气也带来困扰居民的噪声……在受访的人群中，有人会表达对于改造这方寸空间的不解，认为这无法撬动社区环境的整体改变，也有人会表达自己对于花园的期待，把我们称之为“梦想家”。当问到他们是否愿意加入社区花园共建时，大部分人都给出了中立的答案——视情况而定。可见，大众对景观空间的权利使用还处于被动阶段。

当然在调研访谈中也有很多发人深思的现象：作为社区与高校联系最为紧密的空间，地处多方群体生活动线的交汇处，却一直被“边缘化”：环境需求被漠视、绿化被破坏、街道照明被忽视、社交受阻碍。这极大程度地淡化了多方群体的情感联系，集体记忆被消磨直至遗忘，场地多方使用人群间交流的可能性因此减少，群体的需求受到限制，群体间的印象也由长期处于一种消极状态，彼此之间不愿意进行更深一步的交流，加剧了隔阂。

### 3 “网友”见面

问卷的调研结果显示，大众对于可食用花园、墙绘活动、旧物改造的活动关注度较高，并且意愿强烈；对场地的功能拓宽给出了许多建议，如增加休憩、拍照打卡等功能；对加入花园营建显示出期待。场地面积虽然只有三十几平方米，综合考虑调研过程的反馈信息，团队形成初步意向方案，并开展更深层次的针对设计方案的圆桌对谈。

如何才能使花园真正地满足多方群体的意志与需求？如何让多方群体积极主动地参与进来？这会是居民、学生真正喜欢的社区花园吗？带着这些问题，团队组织了一场“网友”见面会——线下圆桌会议（图 2-8-2）。离场地不远的吉米零食屋的老板娘兼具多重身份，既是设计院景观专业人员，又是商户代表、居民代表，在锁三社群中具有核心号召力，促成了这次圆桌会议的顺利进行。

图 2-8-2　圆桌会议

圆桌会议的活动效果和收集的反馈远超团队的预期，面对面的讨论中，一个个鲜活想法的碰撞让我们对场地有了更多深入的了解，在后续营建中起到领军作用的居民代表唐建清老师，是在南林生活了五十几年的退休教师，与大家分享了老南林人的故事和回忆，其中令人印象最为深刻的便是“朗月池”的故事。线性边界的一边是车棚，一边是池塘，因池塘里有两只可爱的鸭子，这里被大家形象地称为“鸭子潭”，居民在此垂钓、学生在这写生，唐老师告诉我们这个池塘原本诗意却被遗忘的名字——朗月池。在他的叙述中，团队得知朗月池的周边建筑小品可以追溯至 20 世纪 80 年代，彼时风景园林学院的学生们在徐大陆、郦湛若等老师带领下做了朗月池畔的建筑小品，时隔 40 年，朗月池被遗忘的记忆闸门仿佛在这一刻被打开，上岁数的居民们期待花园能成为校园场地记忆的承载；小朋友们说想在花园里挖土豆；家长们希望花园里更具有童趣，可以发挥风景园林学科的专业特长，让自然教育潜移默化深入孩子们的内心；商户期待可以进行合法摆摊售卖；更让团队激动的是，有居民提出，可以自发组织志愿队进行花园的维护管理工作。这样的力量支持，让团队对花园的最终呈现有着坚定、美好的期待。

## 4 重塑人与人之间的连接——渐进式参与边界空间营造的设计策略

总结前期调研数据，基于多元群体对场地更新改造需求，课题组以重塑边界空间、激活边界活力、重塑人与人之间的连接为目标，从功能完善、设施改善、空间优化，以及活力提升这四个方面，提出社群交流、社群参与、社群渗透三项设计策略，以“1＋N”模式推进渐进式参与边界空间营造的设计策略（图 2–8–3）。

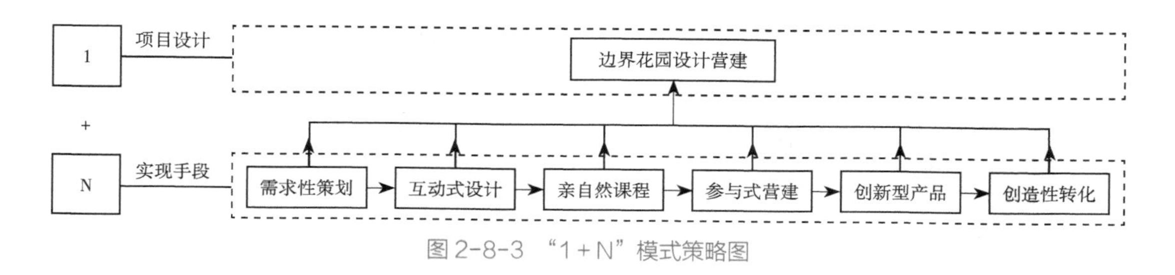


图 2–8–3 “1＋N”模式策略图

### 4.1 社群交流——“零废弃”理念的体现

与场地多元群体的深入连接触发了课题组有关“零废弃”的新思考：生活中的废弃不仅是物质上的，也是精神上的。“记忆是一种相见方式。”那么，能否通过找寻记忆建立起社群间的第一步交流呢？于是花园设计理念从“零废弃”出发，向多元群体发出旧物征集令，旧物可能是一张几十年前的照片、一块学生时代的画板、一台废弃的收音机或是一份模型作业。征集令发出的短短半个月内，团队惊喜地收到了很多反馈：学生们的课设模型、校园的老地图、居民悄悄放在场地中的废弃轮胎、社区儿童送来的玩具人偶、家具院老师提供的边角木料，木工坊的缪老师为小花园定制了专属花木杆……这些由多方群体汇聚而来的回收物，建立了人与人、人与场地间的初次连接，增加社群参与互动的机会，这些旧物在花园中的再创作、再利用，最大程度保留场地的记忆与痕迹，让大家寻找到记忆的交织点。

### 4.2 社群参与——渐进式参与营建策略

为更好地调动群体参与性，团队采取了“1＋N”全过程参与式设计及营建的策略，希冀在需求性策划、互动式设计、亲自然课程、参与式营建、创新型产品，以及创造性转化的每一个阶段，将公众对景观空间的权利使用从被动的消费者变为主动的参与者、共建者，促进社群间的相互渗透，实现社区有机更新，真正落实“我的社区花园我来建”。在“花园骑士”参与式活动中，木材边角料与机械感零件的碰撞，通过设计、钻孔、打磨、组装，融入多样的色彩，变成儿童心中呆萌、搞怪、勇猛、灵动的“花园骑士”，这些“花园骑士”们也出现在边界花园的各个角落（图 2–8–4）。在一次次参与式活动的推进中，团队与多元群体逐渐确立了边界花园的主题——“林”的花园，既是对校园精神的传承，也包含着对人与自然和谐共生的美好期待。

图 2-8-4 “花园骑士”制作

4.3 社群渗透——重塑人与人之间的连接

社群渗透是指不同社群之间的交流与互动，这种交流可以促进文化、价值观和习惯的传播与融合。在老旧社区的更新建设中，可以通过实现社群渗透，来理解和促进社群间的交流与合作，有效地推动社会文化融合和持续发展。因此，基于社群参与的基础，团队建立多层次交流平台，允许和鼓励不同社群声音和观点的表达；组织文化与科普教育宣传活动，增进不同社群间的相互理解和尊重，提高公众适应新文化环境的能力；鼓励社群间的持续合作，促进各社群内部与多社群之间的资源共享，解决共同面临的问题，建立深层次的信任和理解。此外，团队通过一系列数据监测与反馈收集机制，持续关注场地存在的问题，并根据反馈进行必要的调整，促进社区可持续治理的发展。

寒假期间，散布在天南海北的团队小伙伴们保持隔天线上的频率，讨论着花园的下一步进展。在寒冬散去、春日又生的时节，团队邀请了热心居民、商户、学生志愿者和可爱的小朋友们，在“林”的花园举办一场热闹的“雨水行动”(图 2-8-5)，修缮挺过严冬的小花园，开始春日营建。在完善花园的细节与植物更新的过程中，我们看到：八十岁的爷爷搬着椅子看小朋友们种番茄；打印店的老板暂停了下午的营业，拿起花铲，原来也是种花高手；学生志愿者互相打趣把轮胎涂鸦成了甜甜圈；小朋友们亲手埋下一颗颗土豆，迫不及待地盯着观察窗想看看土豆宝宝长出来了吗？花园的最终呈现效果在不断的交流碰撞中茁壮成长，社区共建花园的热情互相传递着，迎来了雪莱诗歌里的春，脱胎换骨，长出希望与力量。

## 5 场地的故事在发生

随着营建的推进，小花园慢慢有了老朋友。分享“朗月池”故事的唐建清老师，在寒冷的冬日为营建忙碌着的同学们带来了热乎乎的玉米和鸡蛋；雨后场地泥泞，他也会细心叮嘱大家打扫潮湿的银

图 2-8-5　雨水行动

杏叶，避免摔倒受伤；渐渐地，他成为花园的常客，每天来花园转转，已经成为他生活的一部分。

倪欣陈是居住在锁三社区的三年级学生，从他家的窗户探出头，一眼就能看到小花园，从参与墙绘到营建，都能看到他的身影，他经常忘记回家的时间，被妈妈拧着耳朵回家写作业。营建结束之后，有一天小倪妈妈发来他的作文，“夜幕降临，小花园从以前的寂寞到如今的‘小星星’在黑暗中照亮回去的路”。孩子最动人的描写直达心灵深处，母亲节小倪剪下花园里亲手种植的鲜花，为妈妈送上最美的祝福（图 2-8-6）。

南京的极寒冬天，对很多植物而言，是十分难熬的。团队发愁刚下地的小苗子难以过冬，但线上交流群里已经自发形成了护苗小团队，南京第一场雪落下时，小花园被悄悄加上保温棚，大雪过后，小倪匆匆下楼忙着修复被雪压塌的棚子；冻僵的小盆栽被马老师带回家放在暖房里呵护着……这一切都温暖着身在家乡，内心时刻牵挂小花园的团队成员们。

为延续花园的设计精神，“林”的花园可爱的 IP 形象“林宝”诞生了。花园的一草一木都成了团队文创设计的素材，衍生文创回馈给曾经给花园无私帮助的公众，在校园樱花节上，花园文创吸引了游客的极大关注，一度供不应求，因此带来的经济效益也继续成为花园管理维护资金的重要来源，实现花园治理的可持续推进。

## 6　持续的观察

为更好地记录与研究场地改造对使用人群带来的改变，团队花园的使用情况进行持续跟踪，通过前后问卷数据对比的方式来进行分析。

更新设计前，为了解社区人群构成及交往情况、公众对场地的熟悉程度，并采访大家对花园与后续活动的设计意愿，团队向公众发放了调研问卷。虽然尝试了多种宣传途径，但最后还是只收集到 69

3月11日 星期六 晴

小花园啊！小花园，你为什么以前灰扑扑的杂草丛生。"你"现在可以加点"料"吗了？比如说人家在小花园拍照，拍照会把东西放下如果在晚上看不清会弄丢。找不到我们可以计划一个失物箱找不到东西可去那里找！再在还有一面灰灰的墙在那里放一个奥特曼主题让喜欢奥特曼的小朋友去那里玩，丰富大家的业余生活。夜幕降临小花园从以前的寂寞到如今的"小星星"在黑暗中照亮回去的路。

现在每次经过小花园都以一种喜悦的心情欣赏这片打下的"江山"。

图 2-8-6　小倪的营建日记

份有效数据。数据显示，多方群体之间的相互评价多停留于较为中性的表达层面，场地的功能性缺失则促成场地人流量小、人均停留时长短的问题，场地基础设施与生态环境存在的明显问题直接导致场地的人群使用满意度下降，人与人之间的隔阂明显。

花园落地投入使用后，团队再次向多方群体发放了反馈调研问卷。与前期不同的是，这次很多热心的居民、学生朋友积极地帮助团队转发调查问卷，征集群体建议，最终收集到 303 份有效的数据。人们在场地的平均停留时长提高了 250%，人们对场地满意程度从 27% 提高至 95%，67% 的人表示愿意参加后续维护。数据显示，多方群体与场地内设施发生互动的行为频率从高至低为打卡拍照、休憩、观察植物；并且随着设计营建进程的推进，参与的人群越来越多，场地主要使用人群的相互影响与社会关联性也有了明显提升，人与人之间的关系越发密切，花园的建成效果显著。

## 7　结语

转眼已入夏，小花园里毛地黄拼命抽长花剑直至弯了腰，重瓣耧斗菜吸引了花卉学老教授的注意力，洋甘菊默不作声开了一大片；小朋友们多了一个楼下花园，俨然成为孩子们的活动据点，妈妈带着小朋友在花园里观察、触摸植物，感受花叶的粗糙或细腻，一些商户会在周末来到花园摆摊，老师把小花园变成生动的户外课堂，由废旧木板制成的科普标志，吸引大家驻足、拍摄；夜幕降临，感光的银莲花慢慢合上了自己的花瓣，等待开启新的一天。很欣喜，看到激活的边界空间，很感动，看到无数的人赋予场地新生，给予场地人与人连接的意义（图 2-8-7）。

图 2-8-7　花园建成场景使用

“林”的花园关键词在于联系、连接和交互。花园建成于雨水时节，走过谷雨与芒种，这里的景物依旧明丽夺目，小朋友们的“花园骑士”默默守护着花园一隅，观赏植物与可食地景的奇妙组合，仿佛在向路过的每一个人宣告着生机的可能。我们庆幸看到了人与人之间关系的变化，这种关系的改变或许是始于第一声问候、第一抹色彩、第一朵鲜花……无数个第一次成就了花园的动人故事。花园活动仍在继续，我们也将继续举办与花园相关的活动探索社区的更多可能，期待下一个春夏可以再次相遇。

# 现代城市背景下的街校社区合作机制研究——以永初社区为例

周　详[1]　黄宇飞[2]　詹丽斯[3]　李佳宜[4]

因“第二届全国社区花园设计营造竞赛”的契机，我们得以与南京市建邺区永初社区及专业社区规划机构共同参与永初社区花园的营造项目。整个花园营造旨在以共建为主题打造一个儿童友好活动空间，并通过这个机会带动居民参与社区自治。作为大学生团队，我们参与、组织策划多场活动逐步引导当地居民小朋友参与花园的设计—建设—维护过程。同时贡献大学生独有的力量，为当地小朋友带来一系列兼顾专业性与趣味性的环保知识讲座及美育课程，兼顾专业性与趣味性，也向他们传递了“积极自主参与社区建设”的理念，带动他们加入社区建设志愿者队伍，为永初社区的美好建设助力。

整个活动我们作为引导者，以设计花园为线索去探求城市社区共建的方式，组织策划多场活动来吸引当地小朋友及其家长的参与。

## 1　前期场地调研

为了最大程度契合居民自治花园的主题，我们团队决定将设计的自主权移交给居民。2022 年 10 月，我们第一次走进永初社区进行线下调研（图 2-9-1）。通过走访调查，我们询问了在社区内部的居民对社区花园的预期，意在了解当地居民需求，以更好地将其想法融入设计中。经过问卷发放并总结整理，得到居民需求主要包括：满足孩子们共同玩耍的需要、家长们在一旁陪护休息的需要，同时家长们普遍希望可以有供孩子们阅读的角落，在玩耍的同时也可以汲取知识。调研成果为我们前期的设计准备提供了一些思考方向，同时居民通过提出需求的形式也开始间接参与到花园设计过程中来。

图 2-9-1　前期场地调研

---

1　东南大学建筑学院副教授，硕士生导师。
2　东南大学建筑学院建筑学专业在读本科生。
3　东南大学建筑学院建筑学专业在读本科生。
4　东南大学建筑学院风景园林专业在读本科生。

## 2 儿童议事会

2022 年 10 月 16 日，通过线上线下结合的报名方式，我们在永初社区集结了 10 位 6 至 12 岁的儿童作为此次花园共建的小小花园设计师，并顺利举办“儿童议事会”活动（图 2-9-2）。此次儿童议事会目的为通过和孩子们进行商讨讨论，了解孩子们对社区花园的奇思妙想，同时培养其协商讨论意识。首先由我们东南大学学生团队向在场居民介绍活动的基本信息，随后组织小朋友们观看社区花园营造的相关纪录片并启发思考、带动讨论，并通过绘画的方式引导小朋友们表达对心目中社区花园的想法，真正听取并记录社区小朋友和家长的想法和意愿。我们志愿者负责收集关键词，记录大家的奇思妙想并从中提取出“水池”“读物”“郁金香”“蔬菜种植”等关键词，作为设计出发点之一，为之后从社区居民角度出发进行设计以及日后与社区长期的合作奠定基础。“儿童议事会”的活动，在向小朋友们传播“零废弃”的生态环保理念的同时，也培养了社区小朋友及家长们的商讨意识，向全体居民朋友传播社区居民共治的理念，和孩子及家长朋友们一起携手共建儿童友好的社区花园。

图 2-9-2　我们与参与小朋友合照

## 3 花园设计阶段

通过对前期场地分析和零废理念的理解，我们对花园赋予的愿景是由设计团队和花弄里居民共建一个美丽的花园，它会成为一个共建的“日记本”，可以分享居民们的园艺经验和故事。它也将是一个创意碰撞的艺术花圃，一个可以体验种植的迷你花园，一个促进大家交流的多彩平台。面对场地，我们首先提出的问题是，如何利用扇环形状的狭长半室外空间？想采用的方法是室内外互动结合，用花园内的活动和装置补足室内活动的局限。因此扇环被分为三段，接近两端出口的位置分别是水景和木构亭子，形成动与静的两极。水景线形指示方向，使中部种植区域的活动性更强，并向休息、学习思考的另一侧空间过渡，与室内互视，达到寓教于乐、知行相合的目的。永初社区屋顶平台为弧形场地，我们根据前期调查的居民诉求将场地分为四部分：阅读区、休息区、娱乐区及花卉区，同时设计了一条可实现水循环的河流。为了满足活动零废弃的要求，我们决定变废为宝，休息区用的座椅板凳通过废弃油漆桶改造而成，花园内的部分景观装置则由废弃塑料等制作而成。

## 4 小小建筑师课堂

我们团队在社区花园设计方案中划定了三个场地，交由居民小朋友尝试设计属于自己的小房子。面对小朋友们稚嫩又奇异的想法，团队成员向小朋友们解释花园里怎么实现这些构想，中间又有哪些因为现实原因不能实现，并如何转变思维去完成这些想法。为了更系统地向小朋友们普及相关知识，我们团队组织开展了“小小建筑师”系列课堂（图 2-9-3）。在首次课堂里，我们团队向居民们简单介绍设计方法和设计过程，为居民参与设计提供理论知识，同时和居民们展示和讨论设计初稿，完善细节，设计方案定稿。团队成员以一座儿童活动中心的设计过程为例，为小朋友们介绍建筑师设计一座建筑的流程和设计过程中要考虑的问题，并引导小朋友们讨论对社区花园的设计。活动现场有幸邀请到了南京电视台的记者。永初社区“社区花园营造”项目在南京广播电视集团“南京教育头条”得到宣传报道，得到社会广泛关注。在接下来的“小小建筑师”课堂里，我们团队向小朋友们进行绿色环保理念的教育，以建材为切入点，讲述钢铁、塑料、木头等各种材质的知识和有关环保的问题。我们团队用一堂堂生动的课程讲解金属、塑料等材料的相关知识，并在课后和小朋友们一起用相关材料做一些有趣的手工。这一系列贴合居民小朋友兴趣设计的课程与活动中，不仅增长了小朋友们的相关知识，也激发了他们的创造力、想象力，大大提高了他们参与社区花园建设的热情。

图 2-9-3 课堂上小朋友积极提问

## 5 花园营造坊

为了真正实现设计团队与居民的共建，我们开展了“花园营造坊”活动。花园营造坊是永初社区花园举办的系列营造活动，共设置四个主题课堂，东南大学学生团队全程参与，带领孩子们在实践中学习知识，并引导孩子们亲手建造属于自己的社区花园。根据设计构思，活动主要分为废弃油漆桶绘制、木构筑物座椅小品搭建、花卉种植三部分。在第一次课堂上，我们首先对孩子们进行构造过程中各种材料的科普。科普小课堂结束后，小朋友们变身小画家，瞬间进入创作状态。男生女生各为一组，分别完成一个花盆的涂鸦。男生们的画天马行空，女生们的画明快可爱。小朋友们有画山水的，有画小怪兽的，有画花花草草的，有画呼吁保护环境的宣传画的，废弃油漆桶摇身一变成为五彩缤纷的座椅板凳（图 2-9-4）。第二节课我们开展了花卉种植活动，在老师的指导下，孩子们将自己精心挑选的花卉按照色彩合理搭配、不同种花季植物的组合的原理，种植在前期备好的花盆中。希望可以帮助大家在翻土、种植、灌溉、收获的过程中，重拾与土地相处的智慧，重建与自然的连接。在阳光雨露里，体验耕作、强健体魄、有益身心，激发空间新活力（图 2-9-5）。

图 2-9-4　小朋友的作品

图 2-9-5　花园建成照片

## 6　建筑史小课堂

在寒假期间由于疫情防控的因素，我们团队被迫停止了线下的活动，转而探索线上的活动形式。我们团队与东南大学建筑学院外联部和职工部取得联系，牵头与永初社区开展“建筑历史冬令营”线上活动并取得圆满成功。在“建筑历史冬令营”中，东大学长学姐们向居民小朋友讲述妙趣横生的建筑史，浓缩了结合建筑、历史、社会、文化与艺术等方面的时代面貌，带小朋友们徜徉奇妙的建筑世界。另有读书打卡活动，由大学生哥哥姐姐和小朋友们一一结对，和他们共同完成建筑历史探索的挑战，共享阅读时光、文字记忆，一起在寒假打卡过程中养成爱读书的好习惯，更是拓宽了小朋友的视野，增强学习兴趣和主观能动性。

《中国文化要义》中指出中国传统的社会关系是由人际关系作为基础的伦理制社会，其成员依靠各种人际关系去组织合作。而在现代化的城市中，社区是最接近中国传统人际关系尺度的，其参与模式也更具有自发性和松散性，同时又是城市居民最直接参与决策的组织形式，对于居民社区自治有着不可替代的作用。由于城市人口的流动性和复杂性，社区的人员构成相较于传统社会更复杂、更陌生。例如我们所在的永初社区是一个新建成的现代化小区，居民彼此互不相识，若没有外力帮助，居民可能难以在短时间内自发形成良好的自治组织。永初社区作为一个典型的现代化新建小区，其问题也是中国目前大多数新建设城市小区的共同问题。

当下，我们的城市处于存量更新的发展阶段，对城市细部特别是社区的规划与改造无疑是非常值得关注、研究并进行实践的。而与社区的发展紧密相关的主体，除了背后的政府、开发商，是长期没有得到重视的居民群体和起辅助引导作用的第三方组织。只有当后者也充分参与到社区建设当中来，对于自上而下的一些政策措施和项目工程进行自下而上的充分反馈，社区建设才能趋向良性循环，政府治理越来越高效、居民生活越来越幸福。在促进这个良性循环形成的过程中，第三方组织，也就是社区规划方面专业机构的引导与规范，将是激发居民参与活力、下达政策措施落地、反馈居民声音不可或缺的存在。在本次活动中，我们有幸作为这类第三方组织的一员参与到社区花园营造项目中去，一方面是体会到了此类第三方组织在社区建设中的发挥空间、了解了其当下的运行模式；另一方面是感受到了居民尤其是孩子们与家长们的参与热情。他们因为互相认识、有家庭成员共同生活在这里的缘故而对社区更加有归属感，因而更愿意为社区建设贡献力量。只要为居民们提供方向与引导，搭建起大致的社区发展框架，帮助组建社区建设志愿者队伍，建立科学合理的信息反馈方式与渠道，社区的后续运营和改良也许就能独立地在居民群体的手中继续下去。

永初社区的建设仍将继续，而作为大学生团队，我们的定位也随着共建的过程从引导者变成合作者，继续探求高校与基础社区的合作模式，我们也期望将在社区建设中发挥更多的作用。

## 参考文献

[1] 周详，郝思远，马雨琪，等.城市治理转型背景下街校合作型社区微更新机制研究[J].现代城市研究，2023(3)：1-6.

# 从居民到居民社区规划师的思考——以浦东新区三林苑社区规划工作为例

姚静晶[1]

参与式社区规划工作从2021年进入我所居住的小区浦东新区三林苑并生根发芽，在这个时间发生这样的变化有其偶然性也有其必然性：偶然性在于当时恰逢小区所在东明路街道与四叶草堂开展合作，启动了三年社区规划实践，在街道社区大力推动参与式社区规划工作；必然性在于当时三林苑的社区工作面临很多困难，居民对小区环境和小区管理的意见频发而激烈，这时出现的参与式社区规划提供了一种居民未曾尝试过的解决方案，在一定程度上回应了居民的呼声，使得居民们愿意尝试这种新鲜事物。

我从一位居民成长一名居民社区规划师，有其偶然性也有其必然性。偶然性是指我接触到“社区花园”“社区规划”这些概念，是因为我偶然看到了三联生活周刊关于四叶草堂的一篇报道。而我的专业背景是应用心理学，我对人与人之间的关系很感兴趣，所以这篇报道所描绘的通过建设社区花园改善社区氛围、提升居民对社区建设参与度的案例深深吸引了我。这就是其必然性。并且，文中介绍的案例就发生在我所生活小区的隔壁，这更是增加了社区规划工作的真实可信。在关注四叶草堂微信公众号不久，我就看到了东明路街道开办第一期社区规划师工作坊的招募通知。当看到招募信息里关于专业要求涉及心理学，我觉得自己符合招募要求，因此就报了名，之后就踏上了居民社区规划师成长之路。

本文以三林苑2021年至2023年参与式社区规划工作中的片段为例，介绍我从居民成长为居民社区规划师的过程中经历的思考。

## 1 谁来做

在我刚进入社区规划师工作坊（图2-10-1）的时候，我认为社区规划这工作只能由专业人员来实施，虽然招募要求里提到了东明路街道的社区居民可以报名，但我并不觉得自己作为一位居民可以在此发挥什么作用。换句话说，我觉得“居民”这个身份是没有力量的。那时，三林苑的居民对小区停车问题、物业管理怨声载道。大家经常会向市民热线投诉，但没有得到有效解决。如果自上而下都无法解决问题，那一位普通居民又能做什么呢？这就是我当时的认知。

报名参加工作坊时，我以为每周的工作坊内容是上课，学习社区规划的方式方法，能让自己尽可能地了解社区规划专业知识、培养自己基于社区规划背景的思考和解决问题的能力，这样或许我就能以专业人员的身份去参与到社区工作里，做一些自己力所能及的事情。这样的想法，其实还是把我自己和“居民”这个身份拉开了，思路还是从外部解决问题。

工作坊开班后，我被分到了第六组（以下称规划组），组内大部分都是景观设计和社区规划专业的

---

1　三林苑花社主理人。

图 2-10-1　东明路街道社区规划师工作坊

人员。在小组内介绍自己时，我强调的也是我的心理学背景。但辅导员很在意我的居民身份，我那时候还不懂其中的含义。

每个小组在下次课前需要完成调研，我作为社区规划的“小白”跟在有专业背景的组员身后，一起走访了两个小区（图 2-10-2），其中就有我所居住的三林苑。在实地走访的过程中，我深切体会到

图 2-10-2　规划组开展居民访谈、小组讨论、工作汇报

了社区规划视角与居民视角的不同。我在小区生活了十几年，但并未走过小区每一条路、每一片绿地。我所关心的区域只有我活动范围之内的，而社区规划是一项整体性的工作，需要了解社区的方方面面，不管是公共设施、绿地，还是道路交通、人车走向等等。我感觉我像是重新认识了这个小区。在这个过程里，我被小组成员们专业而又富有人文关怀的精神深深打动。这里并非他们生活的社区，他们却对这里的居民、这里的一草一木表达出深切的关心，真诚地希望能改善居住体验。这使得我这位“居民”非常感动。虽然我一再与“居民”身份及其带给我的无力感保持距离，但是这个身份其实早就内化了，否则我也不会报名参加工作坊并期待能为社区做些什么。

我扪心自问：“如果他们都能为社区这样投入热情，我作为居民不是更加责无旁贷吗？”而且，很多调研的前期协调、沟通工作以我的居民身份更适合开展，比如与居委会、业主微信群的管理员、微信公众号“爱我三林苑”的运营人员的沟通等。因为我就是小区的居民，所以我在沟通时谈的是“我们小区自己的事”，而不是“别人的事”。这使得大家更愿意听我介绍社区规划是什么、能为小区带来什么，也相信这些工作的出发点有利于社区发展。

这时，我终于认识到“居民”这个身份有多重要，也终于理解到“参与式社区规划”中的“参与”指的是居民自己参与其中。在我第一次代表规划组汇报调研进展时讲了很多三林苑现存的问题，东明路街道党工委书记沈春雷听了后说他非常了解三林苑的情况。他说，居民在社区发展中谈得最多的是权利，而谈自己需要承担的责任和义务比较少。这句话让我豁然开朗。如果把所有事情都交由政府来处理，固然有解决的一天，但是在那一天到来之前，居民并不是不可以有所作为，我们可以先行动起来，用自己的智慧为我们自己来做这件事。

在第一期工作坊结束不久后，东明路街道和同济大学景观系联合举办了“2021 年首届全国社区花园设计营造竞赛与社区参与活动”（以下简称首届社区花园竞赛），对参赛队的要求是大学生要和在地居民组队。三林苑居民有二十多位报名，提供了二十余块参赛选址，占了总参赛数的一半之多。这说明至少在这些居民心里，已经知道“谁来做”这个问题的答案了。

## 2 为谁做

时间回到 2021 年 7 月。前期的个别走访毕竟接触到的信息很有限，规划组希望通过调查问卷得到更广泛的反馈。于是，我们与业主微信群的管理员、微信公众号“爱我三林苑”的运营人员沟通，希望借助业主微信群和微信公众号开展调研，这一提议获得了他们的支持。2021 年 7 月 21 日，微信公众号“爱我三林苑”上发布了一篇推文，介绍了社区规划的相关工作和前期走访调查了解的情况，发布电子调查问卷，邀请居民参与。这是社区规划工作第一次正式进入三林苑居民的生活里。

我们一共收到了 185 份调查问卷的线上反馈，远远超过了我们的预期。我们考虑到使用线上作答的大部分是中青年，居民里的儿童和老年人的反馈很可能被遗漏掉。于是，我们准备举办一次线下活动，通过面对面介绍、宣传、访谈，来了解这部分人群的需求。

这些考虑，其实是在回答“为谁做”的问题。社区规划是一项整体工作，它不是为了满足某一位或某几位居民的需要，而是要把不同居民的需要整合起来，从“我的需要”变成“我们的需要”。

我们通过“爱我三林苑”发布了 7 月 31 日“祈愿长廊”活动招募信息，邀请社区居民到场参加，同时发布了社区共建志愿者群（以下称共建群）二维码招募居民志愿者。这个共建群后来在社区共建工作中发挥了很重要的作用：在业主群发消息虽然受众更广，但是在共建群发通知更容易快速得到响应。在居委会的支持下活动如期举办，社区居民在志愿者带领下涂绘许愿牌、折纸、塑料瓶 DIY，一起装扮长廊（图 2-10-3）。有居民说，在小区住这么多年，第一次看到这样的社区活动。活动现场摆放了社区规划相关介绍的展板，规划组成员向聚集过来的居民介绍什么是社区规划（图 2-10-4），了解大家对三林苑社区的发展构想，把自己的愿望写到展板上。

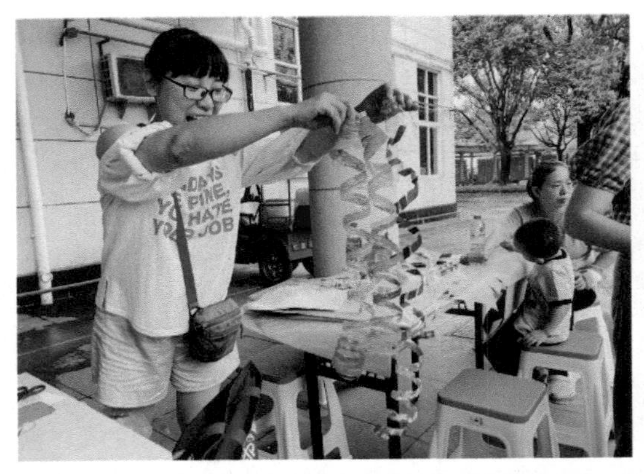

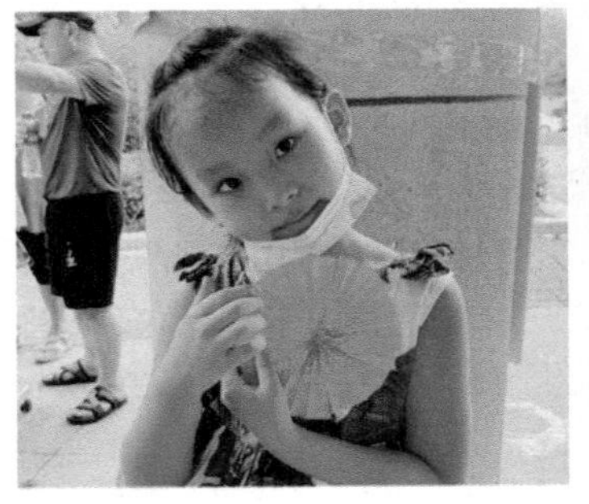

图 2-10-3　祈愿长廊活动现场

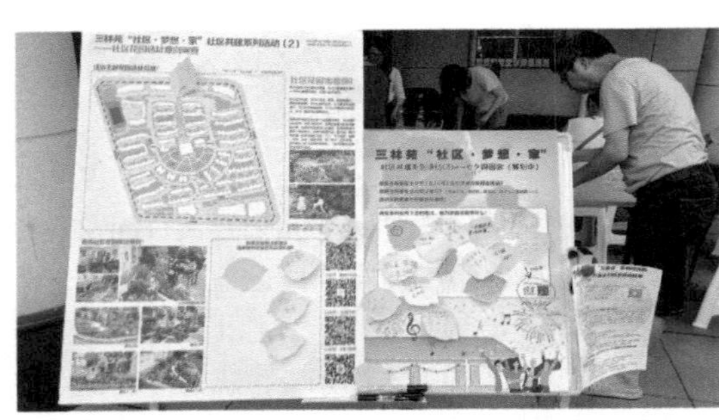

图 2-10-4　规划组向居民宣传参与式社区规划理念，现场征集需求和建议

结合线上问卷和线下访谈，规划组掌握了丰富的小区信息，以及较为全面的不同人群的需求，开始构想对应的改造方案。

在首届社区花园竞赛中，主办方积极鼓励参赛队调研走访参赛地块周围居民对参赛地块的使用需求。一时之间，小区里出现了很多大学生。很多居民不了解活动背景，突然被陌生人询问小区的情况，难免会有一些误解，因此我在微信公众号“爱我三林苑”发布了一篇《致三林苑居民的一封信》，让居民知道这些大学生是在帮居民解决问题。

在比赛过程中，我担任三林苑赛区的总联络人，有时候会收到参赛居民的反馈，能感觉到有些首次建造社区花园的参赛队并没有理解社区花园的真正内涵，没有把参赛居民作为队友看待，以至于忽视他们提出的意见和反馈。刘悦来老师一直强调，参与式社区规划工作要倾听居民的需求和意见，而不是社区规划师只做自己想做的。

规划师除了要意识到自己与居民的需求可能不同外，在社区开展调研的时候，还需要区分“需求”和“想法”。比如，喜欢在户外下棋的居民希望建一座八角亭挡风遮雨，其中“有一个在户外能挡风遮雨下棋的地方”是一种需求，“建一座八角亭”是一种想法。如果换一位居民进行访谈，他可能有同样的需求，但想法会不同。规划师不可能满足所有居民的想法，但是可以凭借自己的专业知识针对共同的需求提出一种更合理、更有可行性、更能被广泛接纳的解决方案。

## 3　做什么

居民表达自己的诉求是非常重要的，发声是身为居民的一种权利，也是一种责任；同样地，发声也意味着一种信任，相信听者是会对此作出响应的。在收集到这些需求后，我们该做什么呢？我们小组针对收集到的需求构建了一个三年行动方案，对居民的需求基本上都给出了回答。但是，这个方案不可能三天落地，而工作坊 8 月底就要结束了，在此之前，我们能为小区留下什么呢？规划组讨论后，打算通过实地建造一座社区花园来展示社区规划工作的模式，为小区埋下参与式社区规划的种子。

2021 年 1 月，东明路街道组建了“东明路社区花园 & 社区营造”微信交流群，三林苑居民“狼妈妈”是群里的活跃成员。在了解到东明社区花园迷你版营建案例后，她决定对楼下一块被破坏的绿化带进行改造，希望能逐步打造成一个迷你社区花园。通过规划师工作坊的深入开展，居委会联系了规划组和“狼妈妈”，并和规划组代表拜访了办公驻地在小区内的司法所，希望结合居民区法治建设，进一步提升这座迷你花园景观效果，改造成一个法治主题的社区花园。

这一想法恰好契合规划组的计划。在实地查看并了解迷你花园相关需求后，小组提出了改造成“法治花园”的方案（图 2-10-5）：丰富植被层次感，用现有的花砖铺设园内小径，增加微景观，并在右侧墙面上做法治墙绘。改造方案得到三林苑居委会和司法所的大力支持，提供了全部改造经费。

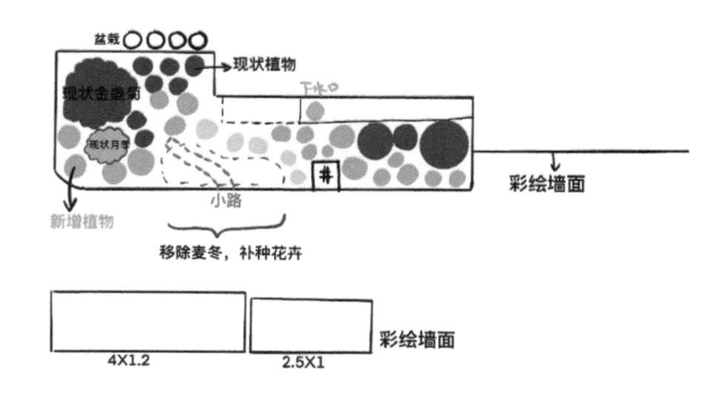


图 2-10-5　法治花园初况及改造方案

在工作坊之初，规划组并不会想到之后会建一座法治主题的社区花园。这件事是在不断地调研、沟通中自然而然地发生、发展直至落地。一个社区多多少少会存在一些可改进的地方，社区规划工作大有可为，我们需要热情，也需要冷静：我们不能指望做一件事解决所有的问题，但我们可以从一件事开始，完成一件，再做下一件。

法治花园的建设对于三林苑的社区景观来说改变很小，但是对于三林苑的社区规划工作发展来说意义非凡。它以直观的方式告诉居民什么是参与式社区规划、什么是社区花园。更重要的是，它告诉居民，作为居民可以为社区做些什么。

在法治花园建成后，有两位居民先后联系我，表达了想在自己家附近绿地建设花园的想法。巧合的是，这两位居民住在隔壁单元，因此在和居委会沟通后，我们选择了单元楼附近的一块绿地建设了小区里的第二座社区花园——星星花园。在建设星星花园的时候，我注意到有一些居民一直很热心参与共建活动。结合规划组在三年行动计划中提出的成立花社的构想，我跟居委会沟通，表达了成立三林花社（现改名三林苑花社）的想法。在得到居委会支持后，三林苑花社正式成立，刘悦来老师和居委会王敏书记到会祝贺。

三林苑花社是社区规划师小组在三林苑孵化的第一个居民社团。它不是“兴趣班”，加入花社的人不仅需要喜欢种植，更需要承担自己对应角色的责任。而且，花社并不替代物业的绿化养护工作，而是对居民参与社区花园建设予以支持和指导，协助居民运营好社区花园。

## 4 怎么做

升级迷你花园的工作内容并不复杂，单纯从工作难度和工作量来说，规划组完全可以直接完成。但如果真的如此，规划组无非是为小区做了一回志愿者而已。

“社区花园是社区民众以共建共享的方式进行园艺活动的开放空间，其特点是在不改变原有绿地空间属性的前提下，提升社区公众的参与性，进而促进社区营造。”这是刘悦来老师给出的社区花园的定义。从这个定义可以看出，社区花园建设的主体是社区民众。因此，我们小组接下来的工作就是让更多的居民参与到具体的花园共建工作里来。

通过“祈愿长廊”活动，我们组建的共建群已经有了不少居民加入，于是我们在群里招募居民志愿者参与法治花园改造。这里还有一个细节，在居民加入共建群后我们会建议大家修改群昵称，直接在昵称里写明自己的特长以及愿意参与的社区工作，这样便于我们进行针对性地邀约。而且基于“祈愿长廊”活动现场的面对面访谈，我们也主动了解到了部分居民的特长。在居委会王书记带着规划组代表到司法所沟通法治花园事宜时，司法所所长建议规划师们采用群众喜闻乐见的方式做法治宣传，比如法治宣传漫画。而共建群里就有这样一位墙绘师子淑。所以在确定改造方案后，规划组马上与子淑联系，讨论主题和形式，最终由子淑设计出了五幅宣传画稿。

法治花园的建设分了两次进行。第一次主要是改造植物景观，调整了植物分布，增加了砖路、栅栏（如图 2–10–6）。当时虽然下着雨，但还是吸引了很多居民围观。大家会很好奇我们在做什么，也表达了担心，认为小花园很快就会遭到破坏、我们的努力会白费。这些声音很能反映当时的社区氛围和居民心声：三林苑建成时是获得过白玉兰奖的优质小区，小区的设计和环境都曾经是大家引以为豪的，但是因为常年疏于管理，环境渐渐破败，越来越多的问题迟迟得不到解决和改善，让大家对小区渐渐失去信心。规划组也知道这个小小的花园并不能解决小区里那么多的现实问题，但是它会让大家看到真实的改变可以发生。

法治花园的第二次建设计划组织了亲子墙绘（图 2–10–7）。规划组提前四天于早上 7:48 发布了招募信息，邀请 5 组家庭参加涂色。刚到 12:32，报名就满额了。没有报上名的居民还提前报了下一期。居民们火热响应的程度再次超出了规划组的预期。这让我想到那句话——“做三四月的事，八九月自

图 2-10-6　法治花园第一次改建

图 2-10-7　法治花园第二次改建

有答案。”

正如法治花园的建设得到了三林苑居委会和司法所的支持，“参与式社区规划”中的“参与”并不仅仅指居民参与，而是指所有的社会资源，包括社区相关的居委、业委会、物业及社区周围的学校、社团、商户等。比如，2023 年上半年在三林苑举办的母亲节活动和儿童节淘旧市集，分别有周边的银行网点、邮政支局参与。

在第一期社区规划师工作坊之后，东明路街道调整了自治金项目的申请方式，从居委会申请变成了居民通过居委会发起提案。这也使得居民可以做的事情变得更多了。三林苑社区的居民社区规划师们先后孵化出了为流浪猫做 TNR 的自治金项目、带大家一起做环保手工的“开心吧环保手工社群”、记录三林苑居民故事的三林苑口述史项目等等。可以说，有了街道和居委的支持，“怎么做”的难度越来越小、形式越来越丰富。

## 5 结束语

我在三林苑花社成立一周年的时候，整理这一年多的照片，从第一次社区活动“祈愿长廊”的照片里认出了很多后来加入花社的成员们的身影。参加活动时，我们彼此还不认识，他们对于小区来说也还只是像我一样的普通居民，而在此之后，很多人积极参加社区共建、加入了花社、参加了首届社区花园竞赛，成长为了居民社区规划师。

我在开展社区规划工作中思考的问题远不止在文中列出的这些，但只要思考不停、行动不止，总是会有答案。在成为居民社区规划师后，我被问得最多的问题就是我为什么会坚持做下来。在我第一次和规划组在小区走访时，曾经遇到一个七八岁的男孩。在那个炎热的午后，我们小组在大草坪来来回回访谈了多久，他就独自一人在旁边固定的体育健身器械玩了多久。在回答我们的问题时，他是怯生生、腼腆的。他孤单的身影一直让我挂念，所以在法治花园要画墙绘的时候，我特意去大草坪找他（他总会出现在那里），邀请他一起画画。之后，每次见到他，他都会笑着跟我大声地打招呼，我也知道了他的名字。在首届社区花园竞赛期间，有很多面向孩子的社区活动，他没有手机和微信，但我总能在大草坪找到他，把活动信息告诉他，然后活动当天就会在活动现场见到他。不仅仅是参加活动，需要帮手的时候，他也总是会出现，和其他小伙伴一起帮忙搬材料、送物资。每次看到他的笑脸，我就会觉得我所做的事情是有意义的，是值得坚持的。

# 重构与拼贴：东明社造杂记

顾　钺[1]

父亲离开这个世界七天了，陪伴父亲十年的“史昂”（家里的萨摩耶犬）也在父亲离世后绝食三天走了，七天时间就完成了经历了一辈子的人，最后离开这个世界的绝大部分仪式。从去年诊断出问题到现在短短小半年时间，这一切发生得太快，只能让人被动地去承受。如今留给我们一个最为现实、真切的问题：父亲走的时候还年轻，父母两人感情很好，突然留下母亲一个人怎么办？母亲不愿意随我们来上海生活，这里没有她熟悉的生活圈，如何重构母亲的“附近”，让她能够逐渐走出阴霾，晚年更加有质量地、有尊严地活着？

所谓“纸上得来终觉浅”，这样的事情我们身边经常会发生，但只有自己亲身经历了，感受才真实。推己及人，也只有真真切切感人民之所感，想人民之所想，才能做好人民的社区规划师，建设好人民的城市。由此回忆近三年，谨以此文记录我在东明社造中的所见所感、所思所为。

## 1　缘起：社区设计并不是自我个性凸显的艺术创作

### 1.1　遇见村民把自己“骂”醒了

“你为什么设计成这个样子？”初出茅庐的我在完成一处乡村公共空间更新项目后，回到现场拍摄工程“定妆照”，陶醉其中时不料被村民们围住一顿劈头盖脸责问。原本对于自己能够在设计中充分实现自我创意而感到满足，回想整个过程自觉无比珍惜这次设计机会，甚至没有放过施工图的节点细节，为了节约造价还花了不少精力就地取材将村里的废旧物进行了改造利用，问题究竟出在哪里？细细一想，当时只是听取了村委会的一些意见，然后根据自己脑海中的想法就立马挥洒创意，但自始至终没有和实际生活在附近的村民聊一聊，真正让村民们参与到公共空间的设计、建设中来。

社区设计并不是文学、电影这种需要很强自我个性的艺术，它有明确的服务对象，主要还是需要去服务附近使用者的诉求。当地村民老年人居多，但特意为他们设计的公共座椅却连靠背也没有，这些人性化细节都在被自己当成艺术创作的过程中统统忽略。“越是想做成一个作品，让它变得特别，就越容易与环境、与使用它的人相分离。从失败中吸取教训，下次争取做得更好，这样的信念和过程才是最重要的。”这一次经历着实触动到了我，我逐渐意识到社区规划设计中公众参与的重要性：可以深刻了解居民意见，为居民提供学习机会，提升居民对空间的理解力和归属感进而有效使用公共空间，建立居民之间的联系并促进居民参与建设与监理以及后期运维与管理……

### 1.2　绝知此事要躬行

此后，我经常关注相关的优秀案例和行业大咖，在 2021 年有幸参与了四叶草堂团队在东明路街道开展的社区规划师培育的工作坊。东明路街道离我家两站地铁，因为离家近，才选择参与东明的社区规划和营造，这样才不会因为一时兴起，才能来得频繁而持久，也算是重构自家附近。这支集合了居委、居民、物业、学生、专业规划设计人士等多种角色的队伍，在这里以建筑学、社会学、生态学、

---

1　国家注册城乡规划师，东明路街道社区规划师，风景园林硕士。

艺术等为背景的各种思想竞相碰撞、百花齐放。而我的主要工作是将不同人的想法经过权衡、加工，最终整合到空间规划设计中来。没有系统性的规划，那只能头痛医头脚痛医脚，还缺乏抓手，基层社区特缺我们这样的规划设计师，在工作坊感觉到了被需要、被尊重。

## 2 所见所感：见证居民创造，挖掘凡人光辉

### 2.1 遇见居民老蒋，不由心生钦佩

当我和工作坊的小伙伴们在翠竹苑小区调研时，偶遇一位搬来不久的居民老蒋（图 2-11-1），老蒋非常热情地为我们介绍情况，并将我们带到了他所在的楼栋。他将楼道当作画廊一般，在梯道上就能看到他挂在墙上的画框，很多是将老挂历的山水画剪下来后装裱而成。除了艺术性改造，老蒋对公共性也巧思笃行，在楼梯每层中间的休息平台都放了一把小椅子，椅子旁写了提示："老年朋友：累了，坐一坐，歇歇脚。请用好以后将椅子折叠好放回原处。谢谢！"他还在底层楼梯间挂了一把雨伞，万一居民下楼来才发现下雨了，也不用再费力折回去。在老蒋一系列的爱心布置（图 2-11-2）中，我看到了积极乐观、乐于助人的生活态度，眼眶不禁湿润了。

图 2-11-1 工作坊调研过程中小伙伴与老蒋合影（图中左二为老蒋，左一为刘悦来老师）

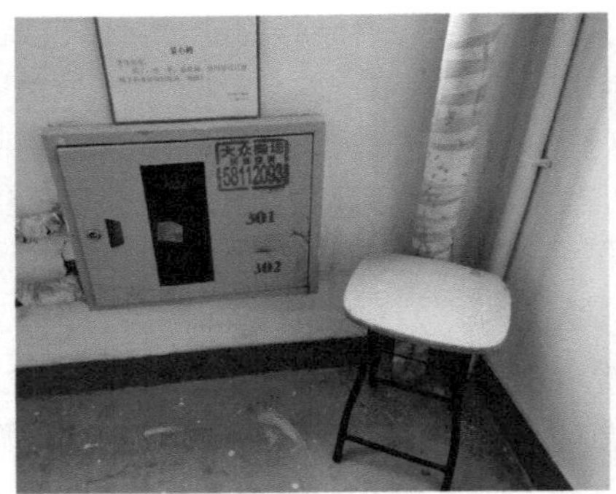

图 2-11-2 老蒋的爱心画廊、爱心座椅、爱心雨伞

2.2　与其喋喋不休，不如先干起来

我们工作坊的组长是刘姐，她是翠竹苑的居民。刘姐参加工作坊的原因也很简单，想解决宅前绿地的问题：老旧小区的腾置率很高，房子经常要重新装修，有些居民（还包括拾荒者）就把建筑垃圾、旧家具以及可回收的杂物堆在宅前绿地里，时间久了大家见怪不怪，物业费很便宜导致物业公司也懒得管理。可刘姐看不下去了，自个儿把这些物品清理掉种上了蔬菜，当然又引出了新的争议，即共有空间应如何被使用。

在工作坊，我们学到了要解决这件事，就要跟相关利益方共商共议、要征询居委和居民的意见，共有空间的使用要体现公共性。还没等我们完全讨论、谋划好，刘姐就趁热打铁说干就干了，她说："与其喋喋不休，不如先干起来。"活动先宣传出去了再倒逼我们的策划进度和准备工作，虽然有时候我们感到猝不及防，但得亏刘姐雷厉风行的工作作风，我们的社区规划才免于"墙上挂挂"的尴尬境地。工作坊结束前就已经有了实际行动，完成了"小手拉大手"的小小规划师创意征集活动（图 2-11-3）、见证了翠竹苑一面墙的变迁：居民郝姐也是我们工作坊组员，提供自家院前的围墙进行彩绘；居民汤叔叔有着丰富的施工经验，得知我们周末要举办墙绘活动，工作日就带着人工免费帮忙修补墙面、刮腻子、打磨、重新刷漆，赶在活动前交出了修葺一新的界面；居民周爸爸有着超强的艺术功底，奉献了多套墙绘设计方案（图 2-11-4）。

图 2-11-3　"小手拉大手"小小规划师创意征集活动

图 2-11-4　围墙现状、围墙修复、围墙彩绘

正是有了像刘姐这样说干就干的热心居民，在工作坊结束之后，翠竹苑的共建共治行动持续至今，还有了小区自己的微信公众号"美丽翠竹"和大学生参与的专属花园营造号"竹苑青居"，陆续完成了品茗园、齐心园、怡小竹共建花园等居民参与的社区营造行动。社区花园成为一种联络居民、发挥居民创意的绝佳途径。

2.3　来自一群热心居民的"监工"

在工作坊我们也参观了凌兆十二村爷叔们的花园作品，有的用废旧水管做了一只长颈鹿，有的把废弃车轮做成奥运五环，有的利用砖瓦和酒瓶进行创造性搭建……这些都是特色鲜明的花园营造，就像专业手工艺人一般的技艺在小小的社区花园里得到了传承，让我这个专业学习“设计”的人甘拜下风，也深刻理解了王澍老师对“营造”这个词的解读：“营造”是一种身心一致的谋划与建造活动，不只是指造房子、造城或者造园，也指砌筑水利沟渠、烧制陶瓷、编制竹篾、打制家具、修筑桥梁，甚至打造一些聊慰闲情的小物件。这种活动肯定是和生活分不开的，它甚至就是生活的同义词。

与居民打交道时，很少能知道对方完整的姓名，花园里忙碌着的人们，看着是普普通通的爷爷、奶奶、叔叔、阿姨，其实可能都是为社区、城市和国家做过贡献的人，只不过他们并不像名人被记住。在我设计的凌兆四村星河花园的现状基地里长有一棵无患子，秋天树叶子金灿灿的，可好看了。施工时混凝土垫层离树根太近遭到居民抵制，在事态升级前我恰巧来到现场，避免了造花园的好心却办了损伤大树的错事，设计师还是得频繁来到建造现场！一位爷爷跟我讲起了这棵无患子的故事：前几年小区要增加汽车停车位，把很多原本的绿地都改造成了车位，星河花园这块场地也被规划成了停车场。当时场地要平整，这棵无患子位置居中不得不挪走，在大树要被吊车吊走的危急时刻被居民们及时发现制止了，最后仅仅在靠围墙侧建了电瓶车的充电场地和停车棚，这样才保留了如今星河花园的建设场地，如何处理无患子和停车棚场地也成为星河花园设计的出发点。碰到矛盾需要用一颗真心去理解居民们的行为，交换他们和社区的故事，了解过往大树与居民的渊源，问题便会迎刃而解。

在星河花园的营建过程中，还有一位周师傅很爱当“监工”，一脸放心不下的样子。跟他细聊才知道周师傅退休前是江南造船厂的电焊工，原来在凌兆四村住着很多跟周师傅一样背景的居民，他们用大半生来造舰艇，为国家发展默默付出。周师傅对焊接工艺了如指掌，觉得座椅靠背的焊接技术不太行，恨不得自己亲自动手，这也让施工的师傅打起了十二分的精神和干劲。老旧小区的居民有着丰富的回忆、情怀以及对未来美好生活的憧憬，我们能做的是为他们创造能够承载过去、现在和未来生活意义的空间。大家享受着各自的劳动、实现着各自的价值，创造着属于老百姓自己的历史，逐渐从请愿型居民转向提议实行型居民（图 2-11-5）。

图 2-11-5　居民监工

## 3　所思所为：介入专业力量，树立居民英雄

### 3.1　重构与拼贴

在较大尺度的规划阶段，充分听取各方意见的情况下，需要专业人士提出愿景目标，创造一个让居民自主行动起来的契机，我想应该是系统性的、充满趣味的。我们对翠竹苑提出了远景规划目标：“花园社区、共治典范”，希望从“社区花园”共治入手，不断丰富社区内涵，最终形成“花园社区”，成为“共创典范”，接踵而至的参观考察又反过来促进社区的可持续运营。将翠竹苑设定成类似“大富翁”的情境游戏场所，让社区的更新行动更加有趣。针对问题、过程和目标提供一种整体性和长期性

的主、副多线任务，去协调、引导、凝聚社区领袖、居民等在地共治力量。一轮任务做完，游戏打通关，我们的规划就阶段性实现了。

在整体结构中分三年拼贴具体的行动情境：可以带领孩子参观蒋叔叔的爱心楼道并进行推广；可以一起设计、粉刷、绘制围墙彩画并与绿带花境共同形成回到家园后的第一道靓丽风景线；可以利用宅间绿地串联起整个小区的慢行系统并梳理花园、药草园、交往空间供居民自治、成果共享；可以组织“生命之旅”等素质拓展活动（这是一种蒙上眼睛，在伙伴引领下游历本来熟悉环境的活动，具有意想不到的丰富体验），可以增进翠竹苑小家和大家间的情感……过程中形成的数十个主题景点和行动最终凝结成“一场翠竹苑的温馨旅程”（图 2-11-6）。我们最终梳理出翠竹苑项目及行动清单：空间更新项目跟居民参与行动都是一对一结对设置，并要考虑参与者能从中获得的体验。

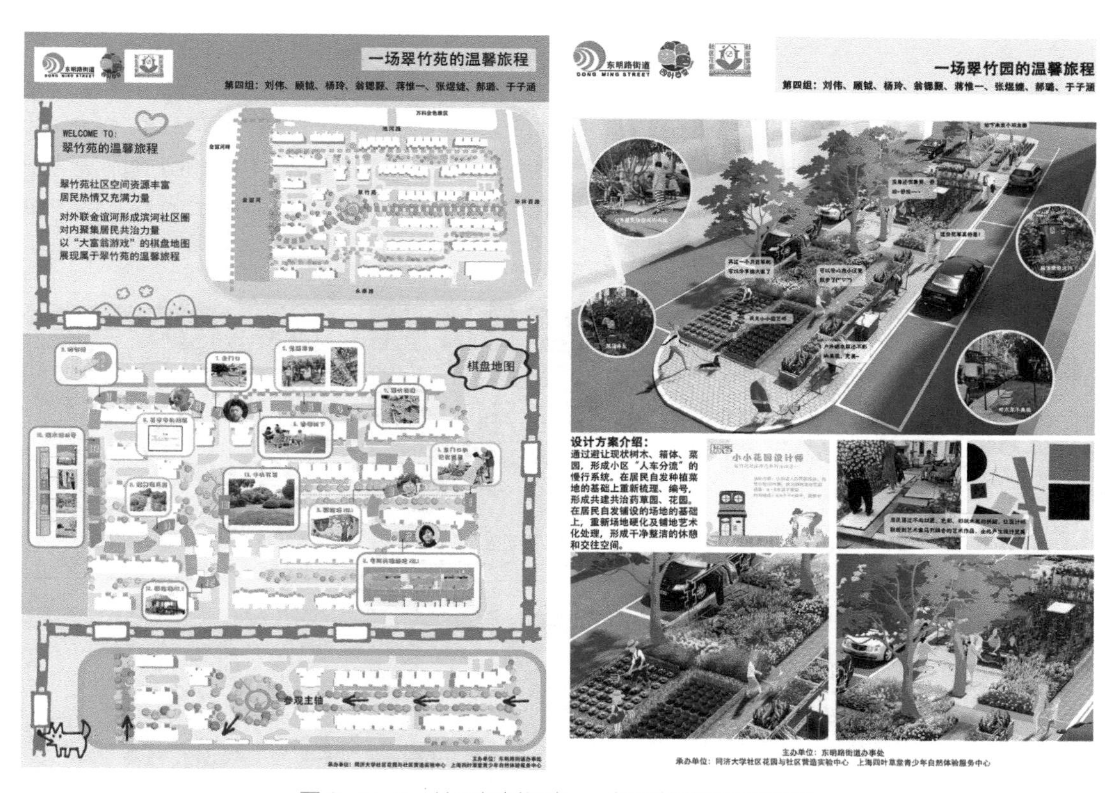

图 2-11-6　社区规划提案：一场翠竹苑的温馨旅程

### 3.2　辅助与英雄

英雄联盟这类的电竞游戏中都有个角色，需要留意全图，控制视野和时间，被需要时帮助队友击杀对面敌人，这个角色就是辅助，虽然伤害很低，但在高端局却是一个很重要的位置。在社区规划和营造中，专业的空间设计师就是承担这样的角色，正如山崎亮老师所说：不要使自己成为当地的英雄，要在当地居民中发掘具有上述资质的人，和这些人一起行动。

住在花园旁的老奶奶受到花园建设的感染，在一楼北阳台外的边角绿地里堆起土插上了小树苗，营造了一个迷你花园，成为星河花园中的“园中园”。我看到之后特别开心，跟施工班主千叮咛万嘱咐：这块原来的设计取消，务必保护好老奶奶的这处自建小花园。跟老奶奶闲聊中才知道她只是这里的租户，却对“附近”有着异于旁人的主人翁态度，还说未来她会照看好星河花园的一草一木。社区花园不像建筑，按照图纸施工就可以原样建成，造园讲究“三分设计，七分养护”。它是有时间性的，它不仅需要建筑本身，还需要等待动物和植物共同生长去发挥作用，枝繁叶茂、鸟语花香后才会有生机。我们如今看到的苏州古典园林也是经过历代园主和匠人的精心改造和悉心照料才有如今的繁盛。对社区花园而言，老旧小区的物业费相对比较低，不像新建的高档小区有物业专门维护，因此花园虽小，想要永葆生机就得依靠居民们多方面参与运营维护。

从去年开始社区更新的工作从居住区内部逐渐拓展到外部，希望通过街区共生提升社区整体活力。在工作坊我和志同道合的小伙伴们相聚一堂，在灵岩南路（东明人自己的“南京路”）和居民一起挨家挨户走访周边商铺，经历了从刚开始的羞涩到和商家逐步熟悉的转变，这是我第一次看到沿线的商家能够如此深入地参与到街区更新。让我印象深刻的是一家街角咖啡店老板小玉，开业九年来小玉坚持做“属于东明人自己的咖啡”的咖啡，一直以来都备受当地新老顾客的喜爱，还成了灵岩南路商家联盟的主要负责人之一。小玉经常为社造贡献活动场地，她希望将底层通道的废弃水景改造成座椅，供周边商铺店员、外卖骑手休息、用餐。也希望能尽自己力所能及之事回馈东明，并起示范作用联合更多店铺支持街区共生，共创街区繁荣。而我需要做的仅仅是辅助小玉将想法转化为具体图形提案，并在建造环节提供技术支持，比如座椅面板选哪种木材经济、耐久、质感又好，木材如何通过钢龙骨跟现有的池壁稳固连接。值得一提的是，这个提案申请了联劝公益基金，没有花政府一分钱，外卖小哥们还参与了公共座椅的建造过程（图 2-11-7）。

图 2-11-7　三林咖啡底层通道公共化更新：从提案到营造

### 3.3　享受过程与自我实现

在设计院工作的朋友也许会有这样的体会，由于方案和施工图、土建和绿化等的分工，导致了类似工厂流水线般重复的劳作，工种之间的协作也逐渐机械化，使设计工作的乐趣尽失。而社区的工作虽然要求更为全面复合，但参与规划、设计、营造、运维的全过程咨询着实有趣，也可以将自己的个人体会分享给大家。比如凌兆四村老年人口占比较大，星河花园物质上需要关爱老年人，为老人们提供一处休憩、交谈、散步、培养园艺兴趣、共享天伦之乐的场地；精神层面，需要在一定程度上表达

"生命如那星河般永不熄灭"的主题，希望老年朋友们逐渐使自己的兴趣更加广泛，摆脱个人狭小的圈子，直到自己的生活慢慢地和整个宇宙的生活融合在一起。正如罗素在《如何安度晚年》中所说的那样："人的一生应该是一条河，起初是涓涓细流，紧紧地夹在河岸之中，然后激烈地冲过岩石，飞下瀑布。渐渐地，河面宽阔起来，河岸向后退去，水流也平缓了。最后连绵不断地汇入海洋，毫无痛苦地失去自我的存在。暮年的人如果这样看待自己的一生，便不会每天都活在死亡的忧惧中了，因为他关心的事都会继续下去。"

在这里，我享受着社造带来的快乐，收获了居民的认同和小伙伴们的友谊。同时我是一位年轻的父亲，有时候也会把孩子带到自己参与更新行动的小区，让孩子一起体验艺术墙绘、花园种植等居民共治活动。看到孩子乐在其中是另一种成就感。自己的生活和这里连接了，我的劳动也得到了家人的理解与支持，也坚定了在社造这条路走下去的信心。给自己定了一个目标，利用业余时间每年完成一座社区中型花园的营造并能可持续的活用，这样的话，十年后就有十座花园。对我这样平凡的设计师而言，如果能做成一件事那就"泰裤辣"，自己对于社会而言也有了价值。期望更多的青年规划设计师加入社区规划与营造的工作中，实现自己的人生理想和职业价值。

## 4 小结

在陪护父亲住院期间，我接触到不少中、西医对于病症的诊疗方式，中医有像针灸这样整体平衡的调理观念和小微的介入方式，西医有像基因检测、PET-CT这样精准的检测诊断技术和见效迅速的干预措施，当然无论哪种是否结合，对病人的关怀是最为重要的。我们做规划设计的，其实就是城市的医生，用我们的数字技术"望闻问切"，从整体和局部、上下联动去发现和化解空间和社会的症结。我们又似生活的导演，把这些问题以结构化的方式归纳，以近似蒙太奇的手法去拼贴一个个老百姓日常生活中的行动与故事，可以有阶段成果，但也许这是一部没有结局的影片。在这个过程中最关键的就是怀着一颗谦卑之心、诚实之心、同理之心、坚定之心，去沟通、去关怀，消除逐渐的淡薄，连接人与人的关系，重构大家的附近，让社区更有生活气、人情味。

写到最后，我想跟母亲视频说：妈，周末我们一起把老家的小花园改造一下吧！

# 为了我们所理解的城市

孙菁鸿[1]

## 1 我所理解的城市

虽然已经学习建筑和城市规划近八年了，至今我都不太能适应现在我所面对的城市：为什么我和周围的新邻居总是难以熟识？为什么在城市中给孩子游戏奔跑的空间似乎越来越少？邻居家的孩子怎么有时见了我就躲？这一切似乎都不是我印象中的样子。

我是在青岛老城区长大的孩子。老城区有多老呢？从我爷爷的爸爸就住在这里。我不仅认识好多邻居，甚至有可能还可以从家长那里听说他们上下几代人的故事。我吃过很多邻居家的拿手菜，甚至放学经过走廊上的厨房排风口，闻着味道就能猜测邻居家的晚饭。

小时候放学后，放下书包的我就和邻居家的孩子们一起在街上奔跑玩闹。经过职工宿舍大院住户的篱笆墙时，经常采花园里的“粉豆花”（紫茉莉）的种子来和玩伴们交换。街道上的草木、储煤的矮墙垛、老社区的院落都是我们游戏必不可少的道具。童年中无数个夏日的夜晚、冬天的雪仗、过年的炮仗……那时候玩得嗨了总是忘了回家，家长会趴在窗边喊自己的孩子赶紧回家，而孩子们则会聚在窗下一起和家长求情或“谈判”。这些记忆和欢笑至今依然喧闹，在我记忆中老市区的街上。

只是如今我回过神来，花坛和院落变成了车位、供暖代替了烧煤。虽然现在街上的欢笑声消失了，但邻里的情感维系依然在。很多曾经住在这条街上的年轻人（包括我们家）已经从这里搬走了，但是我的奶奶和她所属的“奶奶团”们依然都住在那里。老人们平时不太使用手机，却依然是街上消息最灵通的群体，这种消息通常是依靠食物或植物“传递”。爷爷奶奶们都会照顾邻里彼此，谁家包了饺子、买了好菜都会分出一点拿给老邻居。老人们也酷爱种花，每当自己培育出了令人骄傲的花卉作品，总是会和邻居们分享，折一根枝、分一些种子给这些老伙伴们。

上述我所说的，是我在孩童懵懂时期形成的对城市的理解。之后我成为一个建筑与规划系的学生，我看并思考城市中无数的现象和理论，接受最新的技术和理念。但是这些都无法改变我在儿童时期产生的对城市最初的理解——那些物质空间表象下，人与人本可以产生的联系。我相信人与人的关系，是空间存在的意义；这也是我参与社区花园、研究社区规划的最初原因吧。

## 2 社区，花园与城市——东明路街道社区花园建设的参与

“社区花园是人们交流互动的重要场所，有助于促进邻里关系的建立和维系。在社区花园中，人们可以邂逅邻居，展开随意而愉快的对话，分享彼此的喜怒哀乐。这种互动不仅增进了邻里间的了解和亲近感，也为社区的和谐发展提供了坚实的基础。通过共同参与社区花园的规划、种植和打理，居民们建立起一种团队合作的精神，形成共同参与、共同管理的共识，进一步增加了彼此之间的信任和合作。”这是在真正参与实践之前，我曾写过的对于社区花园建设的认识。

---

1 东京工业大学在读博士。

最初接触到社区花园是在硕士研究中的参与式规划的课题。那年暑假在上海调研正巧看到了同济大学社区花园实验室和东明路街道的社区规划师工作坊，于是就踊跃地报名了。起初想着自己研究了这么久的内容终于有亲身实践的机会，但是后来参加以后才真正感觉到了社区花园建设的来之不易。

作为一名城市规划专业的学生，面临的是家长的质疑。在家长们的眼中，城市规划专业的学生应该看着极具专业性的图纸，讨论着城市经济或生态等重要领域的课题……怎么也不是拿着一张纸顶着夏天的烈日在老小区绿化带里翻土的那个人吧！我的家人虽然不懂我在做什么，但是好在足够相信我。于是我几乎没怎么费力地说服了家长让我那个暑假留在上海调研和参与社区花园的实践。

上海东明路社区规划师工作坊项目为期约两个月，当时我们的组员是两个经验丰富的建筑行业从业者，和包括我在内的四五个学生。最初我以为项目会进展得很顺利，但是实际上我们曾无数次陷入迷茫和不知所措。在开始的一个月左右我们所在的组的规划任务可以说毫无进展，即使我们多次潜入社区调研，寻找社区中的关键意见领袖（KOL）、分发问卷和传单、举办社区参与活动、和居委会和街道沟通（图 2-12-1），但是找到撬动社区花园实践的人是一件很困难的事情。

后来，我们在社区的一片空地上看到了很多整齐种植的花卉，来自一楼的一个爱种花的阿婆。从那以后我们组员每次去社区调研的时候都会和阿婆聊天，帮阿婆给花浇水。这块地前面有一条长椅，位置在小区的繁忙的出入口附近。虽然并不起眼，但是一楼阿婆种的花会吸引匆匆路过的人们目光停留，会成为阿婆们在长椅休憩时谈论的话题，甚至可能会激发孩子们的好奇。

图 2-12-1　社区规划师小组和居民沟通和采访社区种花阿婆的照片

这是当我们组在即将绝望的时候发现的“救命稻草”，于是我们投入了近乎全部的精力来挖掘增额花园背后的故事。我们在这块地的附近举办了社区活动来征询大家的意见，提出要将这个花园“正式化”作为小区中第一个社区花园来营建。

让我印象最深刻的是花园正式动工的那一天，社区里来了好多邻居，甚至和我同住一个宿舍的同学们也终于按捺不住好奇前来帮忙。整个暑假调研期间，我很少在社区里碰到孩子们，可能他们正穿梭于各种补习班或者在家里吹着空调。但是花园的硬件吸引了很多好奇的小朋友来参与或围观。我们举办了植物认领活动，每一个孩子可以认养并负责一棵社区花园里的植物。孩子们和我们一起翻土、播种，从下午一直忙到傍晚（图 2-12-2）。动工那天，所有人热火朝天地在那块“不起眼的小地方”忙到天黑，那附近的路灯暗淡，但是热心的邻居们掏出手机的闪光灯为我们的施工现场提供了最暖心的照明。施工间歇我欣赏着这块地方，黑夜让我看不清植物的样子，而是看到了聚在一起的邻居们。

就这样，我参与的第一个社区花园落地了（图 2-12-3）。

图 2-12-2　社区花园动工的照片

图 2-12-3　夜色里邻居们闪光灯下以及白天阳光下的社区花园

现在回想起来，每次和种花的阿婆交谈的时候，我会感到源于心底的踏实和喜悦。和她聊天时总有让我感到困惑的上海话，但这似乎并不妨碍我们的交流，因为我总能从她脸颊读出和记忆中我奶奶脸上相同的快乐皱纹。她的院子总是让我想起自己奶奶的老房子里种满花的阳台，虽然那个阳台在同一个夏天彻底枯萎了，但只有我知道它重生在上海的这个角落。

## 3　我们所理解的城市

我在毛姆的小说中读过这样一段话："生活本就是美丽的东西。对此抱有深刻信念后，每个人的注意力不必集中在整个世界是否美好上，而是应该放在自己的生活上。每个人都创造一点美，这些美会像和弦音符一样交响和鸣，构成响彻大地的优美乐章。而这些被创造出来的美即是永恒，死亡褪不去它斑斓的颜色，也夺不去它鲜活的力量。"虽然他谈论是人类的感情，但我想这也是社区花园的真谛之一吧。每个人都有不同的故事，我们在同一个社区和场所生活和相遇而让这种空间可能拥有不一样的色彩。

现在的我在日本进行都市农业的相关研究，起初我并不理解这么狭小的农园有什么盈利方式让它在当地能够长久维持。但后来有一次我读到了导师写的一篇随笔，其中提到让她曾经感触很深的一句话，大致含义是"现代城市中的很多问题都可能源于人们远离农业的不安"。就在那一刻我联想到了都市农园作为城乡的连接、社区花园作为人与人的连接，而让这些连接得以实现的关键就是空间和时间：现在的空间影响着下一代的人。

当我们的孩子远离自然，他们就很难体会到山林野趣的快乐和美感；当我们的孩子远离农业体验，他们就很难体会盘中餐的粒粒辛苦。当我们的社区人与人之间淡漠隔阂，孩子们就无法知道社区空间中可以有的温情和关爱。这可能就是社区花园、都市农园等空间的时间意义吧。

城市和社区的空间不仅需要适应人们的行为需求，更在影响着人们的态度和价值。而时间就成为空间的轮回的动力，因为现在的孩子们正在建立他们对城市空间和社会的认知。

从这个意义来看，社区花园并不仅在重构社区的生活空间、邻里关系，更在重构我们所理解的城市。社区花园是一个载体，它所承载的是邻里的信任，每个人都在用自己的独特的经历来给这片空间注入他们印象中城市最美好的含义，成为社区花园里最不同的颜色。

这一片小小天地中，不同色彩的花朵组合，时间的风拂过，那是我们所理解的城市。

# 从 0 到 1 的参与式规划认知之路——以灵岩南路街道街区共生实验的参与为例

李瑾琪[1]

社区更新具有显著的社会福利属性，因此需要特别关注其可持续性。关注的首要问题是资金来源的可持续性与稳定性。公共资金的使用需要政府审慎对待，往往存在审批流程繁琐，以及资源分配是否公平等问题。因此在更新行动亟待开展之时，需要找到除政府以外的资金来源，并把提供资金的主体纳入可持续发展中的一环，以实现共赢。其次，需要关注社会发展的可持续性。市民是否具备参与社区事务的机会和能力，是否能够真正体验到所带来的收益，从而激发社区内生的活力。这需要通过促进社区内上下游协作、营造和谐的个体与群体关系来实现。

作为一名风景园林专业本科学生，参与式规划是自我进入该专业学习后第一个接触到的实践领域，在参与实践的过程中，我认为自己经历的最重要的思维的转变即是在参与式规划中自我角色认知的转变。

## 1 “0—0.5”：从学习者到引导者

2022 年，我第一次参加刘悦来老师指导的国家级创新创业项目“人民城市背景下上海市居民参与式规划工具包研发实验”，正式接触到参与式社区规划。参与式社区规划，指的是以社区为单位，在规划设计等各个环节中引入广泛公众的参与，实现群众自治、自我管理、科学决策的一种规划方式。这种规划方式的核心理念是“以人为本”，即规划的过程和结果必须符合居民的需求和利益，关注社区居民的意愿和需求，注重广泛的民主参与，提高居民的主体意识和参与度，确保规划的可操作性和可持续性。该项目主要聚焦于引导年龄最小的人民（居民）——儿童在其所在社区的规划中的参与，通过引导儿童发现社区问题与表达自身诉求，把儿童需求的满足纳入社区改造目标中，让儿童的想法和提案成为规划实践中的参考，从而保证民主覆盖的广泛性。

实践产出的核心成果为一本引导儿童参与社区规划的工具手册（图 2-13-1），内容包括认识社区、设计社区、后期运维，并在每个板块给出具体可操作的方法及使用步骤。例如在认识社区板块，有社区认知地图教学、调研访谈问卷模板、访谈技巧、记录方式等。在之后所参加的花开宝山—滨江共生工作坊中（图 2-13-2），团队成员将研究出的规划引导方法进行实践，充分调动来自上海行知中学的二十余位参与者的提案热情，并收获许多创意提案。

参与式规划引导者的角色，让我了解了参与式规划的运作方式，也在实践中更深入地了解了参与社区规划的各个群体的特性。

1 同济大学建筑与城市规划学院景观学系本科 2021 级学生。

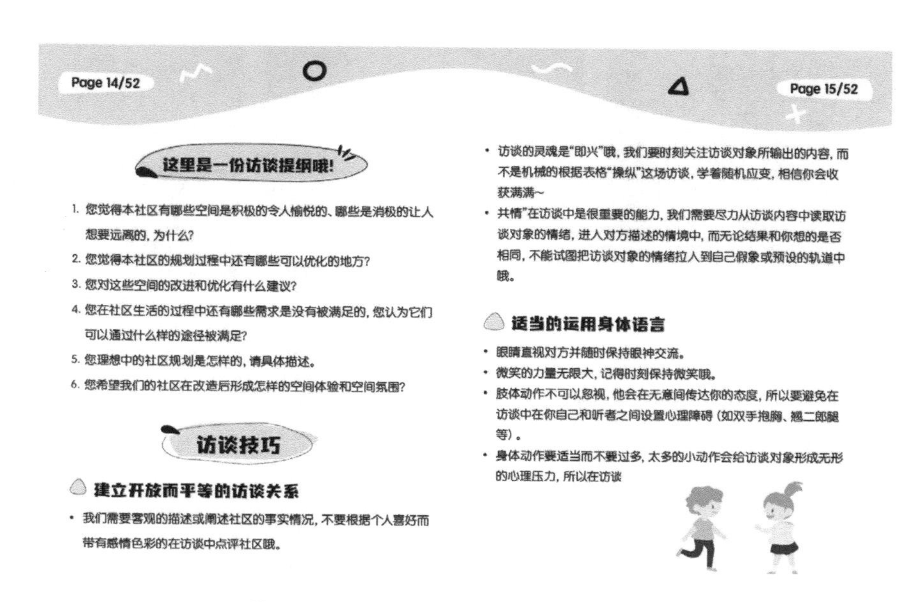


图 2-13-1　儿童参与社区规划的工具手册

图 2-13-2　“花开宝山——滨江共生工作坊”ppt

## 2　“0.5—1”：从第三方参与到“在地规划师”

第二次角色转变的实践是在“景观管理政策与法规”这门课的工作坊实践中。在“共治的景观”工作坊中（图 2-13-3），课程成员参与到灵岩南路街道 6 个微更新节点改造的前期调研与共生机制探索阶段中。在这个过程中，学生实际是以“在地规划师”的身份参与到实践中，通过对居民需求的调研，对场地现状的分析，对相关利益主体关系的梳理，为该节点构建一套切实可行的可持续的自循环体系。

我通过对北京市清河街道与上海市新华路街道的参与式规划两个典型优秀案例进行研究，得出结论：一是构建公共空间自主可持续运行机制需要政府、社区居民、社区组织以及相关企业的共同努力，需要政府（街道办）积极提供政策上的引导和支持，也需要居民自治和共治，才能更好地实现公共空

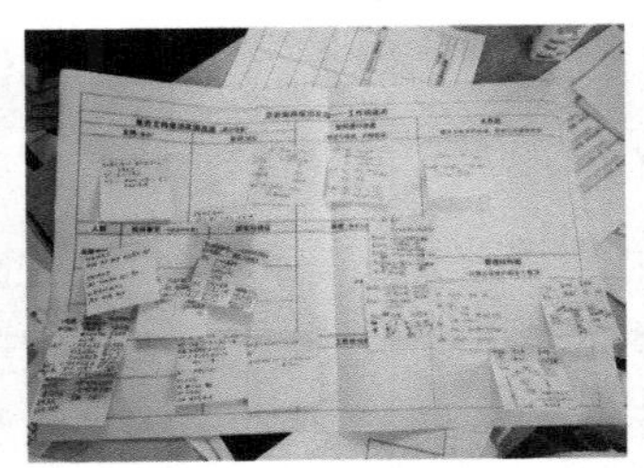

图 2-13-3 “共治的景观”工作坊

间的自主良好持续运行；二是不同专题的、覆盖社会不同类型主体的“年轻化”社区活动，可以通过利益的联结，容易激发社区内主体社区规划的参与热情并调动社区以外的主体积极为社区存量更新提供多类型的支持。

由于我调研和工作坊都围绕灵岩南路 1065 号 SMART 青年旅舍屋顶空间的改造展开，本文将基于之前所收集的信息，对屋顶公共空间自主可持续运营构建提出深化的意见建议。

屋顶花园目前改造方向是将其打造成向社会公众开放的公共空间，在此背景下，我将阐述子循环机制构建设想。

2.1 体制机制建议

从开放后的利益相关方入手，开放后，社区居民及一些社会组织（如在地规划组织、艺术家群体等）都会参与到屋顶花园的建设、使用与管理之中，而原有的利益主体承担的职能也会有所变化，因此本文将首先梳理各个主体对屋顶花园的需求和能够为屋顶花园提供的支持，再根据需求提出符合题干要求的体制机制建议以及运行逻辑，最后进一步阐述在该体制机制运行的背景下，具体举办的活动形式设想以及长效运维设想。

若屋顶花园面向社会开放，首先要保证利益相关方均能受益最大限度满足其需求。其次要最大限度整合利益相关方可以提供的资源，使得该公共空间可以在没有财政资金支持的情况下实现自给自足。最后需要提升公共空间的活力，带来社会效益。

机制构建分为两条道路，一是提升屋顶花园的活力密度，二是保持屋顶花园的活力稳度。

前者是通过屋顶花园上典型活动的举办，在街区内形成“点状”排布，通过活动宣传，来扩大屋顶花园知名度。根据活动中人的活动方式是否为统一行动将活动分为举办召集性集体活动和创造可激发自发性活动的场所或节事。召集性集体活动如工作坊、科普课堂；作为学校课外活动实践基地举办研学实践、比赛；作为社区室外活动中心举办社区集体活动等类型。可激发自发性活动的场所通常包括屋顶集市、快闪、打卡拍摄点、社区文化节等。除了一些纯公益的活动，其他在屋顶花园开办的活动可以收取一定的入场费用，房东参与分成，积累运维资金（图 2-13-4）。

保持屋顶花园的活力稳度，则需要构建“线性”长效机制，让人们即使在屋顶花园没有活动举办时也愿意来参与建设与运维。屋顶的开放意味着其成为社区公共空间，因此该公共空间的规划设计应满足主要受众群体对空间建设的需求，可联合房东、居委会、居民、社会在地规划组织四方设置居民议事会、成立屋顶花园管理小组，商讨屋顶花园建设方案、收集活动反馈更新活动策划等。在建成之后，对于屋顶花园的日常运维工作，需要秉持着“责任细分，落实到人”的原则开展，目前有两种管理设想。一种是长期负责的“责任田”机制：由居民出资在规定时限内承包一块屋顶绿地，负责该部分的植物养护、搭配设计、更新等，可由社会组织提供免费的技术指导和物料，收取的承包费用帮助房东以园养园。另一种是短期的志愿者招募机制，实行“屋顶一日助理”制度，志愿者在排班当天负责屋顶植物的养护、环境清洁、设施检查与报修等日常工作，可与街道办、居委会合作进行宣传，并

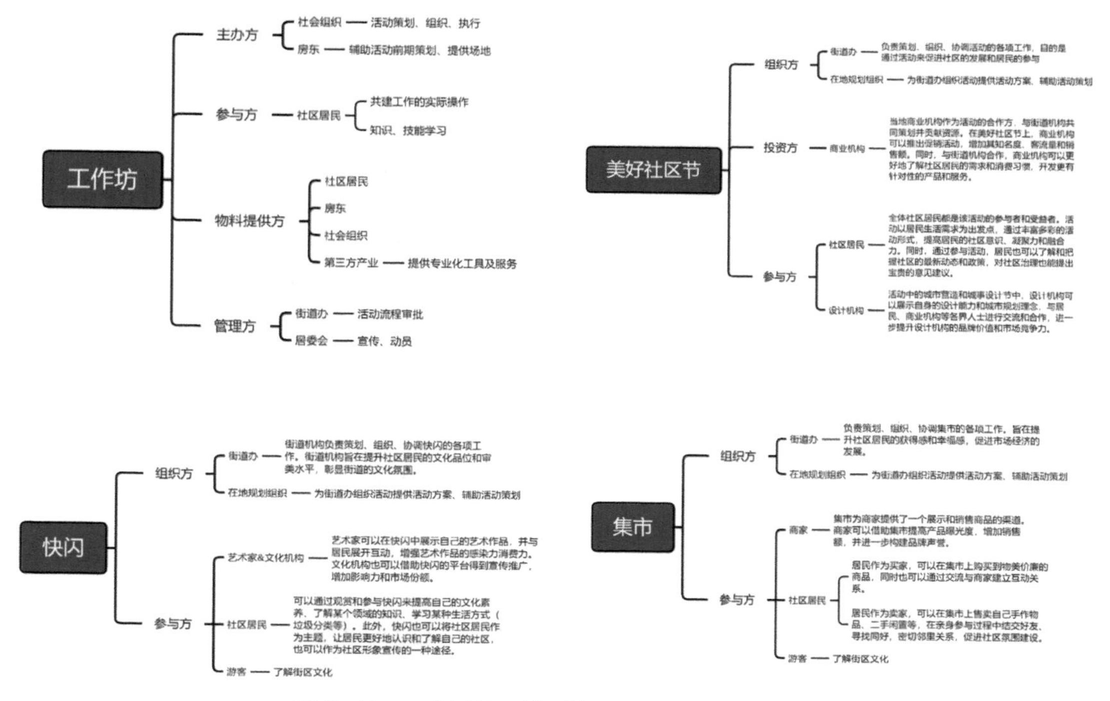


图 2-13-4 “点状活动”举例及利益相关主体分析

为参与者提供志愿者证明、餐饮补贴等，提高活动吸引力。

对于屋顶花园全局，其对外开放存在最大的两个问题是安全隐患与噪声问题。解决这两个问题，首先可以设置分时开放制度与最高准入人数线，在特殊天气、夜间等情况不对外开放，既避免滑跌等安全问题，也减小对租客正常生活休息的影响。其次，设置登记使用制度，确保无可疑人员进入屋顶扰乱公共秩序。另外，可在屋顶增设安全岗亭，设立专员负责看管屋顶花园的使用者，防止跌落等意外发生，也可以起到维持使用秩序的作用；最后在屋顶场地边缘设置醒目的警戒线，越过后触发警报，起到警示作用。

## 2.2 具体实践构想

本节将对上节提出的可在屋顶花园中举办的“点状”活动进行详细阐述，并具体分析每种活动的运作机制。

### 2.2.1 工作坊

在屋顶举办工作坊会涉及以下几类主体：社会组织、居民等参与者、房东、居委会、街道办。工作坊主题以专业知识科普、技能学习为主，例如：蔬果、植物种植与养护方法培训；参与式规划设计知识学习，并会被邀请参与者参与屋顶花园的设计；植物科普；植物手作；非遗科普以及实践等等。可与居委会合作进行工作坊宣传，设定合理的报名费用，与人员数量限制，保证工作坊的品质，并将收取的费用一部分交给房东作为场地租金。

由于活动没有政府直接财政资金支持，因此活动物资需要通过其他渠道获取，例如寻求房东的支持；寻求居委会和居民的支持，通过居委会向居民宣传活动目标，并考虑减免提供物料的参与居民的入场费用；寻求公益组织的支持，向一些关注社区规划的公益组织寻求物料支持；寻求第三方产业的支持，由第三方产业提供专业化的工具、材料等，并在工作坊中为其品牌进行宣传。

多方资金来源减轻社会组织作为主办方、房东作为承办方的资金压力，同时，可以通过报名费让两方均获得收益。工作坊的举办，有助于提高屋顶公共空间的吸引力，从而提高房东房产的附加值，能够吸引更多租客；除了租客，也可以通过形成品牌活动，在屋顶举办活动时吸引更多报名者，从而增加房东的经济收益，既能填补屋顶改造的资金空缺，也可以为屋顶花园的后续运维积累资金。工作坊中活动服务提供方也可以扩大知名度，获得经济效益，参与方可以收获知识、实践体验等有助于促进社区生活品质的提升。

#### 2.2.2 集市、快闪、社区文化节

在屋顶花园举办集市或快闪可能会涉及以下主体：房东、社会组织、居委会、社区居民等参与者、活动赞助方、街道办。集市或快闪通过创造自由交易或游览的空间暗示与氛围吸引周边居民加入（图 2-13-5）。其主题可聚焦可持续发展、空间改造、旧物交换、手工艺术、社区营造、生活方式等多个方面，符合市场需求，有意义且富有吸引力。活动的举办需要通过街道办审批，可将街道办人员纳入活动主办方，随时跟进活动进度，保证活动开展合理合规。在活动开办前，与居委会进行合作，在社区内进行宣传，同时可以邀请 KOL 在社交媒体上扩大活动影响范围，吸引社区之外的游人前往。在活动开办过程中，可以向游客收取一定的入场费用，并与房东进行分成；而对于参与活动的摊位也可以收取摊位租金。

图 2-13-5　快闪场景实例

由于此类活动参与人群并非集体活动，同时开始同时结束，为避免对租客正常生活的影响，需要严格控制活动时间区间，设置准入人数，并有专人维护屋顶活动秩序。集市、快闪、社区文化节在屋顶的举办，可以焕活屋顶空间，也为各相关主体带来发展机遇。参与者作为买家可以在节事中找到自己需要的产品，作为卖家结交更多好友获取经济收益，同时活动参与推动更紧密与融洽的社区网络建立；房东作为主办方之一，可以通过收取租金和入场费分成获得经济效益，扩大屋顶花园的影响力，吸引更多潜在客户在屋顶花园举办活动；街道办如有需求也可以在集市设置摊位进行社区规划政策宣传以及办事流程科普等，一方面可以帮助提高对政策的了解和信任，一方面有助于政府机构了解居民实际需求，优化政策；一些物料供应商赞助商，在此类活动中可以与参与者建立联系，扩大社区知名度，增加销售量。总之此类活动的举办，可以为各类主体带来丰富的机遇与有趣的体验，盘活街道多方资源，促进各方联系，提高共治水平。

## 3 小结——社区花园是城市建设中的“$9\frac{3}{4}$ 站台”

虽然本次参与尚停留在构想，但是从引导者到“在地规划师”的角色转变，让我对于共建的本质

有了更深刻的认识。共建的本质在于不仅是通过一些存量更新手段提高物质上的社区生活品质，而且更在于拉近人与人之间的联系，提高街区所带来的精神舒适度。设计一直讲究“发现问题，解决问题”，参与式的设计和规划，让人人都可以参与到这个过程中来，从身边最微小的地方做起，提高空间质量，积跬步以至千里，最终实现更大范围内的共治。

设计与规划的全民参与，并不意味着专业性的不再，相反，是对专业人员的设计思路提出更高的要求，既是强调一种“在场感”，即设身处地地想人民所想，将真实需求与设计结合；又是希望设计师们能够让设计成为“交往与联系”发生的场所，从社会治理层面入手设计。总结为两个重要维度：一是对人的关注；二是对人与人关系的关注。

而在体系构建的设想中，我也发现，社区花园是参与式规划开展的重要载体，兼具美化环境和提供活动开办主题之作用。它“把步道带到脚下，把种植带回都市，把游戏带给孩童，把互动带回林立，把生产带入生活”，一系列的回归，是对飞速发展的都市的“大后方”的构建。它像是城市建设中的$9\frac{3}{4}$站台，在存量空间更新的基础上，为参与到微更新之中的人们创造了更高维度的精神空间——稳固人与土地的联系，增强不同群体的互相认同，并且提供一种多元包容的生活方式的选择。

## 4 风景园林学子与参与式规划的紧密联系

本节将从风景园林专业学子的角度浅谈，参与式规划对于专业学习、对于社区发展、空间更新的重要意义。

### 4.1 学科知识实践

参与式规划对风景园林专业学习的意义是多方面的。其一，有助于实践应用能力的提升：参与式规划为风景园林专业学生提供了实践操作的机会。通过亲身参与社区规划过程，加深对规划原理和方法的理解，有助于学生将抽象的概念转化为具体的设计方案，并锻炼解决现实问题的能力；其二，有助于沟通与协作能力的培养：参与式规划涉及与居民、社区组织和其他利益相关方的沟通与协作，学生需要与各方进行交流、倾听他们的需求和意见，并在集体讨论中达成共识，这样的实践使学生在沟通、协调和解决冲突方面得到锻炼；其三，有助于社会责任意识的培养：由于参与式规划强调社区居民的参与与合作，需要重视其意见需求，在沟通过程中，也会帮助学生建立对于社会责任的意识，设计是要服务于人，因此社区居民的福祉与生活质量在规划设计中格外重要；其四，有助于加深对不同文化的理解：参与式社区规划涉及来自不同文化背景的社区居民，为风景园林学子提供了机会去理解和尊重不同文化之间的差异，需要敏感地处理不同文化群体的需求和价值观，并将其融入规划过程中。此外，同一地区不同的社区有不同的文化底蕴与文化背景，每个地区又有独特的会反映在社区生活之中的地缘文化，与不同文化背景的群体共同营建，深度参与到不同文化的生活方式中，会产生更加深刻的理解。

### 4.2 社会价值实现

风景园林学子在参与式规划中对于社区、居民都有重要的社会意义，主要体现在以下几个方面。

第一，可以调动居民积极性，增加社区的共建参与度。参与式规划强调民众参与决策的权利和责任。风景园林学子参与其中，能够作为桥梁和媒介，促进社区居民参与规划过程。他们可以组织社区活动、展示设计方案，并协助居民理解规划目标和影响。通过积极参与和倾听社区声音，学生可以运用所学将居民的意见转化成更具有专业性的建议，从而增加社区居民对规划决策的参与度。这种参与方式使社区居民感到被尊重和重视，促进了居民对规划结果的认同感和满意度。而其中学子们又可以因其学生的身份，降低居民们因专业性太强而产生的畏难情绪。

第二，可以改善社区环境和生活质量。风景园林学子参与规划过程，能够通过专业知识和技能，提供前沿的规划设计和可持续发展解决方案。他们可以帮助改善社区公共空间，提升居住环境的美观度和舒适度，促进社区可持续发展。

第三，可以帮助增强社区凝聚力。参与式规划过程中，学生与社区居民密切合作，共同探讨和决策社区的未来。这种共同努力可以增加社区居民之间的凝聚力和合作意识，加强社会关系的发展。通过风景园林学子与在地规划师的共同参与，居民可以感受到专业人士对社区的关注和支持，从而增强他们对社区的认同感和归属感。

第四，可以传承地域／地区文化。参与式规划可以帮助社区居民深挖本社区乃至本地区的文化底蕴，帮助其重新发现并理解自己的文化与历史，把地域性文化融入规划设计中。既能够保持地区独特的历史特色，又能够为居民提供认识自身文化身份的机会。

## 5 “1—∞”：未来，共建的景观与人民的城市

在城市空间存量更新的背景下，社区空间的规划要自下而上地把握住“人民城市”的人本思想，又要保证自治之度，能够满足自上而下的顶层设计的要求。通过“点状”的事件激活基层活力（如工作坊、讲座等活动），然后形成可持续实施的基层共治制度保证全过程人民民主，再搭建起多元化服务体系提高包容性，最终演化成深入人心的社区共同体意识。

未来，对于公众参与社区治理的研究仍有更多深入探讨的可能性。一方面随着时间的推移，居民的需求不断变化，让空间的优化周期与居民的需求相匹配，仍是重要的议题，要打通城市精细化治理的最后一厘米，通过人本分析，作出更具有地方性、针对性的策略；另一方面，基层参与式共建须与基层民主自治制度紧密配合，合理赋能赋权，共治的前提也是守制。

作为一名风景园林专业的学子，人民城市理论所指向的城市建设，仍是一片奋斗的沃土，我将立足自身，扎根实践，用专业知识促进基层共治、开放空间建设、整体规划优化，深入学习“人民城市”理论，把握住以人民为中心的核心要义，在城市工作开展中积极汲取人民智慧，分析人民需求，以人为本进行设计，创造人民满意的城市空间。

# 沈春雷：东明路街道的参与式治理[1]

谢宛芸[2]

## 1 采访背景

沈春雷，上海浦东新区东明路街道党工委书记、街道全面依法治理委员会主任、人大工委主任。

东明路街道地处浦东三林世博地区，街道筹建于1997年7月，成立于1999年12月8日，是伴随浦西、浦东大动迁、大开发形成的。辖区面积5.95平方公里，由凌兆新村和三林城两大区域组成，辖38个居民区、73个住宅小区。东明路街道面临着凌兆、三林城两大区域发展不均衡，公建配套缺乏、空间布局不合理，社会资本相对匮乏和缺乏从社区到居民区再到街区的整体规划这四大问题和挑战。

正是由于东明路街道是20世纪末在上海大开发、浦东大动迁下居民搬迁而新设的街道，总体发展资源匮乏，也因此它是我国城市化进程中社区建设的典型样本，映射出我国快速城化进程中的普遍困境：社区更新中居民行动的“原子化”、更新内容层面的“空心化”、组织层面“形式化”、制度层面“僵硬化”等现象导致社区发展乏力。作为上海市首个中心城区园林街道，东明路街道积极贯彻“人民城市”重要理念，遵守《中共中央关于坚持和完善中国特色社会主义制度、推进国家治理体系和治理能力现代化若干重大问题的决定》中提出建设目标，持续深入推进参与式社区规划工作，有效融合社区规划与社区自治共治，由此东明实验应运而生。东明实验是社区共同体的实验，积极探索以城市微更新为空间载体，通过促进社群的共同参与行动重塑家园。迄今为止，东明实验主要构建了社区花园、社区规划、萌力街区的参与行动领域，社代会党代会、社区营造中心、街区发展中心的组织制度建设，以及在地培育、广域网络、重大节事的催化举措，促进公众参与社区更新中的在地化、组织化、制度化、常态化，为我国的城市社区更新和社区共同体发展提供样本。

东明实验的顺利成果离不开街道政府的强力支持与统筹部署，本次访谈有幸邀请到上海市浦东新区东明路街道党工委书记、人大工委主任、区人大代表沈春雷同志，以进一步了解东明实验中的艰难与突破。

## 2 访谈问答

**问：作为街道领导人，您为什么选择做参与式社区规划？**

**沈春雷**：首先从党的建设角度说起，众所周知我们应当坚持“党领导一切”的基本原则，

1 本次访谈由国家社科基金《城市微更新中居民基层治理共同体意识形成机制研究》支持。
2 访谈采访、整理者。同济大学建筑与城市规划学院景观学系硕士研究生。

在此原则之下研究如何加强基层领导。但其中的“领导方式”并非部分公众所误解的“党组织代替包办一切”，为了打破这种误解与曲解，在加强党的建设前提下的基层治理应当着重研究如何加强领导；其方式有很多，其中最重要的一环就是要让居民参与到基层治理的整个过程当中。在此认知背景下，东明路街道基层干部也一直有一个“如何让公众参与”的想法，恰逢上海市民政局下发了《关于推进本市社会组织参与社区治理的指导意见》与我们的想法初衷都十分吻合，于是便在2020年伊始开始了一些社区花园共建项目。

其次从东明路街道的角度出发，一方面东明工作应当结合背景与需求，作为我国城市化进程中社区建设的典型样本，老旧小区的更新改造成为当下城市更新阶段东明路街道的重中之重，而参与式社区规划作为社区更新中一个强有效的工具，成为政策与在地背景支持之下的最佳选择。另一方面东明工作应当贴合居民需求，促进积极参与。参与式社区规划实际上是一个很重要的工具，社区花园是其中最契合的空间载体。参与式社区规划从最贴近居民日常生活的场景和方式出发，让公众意识到“社区规划”并不是“高大上”的。小区焕发活力或是政府任务，但绝不是政府全盘主导、专业人士负责，要让群众、让居民成为规划、设计师，通过专业的力量跟居民的力量结合，切实推动社区、街区物理环境与精神环境双面发展。

最后从外部专业力量输入角度而言，以刘悦来老师为代表的高校力量与社会公益组织机构对东明的陪伴与技术支持也相当重要，通过开展专业社区规划师培训工作坊，培育出大量在地基层骨干与社区核心居民规划师团队，组建起内部（社区规划师）与外部（高校专业力量）结合的高效可持续发展方式，推动社区更新快速高质发展。

（于海教授：社区花园是适合社区更新的项目，社区花园的发明者成为理想的合作者，社区花园就是居民参与的营造，如此参与式社区规划成为基层治理的载体。）

**问：您为什么会选择四叶草堂团队开展合作，您认为其中的“社区花园”这一形式在“东明实验”承担什么样的作用？**

**沈春雷：**如今的大量老旧小区有绿化却无“绿意”，在物业单一化的管理下没有四季的缤纷也没有花香，都是单一品种单一色彩。当身边环境难以达到居民对自然与诗意的向往，“改造”“更新”应运而生，社区就有了居民与社会组织的用武之地。随着东明路街道对社区消极空间改造的重视，与四叶草堂团队的合作也成为必然的驱使；社区花园已不仅仅代指花园，而是民众可参与、可共治共享的公共空间，可以是一片活动广场亦可以是几张休憩座椅，它以其最贴近生活的“家门口”空间，成为引导公众参与、承载多元化共治的最佳载体。东明路街道自2021年开展参与式社区规划至今，每年都有覆盖80%至90%的社区提案出现，今年开启的东明72变计划第一季度就审核推出了三十多个社区提案，其中对于居民对于社区空间的思考已经超出了社区花园这个载体本身，扩大到更大的范畴，学术概念的深化、东明实践范围的扩大与民众思考的外延，在内涵上达成了一致，成为参与式社区规划迈向参与式社区治理的重要推动力。

（于海教授：专业术语不再只存在于学术文字，而是在参与实践中，融入领导者与公众的思考中。）

**问：您觉得目前东明路街道的关键词是什么？**

**沈春雷：**在我看来，东明路街道目前最重要的关键词就是——参与，这是东明路参与式社区规划与治理的核心办法，没有参与的治理只能是一厢情愿，政府花钱居民不买账。以灵岩南路为例，为达成系统化街区治理结构搭建，需要在中心段设立一个“街区治理工作站”以进一步激活街区活力，但此类直接开展的市政建设即使预算上已经控制到最节省，落到老百姓眼中仍然缺乏可信度，办事的正当性难以自证。但是针对调研反馈中居民与商户反映上厕所难的问题，我们计划在治理工作站旁边建设一个多功能移动公厕，这个简单的措施则大受欢迎与赞赏，这也是多方参与调研与提案中达成的共识。由此可见，参与式社区治理已然成为推动政策落地、提高公众满意度、引导居民自治的一种关键性方式。

（于海教授：政府花钱给居民办事，老办法居民不买账，办事的正当性和社会效应存疑；改变的办法在于切实了解居民所需，花钱最终有好评有效果，也是社会组织可以发挥作用的契机。参与的过程，各方容易达成相互理解，只做旁观者，多是吹毛求疵。参与后知道做事不易，且有互动和商议，就能站在对方立场，或摆平自己心态，变得通情达理。）

**问：您认为在东明路街道参与式社区规划与治理实践脉络可以分为哪几个阶段？**

**沈春雷：**（认识观念转变－规划师培育－多元提案决策－实践项目落地）

目前东明路街道参与式社区规划的实践历程可以简单概括为“凝聚共识—人才培育—提案决策—实践落地”四个阶段。首先作为参与起点的就是“凝聚共识”，即认识观念的转变。党的十八大以来，党和国家高度重视基层治理理念、治理方式的转变，不断加速推进社会从管理迈向治理，一字之差涵义为之一新，多元主体共建共治共享的基层社会治理新格局成为时代的新趋势与方向。认识转变不仅是政府角色下的国家单一主导向多元化共治理念转变，也是民间、社会与市场等多方力量参与观念的转变，凝练如何引导、如何统筹、如何参与的共识以推动多元化多维化，成为参与式社区规划与治理的重要起点。

其次在认识之上需要培育社区达人，也就是社区规划师培育，从2021年起东明路街道就与四叶草堂团队共同合作开展了社区规划师工作坊，联合社会组织从思想认知、专业能力多方面实现外部赋能，培育出包括青年社区规划师、居民社区规划师、小小社区规划师三类。以三林苑小区为例，其中的社区能人包括：姚静晶、李然、菜菜，抑或是在地社会组织聚明心的朱月月、刘璟等，都是首期社区规划师培育工作坊的成员，有了社区能人、骨干带领，人民民主逐渐由思想转为行动，在各个小区、地区凝聚成当地自治力量。在完成参与式社区规划中人才培育之后，便需要有可参与的实践项目，项目全过程的人民民主除实践落地过程的参与外，最重要的便是评议决策过程。故而第三阶段从提案决策层面来说，为促使居民参与行动更组织化、制度化，东明参与式社区规划及治理提出社代会党代会中居民参与提案的制度化建设。社代会党代会在我国的各个社区都有，重要的是在东明路街道的社代会党代会中，东明实验实现了居民参与的社区规划提案的流程机制，在党代会实现了居民参与的更新行动计划的制度建设，以此制定更新项目清单，并落实推进。

**问：您觉得东明路街道参与式社区规划目前处于一个什么样的阶段？**

**沈春雷：**我认为已有的东明实验在为参与式社区治理夯实基础，目前处在一个需要进一步深化的阶段。当下的实践成果还不足以满足原本定下2023年预达成的目标与期望，还需要在参与的深度广度上不断深耕，实现广泛性与覆盖面上的进一步扩大。像达成这样的目标需要一条可行性高易持续的参与路径，不能蜻蜓点水浅尝辄止，还需要更有力且持续的推动。例如由东明属地居民组建注册成立的全市第一个社区规划师社会组织——聚明心，作为社区规划中心，成为突破目前路径瓶颈的一个重要尝试。理事会的所有成员包括负责人朱月月和刘璟均是在地居民，负责社区规划和营造的各类事务，以社会组织凝聚达人，以多方对公共事务的助力进一步推进东明路街道基层社区治理能力建设。

（于海教授：希望放在有能力的社区达人身上，而非社会组织，这是非常清醒的认知。前者是可持续的，是为有源头活水来。）

**问：您认为东明路街道参与式社区规划的组织架构中存在哪些优缺点 / 问题？下一步如何改进？**

**沈春雷：**组织架构的优缺点主要集中在政府干预程度难以把控、社会、市场等多方力量如何共同参与等问题。从整体来看，参与式社区规划及治理下一阶段还是要坚持“持之以恒地推动”为主，在引导参与中积累更多的社会资本，解决协调公众参与治理过程中人员、资金、组织机制等问题，从纵向深度上进一步将工作落到实处。基层政府的重视程度影响下很多地方政策因人而兴，又因人而废，难以将工作落到实处形成可持续化机制。

参与本身是一个简单的动作，参与式社区规划与治理则在空间与内涵上得到进一步外延升华；前者在意的是如何引导“参与”的动作，后者是探索如何实现可持续的制度化组织化建设。东明路街道目前已开展对于提案及评议机制的探索，未来还会形成街道社区规划的文本、制度上墙等长远的设想与更新制度探索，让政府、市场、社会及居民多方在可持续的组织建设环境中形成习惯，让参与自治成为居民的惯性认知，以达成更长久的治理机制深化。

**问：参与式社区规划与社区治理可以在东明路街道实现可持续化发展的原因是？**

**沈春雷：**最重要的原因就是，我们把握住了治理的核心要义——多方参与。过去的“城市管理”到如今的“基层治理”，代表着单向管理到多方共治的转变，也成为推动参与式社区治理的真正动力，由此我认为“参与”和“依法”是治理的两大重中之重，参与是可持续方法，依法是根本落脚点。未来真正达成参与式社区治理的可持续化发展一是要坚持多方参与，适当为居民放权参与社区治理，达成自上而下统筹规划和自下而上自治提案的双向制约与平衡；二即是要依法治理：建立起相应的可持续参与制度机制，立法以规范制度。

**问：假如由您来举几个参与式社区规划的代表案例，您会选择哪几个？**

**沈春雷：**例如说三林苑当中对于中轴线的社区建设工程以及可供社区规划师工作的林苑小舍，东明路多个街道上的党群服务站，都是我们在推动参与式社区规划、社区治理过程中居民参与度较高的一些实际案例。

**问：从街道领导者角度来看，街道开始参与式社区规划与治理实践后，街道产生最大的变化体现在哪些方面？**

**沈春雷：**从街道整体上而言，主要体现在治理方式的改变，也是街道目前正在进行最大的"革命"。从局部变化来看，主要是居民认知及参与意愿的改变。三林苑的改变在众多小区中也是很显著的，业委会的构成与管理、群众的参与性、小区的风貌环境等都发生了较大的改变，目前三林苑业委会成员都以80后为主，在年轻一代的带动下整体居民的积极性也有明显提升，居民对业委会满意度也不断提高，2021—2022年进行的架空层改造中，三林苑居民参与的比例和力度都很大。

**问：就认知能力方面，您作为街道书记是否有感受到其他街镇工作人员及居民在认知能力上较明显变化，能否举例说明？**

**沈春雷：**一方面这几年来我一直在致力于推进街道工作人员认知培育，从面向街道政府部门人员及社区工作人员开设社区规划师课程，到对自治办管理办重视，再到参与式社区规划及社区治理成为主线，从个人认知、外部环境多方面引导干部们从思想上接受并支持公众参与、多方共治。像社区管理办的张忠格主任，前期一直坚持参与社区规划师的课程和实践项目，也形成他能成为部门负责人执行更多社区项目起到的内在推动力。另一方面我本人去三林苑调研考察次数较多，能明显感受到居民们对于街道公共事务支持程度的变化。例如停车难的问题一直是老旧小区的一大矛盾，在三林苑增加了200个车位后，车位如何分配也成为一大难点。但是这个过程有了居民参与，居民自发组织形成一个车辆管理队伍，让居民自己创建小区的规则玩法，在共识的引导下，车位问题也就很快迎刃而解。

**问：作为街道的管理者，您是怎么理解居民基层治理共同体概念？**

**沈春雷：**共同体和社区的概念最早都是滕尼斯提出的，就国家层面而言倡导达成人类命运共同体，就民族层面而言中华民族也是一个共同体，再细化到街镇层面我们谈基层社区治理共同体，这也是我们渴望达成的目标——达成社区共识，培育社区组织、多方共治未来。共同体的概念类似于过去还未行政化的熟人社会，但在已经完全行政化的当下，构成治理共同体亦显得尤为重要。党组织如何引导居民形成共同体也将成为未来基层治理建设的关键，我认为其形成路径也和我们目前开展的实践阶段相符，应当先构建观念上的共同体（共同体意识培育），以观念认知驱动行为实践，达成共识之下自主积极参与公共事务献计献策与实践，才得以在实践参与中达成共同体的萌芽。

# 第三章 多样组织化的社区营造——社会组织力量重新定义的『附近』

Chapter 03

# 南头古城社区营造：从走进社区开始，探究在地的答案

林大海[1]

作为在深圳村里长大的孩子，我很荣幸可以切身支持南头古城去探索社区可持续发展的路径。营造一年半后，今年的古城吸引人的点是多元融合后的烟火气和生命力，像个成长期的孩子在经历许多变更和迭代后，找到自己的内在动力，同时也开放胸怀去拥抱可能。在快节奏的深圳里，给大家交上另外一份答卷。现在的南头古城社区很可爱，大家一起拼搏，一起探讨机会，一起创造共生的可能。

我们的营造行动开始于 2022 年 4 月。在深圳中西部科技产业最聚集的地区，坐落着这样一个具有一千七百多年历史的古城——南头古城，它不仅是深圳经济特区建筑风貌变迁的缩影，现在这里亦是两万多人共同居住的社区。

作为在深圳城中村改造更新背景下的新兴实验点，南头古城正在探索、实践让这里变得更和谐、更美好、更有温度的方式方法。在 2022 年的 4 月，我邀请我多年营造的搭档三十还有左秋组成了“城中村营造行动小组”，加入南头古城发起的社区营造行动中来。

## 1 和大家生活在一起，探究在地共生的答案

### 1.1 生活式、参与式、共创式的社区营造

我们以生活者视角走进南头古城社区，从成为在其中生活的一分子开始，观察并理解古城社区里复杂多元的社区业态与邻里关系、空间与环境的状态与挑战、人们的期待与需求（图 3-1-1）。

图 3-1-1 行走在南头古城

### 1.2 在南头古城村里生活的小故事

在村里我们认识了 70 岁仍保持拼搏奋斗精神的锦记商店老板廖阿姨。认识廖阿姨，是我们刚搬南头古城村里的时候。有天在她店铺买水，我们聊了聊阿姨开店的故事“附近”，有些时候就在对身边人的好奇建立起来的。

阿姨和我们说她之前是在东街上的，一下子让我们了解到了方位。因为我们所驻点办公的临街空间（后面被我们取了个名字，叫作“奇庙”），正在阿姨以前的店铺的旁边，因为这个缘分，我们一来二去地就熟络起来了。

那时候住在阿姨店铺必经的路上。夜里加班，

---

1 未来奇遇 FATURE 创始人 & 南头古城奇庙营造项目主理人。

哪怕到一点，都可以看到阿姨认真算数。有一次阿姨边算边等待供应商送的货，和我聊起最近的事情。她说前段时间有好几个女孩一起来店里问我是不是认识大海，这个招牌是不是大海她们做的等之类的问题。因为忙碌，自己就没时间顾及她们了。

我听后开了个玩笑说，下次要是有这样的来访者，阿姨你可以直接让她们先买点东西再说。阿姨说我不喜欢这种强买强卖的关系。她们没有需要的话，我是不会主动叫她们的，只是有些时候自己真的忙不过来，就没有办法管这些访客了。

我喜欢阿姨的态度，无论别人怎么对待自己，她依旧会做好自己的本分，但也不会为难自己，非得去迎合别人。阿姨的话让我想到，在我做社区营造过程里，很多时候，社区营造者的角色容易被放大，大家更乐于去找这个角色，而非让自己花时间好好地去和这个角色所在的社区发生互动和一些融入行为。而我们所期盼的是所做的一切行动是让社区不同的关系变得更为亲近，为便利的生活努力，为有爱的社区氛围做自己力所能及的努力。

我们将“人”与“社区”的关系作为在地探究的出发点，以问题为导向，寻找来自在地的回答，而人是否有意识、有意愿、有动力参与其中，则是在这场社区营造行动中至关重要的因素。

## 2　创造自然进入的公共空间　让对话变得日常且有邻里感

在开展营造行动之前，我向对接的合作伙伴提出了一个小要求——希望对方可以提供一个临街的小空间。它可以很小，也可以很简陋，重要的是邻里方便进入，是一个能够让大家方便寻找到我们的地方。

经历一番寻找后，对接的伙伴推荐了坐落在东街 46 号的一个小空间。这个空间是有个小小院子，十平方米的小空间。这里之前支持过一些在地艺术创作的行动。我们进驻之后，因为外形像一座小庙，街坊邻里们会喊这个屋子叫作“小庙”。

在构思入伙活动的时候，团队一起在琢磨行动名称，伙伴在小庙的名字前增加了“奇”字，反复斟酌，觉得很有意思。奇妙，奇庙。好奇心，是打开关系的第一步。奇妙，是联动下发生的化学反应。就这样，带着我们团队对这个空间及所在的社区的祝福和期待，“奇庙”二字，成为我们在南头古城里开展的社区营造行动名称。

这个街边小空间最开始什么都没有，我们将不完美的空间状态比喻成等待被完善的“社区”，以动态持续的互动展，开展了第一个行动——“这里好奇庙”理想社区共创展，邀请在南头古城生活、工作、学习、游玩的邻居和朋友们，参与到对美好的、有温度的社区的畅想和共创行动中来。

奇庙就这样成为营造行动的临街公共空间（图 3-1-2），它一方面以低门槛的展览互动方式，让社区所有人可以带着好奇心进入探索，进而引导人们共同勾勒对自己所生活社区的设想与期待，并将其中所发掘出来的社区故事和宝藏、抛出的议题与提案、共同的行动与成果继续作为展览内容的一部分，完成一场在地叙事性的呈现；另一方面，通过多元角色共同建设的公共空间，在社区生活中自然“培育”出了新的邻里关系，同时也拥有了作为社区议事空间的基础，为多元角色之间的对话与探讨提供具有安全感、包容性的空间场景。

图 3-1-2　“奇庙”外景

这样因为公共空间而建立起的连接，也会逐渐形成社区关系的记忆锚点。“奇庙”会成为被大家关注或在意的地方，通过它可以来了解古城生活的动态。作为一部分，居民也可以来参与社区里

图 3-1-3 “奇庙”里的活动吸引周边人群

图 3-1-4 “共创式”社区营造活动

感兴趣的议题与行动（图 3-1-3），也会想要在下班、放学或休息时偶尔过来“小庙”玩耍和聊天。

## 3 “共创式”社区营造是彼此看见和创造的过程

社区总会有解决不完的问题，而连接社区里的相关角色一起发现、拆解并解决问题的过程，就是彼此看见的过程（图 3-1-4）。

看见彼此眼中的古城社区，这里有随着变迁与新生而带来的疏离与缺失，也有彼此之间的包容和接纳。看见这里不同的群体对于社区邻里、文化和环境的期待与需求，也有不同角色在关注、思考自身与古城共存、共生的各种可能性。看见之后，再去创造行动共识的机会与可能提案。

如果说“参与式”是面向社区所有人的，只要她 / 他感兴趣并有意愿都可以参与，那“共创式”在一定程度上是更有难度和挑战性的。“小巷点亮计划”“主街温度释放行动”“社区议题主理人行动”“家在古城”影像共创计划，这些行动从在地问题和需求出发，以开放式招募再筛选的方式，组织行动成员完成一段共创旅程。对于成为行动共创者的伙伴来说，不仅需要她 / 他懂得在团队协作中尊重人、能清楚地意识到自己身上的能力与所处角色的价值，也要懂得行动的在地性与动态持续性，接受它是需要经受时间的打磨而非一蹴而就的，能以这样的心态和态度去参与社区行动，也才能得到奇妙的共创反应效果。

而作为营造者的我们，在陪伴与支持大家行动的过程中，同样需要去传达以上这些“好的共创”应该是怎样的，并让行动者们感受到社区与个体之间的关联和相互促进，对在地的种子力量进行潜移默化的培育和影响，行动的意义就在于此。这里需要我们清楚地明白并懂得让如何在社区里让“合适的人在合适的时机做合适的事情”，当然，它既是行动原则也会是过程中的挑战。

## 4 2023 年，继续出发，从这里到社区！

通过从 2022 年 4 月持续到现在的营造行动，我们不断地在和多方角色释放一个信号：社区营造的可持续发展需要在意其中关系的营造、人的状态与可持续的社区生长机制。而“奇庙”去年在南头古城所做的行动，不仅是一个开始，也是继续往前走的新机会、新起点。

社区作为一个整体，它的正向发展离不开其中多元角色的合作。经历了去年的社区营造，“奇庙”成为连接与推动古城社区关系营造的重要一步。但面对古城社区复杂多元的城中村生态挑战，我们深知这并不是某一方角色就可以解决的，所以我们欢迎社会各行各业的力量来关注古城、理解古城，并用各自的力量一同参与古城社区的美好建设。

在 2022 年行动的基础上，我们持续传递共建的认知与开放友好的信号，打通并强化古城社区与居民间的信任关系，让更多力量看见参与古城社区营造的机会与价值，可以投入其中，相互支持，促进社区的持续活力与生长。当我们理解社区营造的在地持续与长效公益性，并清楚地意识到自身的能力与所处角色的价值，才能以更高的姿态参与到社区营造中来。

2023年，我们为南头古城社区打造在地力量培育课程与行动机制，提升在地角色与行动者们对参与社区营造的理解与能力，培育在地的活跃和新生力量，更好地支持有意愿参与古城发展的人们去行动。在一个个议题的行动培育与力量孵化下，我们可以营造出强互动的共创、共治、共生的社区。

可持续发展不仅是商业上的可持续，也包括社区关系上的可持续。一个向上生长的社区，一定是自下而上地参与和自上而下地推动之间的双向奔赴，人们关注并有意愿参与自己所在社区的建设，社区也要为所生活在这里的人们带来福祉，创造宜居、宜业、宜商、宜游的公共配套和生活业态。当身处其中的人们受到滋养，自己的生活与工作得到了好的照顾，才能更好地服务这个社区的生长，并吸引更多的力量不断进来，让社区保持持续的活力与生机。我们期待2023年的在地行动与关系营造，能够促成南头古城社区构建更可持续的发展机制的可能产生。

## 5 关于未来奇遇 FATURE——城中村营造行动小组

过去8年，我自己参与或支持了不同城市的社区营造项目，其中有富有历史底蕴的老旧社区、精致洋气的百年老街区、促进新居民融入的城市新社区等。作为非相关专业的一线实践者，从早期更多凭借着对社区的好奇，以“柔软”的社区力去行动，到后续一次次的实践，形成了一套可支持多元力量共建美好社区的营造方法。对于自己而言，这股支持我坚持至今的社区力，这一切的最终来源便是我小时候所居住城中村里的生活和氛围。

像我这样在城中村长大的年轻人，见证了城中村变迁的历程。我们通过不断的自我实践，在不同领域积累了自己的经验及方法，成为深圳这座年轻的城市里鲜活、敢为、敢想的新能量。（图3-1-5）或许正是我们这群对这座城市有所期待的年轻人，也希望为深圳城中村的可持续发展寻找可以双向奔赴的路径，用力所能及的行动去响应身边那些持续在实践的先行者们，也期待带动更多有想法、有意愿、有技能的行动者关注并参与进来。

也许我们都曾经粗暴地定义城中村、无法找到身份认同，但始终慢慢会开始认识到这里的魅力——它年轻、复杂、交融、充满活力，它包容着各种创新，同时它也需要有人不断去探索回应人、社区与城市的关系，创造出新的可能。

我们期待着深圳的未来，在城中村的画卷里，会有更多年轻人的身影。那些对深圳感兴趣，并且想来到深圳工作、学习、生活的人，在城中村的生活经历可以变成一种城市自信力，也可以成为深漂人士想要在深圳安居乐业的奋斗动力。

图3-1-5　深圳生活印象

# 和社区一起成长——爱有戏与社区花园的故事

刘　飞[1]

2011年，刚刚成立不久的爱有戏受水井坊街道的委托，在成都市锦江区水井坊街道的10个小区开始推动协力居民自治的探索。这是一个前所未有的项目，项目并没有任何具体的工作任务和指标，需要的是我们去实践、去探索，找寻推动居民参与小区治理的路径和方法。

记得刚刚进入小区，所有的事情都让我们很震惊。老旧院落的各种问题堆积在一起，违章搭建、脏乱差、管理混乱等，社区居民对此都颇有怨言。但当我们想团结大家行动起来的时候，没有人站出来。为此我们非常着急，为了找到居民所关注的社会问题，让居民积极参与社区公共事务，我们在社区里面开始不断地用开放空间会议技术召开市民论坛和社区居民会议（图3–2–1）。在我们不断的努力下，会议从两个人开到一百多个人。各种各样的社会问题浮现在我们的面前。其中最为居民关注的就是小区环境脏乱差的问题。面对这个社会问题，我们在想怎么样才能改变呢？正在这个时候，我们非常幸运地遇到了万通基金会，遇到了PCD社区伙伴。在他们的指导和关心支持下，我们开始了对社区花园的探索。

图3–2–1　社区居民会议

这么多年过去了，这里面有几个故事仍让我印象特别的深刻。在交子社区55号院，我们刚刚进入的时候，小区没有院委会，当时我们一筹莫展，有一次正好遇到一位居民刘孃在小区里大发脾气，她说："我们这个小区这么多老年人，连个活动的地方都没有，每天就搬着椅子坐在小区单元口的门洞里面聊天。我们小区两栋楼房之间，难道就不能搭一个葡萄架吗？这个地方搭个葡萄架，老年人坐在下面聊天、乘凉不是挺好的一个地方吗？"我一想这事儿挺好，我们就动员刘孃一起想了很多的办法把这个小区里面的葡萄架给搭起来了。这个葡萄架的搭建给了我很多启发。因为葡萄架一搭起来，老年人就在下面开始活动，乘凉环境变得优美，刘孃也因为搭建了这个葡萄架，在小区里面获得了很高的威望，后来刘孃也成为我们这个小区最重要的一个居民骨干，成为小区院委会负责人。我开始认识到在社区营造的过程当中成果可视化的重要性，要让老百姓看到切实的改变，老百姓才能够可持续地行动起来。

后来我们又去了37号院，37号院也是一个非常脏乱差的老旧小区。小区的垃圾堆就在小区的大院门口，但很多人扔垃圾不愿意扔到垃圾桶里面，垃圾桶旁边苍蝇横飞。小区里面私搭乱建特别多，很多违章建筑。小区也没有人进行管理。在遇到问题的时候，大家都会抱怨社区居委会，觉得是社区没有做好工作。我们在这个小区开了好几次的社区居民动员会（图3–2–2），发现居民对解决环境问题

1　成都市爱有戏社区发展中心主任。

的呼声是最高的。我们考虑要不要把在 55 号院的葡萄架的经验，在 37 号院开展来试一试。所以我们就开始征求居民的意见，并且协助居民建立了一些行动小组，经过讨论居民决定开展城市农耕，要开展从事农耕就需要土地，那我们的违章搭建占用了仅有的绿地，那怎么办呢？居民在一起商量就决定居民小组出面去一家一户地劝导，这种柔和的劝导方式，得到了社区居民的响应，虽然也有一些是居民开始不愿意拆自己搭建的违建，但是也拗不过大家的意见。经过千辛万苦，历经各种碰撞，逐渐地，社区小区里面的一个个违章建筑被拆掉了。居民决定在社区里面修建一些花台。没有钱怎么办呢？我们就在小区里面搞了一些小型的募捐，居民行动小组又到社区两委去申请了一笔小额资金，社区花台就这样搭建起来了！这些小小土地怎么样分配呢？他们用议事方式开展了讨论，大家最后决定以抽签的方式来决定每个人养护土地的面积和位置，小区里面每一块小的土地都有一个负责人，大家有的在里面种花，有的在里面种菜（图 3-2-3）。小区的环境也逐渐地变得越来越好，越来越美了。在这样的情况下，大家忽然觉得门口的那个垃圾堆有点刺眼了。于是居民又发动起来改善门口的垃圾堆的环境，建立了小区的垃圾公约，有一段时间居民就守在那个垃圾堆旁边，对每一个扔垃圾的人进行提醒教育，渐渐地垃圾堆也规范了。到了春节的时候，居民邀请我们到他们院去吃饭，大家用城市农耕收获的蔬菜和自己家里面做的菜，拼起来做了一个小区的宴会（图 3-2-4）。那次的宴会给我的印象很深，在社区花园旁边，吃着香喷喷的饭菜，也让我有了强烈的成就感，我们的工作是有意义的！老百姓是可以被发动起来的！

图 3-2-2　社区居民动员会

图 3-2-3　小朋友参观社区农园

图 3-2-4　一起制作和分享食物

当然，我们也遇到过滑铁卢。比如有一次在一个小区里，我们只跟院委会达成了一致，而没有重视去征求每一个居民的意见，结果导致我们整个改造过程中，受到了居民的阻挠。当时我们的社工很委屈，觉得我们为社区想了这么多，但是居民不认可我们。通过这件事情，我们认认真真地开了反思会，我们认识到，居民的参与，不只是居民代表的参与，一定要收集和整合每一位居民的意见，须协助居民达成一致意见。虽然这个工作很费时间，但是不可缺少，只有这样我们的工作才是真正有意义，才是真正意义上的公众参与。所以我们在这个小区又重新召开居民会议（图 3-2-5），动员更广泛的居

图 3-2-5　居民会议现场讨论

民参与，最后这个小区的面貌也发生了很大的变化。在这个过程中我有一些体会：通过我们的城市农耕改变的其实不光是社区的环境，更重要的是培养了一批有责任担当的居民。在城市农耕和社区花园的开展过程中让居民认识到，团结起来是可以解决小区问题的，好多农耕地小组的成员最后都成了小区治理的骨干，成为院委会的负责人。

社区的公共空间，对社区治理的意义也是在这个过程中得以凸显。社区的公共空间成了真正能够产生公共关系，能够滋养社区公共生活的公共空间。而在这个过程当中，因为要共同做事，也就自然形成了很多社区中正式和非正式的各种规则，在这个规则的约束下，大家的参与也就更加有序。爱有戏总结了这一套方法以后，开始进行大规模的推广。很多的小区治理，我们都是从社区花园城市农耕开始的，这些可视化的成果一方面改善了社区的环境，增强了社区小组开展工作的信心，另一方面也培养了居民们的能力。久而久之，社区花园社区农耕就成了爱有戏重要的社区工作方法。

除了在小区层面上推动社区农耕和社区花园，我们也探索在社区层面上面去做这样的探索。2022 年，我们发现我们所服务的晨辉社区有一块闲置的空地，这个空地有两三百平方米，上面栽满了麦冬草。但是居民从来不会进入里面进行活动。我们把居民组织起来，看能不能把它建设成一个居民可以参与的美丽的社区花园，这一次我们在小组中有设计师、规划师和农民，和居民一起商量。通过讨论和后续行动，最终建成了一个非常有趣的社区花园。这个花园里面有成都人最爱吃的折耳根，有葱姜蒜这样的调料，有香菜这样的香料，有蔬菜，还有花。更重要的是整个花园全部是用木头石头来搭建的。花园的旁边，我们还设立了一个堆肥桶，鼓励居民把落叶和厨余垃圾放到这个桶里面，变成滋养社区花园的肥料。我们在社区用这种方式开展了各种各样的厨余垃圾减量的宣传，让更多的居民拥有社区责任感。美好社区花园也慢慢成为居民聚集的地方（图 3-2-6）。目前的社区花园一直是由居民打理的，没有另外的资金投入，但居民非常珍惜这样的社区花园，也热爱社区花园，他们每一个人都兢兢业业地在土地上劳作，除了把土地上劳作的收获拿回家自己吃以外，他们也分享给社区当中的老人、困难家庭，让他们都能感受到社区的温暖。这样的一个社区花园，不光是一个花园，它也是我们社区居民心中的一个公共的、充满温度的心灵家园。

十几年过去了，爱有戏跟社区一起成长，也越发地成熟，但是社区花园、城市农耕项目一直陪伴着我们，也让我们更加深刻地认识到，通过公共空间的活化提高居民的参与度，建构社区公共生活的积极意义。居民主体性的发挥要有参与的空间。没有参与的空间，社区的公共生活也没有办法达成。除了有参与的空间，还需要有培养居民参与的能力和提升参与的意识，只有这样社区发展的项目才是可持续的。

这就是我与社区花园不得不说的故事，我也希望有更多的社会组织能够重视社区花园这样的公共空间活化项目的作用。希望有更多的居民，有机会享受社区花园带给我们的温暖和幸福感！

图 3-2-6　社区花园共同爱护

# 共建花园是一项公益性事业，我期待把更多人“卷入”其中

陈　风[1]

共建花园在不同的利益方眼里有不同的意义。从政府角度，他们可能会把这个项目当成一个社区治理的措施，推进城市的微更新建设；在我们社会组织眼里，这是在建设一个能够推动居民萌发公共意识，参与进公共议事和公共事务当中的公共空间；在居民眼里，这是一处能够改善生活环境、让他们的居住环境更宜人、闲暇生活有处可去的公共花园……而我希望任何一个人都能够在共建花园中找到他自己在其中的角色，这是这件事应该有的意义。

## 1　为什么我要做共建花园

共建花园这个项目始于 2019 年，深圳市政府想学习上海四叶草堂团队做社区花园的经验，在深圳做共建花园。

项目的试点选在了蛇口，于是在那一年，蛇口社区基金会联合市城管局做了 3 个试点花园。

试点成功后的隔年，社区共建花园被确定为深圳打造世界著名花城“五年成规模”的重要战略。利用这些在蛇口实践积累下的经验，同时参考上海社区共建花园的经验，从 2020 年起，深圳市城市管理和综合执法局在全市推进每年建设 120 个共建花园。

其实我们蛇口社区基金会真正接触到这种社区营造的项目，是在更早的时候。2016 年，我刚任蛇口社区基金会执行秘书长，资助了一个跟共建花园很接近的项目——“儿童亲自然屋顶菜园”。

那时候基金会刚成立，一位笔名叫陈橙的妈妈，本职工作是公务员，她希望自己的孩子可以在一个绿色空间里，和班上同学之外的孩子交往和交流。同时，她也希望自己孩子这样的都市儿童能够更多接触和亲近自然，知道自己吃的菜是从土地里生长出来，而不仅是从菜市场或者超市买来的。她想要做一个能够为孩子们提供自然教育的菜园，带着项目找到了我们基金会。

蛇口社区基金会看到了“儿童亲自然屋顶菜园”项目背后社区里人和人之间的联动，批了这个项目，随后为项目拨款，对接各种资源，找合适的场地，找能为这个项目出力的志愿者。

选址时我们找了一个培训机构的屋顶，那里的小孩相对多一些。同时我还招揽了其他的合作志愿者，包括一个做种植教学的大哥，一个负责体能训练、课程讲解的人，他们组成项目团队（图 3-3-1）。

一箱一箱土运到屋顶，儿童亲自然菜园的雏形逐渐搭建起来。随后是共建阶段，设计各种课程让孩子们参与其中，比如花箱的颜色由招募到的孩子们自己动手刷，孩子们要每两周来看一次菜园的情况，还要种下韭菜。项目的最后，我们把三期招募的孩子凑到一起，包韭菜饺子。

那一年赶上深圳多台风，暴雨频繁。“儿童亲自然屋顶菜园”的楼下是银行，建菜园时运了很多土上去，暴雨来时，菜园里的土都化成泥水漏了下去。再加上当时项目的主理人既要做好本职工作，又

1　深圳市城市管理和综合执法局共建花园项目统筹，首任蛇口社区基金会执行秘书长，卸任后作为顾问参与基金会工作。

图 3-3-1 “儿童亲自然屋顶菜园”项目参与者合影

要完成公益项目的管理工作，还要带孩子……多种因素的聚集，让主理人感受到很大压力，项目只持续了一年也因此夭折，“儿童亲自然屋顶菜园”最后以拆除告终。

“儿童亲自然屋顶菜园”项目做了一年左右，过程是很辛苦的，我参与了项目的全过程，充分感受到一个可持续项目落地的不容易，同时也意识到，一个项目想要在社区里持续下去，不能靠个人的驱动，必须组织化。

菜园的项目虽然没能继续下去，我还是从中看到了社区营造这件事的价值和意义，当时参与的家长、孩子，他们本来是住在附近的陌生人，因为菜园这个活动，能够有一些对彼此的认识和了解，产生互动和连接。

因此，共建菜园这个活动，已经展现出“在陌生人之间产生连接，参与公共事务”的精神。我们希望在更多的项目中传递这种精神。

以共建方式修建花园这个想法我们始终没有放弃，后来在一次整改小区图书馆的过程中，我认识了一群喜欢种花种草的小伙伴，在与这个团队做持续的交流合作时，又一次修建起一个小小的社区花园。成功打样后，“社区花园”受到广泛关注。

当 2019 年政府找到我们想要做共建花园时，我们已经有了社区营造的经验，但我认为之前菜园项目是失败的，虽然项目过程做得挺好，但因为没有建立起良好的协作机制，多数时候责任都压在主理人身上，项目没有可持续性。

年轻时我曾经打过篮球，在篮球队里是后卫。后卫不仅要会打球，还要是球队里具有组织能力的那个人，包括全场的站位、传球、战术策略等。来到深圳工作后多年从事工会里工作，同样也是需要组织能力的工作，我从中学会怎样去让大家团结起来，开展合作。

于是在做共建花园的时候，我们吸取了教训，更多讲团队协作，不同的角色承担不同分工。我希望今后在共建花园这个项目上的主理人，是作为统筹的人员，协调大家来做事，而不是自己下场干活。

## 2 做这件事难在哪

共建花园的项目，因为是政府出钱，居民又是共商、共建、共治、共享的主体，因此这件事既是自上而下的，也是自下而上的。

在开始一个花园项目之前，需要先选场地。我们先收集一些合适的场地提供给政府部门，政府部门从中选取，我们再去和社区的居民、物业、业委会沟通，征求他们的意见。

开始我们选场地时，更多选在马路边，找路边花园，后来发现马路边的养护成本高，需要专门雇人做。而在小区里或城中村的共建花园则可以更好地可持续，通过找小区里爱花、爱自然的人，组建志愿者团队，或者把打理工作交给物业。于是后来的花园，更多选址在小区。

有时在沟通场地过程中，我们会遇到居民、业委会或物业持反对意见，因此项目可能会夭折。有的物业更愿意把小区里的绿地改建成停车场，为自身创收；有的居民住在一楼，会把楼前的公共绿地私有化，圈起来种菜。我们提出想在小区里修建花园，居民却说，修花园有什么用，不如修修路面，修修路灯。这些我们只能放弃。

我们社会组织要寻找的，是那些愿意合作的小区，比如一些物业本身就很想做环境的美化，他们小区有块空地荒废，希望改造成景观。我们建成花园后，会给物业提要求，他们首先要保证这些花不死，有人定期维护花园。

政府希望通过这个项目，给居民创造更好的生活环境。而社区基金会作为社会组织，更希望居民能具有公共意识，参与到公共事务与公共议事当中。

这就需要在共建过程中，居民充分共商。共商，意味着要充分尊重居民们的意见，而不是设计团队一锤定音，因此付出了大量时间成本在沟通上。共商阶段，我们会设计工作坊，邀请居民参与讨论设计方案。

跟居民沟通时首先要建立议事规则，比如不打断、不攻击、发言时要举手等。“共享”之前，一定是先共商，共商就需要有大家都认可和遵守的规则。

深圳很多原来做商业地产项目的团队，对共建花园这个项目理解不深，所以我们这样的社会组织就会带着他们，去跟居民、政府做沟通。做这些沟通的时候，我们面对的是不同话语体系，要传达的理念是相同的，共建、共治、共享。共建花园这件事情，是让“共建、共治、共享”这样的理念可视化。

一开始我们只找了两个设计团队去负责 10 个花园，后来发现这样会导致建好的花园同质化很高。2021 年，我们开始招募更多的设计团队，1 个设计团队只做 1 到 2 个项目，并为这些设计团队做培训，介绍共建花园的理念与项目的规范指导意见。这项工作虽没有太多费用，但更多是为了社会责任。

设计师团队会先在社区内调研，了解社区居民的生活习惯，了解这里的历史，根据居民们反映的具体问题去做设计方案，然后再拿着设计方案回到社区，以工作坊的形式，让居民、物业对设计方案提建议，在各方的意见中寻求“最大公约数”（图 3-3-2）。

图 3-3-2　在小美赛——共建 × 设计活动上，各团队设计师分享设计方案

共建花园项目开始试点的时候，我是作为统筹人员，与各个设计团队现场沟通，要跟居民、施工队、物业等各个参与方沟通，蛇口社区基金会有其他人跟政府部门沟通、做项目策划。而现在我更多是作为统筹的角色，协调各方。

过程中也会遇到众口难调的情况，一些居民

会对建好后的效果不满意，比如有一次，我们把花园的底涂成蓝色，有个阿姨不满意，觉得这蓝色不是海的颜色。我们沟通了 3 个小时，最后她女儿出现，把她拉走了（图 3-3-3）。

图 3-3-3　被多数路人给予好评的乘风园的地面设计

我曾经在一个小区里，为了一平方米的地，跟一个老爷子磨嘴皮磨了 3 天，最后物业强行把他在公共绿地上种植物移开，这场持久的拉锯才算了结。

共建花园有时也能解决一些社区矛盾。有一个小区，我们参与改建前，社区自主进行过改建，在一栋楼前的空地上建了广场，放了些座椅，很多人下班之后会在座椅上喝酒聊天。看上去是好事，不过因为座椅离居民楼太近，居民受到了影响，不停投诉。我们开展共建花园之后，把座椅都挪走，原来椅子的位置上改成了花池，居民没再投诉了。

除此之外，我还承担着兜底的任务，我通常会参与进共建花园项目的全过程，不是为了监督，而是给到主理人们心理上的支持，同时也信奉“俯下身来做事、诚恳对人”的理念。

深圳的共建花园由政府出资，但有时会面临改建花园的资金不够，而居民的想法又很多，这时我们会建议参与的居民，去联合周围的企业、学校拉赞助，或者在小区组织募捐，解决预算不足的问题。

花园建成后，项目还涉及可持续的问题。这两年随着项目的运作逐渐成熟，我的注意力也转向项目完成后如何可持续这个部分，有人接手后续的事情。

最开始选址时，我们选了一些路边花园，这些花园在管养上存在问题，后来我们更多把花园选在小区里。因此需要组建长期运营团队负责花园的管养、维护。这个团队的成员可能是物业、居民、志愿者。大部分会交给物业打理，大约五分之一的花园由志愿者或者居民代管。

一些物业是包干制，他们接管小区时，小区里是绿地，因此他们只有浇灌绿地的义务，没有额外修剪、除草、浇灌花园的义务。面对这种情况，我们只能在小区里发展热爱园艺的志愿者，让他们承担起养护的责任。

我们还要在社区里找到愿意在花园做活动的人，社区花园的建成远远不是终点，建好也要用好，不能变成景观工程。如果后期跟不上的话，这就是一个失败的项目，最重要的是建设的后端能给社区带来怎样的影响。

小区里的人们通过各种各样的活动，才能产生连接，我们希望社区里的人与人之间，是有互通的。社区、居委会把共建花园当成一个公共空间，在其中开展项目时，它的功能就体现出来了。

## 3 期待把更多人通过共建花园“卷入”共议社区治理

在我眼里，共建花园这件事可大可小。从小处看，它只是改造住宅区角落里的一个花园。但视野放到整个城市，它是无数个小的角落被改造，城市作出微小的更新，面貌变得更漂亮。深圳再大拆大建，不太可能了，政府也不会允许，最多是在现有基础上的改建，即城市微更新。

我们正在做的共建花园这件事，就是对居民现有居住环境的改建。是希望在这里的居民能够居住得更加舒适，又不失过去的古朴。

政府相关部门对花园的理解，重点是通过美化环境取社区治理的成果。但从我们社区营造者的角度，共建花园更是一个平台，是连接人与自然、人与人、人与空间的平台。可以让对土地有情感的人、喜欢花的人在这里得到满足，可以让孩子们在其间接受自然教育、获得知识和成长，它虽然是一小块花园，却可以生发出许多触角（图 3-3-4）。

图 3-3-4　社区里的学生利用暑期时间为环境微更新出力

在共建花园这个项目中，我更大的作用是搭建一个平台、统筹并整合资源，把认知与理念相近的人聚在一起做事。我们没有团队，只有平台这个概念。我经常会参加各种活动去物色合适的人，看是否能够拉进这个项目里。

共建花园本来就是一个全民皆可参与、可以全方位参与的项目，它的触角很多，可以覆盖很多面向，你可以以艺术、美术、教育、疗愈……怀着各种目的参与进来。我希望任何一个人都能够在社区营造上找到他自己的角色，这是这件事应该有的意义。

我一直把自己定位成一个搭建平台的角色，我最主要的工作，是去为其他参与者介绍，共建花园是怎样的项目，在这个项目中，你能够实现怎样的自我价值。这些参与者可能是本地热心公共事务的居民，志愿者，设计团队，或者希望进行社会实践的大学生、大学教师，而我在其中向他们传递我的理念。

项目之初，我会偏重找一些设计团队，他们贡献不同的方案，丰富花园的形态。一些设计团队，从前在做商业项目时，作为乙方是没有什么话语权的，基本上听从甲方的思路和意见。但在共建花园这个项目上，他们可以尽情发挥。

等到项目的运作模式成熟之后，我希望共建花园这个项目能够有一些学术性的总结和产出，为之后项目的可持续发展做规划，开始去接触一些高校的团队，既让他们参与其中实践，又让他们的学术研究视野助力项目总结。

未来两年，我希望能够做出一些共建花园的范例，依照这些范例去培养志愿者团队，这些人他们可能对自然感兴趣，或者希望借助这些花园进行自然教育，让孩子们观察、记录植物的生长，物种的繁衍，自然的规律。

现在共建花园的项目中，很多时候是政府做推手，购买服务，然后项目进行下去。而我觉得，参与的人一定是能够从活动中找到对自己有益的部分，这样他们才更有动力把共建花园这个项目继续运营下去。

花园建成之后，我们会发动社区里的人们，在花园里开展活动，把花园这块公共场所，循环利用下去，最大化花园的价值。比如附近幼儿园、小学、中学的学生可以来此接受自然教育；大学生可以参与进共建花园的建设中，成为社会实践场所；在地的居民可以在花园里组织公共活动，花园就变成了一个公共议事空间。

为什么我会想做好这件事？我自己觉得是出于责任。在社会组织里，很多时候信任是排第一位的，政府和机构出于对我的信任，把共建花园这项工作交由我负责，那我就应该把这件事做好。

深圳的共建花园是五年计划，今年是第 4 年。这几年参与这个项目下来，我最大的收获是快乐，建设花园时，中途经常感到苦不堪言，但我知道，它最终会开出花来。

当我看到一个花园建成，付出看到成果，被他人认可的时候，这让我觉得很快乐。

# 遇见“3839”，遇见向往的生活

刘　英[1]

熟悉的老街坊
面善的新邻居
闹市里的一米阳光
五分钟生活圈
最平常的日子
谈天说地话古今
有花有草有欢笑

这是很多生活在繁华闹市老城区里街坊邻居最向往的简单生活，但也往往是可望而不可即的。城市的发展、高楼林立的闹市不仅分离了人与自然的连接，也让生活在其中的人们越来越孤立。高楼越来越多，小区越来越老，人们越来越陌生。

突如其来的疫情，让武汉的人们重拾了邻里守望互助和亲密互动，也让更多的人对身边的公共空间有了无尽的期待。

电力小区楼房大多建造于三四十年前，曾经是武汉市热闹繁华的万松街一道最亮丽的风景线。随着时代的发展、体制的变革，剥离了原本兜底的单位物业管理，小区没有专业人员管理，设施越来越老旧，环境越来越差。城市改造拆迁也导致年轻人群体相对较少，老年人和外来人口相对较多。活力的缺乏、管理的缺失，以及疫情带来的后遗症都让居住在这里的人越来越失望（图 3-4-1）。

图 3-4-1　紧邻居民楼的卫生死角，垃圾遍地与杂草丛生

一方面，小区整体表现为三缺：居民可以活动的绿色公共空间——缺少；小区居民的生活活力与朝气——缺乏；辖区单位参与社区创新治理的热情——缺失。另一方面，社区居委会和许多还居住在这里的老街坊邻居们迫切想改变这个现状，于是找到了一直在社区推动绿色种植与环保行动的我们——

1　武汉市江汉区花仙子社区公益服务中心总干事。

图 3-4-2　团队成员照片

花仙子公益（图 3-4-2）。

我们是来自城市各个社区、积极主动参与城市志愿者活动、传播绿色生活、环保理念的环保志愿者、园艺爱好者和民间种植达人，不仅关注花香四溢的绿色空间、睦邻家园，还有人与人之间、人与自然之间和谐互动与交流。通过多方讨论、走访和调研，我们把目光放到了当时问题最大、意见最多、矛盾最复杂的 38 和 39 栋后面的 120 米长、6 米宽的卫生死角区域（图 3-4-3）。当时的社区书记小姑娘听了都一愣，怎么挑了这么大的一块硬骨头来啃?！

由于失修已久且居民垃圾乱堆乱放，该区域荒废，杂草丛生、垃圾遍地、电缆沟沉降、电缆裸露，存在漏电风险影响用电安全。围墙年久失修，倾斜开裂，围墙变"危墙"。"破窗效应"的居民更是乱扔垃圾，脏乱不堪恶臭难闻，窗户都不敢开。建筑垃圾回填、碎石垃圾遍地，土壤缺乏……但面对这么难看的一个区域，我们眼前一亮：狭长且面积达六百多平方米，能解决居民缺少公共活动空间问题。地块位置紧靠十二中学围墙，可以联手打造校社共建。卫生死角和脏乱差，恰好给了我们一个能唤起公众意识的一个突破口。

图 3-4-3　一人高的杂草灌木与简单清理后的场地对比

经过组织数次居民代表讨论和现场调研分析，在否决了全面硬化等各种设想后，“以花为友遇见3839”“打造一个美丽花园，守护一份美好生活”成为共识，于是诞生了“3839睦邻花园”计划。两年，我们告别了过去的脏乱差，迎来了向往的生活。

集思广益，寻求关键支持力量。街道政府为了进一步准确把握开展共同缔造活动的核心要义，突出了“共驻共建、资源共享”的原则，社区两委在我们社会组织和居民代表的共同推进下，担责任想办法，领头牵头协商，从具体问题出发，积极链接各类资源，形成多元共治的治理格局。通过“大党委”工作机制“集思定计”，社区积极联系辖区共建单位，电建二公司、武汉市十二中、供电局、设计公司、施工方、专业的社会组织等都参与其中，从上到下进行基建改造，为社区花园建设奠定了基础：大规模清运垃圾杂物（图3-4-4），方便改造。重修院墙，让“危墙”变成“安心墙”；对裸露的电缆沟渠进行排危改造，让杂乱无序变井井有条。场地打开了，我们园艺高手和社区志愿者力量可以施展拳脚了！

图3-4-4　清除建筑垃圾，排除安全危险隐患

居民参与很重要。逐步唤醒小区居民共同参与家园建设、爱护家园的原生动力，社区花园命名很重要。好名字能吸引关注、助力成功。在花园建设之初，社区和专业社会组织引导居民给心中的花园取了各种名字，但众口难调无法让大家都满意。后来还是38和39栋的居民从武汉的区号027受到启发，于是干脆就用“3839”作为花园名字，简单明了，获得了全票通过沿用至今。电力社区“3839睦邻花园”成为朗朗上口且辨识度极高的名字，为广大居民业户和志愿者所接受，在绿色驿站社区花园版图中占据一席之地。

花园LOGO设计从寓意到整体色彩构图，都是居民投票决定（图3-4-5）。每一个环节都引导居民参与，甚至花园步道的走向、放线都组织大家亲自参与，大家拿出了主人翁的姿态通过参与式规划和共情式治理研讨，最终实现社区居民共同参与设计、承担起了维护的主体责任（图3-4-6）。

共同发力，环保理念融入很提气。广泛征集居民对社区花园建设的建议意见，并就其中突出问题给予关注与回应。通过实地走访调研确定从居民矛盾最大、意见最多的难点痛点出发，解决老大难问题。引导居民实实在在地、共同参与到社区创新治理和美好环境改造行动中来。比如老小区缺少晾晒空间、车辆太多老人们没地方安全遛弯等，通过共同商讨、投票设计意见、决策晾晒架、步道走向等公共设施设置，有效吸引和引导了附近居民积极参与参与进来。同时把解决建筑垃圾回填土问题、土壤贫瘠问题结合到垃圾分类中来，将环保型社区花园和厨余堆肥示范点相结合，把“3839睦邻花园”作为推动以落叶厨余堆肥、有机垃圾的循环利用示范、居民参与垃圾分类、关注身边的环境、培育志

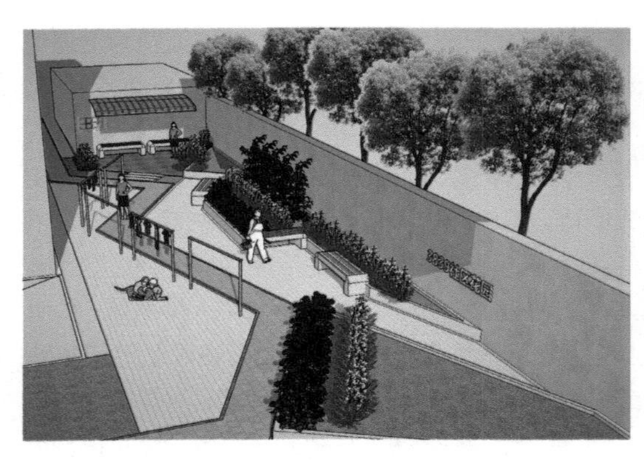

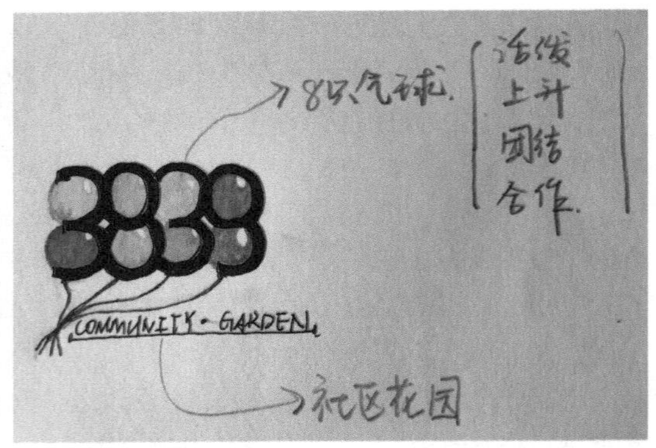


图 3-4-5　票选通过的设计图和 LOGO

图 3-4-6　居民和志愿者参与建设和美化

愿者队伍的实践，结合花园的雨水收集和电缆沟槽盖板的旧物、居民装修废弃的瓷砖片敲碎了用到步道上，清理出来的建筑垃圾砖块石头被刻意保留下来展示，加上居民花友捐赠家里的花花草草，更是让这一个区域成为大家设计的花园、共同的绿色循环空间（图 3-4-7）。

美美与共，打造最抢眼亮点。如何进一步提升社区公共空间品质、增进居民获得感和幸福感，如何在建设过程中引导共建单位持续融合参与，同时挖掘花友志愿者力量，培育和增强居民邻里守望、自助互助的社区志愿者力量，成立“3839 睦邻莳花志愿服务队”成为最值得称赞和期待的亮点。街坊邻居中的绘画高手为墙面绘制了山水花木，精心种植的花园成了附近打卡的网红点；十二中的老师们把家风家训搬上了墙、附近共建单位志愿者最喜欢的事就是在我们的引导下，参与花卉种植和修建；

图 3-4-7　花园现状（步道里五颜六色的碎瓷砖来自附近垃圾场，铺面碎石中的大砖是此前废弃的沟渠盖板）

3839 楼栋长带着十几位大爷大妈每天参与花园维护和厨余堆肥，七八十岁的老人们笑称自己是 80 后。花园里时不时会有居民悄悄送来的花木，养鸽子的大爷送来的鸽子粪肥等。最开心的莫过于社区的老人们了，他们每天按时到花园里，聚在一起，晒太阳聊天，因为耳背大声笑谈，还引起了楼上居民小小的抱怨，不过因为都是老街坊邻居，倒也不是大问题。又开了几朵花，又发了几个芽，“花仙子志愿者”们啥时候来给修建，都是也成为老人们的每天的话题了。在建造“3839 睦邻花园”的过程中，社区组织连接下沉党员志愿者和社区组织共同携手开展环境治理，全程参与花园打造行动，把对社区花园的建设维护当成参与社会实践活动、学习绿色种植与环保知识的机会，他们的积极参与不仅在很大程度上弥补了社区居民老人多、志愿者群体体力精力上的不足，同时也有效促进了辖区单位与单位之间、单位与社区之间、工作人员与居民之间和谐互动，社区花园也成了大家一起开展活动举办公益市集活动的主场（图 3-4-8）。

图 3-4-8　可爱的奶奶们负责起了“3839 睦邻花园”全部的日常维护，在花园开展社区活动是常态

从无到有，从荒芜满地到花香四溢，“3839 睦邻花园”的诞生过程就是一系列社区活力与信心的修复重建过程。不仅这里成为居民老人孩子的休闲乐园，同时也成为附近辖区单位和志愿者参与社区活动的空间。环保公益市集和定期的花园打造活动，更是年轻人最爱参与的。近年来，不同城市如上海、深圳等，都尝试将社区花园的建设作为推动社区居民参与的重要途径。从守护家园到恢复活力，居民参与社区花园营造、参与植物生长和自然环境改善、通过建造和各种园艺种植、植物疗愈活动体验，吸引社区各相关利益方关注直接带来的环境改善、功能性提升和社区整体公共空间品质的提高，探索社区空间的可持续发展模式，持续促进睦邻宜居守望互助（图 3-4-9）。

图 3-4-9　2023 年的春天社区花园的实拍

# 众人共创建，快乐又健康——记社区公共空间打造的三两事

韦杨韬[1]

## 1 缘起

目前，我们国家的城市建设正处于由“增量扩张”向“存量更新”的时期，城市居民对居住环境品质的要求也越来越高。社区需要一个个将人与人、人与自然、人与社会链接起来的多元空间，每个空间都不是“可远观而不可亵玩”的装饰，是与人们的生活息息相关的。

带着这个理念，2021 年我有幸参与了“南宁老友花园营建”活动。作为积极的参与者，和杨羡英老师一起设计营建课程，与四叶草堂和萝卜团队的伙伴们、社区居民、物业和种植爱好者们一同打造了聚宝苑食物花园、荣和新城共益社区厨余处理中心、荣和新城荫生药用植物园等社区公共空间。

## 2 人人参与打造向往中的美好家园

### 2.1 喜欢种菜的游击队员们

南宁市区的居住小区里利用自家门前或者公共绿化区域种植可食植物的行为不占少数，但是由于小区“禁止在公共绿地种菜”的规定让大多数居民种植蔬菜就像打游击战：瞄准一块空地就在天刚亮或者夜幕降临的时候进行播种、浇水，一块空地一旦有人开始种菜，就会有很多人一起跟风。菜地一旦被物业摧毁又会迅速种上，除非被种上景观植物，不然小小的菜苗总会“春风吹又生”。国人几千年刻在骨子里的农耕文化，让很多人很享受“自给自足”的过程和成果。社区应该提供一个能满足种菜爱好的空间，从而培养居民劳动收获、乐于分享的品质，共创一个和谐友爱的社区环境。

### 2.2 秀色可餐的可食花园

聚宝苑是一个位于广西南宁老城区的老旧小区，小区里有这个片区为数不多的健身设施和游乐场地，小区内外的居民和孩子喜欢在茶余饭后来这里聊天和嬉戏。除了这个场地之外，聚宝苑的公共空间和普通的商住宅区一样，由不亲近人的植物景观和设施组成。在夏季长、气温高、烈日炎的南宁，白天几乎没有人使用，晚上想乘凉又有蚊虫叮咬，所以除了公共空间使用率不高。

南宁“老友花园”营建活动发起后，经过四叶草堂和居民的改造，在其中 3 个公共绿地都建起了可游玩和休憩、充满趣味的“老友花园”。基于居民们的种菜梦，经过讨论，我们决定将最后一个花园作为社区食物花园的试点，运用景观设计的理念打造一个模拟大自然生境、体现废物循环利用、种植蔬菜瓜果的社区可食植物花园景观，简称“可食花园”。

通过设计“认识种子”“可食花园设计”“制作雨水收集装置”“厚土栽培”“堆肥的制作”等一系

---

1 绿兔工作室创始、主理人，城乡规划师，谢菲尔德大学城市设计与规划硕士。

列与日常生活息息相关的科普类花园营建活动，寓教于乐，让参与者在营建的过程中学习到日常种植、废旧物改造、厨余利用等诸多生态环保技术，与可食花园共同成长（图 3-5-1）。

图 3-5-1　聚宝苑可食花园营建完成的合照

### 2.3　当搞破坏的小顽皮喜欢上种菜

聚宝苑紧邻官塘市场，市场的商户因为没有时间带孩子，就会让孩子们来到聚宝苑玩。我们在花园营建过程中发现总有孩子在搞破坏，不是将绘画颜料涂在座椅上，就是把装饰花园的小松鼠玩偶的尾巴给掰断……经过询问，小区里的孩子们说这都是小区外来的孩子弄的，他们总是搞破坏。

于是，在营建可食花园的时候，我们邀请他们参与到营建活动中，教他们翻土、搬砖、浇水、种植、涂鸦的技能，给他们排班值日。小区内外的孩子们从“不打不相识”到成为一起建设花园的朋友，“搞破坏”的小顽皮们也成为营建和维护花园的积极参与者，还会很骄傲地跟伙伴炫耀：你看！这是我建的花园！

### 2.4　默默观察的支持者

在可食花园营建的过程中，不乏许多没报名却又好奇的人，他们大多都是社区空间活用的支持者。带着娃午休遛弯的奶爸看见可食花园用厨余来铺设花池的基底，好奇地上前询问，得知是一种废物利用、环保的种植方式，给我们竖起了大拇指，还直呼“学习到了好方法”；出门晨练的大爷看到我们建设花园，很自豪地说该场地里的两棵枇杷树和一棵柑果树是他栽种的，听说我们要在此建设可食花园，他很高兴自己种的果树种对了地方；在楼上观察很久了的一位奶奶捧着一大盆芦荟让我们种，说是要给可食花园增添一个可以吃、可做药的植物小伙伴；一个爱好种植的阿姨在可食花园里见到了更多自己没见过的植物，在可食花园里来回踱步，一一询问它们的用途和食用方式……

许多居民都乐于看到新鲜的事物，好奇心就会促使人与人之间产生交流，社区花园就是这么一个制造连接的发生地。

### 2.5　在城市里做个开心的农村青年

聚宝苑可食花园第三课开始的前一天，我的一个同事联系了我，说想要报名明天的活动，我愉快地答应了。他是一个刚毕业的小伙子，挖土、搬砖、种植都不在话下，干得又专业又快，还给我们分享了不少有用的经验。借着中途休息的时间，我好奇地问了他一嘴，他说他家是农村的，这些活他从小就干，所以特别得心应手，他看见我分享的这个课程正好离他住的地方很近，所以他就想来出出力。在他的帮助下，我们的营建课程完成得很顺利，他也很开心他的能力在这里得到了发挥。临走前他特地跟我说，有空一定会常常来可食花园照顾这些植物的。

我一直在思考社区营建为什么可以吸引青年人的参与。这次的故事给了我一个启发：许多在大城市里工作和生活的农村青年，工作的压力让他们喘不过气，在人才济济的环境中，自己的价值也无法得到体现。社区可食花园作为可以发挥他们种植专长的地方，挥汗如雨的劳作可以让他们暂时忘却压力。在这里，他们的专长被看见，自己的价值得以体现，感觉到自己在大城市也不是毫无用武之地，从而会产生归属感，并乐于去参加这样的活动。这可以成为我们关注和拉近在城务工人群，为他们创造能实现自我价值的一个可参考的方式。

### 2.6　堆肥塔变形计

考虑到花园的可持续、园林废物循环利用的问题，我们在聚宝苑可食花园里用砖、木条和铁网制作了一个足够产生供应花园植物生长需要的绿肥的堆肥塔（图 3-5-2、图 3-5-3）。由于我们没有征求大多数居民的建议，我们刚把堆肥塔的外观搭建好，还没进行装饰，就引来了邻近花园的住户反对的声音：体型庞大，夜晚看见吓人。我们经过跟物业和这个居民的协商，我们将其移动到了较为隐蔽的位置，还是有居民不同意，而且反对的声音愈发激烈。最后我们将堆肥塔拆解成一个个圆形的花池，命名为泡泡花园（图 3-5-4），终于消除了居民的怨言。

虽然听到了反对的声音，但是由这个事件引发的讨论，对于长期"潜水"的居民来说是一次难得的交流机会。通过这次一波三折的奇遇，我们看到了居民对自己生活环境的自主精神，经过沟通最终达成共识的过程，说明居民还是时时刻刻关注着自己所生活的区域，是希望它越变越好的。

图 3-5-2　堆肥塔建造中

图 3-5-3　堆肥塔建成后合照

图 3-5-4　堆肥塔变身成的泡泡花园

### 2.7 偏执的教育

“爷爷不让我来参与活动了，说你们都是骗小孩干活的！”一个次次活动不落的小女孩在聚宝苑可食花园第六次营建活动开始之前跑到我们跟前撇着嘴说道。从她皱成一团的小脸可以看出，她其实很不情愿放弃这个活动。

2020 年 7 月 9 日，教育部印发的《大中小学劳动教育指导纲要（试行）》中指出：“当前实施劳动教育的重点是在系统的文化知识学习之外，有目的、有计划地组织学生参加日常生活劳动、生产劳动和服务性劳动，让学生动手实践、出力流汗，接受锻炼、磨炼意志，培养学生正确劳动价值观和良好劳动品质。”

相较于让孩子去较远的城郊或乡村体验农事体验和劳动，社区可食花园可以提供同样的劳动内容，其地点和时间也会更适合城市里的孩子日渐培养正确劳动价值观和良好劳动品质。在老一辈的爷爷奶奶眼中，搬砖、挖土、种菜这些都是脏活累活，处处想保护孩子，但是却会让孩子失去了接受劳动教育、接触了解自然、学习生活技能、增长课外见识的机会。

好在大多数的家庭是鼓励孩子参与这样的社区营建活动的，但是想要改变个别固执的观念，还需要以社区花园为媒介，开展更多的活动、付出更多的时间慢慢地引导和培育。

### 2.8 垃圾房里的亲子故事

2022 年国庆节放假期间，我们在荣和新城垃圾房开始了一系列的改造活动。从学习芽苗菜种植到种植可食植物来布置垃圾房的空间，从收集可利用的废弃物到制作照片墙、宣传栏和工具墙……原本脏兮兮、臭烘烘的垃圾房变身成为集可食植物种植、宣传展示、工具收纳、社区课堂等多功能于一体的社区活动中心。

孩子们在这里学到了种植、绘画、手工、木工、制作食物等技能，家长们也在与孩子们共同营建的过程中培育了良好的亲子关系，尤其是孩子们的父亲。

开始的几场植物种植的活动下来，我们发现一个普遍的现象：几乎都是妈妈带着孩子来参加活动。爸爸去哪了？很多孩子说爸爸加班、工作累不愿意出门、在家玩手机等等原因，经过思考，我们基于男性的特征设计了几节需要力量和机械技巧的木工课，果然，来参与的爸爸渐渐多了起来：他们卖力地指导，教孩子如何锯木头、钉钉子，帮忙用电锯分割木条（图 3-5-5）……爸爸们的力量和技巧在木工课上得到了充分体现，也收获了一众孩子的崇拜，也促使他们乐意来参加活动，爸爸和孩子之间的关系也越来越亲近。

图 3-5-5 木工课上给力的爸爸们

### 2.9 学以致用的设计课

荣和新城垃圾房东侧有一块大约 230 平方米的场地，绿树茵茵，堆满了垃圾房处理出来的由生活厨余和园林垃圾发酵的堆肥。根据场地条件，我们决定将这块场地改造成可以科普又具有实用价值的

“荫生药用植物园”。

我们采用了“参与式设计”的方式，招募了此植物园未来的使用者——5 组荣和新城的家庭，循序渐进地带领他们设计和建造植物园。我们想通过这个“参与式设计”的活动，与居民一起建造一座“养成系”的植物园，培养他们对这座花园的归属感，任何细节他们都能娓娓道来，从而能成为花园的导赏员。

一开始，大家对于设计这一概念不熟悉，不知道该怎么表达，也不知道自己该从何入手去设计这个植物园，因此大家只能说出大致的功能和简单的诉求。

我们尝试通过绘画、手工等这些大家熟悉、可以快速上手的活动，让大家了解并能快速融入设计的过程中来（图 3-5-6）。以一个家庭为一个小组，首先是观察场地、根据现状图对场地进行测量、对现有设施做定位，然后是画设计图。

图 3-5-6　孩子们在画设计图

为了让大家对荫生植物和花园设计有更直观的认识，我们在南宁青秀山公园开展了一次“寻找荫生药用植物”的研学活动（图 3-5-7、图 3-5-8）。大家带着每组家庭要找 6 至 10 种植物进行拍照记录的任务，不断地搜罗植物，在中途休息的聚餐时间，我们带领大家玩了“植物园里有什么”的游戏，来巩固大家对于收集的植物的印象。在兰园的特展中还收集到了不少花园设计和植物布置的好点子，大家都兴奋地一一记下，并决定画进自己的设计图里。

图 3-5-7　“寻找荫生药用植物”研学活动合照

图 3-5-8　好玩好吃又好学的研学活动

## 3　我们和养成系花园一起成长

### 3.1　居民的成长

通过参与花园营建活动，越来越多的居民对社区花园产生归属感，意识到这些公共绿化空间对于自己生活的重要性，并主动承担浇水、拔草、修剪绿化等维护花园的公共事务。通过营建团队不断的引导，居民在维护事务中主动发现问题、引发讨论并积极提出改善方案，社区主人翁的角色逐渐在居民的观念中强化。

例如一个比较喜欢环保和保健大姐，由于热衷向大家推荐一些奇奇怪怪的保健方法，总被其他居民和孩子们认为是个“怪人”。后来，她参与了可食花园的营建并主动承担起浇水和打理花园的事务，受到了物业和许多居民的赞扬，让她找到了自己的存在感，愈做愈勇。

### 3.2 孩子的成长

许多孩子刚刚参加社区营建活动的时候是害羞沉默的，只跟自己的父母和熟悉的小朋友接触，有的甚至躲在父母的身后，不敢发言，没有主见，还有的孩子很积极主动，但是也有抢风头、自私等各种各样的缺点。

通过半年多的接触、引导和陪伴，害羞沉默的孩子逐渐开始积极主动回答问题，曾经躲在妈妈身后的孩子学会了自己来参加活动，抢风头的孩子渐渐地学会了礼貌待人，把闪光灯留给别的小伙伴……

### 3.3 设计师的成长

参与社区营建的这一年多，作为设计师的我发现有比做设计更难而且需要长时间不断地思考、调整、试验的事情，就是与人接触，成人之美。放弃“设计师为主导”的观念，观察使用者的行为，聆听他们的心声。

在给孩子们上设计课了以后，我时常会反思：这堂课我解说用的词是不是过于专业了，大家是否能听明白；又或者觉得如果孩子们的设计达不到预期的话，我是不是应该直接给他们一个专业的模板还是任由他们天马行空的发挥……通过带着居民和孩子们做活动，我也暂时放下了个人在设计上较为固执的坚持和追求完美的观念，逐渐接受人与人之间的不同，并根据居民的能力制定他们能接受的设计内容，以在地居民为主导、设计师为辅助，学会鼓励、引导他们，让他们展现自己的才能，培养其自我赋能的能力。

我觉得自己也成长了：学会沉下心思考，学会耐心地引导人，学会用接地气的语言来解释专业性的问题，自己也变得更热爱生活了……

## 4 对和谐友爱的家园打造的建议和展望

通过参与、组织和设计社区营建活动，我发现目前人们对于生活、自然和社会的缺失，发现很多人沉浸于手机等电子产品、社恐、宅、不知道如何与人打交道等社会问题。深切体会到社区营建应该是搭建一个人与人、人与生活、人与社会、人与自然相互链接的循环系统，而这个系统不是仅仅通过举办一两场活动就能达到和谐共建目的。

所以，我的建议是：我们通过一段时间的活动为在地居民建立和完善不同的人群画像，再针对不同的人群设计长期的活动，并由相对专业的人员引导和陪伴他们，让他们充分展现自己的特长，体现个人对于这个团体和社区的价值，从而让他们获得社会认同感。只有更多的人能在社区营建中获得认同和赞扬，才能激发起居民自身的自豪感和对于社区共建的积极性，进而营建一个更和谐友爱的社区环境。

希望未来的社区能变成孩子礼貌好学、老人怡然劳作、年轻人积极社交、家庭和睦、邻里和谐的大家庭。

# 在流动中共建地方

高　冶[1]

以下的探索与思考都基于加塔利的《三重生态学》。我们要如何在城市中思考自然，在流动中思考社区，在拍照打卡中思考主体性？这些分别对应着生态的自然，社会与个人方向。

社区花园从工业革命以来随着城市演进产生并不断发展，21 世纪传入我国后，在许多城市都有了一些实践，其中包括深圳。

由于单纯以工程的方式制造绿色实际开销很大，所以深圳市城管局从 2018 年开始探索市民参与的边角绿地的改造和运营，也希望以此获得市民的好口碑。在 2018 年至 2020 年的探索中，慢慢形成了深圳共建花园计划，并以一种行政化的方式推进，每年全市各区需要完成建设 120 个共建花园的任务。

我也参与了这个过程。在调查全市部分花园并对相关人进行访谈后，发现了共建花园的可持续性面临着一些问题。究其原因，或许因为深圳的社区总是处在流动的状态，所以很难在流动中形成稳定的居民团体养护花园。

徐前进老师在其人类学观察著作《流动的丰盈》文末说："化解陌生人社会的方法是构建现代公共意义的'我们'，用一个具有共同目的、从容友善的日常生活状态冲散小空间里的陌生人社会。"这种共同体意识的建立在深圳或许很难表现为一种固定居民的共同生活习惯，如果能够尝试引导流动的人与一些特定的"物"进行短暂的结合，并留下痕迹，多元的痕迹就会在这"物"上进行展现、融合，这"物"也就成为流动的社区文化的载体。

## 1　植宠领养作为媒介——推动三种流动的主体性生产

对于深圳而言，我就是一个"流动"来的外来人口，在"流动"中当然我也会感觉到孤独与无力。我发现租住的小区里，很多人都会养猫狗，这非常治愈。线下遛狗和线上吸猫的过程其实也帮助主人拓展了人际关系。

人文地理学家段义孚在《制造宠物》一书中说道："草木轻而易举就成为宠物，使主人感觉到使某物生长的权力和关照某物的德行。"

所以我也制造了一些宠物——走走植（图 3-6-1）。它们可以通过领养的方式进入每个人的家里，我们时不时也会有聚会，大家可以把植物拉到公共空间里，组成花园。通过一个领养证书，让领养者为植物取名字、画简笔画、获取养护指南、签署领养承诺、合照，以一套有仪式感的流程正式成为"植爸植妈"（图 3-6-2）。

很快，走走植在大自然保护协会（TNC）的支持下进行了一些迭代。我们的箱子有了可持续的升级，全部采用再生塑料 + 秸秆粉末制作，选用适应深圳气候的生境植物。同时，我们还与星巴克门店合作，为每位领养者分发了一袋咖啡渣。

升级后的走走植也有机会进入了更多流动的空间中。

---

1　走走植主理人、中央美术学院社会设计硕士。

图 3-6-1　走走植原型

图 3-6-2　走走植领养

首先，走走植来到了作为生产空间的办公室，与“流动”的“打工人”一起，以走走植下午茶的形式，激发了办公室里许多新老同事的交流。然后，我们来到了作为生活空间的城中村，与流动的租户一起，通过植物聚会的形式，推动了流动人口与本村居民的交流。同时，在这次尝试中，我们加入了认养的环节，领养植物回家的同时，还需要认养一棵在走走植花园中的植物，照顾它。最近，我们还去到了作为资本空间的商圈，与流动的消费者一起，尝试以一种更轻便、更酷的方式，让人们斜挎着植物行走，也因此打开了他们人际交往的话题。

在领养活动中，我们会在活动报名的观众里，提前有偿招募植员和“植愿者”，让这些原本来到商场的活动参与者、消费者，变成生产者，为他人服务，同时也拓展了他们的人际关系。

令人惊喜的是，五一期间，一些“植爸植妈”竟然带着走走植去旅游了，去到了各种地方。

## 2　社群聚会凝聚共识——探索和而不同的可持续生活

每位“植爸植妈”完成领养后，都会加入走走植的线上社群，日常的植物状态打卡、植物养护问题交流、城市生活资讯分享等契机帮助“植爸植妈”们打开了拓展人脉的渠道，即使大家在地理意义上并不是邻居。

“植爸植妈”们被赋予共同的称呼后获得了一定的归属感，并在对植物共同的喜爱的驱使之下持续进行日常交流，并将这种交流蔓延到日常生活相关的方方面面。有一些“植爸植妈”已经与多位群友建立了私下联系，成为朋友。

作为社会生态部分的关键，我们希望通过线下的走走植聚会，可以促使大家共同探索可持续生活。有植物养护小分享的聚会，从种子到餐桌的一起沙拉吧活动，到城市自然探索的走走之旅活动，越来越丰富（图 3-6-3）。

由于 2022 年底感染高峰的到来，直到 2023 年初，社群才迎来了第一场真正意义上的走走植聚会。我邀请到在前期领养活动中就对走走植颇有兴趣的一位花艺体验店店长，前来分享植物养护小知识，

图 3-6-3　走走植聚会

为大家答疑解惑。“植爸植妈”们也前往店内感受以花艺和绿植为主题的第三空间、周末课程与季节花卉体验展。

大家来到现场聊几句后才发现，原来大家都是或曾经是设计师，话匣子瞬间被打开，前辈向年轻人分享初来深圳时常去的免费灵感采集地，并推荐了许多高质量的公园，随后又一起吐槽行业的压榨与内卷，劝年轻人们要过好生活。

在第九届深港双年展的现场，我们邀请 20 组观众共同在走走植箱体中进行了芽苗菜种植实验，并由“植爸植妈”们带回家养护。3 周后，种子都长成了嫩芽，于是我们邀请“植爸植妈”们带着芽苗菜回到深双展场，决定在深双展场的一家快闪咖啡店与大家一起制作沙拉。与“植爸植妈”们的自种蔬菜，各种沙拉酱料，香肠，水果一起，简直就是一场“沙拉过家家”，一同摘菜、洗菜、切菜、拌料、分食，就像小时候的邻里玩伴。这次的聚会正是致敬激浪派艺术家艾莉森·诺尔斯（Alison Knowles）的系列作品《做沙拉》（*Make a Salad*）（1962、2008、2012），将最简单的厨艺带入美术馆，与众人一起回归日常，重新审视园艺与家务背后的质朴风味。

在 2023 年 4 月的深圳节日大道植愈花园中，我们进行了“走走之旅”实验。为了让“植爸植妈”们更深入地了解走走植花园所在地的生态环境，我们邀请大家一同牵着走走植，游走在节日大道上，化身生态调查员，协力使用调查卡标注 58 种在地植物的分布情况，并完成物种观察笔记，展示在植愈花园的展板上，让更多的人了解属于节日大道的植物笔记。

我还去采访了一些“植爸植妈”，将他们的日常生活和对“流动”的思考，做成走走志，希望通过这个改变大家对于流动人口那种窘迫的理解。

在与“植爸植妈”们的交流过程中，我越来越深刻地认识到“流动人口”并不是一个特征单一的群体，由于年龄、收入、职业、单身与否、人生规划等的影响，不同的人有着全然不同的生活。于是，我开启了一个植爸植妈访谈计划，选取了刚到深圳一年的设计师“2021 级”深漂 Alex、在深圳已经成家立业的前设计师“2015 级”ice、在深圳已经二十余年的公交司机——“2001 级”深漂糖糖作为合作对象。

访谈采取半结构化的提纲，以面对面聊天的方式完成，全程录音录像，希望从走走植领养与照顾切入，挖掘“植爸植妈”的日常生活与工作，作为“流动人口”的经历，以及对于“流动”的思考。

访谈过程中，我逐渐意识到，有些“植爸植妈”们的“流动”或许不同于以往迫于生计，而是自主选择的结果。每个人都有自己的生活方式。然而，在繁忙陌生的城市里“流动”的人们，或许很少有时间停下来看看别人是如何生活的。项飙老师的建议激发了我的灵感：将自己的经历与相同历史背景下的同行者进行比较，由此就可以将自己的经历对象化，站在一个更高的维度考察各种个体经验之区别与联系，从而勾勒出背后的系统。或许我们可以将“植爸植妈”们的生活方式及对流动的思考以一种社群小报的形式呈现，面向社群内部发送，可以帮助“植爸植妈”们互相认识，建立更紧密的联系，同时也可以面向外部发送，走走植的意义就是每位“植爸植妈”的生活融汇而成的。

## 3　花园碳币探索永续——营造互惠共生的新生产关系

在与深圳节日大道的合作项目中，我们尝试在大自然保护协会所强调的生境植物的基础上，向前一步，探讨生长在项目地周边的在地植物。这些植物不一定原生于此，但能够在这里健康成长，正如这里的人一样。

据此，在花园设计之初，我们对节日大道进行了初步的植物调查，一共发现了近 60 种在地物种，它们有的是本土植物，百年来一直生长在这片土地上。而有的是作为园艺植物引进的，初来乍到，正在努力扎根。植物如同这里的人，来自哪里并不重要，只要能适应这里的生活，就能够茁壮成长。我选用了节日大道生长茂盛的在地植物，将他们抽象成为一个个可爱的小精灵，并配上了简单的物种介绍组成花园，希望这些可爱的植物能够唤起市民对城市生态环境的关注。

植愈花园作为一场延续近一个月的展览的同时，还被当作街道上的公共家具使用。在前期调研中我们发现，宽阔平坦的节日大道就像人行高速公路，大家都匆匆路过，去往某个地方，而从不曾有机会停下脚步。我们希望大家能常来花园里坐坐，暂时放下手头的工作，在阳光下呼吸植物们散发的氧气，让头脑暂时放空。

走走植箱体也有了进一步的可持续升级，采用获得 GRS 认证的 100% 再生塑料加秸秆颗粒制造，配以鲜艳的荧光绿色组成花园，吸引路人目光后，又以充满质感的箱体与轻柔的面包香气传达着可持续材料的魅力。

在一个快闪花园项目结束后，我们将花园的物料与周边的小店合作，组成走走植的社区据点，店铺负责采购植物与养护，并为走走植提供一次聚会的免费场地和消费优惠。

这也是一种社会组织—商户—设计师—园区—政府共建花园的实验，区城管局与园区共同授予在保持整洁前提下有限范围内的街道使用权，大自然保护协会提供部分物料与技术支持，商户负责植物采购与日常养护，走走植以平衡各方需求与限制的设计完成推动这一实验落地。

这种据点的设置，其实是为一个可持续消费场景做准备。我们在测量一盆走走植的碳汇水平，定制碳币，定量发放给“植爸植妈”。他们可以用碳币去这些社区据点消费，获得优惠。这样就让“植爸植妈”非常直接地感受到自己与国家双碳目标的连接，并且以一种激励的方式鼓励大家来了解（图 3-6-4）。

图 3-6-4　走走植花园与碳币

最后，来总结一下走走植的探索，并对走走植三重生态（图 3-6-5）理论进行一些反思。

我们基于三重生态理论形成了领养、聚会、花园三级系统。首先在精神生态的部分，我发现纯粹的艺术审美体验其实难以直接激发主体的创造力，还是需要一些引导的，比如尝试从一个植物的名字开始。在社会生态的部分，我们逐渐意识到，不能在“白盒子”里探索未来的可持续生活方式，而是

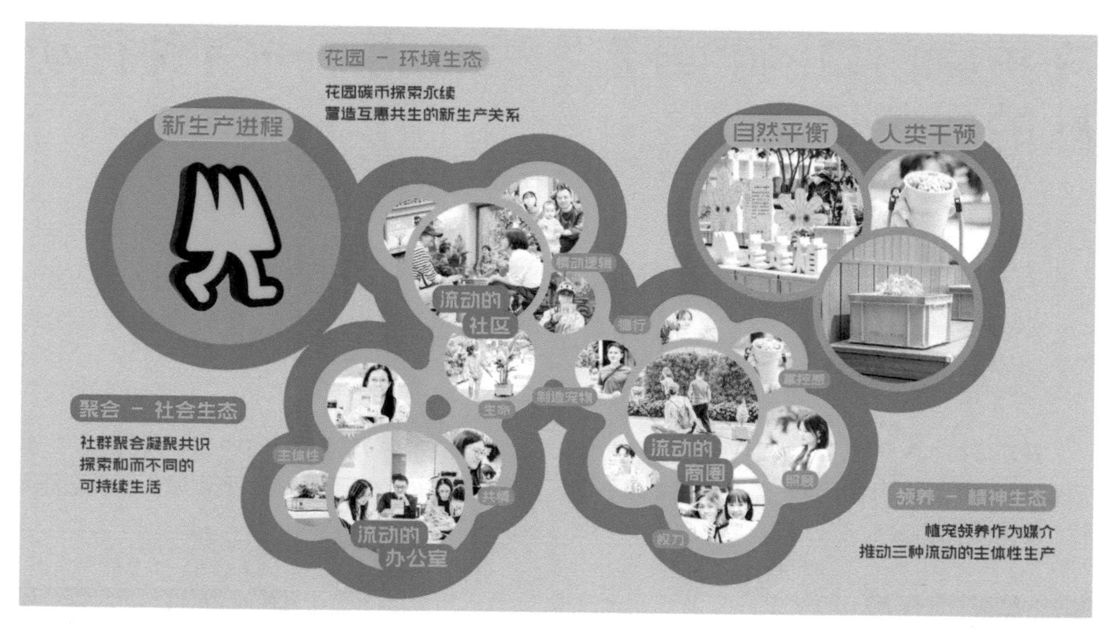


图 3-6-5　走走植的三重生态

要进入融入当前的社会现实中。虽然看起来没有那么酷炫，但这样的行动才是真正可持续的，不只是一种想象。在环境生态的部分，我们或许要从小地方着手，将大家的植物养护行为转化为碳币，应用于消费场景，大家在尝到甜头的同时也就不自觉地进入了这一生产进程。

总体来看，本研究对深圳共建花园计划进行了补充，并以行动探讨了三重生态理论在深圳共建花园实践中的具体应用模式。

## 参考文献

[1] Félix Guattari. Les trois écologies. Éditions Galilée, 1989.
[2] 徐前进.流动的丰盈：一个小区的日常景观[M].上海：上海书店出版社,2021.
[3] 段义孚.制造宠物：支配与感情[M].赵世玲,译.上海：光启书局,2022.
[4] 项飙,吴琦.把自己作为方法[M].上海：上海文艺出版社,2020：217.

# 守护家门口的“野蛮”生命力——有种行动队的成长记录

陆雪涵[1]

在新华路345弄里，有个正在蓬勃生长的小菜园。多肉和有种行动队（图3-7-1）的伙伴们在建造社区花园的路上刚刚起步，在居民自组织的成长和演化探索中，我们虽然有很多困惑，也会兜兜转转，但步履不停。

图3-7-1 有种嘉年华，从新华345弄出发

## 1 一个菜园赠予的日常

我叫多肉。我在上海的家，距离新华小菜园不是特别近但也不是特别远，是个非常合适我的距离。

2023年春天之后，原先喜欢去的植物园和森林公园里总是人满为患，再加上交通堵塞变得更加难以抵达。小菜园不一样。只要当天努力踩上自行车的脚踏板，约莫30分钟就能抵达。骑车从主街道新华路拐进345弄之后，要穿过一个长长的过道，街区逐渐内向，外面喧闹的声音被隐去大半。

1 NARRATIVE 设计工作室主理人。

这条小路上有个年头不小的小花店，老板慷慨地应允我们自行使用他后院的空花盆。我跟着其他小伙伴去搬过几次，花盆摞在一起，需要像“拔萝卜”一样费点力气弄出来，连带着让盆底惊慌逃窜的小虫子们见光，吓得人一下子跳开几步，弄得大家哈哈大笑。这条小路就像是小菜园的百宝道具库，只要慢下来走走看看，总能在随手之处发现一些可用之物。

小菜园的位置是在更里面，新华玩具交换处外围扩展出来的一小片空地，圈出来达 20 平方米多点，是名副其实的小菜园。最外层一圈石头墙，是聪明的行动队伙伴们利用龙门吊围出来的，寓意守护菜园的“长城”。有了“长城”之后，我们又办了木工工作坊，小菜园有了第一批可移动的种植箱。如果不是太忙，我经常会忘记手上其他事情，围着种植箱来回打转转修剪移栽，几件小事鼓捣一整个下午（图 3–7–2）。

图 3-7-2　小菜园里搬来搬去的日常，马丁和 xinchen 在搬运社区邻居马爷爷捐赠的园艺土

下午 4 点多孩子们放学，这个时段小菜园会突然变得异常热闹。抓住机会，我时常“薅”住小朋友，比谁动作快把石头扔到石笼区的筐里，或者丢给他们水管帮忙灌溉一下。对于大人来讲是些费力的劳作内容，孩子们却认真地当成游戏任务。坐在一旁闲聊的家长有时也会默契地一起使用激将法，让孩子们的专注力能比 5 分钟再长一点。

我自己恶作剧般把仿真花也像模像样地插到种植箱里，或者凑成一小簇盆栽跟其他的绿植混在一起。路过的人时常略带惊愕地问上一句“咦，这是真花假花？”我笑嘻嘻地贴过来夸赞自己的“闯”作——“都有！我们菜园主打就是一个真假魔幻。”

有时候，我会站在小菜园里看着周边高耸的树发呆，听着这里的小鸟开心歌唱，高楼大厦退到视线内更远一点的地方，云彩悠闲地巡游，在天空中稀薄地留下点点痕迹。在日常生活起伏的节奏中，小菜园赠予了我们一处可接触的宁静，还有一处小孩天性完全不会被抑制的实验地（图 3–7–3）。

图 3-7-3　在这个场地里孩子们非常喜欢跟水互动

## 2　午后的狂野

一如往常，我骑车到新华社造中心，中午在高雅姐的即兴厨房吃个午饭，趁着食困的劲儿上来之前，在外面晒晒太阳，检查一下厨房自培番茄的苗情，长歪了就重新绑一下，能看到上一个园丁搭架子的不同手法，凑近看看也就学会了。

回想起早春三月也是差不多这个午后的时间，在饭桌上听到高雅和西西在讨论去奉贤摘菜的一些趣闻，畅想在小菜园应该种什么植物。我凑过去问：“准备在哪里搞菜园呀？”

“就在这里外面！”西西说。

“是吗，那我可以参加吗？”我问。

“当然可以！”西西兴奋地说。

在一顿午饭的机缘下，我误打误撞加入行动小组。

西西把剩下的带根的酸模移栽到我的手绘种植箱内，浇了水，转天这位植物居民就挺直腰板支棱起来了。它被放在顶棚下面，光照条件比较弱，凭着植物找光的强大意志力，翻过了棚子，一簇簇狂野旺盛地向着天空，无法让人联想原先乖巧直立的蔬菜模样（图 3-7-4）。

图 3-7-4　小推车上的一盆顽强的酸模长得最高

后来，酸模开花了，但并不起眼。没有瞩目的花瓣，像是米粒大小的珠子滚成一团，松松散散的花序。长枝条插到瓶子里，倒是有种其他地方无法获得的野趣。酸模经我们手没有任何蔬菜产值，俨然放开驯化的枷锁变成了一株野草。枝条在阳光下直指天空的战斗姿态，依然给我留下深刻的印象。

图 3-7-5　全年龄友好的菜园工坊活动，杨阿姨给孩子们分享自己的种植经验

## 3　储存“原石”状态

进组之后，参加了小菜园共建工作坊，我又认识了项目发起人兔子、马丁和 xinchen，还有许多其他的伙伴。大家都因为“连接、看见、成长、可持续”共同价值观感召而汇聚在一起（图 3-7-5）。

人多大家脑子就活络，在“起队名”环节我尝试和几个朋友大胆使用 ChatGPT 辅助。

“一个关注种植的行动小组，为这个小组起一个响当当的品牌名。要求突出自然健康和人的参与，多元包容，不要有性别区分，朗朗上口。”我给出了指令。AI 一本正经地列出一长串没有灵魂的词汇组合，倒逼伙伴们纷纷下场吐槽，临门一脚，踢出了“有种行动队”。在一个平平无奇的夜晚，我们的思绪像脱缰的野马，欢乐奔腾，最后跑到同一个集合点齐鸣——“我们搞定了！”

海报制作、发送推文到编纂行动纲领，环节中很多步骤都是多人接力完成，行动队给我最大快乐的也正是这般“原石”状态，包容所有人来推敲打磨。

## 4 社区营造，一只脚永远踏在不确定性中

从个人观察视角出发，不论怎么细腻地描述小菜园和行动队的有趣都是诗意轻松的（图 3-7-6）。在此基础上，作为行动队员，我还希望继续探讨如何在社区范围内实现居民与自然的持续性互动，以及如何通过不断尝试微小改善的行动，提升对自我的觉知、积极拥抱生活的不确定。

图 3-7-6　行动者们一起组织举办有种嘉年华

坦白说，这种强连接大幅提升了行动的要求和难度，我不再是一个单点的观察者，需要把场地里的人、物、运营需求方方面面串联起来。除了保持自己的能量状态，还需要积极协调其他伙伴的时间和精力。然而，我们所有行动首先考量的现实门槛，就是大家拿出来共创的时间是极度碎片化的。我们经常有美好远大的愿景和计划，但是到了行动上总是缺乏领队人。深刻体会到，“思想上的巨人，行动上的矮子”，这句话的杀伤力真的很大。

如何在碎片化的城市生活中集合一群人为自己的热爱慢慢串出一个清晰的成长脉络，成为我们当下实践中发现的新议题。在我们熟悉的商业架构中，项目的发展图谱是具体的，投入多少会预判怎样的反馈和期待，什么时候结束，下一个里程碑如何，只要进入自上而下的系统跟着一起跑大家都有安全感。

在菜园最初架构设想下，我们尝试用事业部的方式由组长带队来协调分工。实践之后，我们发现商业架构的延续给组长造成了比较大的心理负担，组员参与的时间又非常松散，大家难以深度讨论达成共识，落地项目在时间线上要拉得十分漫长。此外，我们还发现一个更为棘手的状况，参与线上讨

论和共创机制的人与积极投入行动执行的人，是在物理时空交互很少的两拨人群！因为沟通不畅，成员之间还产生了几次误会和摩擦。在试图传递善意、鼓励人与人连接的场域，大家无形中却朝着另一个方向拉扯，在彼此之间似乎撕出隐秘的伤口。这个矛盾在很长时间内都让我极为困扰和委屈。

正在一筹莫展的时候，我们遇到另一个跟泥土打交道的团队，大家一起座谈交流。朴门的颜老师说："有 100 分追求的设计师到了社区，最后落地做出一个 60 分的作品，容易陷入比较失落的评判困境。不要这样想。要记得我们来到这片土地上最积极的意义是化解矛盾，而不是创造新的矛盾。设计师要往后退，让居民们的诉求切实发声。"颜老师的话是很好的提醒，之前的不通畅多多少少有我一厢情愿的成分在作怪。不仅仅在设计落地层面要往后站，也不要把自己的审美诉求强加在场地里，跟伙伴们的相处协作同样要留有余地，暗暗期待他人能拿出认真负责的态度会造成另一种压力。

识别到这一点后，我觉得拥抱碎片化也不是什么可怕的事情，大家松松垮垮的状态是可以接受的，慢悠悠地去做就好了。就像那株在逆境中找光的酸模，柔化自己的轮廓，顺应环境变化，同样也能翻过棚顶。"没事的，总会有办法的。"我学着把这样的定心话语挂在嘴边。

## 5　把声音还给土地

6 月，我们开始尝试一些新的内部和外部沟通方式，用灵活和柔性的方式应对碎片化。

第一步就是让自己变得透明，降低别人阅读我们的门槛。别人不知道我们在做什么，那就把对外的接口工作做得再扎实一点，做成从线上到线下都能轻松找到我们的样子，增加一些菜园通信海报。

小菜园下一步该如何走，不仅仅是由我们这些组织者来决定，更需要让日常关注和使用菜园的人留下痕迹。他们是平时放学带小朋友来休闲的家长、到这里散步和锻炼的老人们、在附近工作的年轻人，还可能是我们社交媒体和大数据里捕捉不到的人。设计互动看板（图 3-7-7）将不同时段的反馈汇集到一起，弥补我们的思考盲点，又公开透明（图 3-7-8）。

图 3-7-7　我们与大鱼营造的伙伴们一起共创的菜园民意征集看板，趁着放学的人流量高峰邀请居民留下自己的意见

图 3-7-8　照片提醒我们回到菜园的原点，以植物为媒介与居民连接快乐

走了这些弯路，才领悟到这些基础的工具背后传达“我们想要聆听”的意愿可以如此强烈，原先忽略了，从现在开始带着觉察做起来。剩下的，交给时间来慢慢检验。

身处新华社区是个很幸运的事情，我们并没有耗费太多的力气，就快速得到了很多街坊和远方朋友的关注以及公益组织和企业的帮助。但我们清晰地知晓，外部的力量都是旅程中短暂的作用力，我们需要在地生长出根基持续支持行动。借由这次投稿，也有了很好的一个回望机会，不仅仅是赞美和歌颂，而是冷静下来重新出发。大家在行动中的思考、纠结，以及如何化解，这些点滴才是我们通往未来的脚下路。我不希望我们的努力被误解为乌托邦式的田园牧歌，所以更要如实记录。小菜园是真实存在，有种行动队也由一个个具体的人组成，我们一路走来有这么多的磕磕绊绊但也没有轻易放弃，在另一个层面上也说明我遇到了一群对生活很认真很可爱的人。

有这帮人在，在累了的时候，我可以坦诚地说自己累了。事情放一放、歇一歇，保持松弛感可以保护自己不陷入自我剥削的困境，等调整好自己的状态再回来，就像顺应四季的呼吸，定期繁荣、定期衰败，摸摸索索找到新的位置继续就好。

## 6　守护家门口的“野蛮”生命力

春天的时候，从小菜园出发，345 弄的幽静小路上，凹角花坛里竹子和紫藤会缠绕在一起（图 3-7-9），远处一望就像是竹子开了紫色的花，浑然天成。建筑背阴处的植物为了追逐阳光，奋力拔高，从外立面的水泥横梁上方伸展出枝叶，下方伴着耐阴植物生长，它们在小小的空间中达到内在的平衡。从周边到我们可爱的小菜园，气质里都夹杂着这样野蛮而旺盛的生命力。不论我

图 3-7-9　凹角花坛里的竹子和紫藤

们今后要选择走哪条路，希望我们都能守护好这份场地独有的生命力。

## 7 结语

准备本次的投稿时，写到后半部分总是觉得非常不通畅，总觉得自己绕进了一个复杂问题的迷宫，既描述不清，也不知道出口在哪里。脱离了原先计划的大纲，在文档里无意识地敲出所有这段时间的疑惑，东一句西一句，拼拼凑凑，删删减减。到现在，我觉得也只写了我们遇到问题一个很小的切面，凭借自己的观察记录下来。但正好停下来整理，也帮助我们找到目前场地可以做的一些新的突破口，新项目又滚动起来，这让我看到书写的积极意义。

有种行动队是基于新华社区小菜园共建项目成立的在地团体，是一个多元互信互助的全年龄友好社群。我们扎根社区，共同设计、建造和运营空间场域。无论是个人还是企业，我们连接彼此，让每个参与者在行动中成长，让每一个个体都能被“看见”。我们期待你的参与，并最终一道实现可持续的社区生态。

# 南宁“老友议事会”和“老友花园”模式——社区花园中的协商议事机制探讨

王　静[1]　黄富章[2]　阚　童[2]

## 1　南宁“老友议事会”和“老友花园”的总体介绍

南宁从 2019 年开始的老旧小区改造中，为了更好地“聚民心、顺民意、筑同心”，提出了“先自治、后改造”的工作模式，在改造前先行成立“老友议事会”(图 3-8-1)，服务于老旧小区改造全过程，包括小区居民的宣传发动、意愿征集、改造方案讨论协商、施工协调、居民出资归集，以及后续长效管理。“老友议事会”是由小区居民在小区各楼栋、单元中选出的代表组成。为了推选出小区有公心、有爱心、有能力的热心居民，南宁市制定了一整套“老友议事会”选举办法，规范了报名、资格审查、投票、计票等一系列程序，使得推选出来的老友代表一般在居民当中比较有威望，容易取得居民的信任，有利于消除分歧，凝聚人心。

图 3-8-1　“老友议事会”开票大会

老旧小区改造面对着居民需求不一、意见不一，形成共识难的纷繁复杂的情况，老友议事还需要有老友议事规则。南宁老友议事规则十二条——“主持中立、举手发言、面向主持、先提问后观点、不超时、不打断、不跑题、不攻击、机会均等、服从裁判、充分辩论、过半通过”，通俗易懂，简单有效，居民认可度高，有效提高了会议效率。“老友议事会”以“协商、共治、家园”为宗旨，引导居民有序协商小区改造方案、施工中的难点问题，让更多居民参与到小区治理中，把“大家事”当作“自家事”(图 3-8-2)。

1　萝卜（北京）咨询有限公司总经理，南宁市一道社区发展促进中心理事长。
2　萝卜（北京）咨询有限公司区域负责人。

图 3-8-2 “老友议事会”协商及表决

南宁还将“老友议事会”从老旧小区改造，延伸到了背街小巷整治提升中，成立了“街巷老友议事会”。截至 2023 年 5 月，南宁已经成立了超过 1 000 个“老友议事会”。南宁“老友议事会”作为一个独特的协商机制，激发了社区居民的参与热情，也建立起了一个有序的协商环境。这个环境使得政府可以更有效地推动各项民生工程，从而使得城市更新工作得以高效、有序地进行。

“老友议事会”打通了社区治理的最后一公里，搭建了社区通往小区的桥梁，“老友花园”（图 3-8-3）是在“老友议事会”基础上居民参与的进一步延伸，建立“家园”感的重要举措。“老友花园”主要依托老旧小区改造中居民房前屋后的闲置空间，打造 3 ~ 5 平方米的方寸花园。

通过“老友议事会”讨论，大家确定了小区内可以打造“老友花园”的空间，以及通过“老友议事会”发掘小区的园艺、种植爱好者，与花友一起设计、营建花园，花友同时也要负责后期的植物养护，实现“共建共治共享”。（图 3-8-4）“老友花园”还成为科普教育的园地，邻里交往、活动的空间，使人们的家园感大大提升。截至 2023 年 5 月，南宁已经建成 950 个“老友花园”。

图 3-8-3 “老友议事会”讨论“老友花园”场景

图 3-8-4 居民参与“老友花园”营建

## 2 荣和新城“老友花园”的案例

荣和新城小区建成于 20 世纪 90 年代，大约有 1 000 户居民，是 2021 年改造的小区之一。目前这个小区建成大大小小八十多个“老友花园”。

但最初，这个小区的“老友花园”营建工作却遇到了很多阻力。主要是居民不知道什么是“老友花园”，他们更关心施工质量、停车、垃圾房臭这些更显性的问题（图 3–8–5）。随着一次次“老友议事会”的召开，居民关心的施工质量问题、垃圾房臭的老大难问题逐渐得到了解决（图 3–8–6），老友代表们将目光转向了“老友花园”。

图 3–8–5　荣和新城垃圾房改造前

图 3–8–6　改造后的共益社区厨余处理中心

第一个“老友花园”筹建时，“老友议事会”微信群里老友代表有很多疑问。“老友花园”是一楼住户的私家花园吗？申请有什么条件？可以请专业人士设计吗？可以不参与营建吗？后期由谁来维护？“老友议事会”的平台让这些问题得到了公开的讨论，老友代表了解到“老友花园”的初衷和原则（图 3–8–7）。这是小区的公共空间，是需要楼栋居民的认可，需要有热心居民参与设计、营建和后期的维护，不是伸手要就可以达成，而是需要共同努力。

热心的老友代表行动起来了，组织自己楼栋的居民签字同意营建“老友花园”，并且在“老友花园”经费不够时组织居民筹款，让花园更符合心中的期待。原来预算的“老友花园”数量不能满足居民的需求时，居民开始自己想办法来营造了。废砖块、烂木头、破花盆都成了宝贝，大家还自发筹资买草坪，自己动手扦插、育苗种植物。“老友花园”在这里开了花，更生了根（图 3–8–8）。

图 3–8–7　“老友议事会”里的集思广益

图 3–8–8　居民自发筹资建成的“老友花园”

原来大家都嫌弃、想要搬走的垃圾房也通过“老友花园”实现华丽变身成了可食花园（图 3-8-9）。厨余垃圾分出来后和绿化废弃物一起混合发酵堆肥，堆出来的肥料又用来种植可食的植物，形成了生态的循环。

“老友议事会”和“老友花园”的理念在这里得到了充分的实践和体现。“老友花园”是小区居民们共同的心血结晶，它不仅提供了一个美好的休闲场所，更是他们参与社区建设、实现自我价值的见证。荣和新城的故事体现了以人为本、以协商为核心的原则，使有梦想的居民都能参与到小区的改变当中，共同塑造他们的生活环境。在这个过程中，他们收获的不仅仅是美丽的环境，更是对社区的归属感和改变环境的成就感。

图 3-8-9　荣和新城厨余中心屋顶可食花园

## 3　“老友花园”的延伸——“种子基金计划”

“老友花园”不仅仅是一个具体的地方，更是一种社区建设的方式和理念。为了让这种理念能够在更广泛的范围内推广和实践，我们提出了“种子基金计划”。“种子基金计划”是基于“老友花园”而来的，它的初衷是挖掘社区内的热心居民，激发居民参与社区建设的热情。在这个计划中，我们希望能够招募到更多认同“老友花园”理念的居民，他们不仅可以维护社区花园的公共性，更可以推广公共议题，发挥更大的社区建设作用。在“种子基金计划”中，我们大幅度降低了公共资金的投入。一个花园的大小为 3 ~ 5 平方米，我们只提供 500 元的物料包。希望在提供基础支持的前提下，可以进一步激发居民的参与力和建设行为。在实际操作中，我们鼓励花友们用自己的方式来创建花园，可以是自己提供一部分的资金，也可以是用自己的物料，甚至是社区里的废弃物。我们希望这个过程能够滚动出在地的一股有力的“花友”力量。“种子基金计划”是“老友花园”的一种延伸和补充，它在深化“老友花园”理念的同时，也提高了居民参与的门槛，希望通过这种方式，激发更多居民参与社区建设，共同营造一个和谐、有活力的社区环境（图 3-8-10）。

“老友花园”不仅仅是单纯地建立一个花园，更重要的是，通过花园建设的过程，居民们能够更深入地理解和体验到社区公共事务的运作和管理，并在参与过程中产生互动链接成为“老友”。此外，为了保障花园的公共性和公益性，我们鼓励并期待参与“种子基金计划”的居民，能够将花园作为社区的公共空间，而非自己的私有地盘。他们需要在建设和管理花园的过程中，将公共议题和花园的公共性更加推广，同时具备一定的时间和人力来维护花园，组织更多的居民，以协同保障花园的活力，这既是对“老友花园”的延伸和深化，也是对社区协商民主的进一步实践和推广。

图 3-8-10 “老友花园种子基金计划”支持居民打造的小花园

## 4 南宁“老友议事会”和“老友花园”模式小结

南宁“老友议事会”和“老友花园”模式实际上是一个互补和共生的过程。

“老友议事会”通过建立有序的协商环境，使得各项民生工程能更好地推动，更加契合居民的需求。“老友议事会”在旧改过程中累积了一些居民的信任感，强化了居民协商的意识。然而，要使得“老友议事会”能持续运作并在社区治理中发挥更大的价值，就必须能面对更多的公共议题，进一步成为处理社区、小区的矛盾的核心力量。“老友花园”作为一个全新的增量公共议题，可以为“老友议事会”提供养分，使议事会能够在解决存量问题后持续运转，影响更多的人。

此外，“老友议事会”通过公开、公正、透明的方式处理公共议题，为“老友花园”的推广和实施创造了有利的环境；而“老友花园”的实施，又提供了一个具体的、可操作的公共议题，给“老友议事会”提供了运作的舞台。通过“老友议事会”的持续动员，社区居民对于公共议题有了更深入的了解和参与，从而对社区的治理产生了积极的影响。与此同时，“老友花园”的成功推广，也为社区居民带来了实实在在的好处，吸纳了更多的群众能积极地参与到公共议题的讨论和处理中来。

这种双向的促进作用，使得“老友议事会”和“老友花园”形成了一个良好的互动循环，共同推动社区的发展。进一步来看，“老友议事会”和“老友花园”的成功合作，也为其他社区提供了一个可借鉴的范例。他们展示了“老友议事会”如何通过公开有序的方式处理公共议题，以及如何通过社区居民参公共事务的过程，将群众组织起来有序地开展协商。这种成功的经验，为其他社区如何有效推动居民参与，实现社区的和谐稳定提供了宝贵的参考。

# “老友花园”：五平方米空间引发的公众参与行动

尹科娈[1]　陈泰宇[2]

## 1　背景

### 1.1　走出上海

2021年，位于南宁主城区的老旧小区普遍进入折旧期，基础设施严重缺失，是城市发展的短板。老旧小区建筑基础数据缺失，且绝大多数老旧小区没有业委会和物业管理，导致长期缺少维护而越来越破旧。南宁市住房和城乡建设局指导，南宁城市更新与物业管理指导中心（以下简称“中心”）作为主持方，自2019年开始推动老旧小区改造项目（以下简称“老旧改”），主要围绕小区道路、管道、屋顶等营建改造，并且创新提出“老友议事会”的制度，让每一个小区改造项目都可以让居民代表的充分讨论和商议。然而老旧改解决硬件空间需求，在地社区如何参与和共建，在老旧改完成后，如何培养居民的公民精神以促进公共空间可持续性成为重要议题。

四叶草堂从2020年开始了探索微小花园的民间行动，思考起社区花园不能仅靠自上而下的推动，还应自下而上地激发起个体成为行动者，两者互相结合。这成为“老友花园”的重要基础。在多次的交流讨论后明确了目标：在155个小区进行调研，在单元楼的门前屋后的公共空间和居民一起设计与营建1 000个3 ～ 5平方米的花园，后续由居民负责养护照料。

## 2　发展历程

“老友花园”背后有两个数字“5平方米”和“1 000个”，“5平方米”意味着参与门槛低，参与程度深，也意味着“老友花园”可以在我们的“附近”。比起旁边的公园，和居民更亲近，属于从居民的私人领域到完全的公共空间的过渡区域。“1 000个”意味着“老友花园”将是一次规模化的、有影响力的社会参与行动，同时对团队来说，也需要面临差异化与标准化如何平衡的挑战。

### 2.1　第一阶段：扩大参与（从10个人到1 000个人）

2021年9月，考虑到“老友花园”团队未来在南宁的在地性与可持续性，四叶草堂没有选择让上海工作的伙伴直接去南宁开展工作，而是派驻代表在南宁当地成立了独立法人公司、招募新的团队（人员最多的时候有3位上海团队成员、13名全职员工、5名实习生，半年后，上海的伙伴只剩一位在南宁当地主持项目）。希望经历过“老友花园”项目的培训，在地伙伴不断成长，未来有能力独立开展工作与创新，并且能持续为南宁参与式社区花园领域赋能。

2021年11月，经历了短暂的培训，新的团队成员开始进入社区调研，与老友代表、物业建立联系，以及挖掘积极居民。在不断思考“1 000个”的目标在差异化、参与性和影响力方面如何达成的过程中，

---

1　上海同济城市规划设计研究院有限公司规划师。
2　四叶草堂南宁分部负责人。

我们将“老友花园”项目面向社会进行招募，我们希望“老友花园”不是一个封闭的项目，而是应该呈现开放和参与的姿态和路径。通过与高校、设计院进行沟通及宣讲，一共招募到超过 800 名“社区行动者”，其中$\frac{4}{5}$都是高校师生。通过“社区行动者”的召集，我们将其进行组队分配至各个小区，让行动者们与在地社区的居民产生较为固定的联系与沟通。

与高校建立联系的主要切入口是同济大学景观学系和广西在地高校联合校外实践，邀请景观、建筑、城市规划等专业的老师带着学生参加。针对各个学校不同的授课模式，有的学校将“老友花园”纳入学期的课程，以学分为目标带动学生参与，学生前期的参与度较高，但是学期结束后难以为继；有的学校是老师带队，组织感兴趣的学生一起来参加，这类型的合作未来也朝向合作课题发展；还有的学校是学生利用寒暑假以个人的身份来参加，相对来说缺少组织性，绝对数量较多。面向公众招募的方式，我们组建了一个更多元的团队，建立了社区对“老友花园”“共建共享”的初印象。

### 2.2 第二阶段：边实践边建立标准化

“老友花园”在第一阶段的广泛招募让公众了解到“共建共享”的概念，但是大多数相关方都不清楚具体“老友花园”是什么、怎么做。让大家建立起老友花园不同于“工程绿化”的共识，才有进一步商议细节、实现共同目标的可能。“老友花园”一共有选址与调研、设计、营建、运维这四个阶段，每个阶段都需要经历先实验再总结成标准化的过程，再不断迭代与完善。

在选址和调研阶段，我们首先与物业或者老友议事代表沟通进入社区，再通过他们推荐有潜力成为花友的积极居民，而对于没有物业或是老友代表对老友花园不感兴趣的小区，我们则是通过现场的居民访谈和活动来找到潜在花友。我们会和花友介绍老友花园和传统小区绿化在生产过程以及后续运维模式上的差别，作为花友需要前期参与设计的讨论及花园的营建过程，后续花园会由居民自己来维护管养。初期面对居民各式各样的问题难以招架，我们为此总结了常见问题的问答库，以应对不同的社区情况。“老友花园”选址也逐渐从众多因素中明确了最重要的因素：水源与居民的可达性。

在设计阶段，我们和行动者会先与居民沟通关于花园选址在功能、植物品种、视觉色彩等多个方面的需求，行动者们会根据沟通的内容完成一张“精美的图纸”，再与居民确认方案是否可行。过程中，我们发现行动者的专业建模效果图并不能激发居民的想法，反而让居民无从开口，后来我们的设计方法转变为通过参考意向引导居民更充分地表达自己的诉求，行动者仅确认花园骨架，如基本功能布局、道路座椅的布置等，大量细节留以供居民现场创作，这样的过程也会增加居民的主体意识和参与感。

在营建阶段，我们先与花友确定空闲时间，由我们准备好花园所需要的材料与工具，在现场组织居民一起参与共建。我们根据参与花友的情况进行分工，往往给孩子们分配更多种植与涂鸦的工作，给成年人分配更多翻地、搬运和铺地等工作。这个阶段面临由于部分花友植物种植技术的不成熟导致成活率较低问题，有一些小技巧需要特别注意，如新铺的草皮需要大量浇水并且用力压实使之与土壤紧密接触更易存活。除此以外，还有一些别的问题，如大家缺乏涂鸦装饰经验导致多次返工、对社区情况的错估致使花园偷盗情况严重、材料选取失误造成设施耐久度不高。

在运维阶段，主要由花友来负责维护花园的整体情况，我们会定期走访提供相应的支持与协助。积极的花友会提出植物可能会有除病虫害、追肥等需求，不积极的花友很少参与花园工作，导致花园变得荒废杂乱。我们针对花园多维度的情况制定了评分标准，根据标准给予不同程度的支持：对于有需求的花友，我们整理了一套植物养护、常见病虫害的处理方式方面的工具书，对于花园养护情况不乐观的花友，我们会进行沟通，了解背后的原因，再采取招募新的花友加入、提供工具与种子，或者寻找新的花友并更改花园选址等号召大家积极加入。

我们每周一次组织讨论，分析前一周经验教训，在物料分类、植物选择、工作流程分工上总结“老友花园”基本操作知识库。我们不断总结各类型场地最适宜的材料与模式，在保留一定创造空间的基础上形成一套相对高效的采购、运输、营造的标准化流程。

### 2.3 第三阶段：可能性的探索——不断让公众卷入公共空间和公共议题

在“老友花园”可持续方面，积极与不同的组织建立联系，为“老友花园”注入活力。

在日常运维方面，“老友花园”开始尝试与基金会、企业或者学校建立长期的合作关系，比如企业社会责任部门支持员工参与“老友花园”的后期运维，基金会也捐赠了部分物料来支持花园养护，幼儿园门口的花园被纳入幼儿园的日常实践课程中，由老师带着孩子们来照顾花园。总体来说，对于1 000个家门口的花园来说，主体还是由居民自己照顾，有持久外部力量参与运维的花园占比不到10%。

在社区活动方面，在一些社区基金项目的支持下，我们也与捐赠方的志愿者们一起开展了多次社区参与的营建、运维活动，如在地球日当天，我们在一个小区（秀山花园）与居民共同完成了一个保护水资源主题的花园。通过外部社会力量的加持，可以组织起形式更多样化的活动，让居民在“老友花园”之内收获更多元的体验，产生更多期盼的同时调动起更多社区内的社会资源投入。

### 2.4 第四阶段：普惠型项目：老友花园种子基金计划

随着“老友花园”的影响力不断扩大，越来越多居民和小区想要加入“老友花园”。但是由于“老友花园”的数量有限，在同一个组团不宜安排太多“老友花园”，“老友花园”很难支持到其他小区。当我们发现这样自下而上的需求后，我们开始思考可以支持更广泛的公众的方式。当时上海正如火如荼进行“种子”（Seeding）行动2.0版本——“团园行动”。我们结合南宁当时的情况与中心、王静老师主持的萝卜团队共同发起了“老友花园种子基金计划”：以专业赋能和500元的物料包的形式支持200个行动者在自己的小区建设200个迷你种子花园。依托“老友议事会”建立的社区基础，我们开展了多场广泛性或有针对性的社区干部培训，挖掘积极社区进行花园培训。其中部分社区将“老友花园种子基金计划”与党建相结合，号召党员代表优先迈出改善社区公共空间环境第一步，招募高校志愿者、邀请相关部门专业人员，将花园营建组织成一场生动活泼的党建主题活动。截至2023年9月底，有137个种子花园正在建设中，真正实现了利用政府资金撬动更多的社会资源的共建。

## 3 成果、成效

### 3.1 空间品质提升

老旧改为“老友花园”进入小区和社区提供了合理条件，“老友议事会”为“老友花园”培育了公众参与的语境和土壤，并且南宁的自然条件适宜植物生长也为“老友花园”的建设提供了有利条件。自2021年9月至今，有超过1 500位社区居民参与“老友花园”的建设，有八百多位不同背景的专业人员作为花园行动者加入，在100个小区中完成了1 000个“老友花园”的建造。目前这些“老友花园”正在由核心花友负责后续的照料（图3-9-1）。每一个花园都回应了老旧小区中的实际问题，为原本暗沉的环境增加了一抹亮色，提升了空间品质，实现人与人、人与空间的链接，助力公共精神，构建大家共同协商和爱护的美好家园！

### 3.2 空间生产的创新模式

“老友花园”从多个维度突破了传统的工程队的工作模式。从空间的设计到全生产周期的运维，“老友花园”的建设不依赖设计图和施工图，而是依靠居民个体的参与和投入。人不再是空间的消费者，而是生产者和维护者。伴随着空间逐渐生长，参与花友的主体性被一点点激发，参与公共空间和公共话题的能力和意识也随之增长。

### 3.3 公共意识的变化

与居民达成共识的过程的任务是最耗时也是最艰巨的。一是由于城市管理曾对公共区域的种植情

图 3-9-1 “老友花园”实景图

况采取“一刀切”，导致很多物业和居民对“老友花园”不信任。“老友花园”强调的是公共空间的共建共享，与过去私占公地的行为有本质的差别。谁可以参与？谁负责照顾？社区行动者们花费大量时间与居民厘清概念：“老友花园”强调公共空间的共建共享，与过去私占公地的行为有着本质上的区别。二是个人和公共的关系长期对立。过去各家自扫门前雪，公共空间长期堆放垃圾，居民却视若无睹。“老友花园”虽然位于公共空间，但是与核心花友的关系密切，比起完全公共的区域更接近过渡空间。“老友花园”创造了居民深度参与的场景，带动个人与物业、社区共同探讨和调整关于公共空间的责任与义务的关系。居民现在已经建立基本共识：“老友花园”是由大家共同照顾的公共空间，政府的资金只是一次启动，未来的养护由小区负责，物业提供基础性的支持与培训，花友负责日常的照料。

## 4 主要策略

### 4.1 培训与赋能：多方达成共识

业主单位和设计施工合作方是最重要的伙伴，在“老友花园”每个关键节点，都会组织相关的培训和演练，并参与到“老友花园”的实践中。业主单位超过一半以上的部门以不同程度上参与“老友花园”的实践中。南宁住建与城市更新中心对于公众参与的过程十分重视，加上很多相关方都通过理论与实践等不同方式接触过“老友花园”，为“老友花园”的在地化实践创造了良好的基础。我们也在不断的实践中寻找多方协调的工作机制：遇到机制上和流程上的问题，先与中心交流，再召集相关方共同开会讨论具体应对策略，最后形成可操作的共识。如在不影响安全、老旧改项目等前提下，“老友花园”的选址和设计可无须通过方案评审会通过。如花园建成之后无须提供完整的竣工图，只需要提供花园建设中和建设后的照片即可（图 3-9-2）。

图 3-9-2 南宁城市更新和物业管理指导中心实操培训现场

行动者是我们并肩作战的伙伴，我们在给七百多位行动者分组的时候尽量把不同背景、不同学校、不同年纪的行动者安排在一组，希望能促成跨界合作。我们通过为期两个月的培训，每周一次邀请全国在社区花园领域的研究者和实践者分享在不同城市的经验。每周一次的全体行动者的线上交流与答疑主要围绕“老友花园”的目标、如何与居民交流、如何分析花友的诉求共创出可实施的设计方案开展，同时，每周一次以小组为单位组织线上会议具体沟通进入社区的策略与计划和分工。在两个月的培训之后，大多数行动者们已经对于公众参与的概念有了基本了解，并且完成了社区调研的初步走访与选址，与居民完成了设计方案。这样做的好处是得到的设计图相对来说较为专业，互动的形式也帮助活动取得了社区居民的信任。但较为遗憾的是，由于“老友花园”属于DIY动手改造型小花园，有经验的专业者容易做出高难度的定制化设计，没有经验的大学生容易做出尺度和设计都难以实施的方案。到后期实施阶段，只有不到10%的设计方案可以实施落地。

4.2 数据化管理

1 000个花园背后的数据量非常庞大，为了更好地促进外部协同和内部管理工作，我们建立了两层数据化平台，第一层是协作方，包含但不限于老友代表、物业和社区都可以共享的信息，包含每个花园的选址、面积、名称、建成时间等；第二层是针对内部管理，包含每个花园的花友信息、空间信息、经费信息和养护情况记录。对于非常详实的数据记录，我们每周通过可视化的数据库平台做到数据及时更新。这对我们及时了解老友花园全方位的进展都有着至关重要的作用。

4.3 不同尺度的花园有不同的策略

由不同的人群来进行维护，“老友花园”通过调研—设计—营建—运维的路径，进行社区全过程培力赋能，通过大型花园、中型花园、小型花园三种类型进行运维和队伍组建（图3-9-3）。

面积在10平方米以内的为小型花园，主要分布在门前绿地或屋顶，由花园邻近1～2户住户进行养护。面积在10～100平方米的为中型花园，主要分布在楼栋之间，由附近楼栋的居民联合养护。超

图3-9-3 荣和新城的大、中、小花园的对比照

过 100 平方米的则是大型花园，处于小区中心花园或小区外的公共绿地，由整个小区居民或周边小区居民共同运维和养护。小型花园的花友之间可以通过小区花友群进行日常交流和养护心得分享，中型花园和大型花园则在“老友花园”营建后，组建花园守护者队伍，共同制定“老友花园”的运维规则，由花园守护者队伍参与花园可持续运维。在花园达到一定阶段后，则可以成立花园导赏员队伍，学习关于“老友花园”的知识和导赏员的规则，持续向他人介绍“老友花园”理念和花园设计，并为“老友花园”持续招募守护者和导赏员。慢慢地，花友队伍会针对花园中存在的问题一起提出解决方案，如加设滴灌系统。随着越来越多社区能人的出现，自然观察、自然科普、木工工作坊、花园作画等社区课程开始创生（图 3-9-4）。

图 3-9-4　聚宝苑小区的可食花园工作坊

## 5　案例的探讨、反思

### 5.1　公共性的探索

“老友花园”是基于公共空间进行的公共性的探索，城市发展从大拆大建过渡到城市存量更新的阶段，不同的主体都需要重新思考和理解我们与环境的关系，寻求对话与协同的方式。对于居民来说，“老友花园”连接了邻里，连接了人与土地，这是对公共空间和公共关系可能性的探索。对专业者来说，“老友花园”打破了传统政府和开发商购买设计服务的逻辑，让专业者与公共空间的使用者对话，学习倾听、尊重不同的声音，学习专业知识在不同场景下应该被坚持或妥协与调整，以与公众一同劳作的方式生产公共空间。未来，专业者在面对更为复杂和真实的城市问题时，会有更丰富的思考和产出。对于公共部门来说，一方面，他们通过“老友花园”看到了公众参与的意愿和能力；另一方面，“老友花园”中面临的困难、投诉、矛盾也是公共部门和公众产生对话和互相理解的契机。

### 5.2　网络化结构缺少韧性和多元关系

“老友花园”在前一个阶段的主要目标是实现花园本身的自我运转，但是 1 000 个花园是以四叶草堂为中心联络每个花园和花友的结构运作。下一阶段的目标是建立花友之间组织化的队伍，培育花园导师、支持者等多元角色，让信息、资源在大、中、小型花园之间流动，建立更有韧性和多元关系的“老友花园”网络。

### 5.3　团队可持续发展

在两年左右的时间内，1 000 个花园是成规模在南宁三个主城区铺开，虽然“老友花园”找到了合适发展策略和路径，但是由于第一年的启动项目较大，初始团队人员较多，使得四叶草堂南宁在地团队对于政府财政的依赖程度较高。团队投入集中在“老友花园”的基础上，正在逐步建立相对完善的多元化的筹款渠道以及项目合作框架，以寻求当政府资金缩减后的自我发展（图 3-9-5）。

图 3-9-5　南宁四叶草堂的工作人员合照

# 在信阳市政府门前建一个社区花园

王向颖[1]

## 1 从传统景观到社区花园

我是一名景观设计师，研究生毕业之后一直从事景观设计工作。在来到四叶草堂之前，我已经在“传统”的景观设计公司工作了六年，从一个懵懂的学生变为每日忙碌加班的设计师。这六年我接触了各类型的景观项目，从市政公园、商业地产、文旅开发到绿地规划，但其实不管是何种类型，流程都是在电脑前完成方案，然后再向业主方汇报，最后施工落地。我们无从得知使用者的需求与感受，也不知道项目建成之后的使用情况。在一个项目交付之前，我们与这个地块的关系早已终结。这种悬浮感让我非常困惑，为了脚踏实地地参与设计我选择结束这里的工作，开始尝试通过参与式设计的方法落地社区花园。

从冰冷的电脑前来到鲜活热闹的社区，这里充满了日常的琐碎。和居民一起做设计，更多时间是和人打交道。因为是家门口的花园，大家更愿意表达自己的需求。充足的光照、室外的晾衣竿、能遮风挡雨的亭子，是大部分居民的基本诉求。从使用安全角度出发要使用防滑的地面，户外桌凳避免出现尖角等等。这些细节之处是之前工作时从未考虑过的，有因为实施经费不足而作罢的方案，也有在花园施工中居民发出新的异议需要马上调整方案的情况。

当然，还有发不出意见的“居民”，城市里的动物也是我们的邻居。社区花园也兼具了生态科普与生态踏脚石的功能，让动物们有短暂的落脚之地，可以吸到花蜜、喝到干净流动的水。有趣味性和科普性的花园可以拉近人和自然的距离（图 3-10-1）。

图 3-10-1 位于上海小区里的生境花园

1 上海泛境景观规划设计咨询有限公司设计师，高级工程师，南京林业大学研究生。

参与社区花园就像打开一扇窗，遇到了形形色色的人，看到了城市角落里的故事。在上海做了三年社区花园设计之后，我有幸走出上海，来到河南省信阳市继续社区花园的故事。

## 2 在市政府门前建社区花园

### 2.1 初识信阳

说实话，在接到这个项目之前我并不知道信阳这个城市，对河南的了解也非常少。第一次去信阳就感受到了南北文化共存的氛围，毛尖茶是这个城市最骄傲的名片之一。在这座不大的城市里将建成20个“两个更好”书屋，每一座书屋都由国内领先的建筑师设计，针对所在社区的人口与区位特点，每一座书屋都会拥有独立的主题定位。不仅仅是图书借阅，还会结合展览、业态、生活方式和文创等内容，最终希望形成成熟的社区生活圈。

### 2.2 不同往常的工作

书屋的业主方希望我们找到书屋周边共同怀着对花园爱好的邻里街坊们，让大家因为社区书屋聚在一起，共建书屋旁的社区花园，由书屋这个公共场域引发一系列公共活动，从而激活书屋的日常活力。

这是一次非常不同以往的工作。我们要在陌生的城市里找到居民一起建社区花园，过去熟悉的工作方法与行动路径可能在信阳无法奏效。我们也将和不同的建筑师团队、策展团协同工作，由项目总策划左靖及联合策划谭芳整体把控，从不同角度切入可持续社区生活的探索。

在若干个书屋点位中，最特别、最有挑战性的是百花园广场书屋，这座书屋位于市政府广场，广场地位可类比人民广场之于上海。而我们选择在这偌大的政府广场中建3个小小的社区花园。

## 3 沟通比设计更难

2022年12月底刚刚抵达信阳时，恰逢疫情最严重的时期，所有人都谨慎闭门减少外出，在这个时候发起寻找与动员是困难的，只有转为线上活动。幸运的是我们找到了活跃在信阳本地的社会工作者姜佳佳，在基本了解我们的活动之后，帮我们链接了更多本地的艺术家、自然教育老师、社工组织负责人等。当疫情稍稍缓和，我们按照这个名单一一拜访，也借此机会得以窥见信阳市民的生活。认真工作、悠闲生活是最初留下的印象。

我们向所有可能产生联系的人介绍活动背景和活动计划，由于还没有实体的书屋建成，大家都将信将疑，一边肯定这件事的积极意义，一边表达日后使用和运营的担忧。这段时间我就算去超市采购食物也要抓住机会和店员聊天，也张贴和分发过活动海报，满脑子想的都是如何让更多人知道即将建成的书屋及展开的活动。当我感到疲惫时，听说北川富朗先生在大地艺术季前进行了上千次项目宣讲，惊叹于他十足的信念感，又打起了精神。

在此同时，与各个建筑师团队的沟通也在进行中，一起积极地考虑花园在书屋旁哪个位置更合适，以及花园日后可能需要的浇水设施等细节。

在这样一番沟通轰炸后，我筋疲力尽，深感与人沟通比设计工作更难。无论如何，我们艰难地开局了（图3-10-2）。

## 4 同伴的支持

所幸的是，不论是上海大本营还是信阳现场，我都有同伴们坚定的支持——来自胡燕子老师、魏闽老师、刘悦来老师的专业指导，来自四叶团队的线上和线下支持。时间计划和活动内容逐渐成形，也逐渐引起政府基层部门的关注和介入。在书屋尚未建成的情况下，我们借用社区周边的党建服务中心开展活动（图3-10-3）。

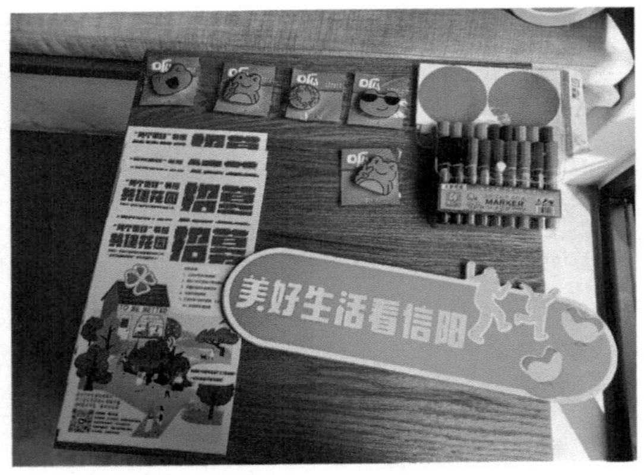


图 3-10-2　启动会现场

图 3-10-3　花园美育类活动

活动类型包括花园设计类、花园美育类、花园营建类、花园维护类，希望从调研、设计、营建、维护、治理各个阶段，链接市民与书屋。活动受到了信阳师范大学、信阳农林学院两所高校师生的关注，由于活动内容和学校专业的匹配程度高，每场活动都有大量学生参与，学生的专业性推进了花园方案的深度，同时活动本身也是学生实践的有效途径。

我们还与信阳本地专业的景观团队空谷造园合作，拥有出色的设计整合与落地实施能力，一起助力花园的实施。

越来越多的人汇集起来，一切都在朝着期待中的美好场景发展。

## 5　一场花园盛会

时间来到 4 月份，全市市民都沉浸在“茶叶节”筹备的热情之中。修路、栽花、歌舞彩排，大家都在为信阳毛尖努力着。与此同时由刘宇扬建筑事务所设计的百花园书屋也最先落成——“信阳书墟：边饮茶，边读书”展览将在这里与茶叶节同时开幕。

在节庆热闹的氛围中，3 个花园也在准备中。经过前期的资料搜集和方案征集，花园主题已经明确。吴其濬图考花园将体现一位信阳清代植物学家的著作成果。气候花园展示了信阳南北交界的独特风貌，同时警示气候变化的严峻性。市民花园计划招募多组花园爱好者，作为花园主理人设计、种植、打理花园。

在如此备受关注的场地做社区花园，受到阻挠是难免的。由于广场刚刚经历了海绵城市的改造，百花园广场的管理方对于施工动土非常敏感。市民们“我要建花园”的信念再次推动了事件的发展。

当展览开幕时，向所有为之努力过的信阳朋友发出邀请，这是一场弥漫着茶香书香的花园盛会。3 处小小的社区花园终于建成，真正的市民百花园出现了（图 3-10-4）。

图 3-10-4　花园营建过程以及建成后效果

短短的半年时间，借由社区花园的契机，我得以在信阳结识了各行各业的伙伴，看到了不同的风景。与不同的专业团队合作，更是一次难得的学习机会。不管在上海还是在信阳参与社区花园，感触最深的是沟通的力量，专业技术是社区花园的实现途径固然非常重要，但人心间的交流才是需要不断学习的一课。

社区花园面积虽然不大，却凝聚了政府、社区居民、专业者，以及其他社会资源的心血。社区花园很简单，只要想做就总能找到同路人。社区花园又很复杂，连接了人与人、人与自然的关系，是一个承载关系的载体。我相信每个人都能在这里找到一角安放灵魂。

采访专栏

# 汇明心街区发展服务中心刘璟：社区治理从 0 到 1，没有固定的规定可以遵循[1]

谢宛芸[2]　王一如[3]　杨舒捷[4]

## 1　采访背景

访谈受访者刘璟是汇明心街区发展服务中心负责人，也是热爱搬家的新晋上海东明路街道居民（图 3-11-1）。

图 3-11-1　东明路街区发展中心主要成员合影（右二为刘璟，左三为聚明心负责人朱月月）

在城市更新的背景之下，空间营造是一种有力的载体，但其内核和价值是关于人的营造，需要社会创新与跨专业的协作。随着城市发展走向共治共建共享，街区的多方共治将成为促进城市发展活力的有效手段。在此背景之下，东明路街道发起街区共生计划，联合同济大学社区花园与社区营造实验中心与四叶草堂共同支持，前者是上海城市更新活力创城创新实验室和上海市参与式社区规划实践基地，后者是专业社会组织孵化机构。该计划以居民参与行动为实验

1　本次访谈由国家社科基金《城市微更新中居民基层治理共同体意识形成机制研究》支持。
2　访谈采访、整理者。同济大学建筑与城市规划学院景观学系硕士研究生。
3　访谈采访、整理者。同济大学建筑与城市规划学院规划学系本科生。
4　访谈采访、整理者。同济大学建筑与城市规划学院规划学系本科生。

抓手，组织起每一位关心街区发展的共创人成立“街区共生联盟”，共同参与指定多方共建共治的街区治理行动计划，以此促进城市更新基层治理共同体意识的进一步形成。

2022年底，一个独特的组织诞生在东明路街道灵岩南路上名为1138弄的背街小巷里，它便是自街区共生联盟之中孵化而出的在地开放式专业社会组织——东明路街道街区发展中心（后更名为汇明心街区发展服务中心）。街区发展服务中心不仅是街区利益共同体的实体化呈现，更是街区的一个共治组织平台，锚固包含政府人员、社区商户、居民、学者、驻区单位等等多方主体，以联合委托多方共治[5]的形式，发挥社会组织在城市发展、基层治理、共同体意识形成之中的枢纽作用，促使街区共生发展的组织化、制度化、常态化，加速推动东明路街道参与式社区治理实验的探索与实践（图3-11-2）。

图3-11-2 东明路街道汇明心街区发展服务中心诞生记[6]

5 东明路街道街区发展服务中心的发展以多方联合委托共治的结构模式进行，其中东明路街道发挥党建引领政府统筹作用，促进信息透明公正，实现参与式社区规划与社区治理体系的规范化；学者（如同济大学：刘悦来、毛键源等）及社会组织（如四叶草堂等）作为专业赋能团队提供部分顶层架构设计支持及空间更新规划方面的技术指导；汇明心街区发展服务中心作为在地运营主体，负责街道服务运营与维护。

6 汇明心街区发展服务中心诞生自灵岩南路1138弄里一个破败的店铺，难以招租的店铺与迫切需要实践据点的街区共生联盟不期而遇，为珍惜这份缘分，也为了得以进一步实现居民们对于家门口的美好生活愿景，东明路街道联合社区花园与社区营造实验中心、四叶草堂和热心商户、周围居民，以及社会组织一起“盘”下了这个地方。

本次访谈对象刘璟，作为汇明心街区发展服务中心（以下简称为“汇明心”）的负责人也是新晋东明路居民，见证并切实参与了街区发展服务中心从构想到社区“网红”点的全过程。接下来让我们一起在主人公的视角中，共同认识以灵岩南路1138弄汇明心为主开展的一系列街区共生活动及其背后的动人故事。

## 2 访谈问答

**问：通过前期的调查和与您的初步沟通，我们了解到目前汇明心已经完成了诸如专业咨询、技术培训等社会服务类工作，您认为汇明心的存在及此类活动开展，为街道带来了怎样的变化？对您本人而言，又意味着怎样的改变？**

**刘璟：**首先对社区和街道居民而言，变化最明显的应该是多样化资源的引入，包括规划设计类项目的出现及更多高校资源、专业力量的合作机会。以高校资源引入、拓宽合作平台为例，今年街区发展服务中心与上海纽约大学联合创办了校社合作实践基地，以灵岩南路1138弄为实践基点，开展多元参与教学课程（“当刺绣遇上编程”活动、“物物交流”活动等）、红色主题纪录片及老年、儿童友好活动等合作项目（图3-11-3）。此类与高校的交流合作，为在地志愿者、居民们提供了更多学习机会与平台的同时，也给了高校师生一个深入社区开展实践的途径，在双向促进、互惠互利的合作过程中，影响更大范围的居民共同参与其中。

图3-11-3 街区发展中心与上纽大合作工作坊

其次从我个人角度而言，可以从街道情感变化、日常生活的改变两方面介绍。一方面，从参与进东明路街道参与式社区规划、介入到社区运营中来，逐渐熟悉街道的过程中，我也愈加可以感受到街道的生活气息，感受到自己对这种生活状态与环境的喜欢，也正是这种情感的变化驱使下，我做出了改变居住地点的决定，从行动组织者真正变成了东明路居民。另一方面，家庭选址作为地方的一个宜居指标，搬家这一决定也象征着我对街区发展中心（图 3-11-4）、对东明路街道表达出充分的决心与信心。个人而言，将家安在了工作的“战场”之中，未来也会让我更安心、更有冲劲带领团队为社区服务。

图 3-11-4　东明路街道汇明心街区发展服务中心

**问：您带领汇明心街区发展服务中心从 2022 年年底到现在，已经组织策划了多场实践、培训、咨询等多样化活动，您刚才也提到了很多种合作项目，那么这些活动中让您印象最深刻、最难忘的一个活动是哪个呢？能否简单介绍一下该活动？**

**刘璟：**目前来说办得最超出预期的一场活动就是“家庭责任公司”（图 3-11-5），主要体现在参与者积极性与参与带来影响两方面的出乎意料。这项活动主要面向居民招募参与人员，以家庭为单位对东明社区与街区自治案例进行学习，让每个参与其中的家庭可以意识到用自己的力量，在家门口可以实现哪些家园改变，并将自己的想法投入实践的过程。一共有八个家庭参与到活动中，在规划设计导师陪伴下围绕初始主题“在有一笔不多的初始资金前提下，如何建成一个移动图书馆？”展开讨论，并由家庭主导形成策划。在我们团队与其他专业力量基本无介入的情况下，8 组家庭通过积极头脑风暴、组织讨论、敲定方案、统筹规划，在超乎所有人预期的 2 周时间内，将搭载在粉色三轮车上的“移动图书馆”落地了，目前已经开始在街道 39 个社区进行阅读花车巡游活动。

4-5 **IN FOCUS** / THURSDAY, MAY 4, 2023 / SHANGHAI DAILY

## Mobile library helps residents turn a new leaf

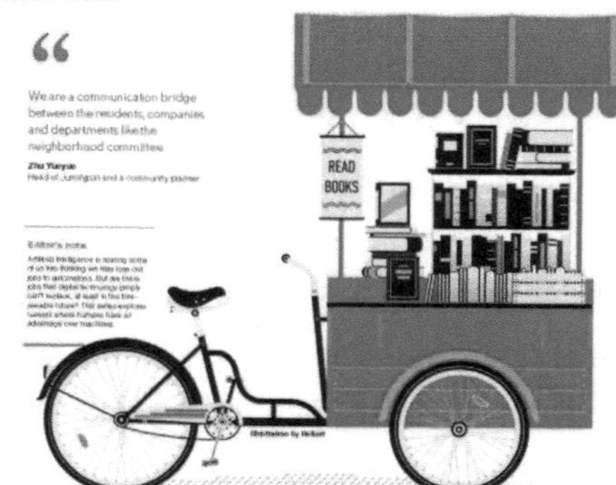


“
We are a communication bridge between the residents, companies and departments like the neighborhood committee

图 3-11-5　“家庭责任公司”活动成果——移动图书馆

这次“家庭责任公司”的活动不仅让所有人看到居民自发共创的决心与能力，也让参与者在其中找到价值与实现。例如项目经理招招（化名），也是东明路街道的一位全职妈妈，最初自愿加入项目负责管理运营时一度不被家人看好，认为其没有收益没有价值，顶着家人朋友的质疑和项目初期的困难，招招没有退缩，仍然选择继续投身参与社区工作。项目落地完成后还受到上海日报的专访与记录，形成跨版报道发布在2023年5月的《上海日报》（*Shanghai Daily*）中，进一步扩大项目的影响力，也受到媒体、设计等其他更多元专业认可。当招招将报道版面展示给家人时，家人才终于由衷感叹“原来这是一件这么有价值有意义的事”，话音一落招招的泪水就不受控制地滑落，这份泪水中不仅包含了项目圆满结束的如释重负、获得家人价值认可的欣慰，更是对参与社区工作的经历开启了她与家人理解沟通大门的感动。

在我们日常生活中即使是最亲近的家人，如果没有合适的契机也无法做到完全的理解，通过“家庭责任公司”这样近在“家门口”的社区项目，改变了家庭对参与者任职的同时，更是有助于提升家庭关系、家庭教育及参与者自身的价值认可。汇明心之于社区也正是一个合适的契机，成为促进社区内部人与人之间真实、有效沟通的桥梁。这也正是我们区别于其他组织而脱颖而出的一大特点，即在社区里干活交朋友，在街区里干活交朋友，打通与社区、街区居民的心理沟通之路。

**问：您认为汇明心街区发展服务中心扎根东明实践至今，遇到过哪些难以解决的困难？是如何打破这些困境的呢？**

**刘璟：**开展社区工作是一项非常创新具有挑战性的工作，过程中遭遇的困难天天都在发生，但无论是过程中与各方涉益者的沟通协商或是对于“好”的标准判定，都是我们在做社区创新服务工作需要自己去探索的“弯路”，社区治理从0到1，没有固定的规定可以遵循。我作为街区发展中心的负责人，相比起如何解决每一个困难或个人得失，我更关注团队的感受；也正是由于团队可以在发展中保持稳定的心态，才得以直面每一个困难并战胜困境。

**问：汇明心街区发展服务中心也正处于介入社区后的黄金上升期，贵组织对于下一步社区工作的开展，有哪些计划和部署可以和大家分享呢？**

**刘璟：**对于街区发展服务中心下一阶段的计划主要可以从纵向深挖（向外结合街镇支持、向内挖掘自身优势）、横向延展（引入投资、吸引更多参与者）几个方面展开。首先纵向上第一点是要结合街道愿景展望，发挥在地组织特长联合共创，以灵岩南路为起始点，以街区发展中心为中心点，持续落实社区福利、专业技能培训等社区工作并逐渐辐射整个东明路街道，计划在明后年可以实现影响范围向浦东新区甚至上海市域范围延展。第二点是向内继续挖掘街区发展中心在地特色，针对“灵岩南路”的工作重心深化六大方向工作，实现跨度上“街区—行政区—市域”，成为上海本土化背景下参与式社区更新实践项目新标杆（图3-11-6）。

另一方面横向上首先是多元化外来资源内容与形式，吸引更多资金、技术、人员投入。例如资金注入上不仅依赖于政府资金支持，更不断尝试基金会合作、商业公司等多方面联动支持，意图未来通过项目合作实现项目组织自我造血、自给自足。其次是通过“宣传播种—学习巩固—实践教育”，改变居民参与想法意愿，吸引更多元人群加入社区、街区营造中，达成社区服务工作更高效、更多元、更可持续化。

图 3-11-6　汇明心街区发展服务中心活动与居民合作开展多项活动、工作坊

## 3　总结展望

2023 年 11 月 1 日，街区发展中心也正式注册成为社会组织，更名为“汇明心街区发展服务中心”，通过联合多方共治的共生模式持续推进街区治理常态化、组织化、制度化，在推进街区六项共生计划、聚焦商户赋能鼓励商户长效参与等方面取得了诸多积极成效。

虽然迄今为止街区发展服务中心成立只不过近一年，但刘璟老师自信地表示，“可以看得到未来 3 年、5 年的变化，有些变化是物理上的，有些变化是心理层面的，这些变化其实在日常的生活、工作中、跟人的交流中都有迹可循”。组织内像工作人员如刘璟一样在收获成就感后的自信、参与居民们过程中的感动与归属感、各大媒体的报道宣传，都在印证着参与式实践的正确性与必要性。像刘璟老师及其带领的工作人员一样积极且甘愿奉献的居民们在东明路街道还有很多，街区发展中心的成功也不会成为独特的唯一。后续在多方共治联合推动的治理模式下，将在东明路街道其他区域实现街区发展中心“四个片区、四个维度”的全方位覆盖与全面支持，促进公众参与式社区规划与社区治理真正的在地化、常态化，为我国的城市社区更新和社区共同体发展提供样本。

2020 年以来东明路街道积极践行“人民城市”重要理念，全面推进“15 分钟社区生活圈”打造精品城区专项行动，通过人人参与、共建共享的方式，给居民与商户带来实实在在的获得感。街区发展中心是一个缩影，东明路街道正依托参与式治理，不断追寻“烟火灵岩，精品街区”的美好愿景。东明实验正是从此出发，积极探索以城市微更新为空间载体，通过促进社群的共同参与行动重塑家园。迄今为止，东明实验主要构建了社区花园、社区规划、萌力街区的参与行动领域，党代会、社代会、社区营造中心、街区发展中心的组织制度建设，以及在地培育、广域网络、重大节事的催化举措，促进公众参与社区更新中的在地化、组织化、制度化、常态化，为我国的城市社区更新和社区共同体发展提供样本。

第四章

# 构建附近网络

## ——研究者实践参与及归纳总结的『附近』

Chapter 04

# 从花园到家园——由社区花园生发的社区共同体意识建构实验

刘悦来[1] 魏 闽[2] 谢宛芸[3] 毛键源[4]

一个小花园的微更新微改造是如何变成社区营造行动的？在由此引发的社区营造过程中推动基层社区共同意识的建构？社区共同体意识这样的大概念和小小的花园是如何进行关联的？这里有一个大的背景，就是当前在社会治理重心向基层下移，强调建设社会治理共同体的当下，城市微更新也随之从空间营造过渡到社区营造。社区成为建设共建、共治、共享社会治理格局的基本单元，其中的小微公共空间也成为微更新建设兴起的关键尺度及开展基层治理的重要载体，承载着多方利益相关者的复杂诉求。其中居民难以形成真正意义上的“共同体意识”成为关键难题，意识形成缺少相应的载体推进、有效运行机制保障，导致基层治理共同体悬浮于概念而难以落实。在此语境下，上海 2015 年开始推动各项社区更新活动，《上海市城市更新实施办法》等一系列文件出台并在社区空间微更新行动计划、社区规划师制度等长效策略探索等方面做出大量尝试。实践层面，我团队的社区花园参与式营造实验通过将自上而下的行政力量与自下而上的基层力量相结合，共建共治共享完成空间更新与社区自治萌发；其中东明路街道社区花园实验以社区共同体塑造为目标，在共同拟定的三年计划下逐步开展公众参与制度化建设的进一步探索，完成超过 100 处社区花园微更新微改造项目，成为社区花园建设基层系统性发展的实践典型。

## 1 城市微更新相关基层治理共同体意识研究

“共同体”的研究由来已久，何为共同体？无论最早如古希腊思想家柏拉图的《理想国》及亚里士多德的“公民的共同体”，15 世纪《乌托邦》或是霍布斯、卢梭等的“社会共同体”，均是西方传统中学者们试图通过倡导共同的理念和精神以实现正义、和谐的人类宜居环境的伟大尝试。1887 年滕尼斯首次正式提出的“共同体”概念指个体、组织等基于相似的价值认同、目标追求等，自觉形成的相互关联、相互促进且关系稳定的群体。我国费孝通则认为其是呈现出“差序格局”的中国“礼俗社会”，用于描述社区成员通过共同的集体意识维系着社会秩序及社会成员间关系的状态。在我国政治语境中，中共十八大首次提出了“共同体”，此后往往与社会治理一同构成“社会治理共同体”理念，自此社区共同体成为社会学研究的重点，其中如何建设治理共同体已然成为我国社会建设的重心与长远目标。近些年关于基层治理共同体的研究主要围绕当下建设中面临的制度、组织、公共参与、意识、认同等问题展开，其中社区认同与意识等居民情感被认为是共同体的根基，对塑造基层治理共同体有着至关重要的作用。关于共同体意识的直接研究尚不多，相关研究分别从文化认知理论、社会资本理论等视角展开分析，主要探讨意识形成的社会背景、情感类型、意识类型、影响因素和意识形成的路径等问

1 同济大学建筑与城市规划学院副教授 社区花园与社区营造实验中心主任。
2 上海四叶草堂联合发起人。
3 同济大学建筑与城市规划学院硕士研究生。
4 同济大学建筑与城市规划学院博士后研究员。

题。意识形成路径上，社区认同等意识与居民互动参与具有显著的正相关性，形成循环互构关系。在共同体意识构建的研究中，建构主义心理学和认知行为理论等指出人的意识形成包含“认知阐释”“行动实践”“情感信仰”等结构要素，因此居民共同体意识的相关研究逐渐转向了以居民参与为核心的路径研究，居民的共同体意识不可只停留在认知层面，须将认知意识转化为实践行动才可以沉淀为稳定的情感意识。

在强调城市微更新的当下，居民对城市小微空间更新中的全过程参与行动有利于真正意义上的共同体意识的形成。其中以植物和自然生命情感为特征的公共空间——社区花园，其不限于用地性质、与居民利益相关度高、参与程度高、可操作性强、情感连接紧密、撬动效应明显，是居民参与实践行动的重要载体，对居民社区意识的形成具有显著意义。

社区花园中的共同体可以意指“人们因为对于园艺活动的喜好或为了丰富社区社交而聚集在一起”，例如社区花园共创小组。参与者们共同协作维护共同资源，其中蕴含的资源共有性与成员间包容同质性也是社区治理的先决条件与最终结果；同时空间之上所涉及的多元权属问题更让社区花园从单一绿地空间变更为开展社区营造建设的责任空间。本文将社区花园定义为民众共建共享的开放空间，其特点是在不改变现有绿地空间属性的前提下，提升社区公众的参与性，进而促进社区营造。总的来说，社区花园通过与基层居民日常生活最为息息相关、居民可全过程参与的特性将人拉回生活的美好与日常中，打破公与私的权属冲突下消费与生产、专业者与普通人、不同年龄段人群之间的割裂；其中的共同体是一个不可或缺的社区治理工具，通过共创共治实现行动合理化，从而使治理手段及结果被多方利益相关者所接受。

## 2 “更新治理—参与行动—共同体意识”分析框架

本课题建构“更新治理—参与行动—共同体意识”分析框架（图 4-1-1），从城市微更新的空间维度出发，通过居民的全过程参与行动，强化居民的认知培育、实践转换和情感沉淀，推进居民基层治理共同体意识的形成。总体结构分为三个层次：

1）行动环境：城市微更新和基层治理类型和方式

该部分主要是对目前城市微更新与基层治理的交叉分析。城市微更新（空间）和基层治理（群体）作为两个紧密相连的领域，“空间场域”和“行为群体”的联结构成了居民的行动环境。该部分要点在于分析城市微更新中的空间类型及参与形式，结合基层治理群体构成及方式分析，找出当下行动环境

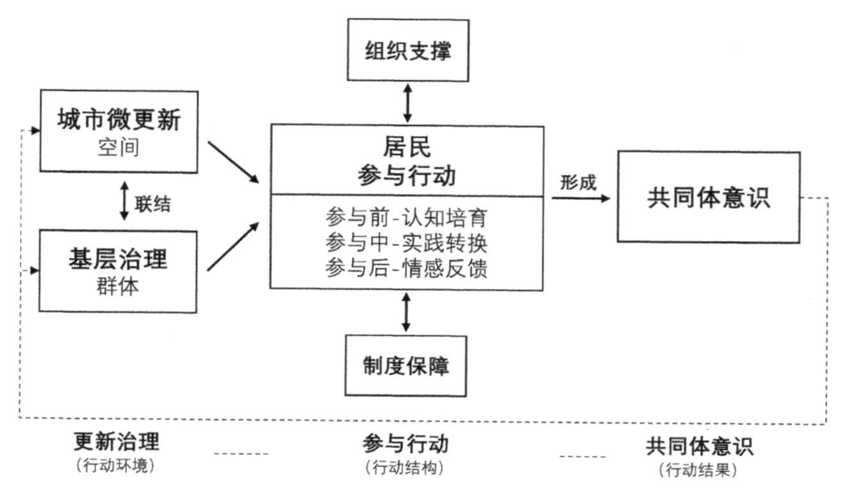


图 4-1-1 分析框架示意图

中的矛盾问题和相应对策。

2）行动结构：居民全过程参与行动结构（意识核心）

该部分是框架核心部分，聚焦行动环境下居民全过程参与的行动结构。人的意识的形成离不开“认知培育—实践转换—情感反馈”的行动结构，因此从培育居民基层治理共同体意识的行动结构出发，该部分为三个层次：

参与前期，居民基层治理共同体意识的认知培育包括所有相关利益相关成员对基层治理共同体中参与式微更新的概念、方法、理论和目标等基础认知培育。参与中期，居民基层治理共同体意识的实践转换（客观基础）：群体意识需要通过实践将主观认知转换为客观行为。参与后期，居民基层治理共同体意识的情感反馈（主客观交融沉淀）：居民经过主观认知培育和客观行为实践转换的交融沉淀之后，便会形成牢固的共同体情感体验，构成“认同感—归属感—使命感”的情感层次。

3）居民参与行动的组织结构及制度支撑是共同体意识形成的客观保障

促使居民参与行动更加组织化、制度化，才得以实现可持续的常态化发展。通过构建起“组织平台—政府—居民—企业—社会”的组织框架及“权利—责任—资金—人员”的制度框架，为开展参与行动的组织及制度化程度分析提供可行的路径，以支撑基层居民参与行动过程的合理化、合法性。

## 3 实证研究：居民基层治理共同体意识主导下的社区花园建设

### 3.1 行动语境：社区花园及其在地自组织类型和参与方式分析

本文立足于团队已开展的上海市社区花园与社区营造实践，以浦东新区东明路街道为研究对象，探索基层治理共同体意识培育建设主导下的社区花园发展机制。东明路街道是以社区花园为抓手开展参与式社区规划实验的一处典型载体，一方面因为其具有充足的政策背景支持，依托于“缤纷社区行动计划”，围绕“宜居东明，人民社区”理念制定出东明路街道三年行动计划；另一方面，该街道具有良好的社区花园营建基础，自 2019 年起就有居民自发完成社区花园实践的案例出现，例如凌兆佳苑“幸福园”和新月家园“心怡乐园”被评为当年浦东新区缤纷社区优秀小微项目一等奖、优秀自治项目一等奖。截至目前，东明路街道已逐步开展公众参与制度化建设的进一步探索，完成超过 100 处社区花园改造项目，链接起超过千人参与到共商共建中，成为上海市社区花园建设迈向系统化发展的实践尝试，是包含政府公有、居民共有、居民专属三类社区花园以及四种公众参与路径（群策群力、多方协商、改造建设及志愿运维）的系统性社区花园案例。通过多类型的花园营建及充分动员居民以多种参与路径实现全过程人民民主，该街道居民们逐渐从社区花园营造发展为对空间更新的参与改造，并在政策及组织制度支持下，逐步走向对公众事务的商讨与提案，实现城市微更新和基层治理的联结。

### 3.2 行动结构：“意识认知—实践转换—情感反馈”的居民全过程参与行动结构分析

参与前期：认知培育是引导居民基层治理共同体意识萌芽的主观基础。

居民对于可全过程参与的社区花园的定义概念、参与方法及目标等基础认知的培育是引导居民基层治理共同体萌芽的首要环节，而对于其他利益相关方如社区居民、政府人员、社区企业、社会组织人员等进行针对性、多层级的认知培育及专业赋能则是保证花园项目得以长久可持续发展的重要保障。以提供多层次能力建设的东明路街道社区规划师制度实践探索为例，目前已在 38 个居民区实现参与式社区规划师全覆盖，通过理论培训、案例参访、项目资源整合及工作坊演练几种主要形式，为街道下一步实践营造阶段的顺利开展提供专业且系统性的队伍支撑。具体而言，基层政府层面的街道干部班子由街道储备干部队伍及青年社区花园小组两支队伍组成；技术支持层面由专业学科背景的社会身份与关心社区发展的先锋居民共同组成社区规划先锋队；基层落实层面由社区各领域技能达人组成居民社区规划小队，负责完成在地人员组织、推广宣传、活动策划及园艺养护等工作；最终由“政府—社会力量—在地力量”共同作用，充分发动全体居民通过参与社区花园实践，提升居民对公共空间关注度与参与积极性，进一步推进居民公众参与及基层治理认知培育。自2020年社区规划师培育计划开启至今，已在“1+1+N”培训模式下开展多期不同层级专业规划师培训，旨在通过支持青年专业型社区规划师、居民为主体的人民社区规划师和小小社区规划师联合多元社会力量的模式下，提升在地社区规划发展能力建设，以理性提案及落地实施可行性来探讨社区共建共创美好家园人民城市的永续路径。

参与中期：实践转换是促进居民基层治理共同体意识形成的客观基础。

居民在前期培育形成的群体意识不可只停留在认知层面，其与居民互动参与具有显著的正相关性，故需将认知共识通过实践行为完成进一步的沉淀才能由主观认知转化成为客观行为。在此背景下，东明路街道以社区花园作为小微空间的先行示范样本，在三年行动计划中给出了详细的实践项目指导安排，计划在2021—2023年期间分三批实现共35个社区花园营建，由可参与式的绿色公共空间改造入手，联合街区、公共设施开展系统性更新行动，逐步实现东明路街道社区花园网络化空间布局。

第一批10个mini花园试点于2020年开启，由居民社区规划小队招募共创居民，社区规划师先锋队提供专业指导，带领社区居民们通过现场勘测、设计表达反馈、共议方案、环保科普及种植课程、花园共建共创等多个环节活动，在实践活动中为参与社区居民赋能，将前期对于花园的认知意识转化为花园营建的动手能力，并在此基础上培育其协同共创和共同议事的自主性。第二批及第三批行动计划于2021年启动，一方面按计划完成十余个mini花园营建，另一方面街道联合同济大学专业团队在政校社合作下，举办两届全国社区花园设计营造竞赛与社区参与行动，依托于“1+1+N”的社区规划参与结构完成30余个小花园营建。其中凌兆十二社区花园建成后，居民们以花园养护运维为核心自发组成“彩之韵”社区自治护绿队，成为进一步发展更多园艺活动的核心，培育带动更多社区居民参与。目前“彩之韵”护绿队已拥有上百名志愿者，在实践之后沉淀出的情感使得居民们自发形成共商共治的队伍与平台，通过对于园艺行动的讨论达成人与人、人与社区之间的情感交互，从而衍生出属于社区在地文化氛围与共治网络，并形成以三林花社为代表的社区社会组织，助推居民的全过程深度参与。在此基础之上，为更好地推广社区自治行动、培育在地社区规划师，引导更多专业力量支持社区规划事业。

通过三期社区花园参与行动计划的逐步展开，带领全体居民在参与社区花园营造实践提升社区公共空间品质的同时，融合了政府、社会组织、社区自治组织、社区集体活动的多层次因素，深度挖掘社区在地精神文化，通过居民可全过程参与的园艺活动，并以街道层面正式成立社会组织——社区规划和社区营造支持中心和街区发展中心，保证公众参与的深度与广度，联结起周边多样社会资源，实现街区协同共生。截至2022年底，东明路街道已完成枢纽型社区花园2个，亮点型社区花园15个，迷你（mini）花园十余个，其他共创小组型社区花园三十余个，涵盖“政府公有、居民共有及居民专有”三种类型空间（图4-1-2）；形成四十余个社区规划小组，培育得出159名居民社区规划师及六百四十余名小小社区规划师，链接起四百多个外部专业参与力量支持，组成参与实践路径包括“群策群力—多方协商—改造建设—志愿运维”四种行为方式。

参与后期：情感反馈是锚固居民基层治理共同体意识的客观基础。

经过参与前、中期的主观认知培育及客观行为时间转化之后，居民已经在主客观的交融沉淀中形成了更多社区情感体验，情感反馈部分依据“认同感—归属感—使命感”的情感深化层次，分析东明路街道居民在参与社区花园行动后的情感变化，以此探究下一步得以如何凝练形成基层治理共同体意识做铺垫。

（1）认同感来源于居民对社区这一空间的情感认可与升华，即把社区当作凝聚共同记忆的家园。其中典型案例是“生活博物馆”项目——由街道、社区、上海大学联合开展的社区创新公共艺术实践。

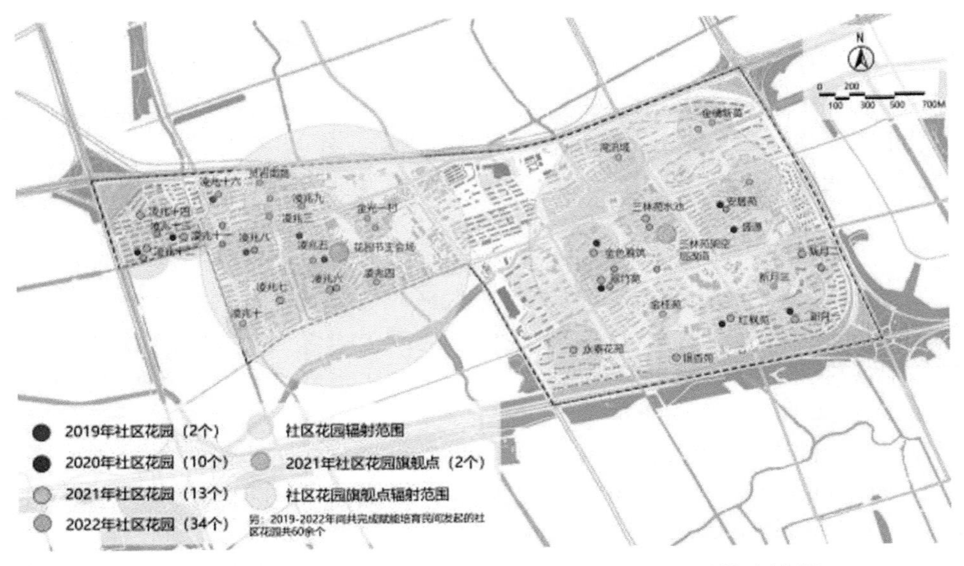


图 4-1-2　2019—2022 年东明路街道社区花园发展及其辐射范围

通过艺术策划将简单物件背后承载的感人故事被收集起来，社区的公共空间将成为一个开放的，凝聚着居民回忆的、活态的“生活博物馆”，居民可以在其中体会到物品中的情感与经历，倾听左邻右舍讲述他们自己的故事，进而了解彼此，找到共鸣，构筑社区共同的文化记忆。居民们通过社区花园的园艺形式被吸引聚集到一起，通过“生活博物馆”等公共艺术活动进一步发掘自己对于社区、街道的认同情感，对于社区认同感的提问，居民们也纷纷表达自己的情感变化。

（2）社区认同感是对于社区环境及生活质量的认可、满意度高，社区归属感则是居民们对于社区的强情感联系、强邻里交往及强社区参与，是渴望实现真正融入社区的乡愁。为进一步形成人人都是社区主人的良好氛围，街道与同济大学和四叶草堂团队联合开展了“花开东明，缤纷社区”——花园节系列城市空间艺术展和参与式活动，以打造“家门口的花博会”为目标，以社区花园公共空间为阵地，以公共艺术为载体，意图打造出“花开东明”系列文化品牌。该系列活动通过主会场改造、花园参与式设计等空间更新形式，连点成面形成社区花园网络，在实践中重建了社区邻里培育公共空间公共精神，也进一步凝练形成社区居民归属感。在 2022 年第二届“‘明’花有主、萌力生发”社区花园节中有一个特殊的儿童舞台剧——《我的乘风花园》，该舞台剧以红领巾少年林长与社区规划师为主角，来源于三林苑花园主理人的亲历故事，所有的参演人员均为东明社区儿童，所有演出服装和道具均由社区儿童家长志愿者参与共创设计和制作。社区居民用课余时间开展了二十多场工作坊，共同完成了最终舞台呈现；完美的舞台效果不仅体现着东明居民对于表演、舞台的热爱，背后支撑他们完成创作的更是对于花园主理人、社区规划师们的感谢以及对于社区、对东明深厚的乡愁，也更体现出在社区花园参与式行动介入后居民们社区归属感的提升与铸牢。

（3）第三个情感层级为社区使命感，社区作为人员最为复杂、利益相关方交融最多的空间场，是每个居民的家园同时也是实现自我价值的场所；认同感、归属感是社区居民对社区空间的情感积累，而使命感则是驱使居民自发为社区奉献，意图在社区事务中实现自我价值提升的第一步。三林苑小区的 L 先生就是具有强社区使命感的一个代表，“我一定要为这片土地种下‘希望’的种子”是他首次参与社区规划师工作坊时就立下的誓言，青年规划师、三林苑逢春园主理人、凌霄苑聚心广场和银杏苑安心园参与式设计师，随着头衔的增多，L 先生的这份与众不同的使命感也感染了家人，他的妻子通过担任花园主理人找到了自己新的事业，成为居民规划师，女儿也参加了小小规划师培育，对这个大家园充满了更多爱与责任，他们一家人都成为社区规划师，参与到街道的社区花园建设行动中，在动手实践的同时也在花园空间里找到了自己的责任与使命。也正是因为有诸多如 L 先生一般具有强使命感的社区规划师支持，才得以在街道内部建立起众多在地共创小组，实现东明路街道社区花园网络化发展，为真正实现居民基层治理共同体意识形成铺垫强大社区情感基础。

## 3.3 客观保障：居民参与行动的组织结构及制度支撑分析

### 3.3.1 居民参与行动的组织支撑

保障居民参与行动得以有效进行的组织建设是居民基层治理共同体意识形成的客观保障，东明路街道搭建起“组织平台—政府—居民—企业—社会”的全过程公众参与组织框架，涵盖协同枢纽平台—政府基层各部门联动—基层居民组织协同建设的多层级协作，配合企业和社会力量的支持参与，实现社区内外更多元力量的联动建设组织架构，以东明路街道社区花园发展建设代表——三林苑小区为例，具体组织支撑下的操作流程如图 4-1-3 所示。

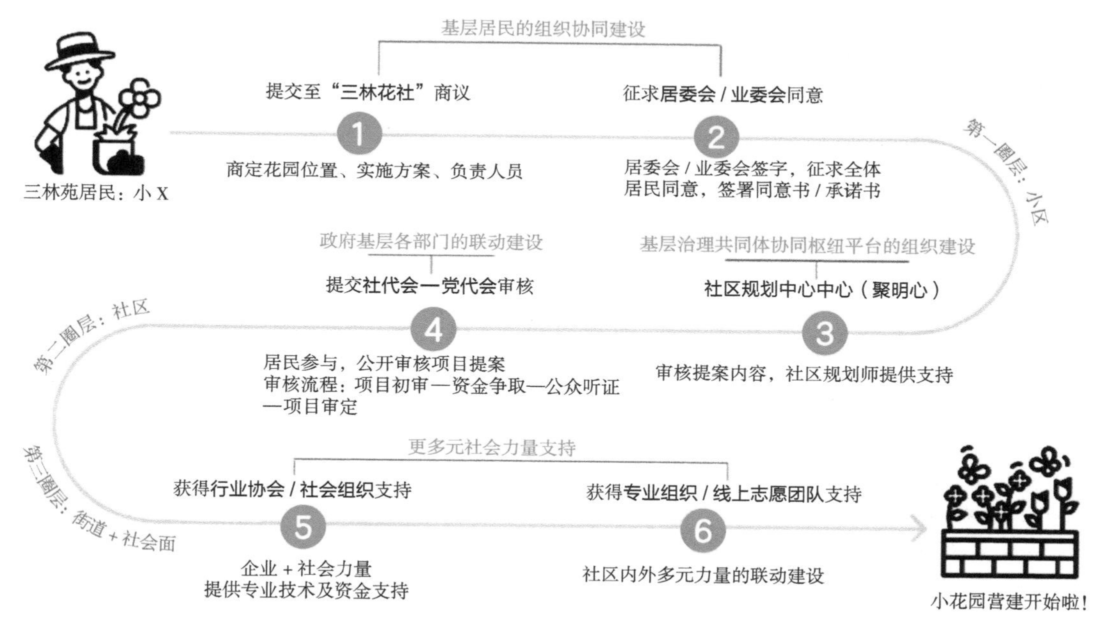


图 4-1-3 居民意图建设社区花园申请流程

### 3.3.2 居民参与行动的制度支撑

基于“权利—责任—资金—人员”的制度框架，东明路街道社区花园网络实现可持续性及可推广性的制度模式如图 4-1-4 所示，首先是基层部门为社会组织及居民部分赋权，给予社会组织及社区居民更多花园项目自主提案权及参与设计营造权利，便于基层部门统筹推进实践；其次由社会组织对“街道管理部门—社会专业力量—居民自治力量”完成专业指导与实践赋能，给积极参与社区花园实践项目及专业培训的居民颁发“居民社区规划师”聘书，约定其参与社区事务的职责边界与权益；在此基础上结合公共财政、企业资助及民间众筹多管齐下，为社区花园更新提案提供一定的资金支持，实现社区花园从自主提案到实现落地后反馈支持实现空间的网络化发展，每个层面均会涉及“权利—责任—资金—人员”的制度建设，以支撑基层居民参与行动过程的合法性。

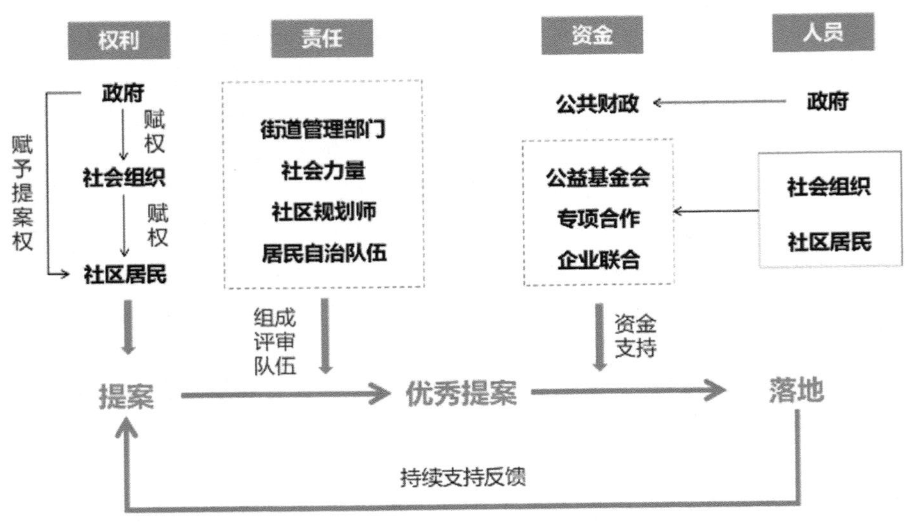


图 4-1-4　东明路街道居民参与行动制度架构图

## 4　共同体意识对于空间更新的价值和意义

东明实验以探索居民基层治理共同体意识形成为主线，通过社区花园的公共性及其对于场地涉益人员所具有的共有性，采用参与式社区规划的方式在空间实践之上激发出居民自主性、主体性，本质上是通过民间力量来自我赋能、来提升公共空间自主服务的一种方式。在行动结构设计上，东明实验遵循"认知培育—实践转换—情感反馈"的居民意识形成路径，通过前期对参与式社区规划的多方宣传及针对性、多层级社区规划师的赋能培育，中期"点—线—面"逐步铺开的社区花园参与行动及街区共生计划，后期"认同感—归属感—使命感"三种社区意识的递进锚固，在花园实践中达成居民自主意识的萌发到锚固。东明实验以参与社区花园引导居民们自我救赎，即从一个被服务的"消费者"的身份中解放出来，成为公共空间的自我生产者。同时，这种生产性需要建立共治的秩序和组织，产生更大规模的行动，实现边界的突破和跨越，进而得以深度影响并产生"以人为本"的社区规划，形成共同体。

社区形成的共同体意识意味着清晰的共同愿景，目标明确，更有利于空间更新设计目标的达成，其最终目标是以共同目标为导向、可以统筹引领发展的共同体形成。经过对东明路街道参与式社区规划实验的全程观察及居民感知调查，居民经过对社区花园的全过程参与，在营造过程中分别会培养出基层治理共同体中空间建设上利益来往、空间使用上的情感共鸣、空间管理上的价值共享和空间维护上的生活共同；即呈现四种不同层次类型的共同体意识体系，即"利益共同体意识、情感共同体意识、价值共同体意识和生活共同体意识"的四位一体共同体意识。

利益共同体、情感共同体、价值共同体和生活共同体在社区层面最终有概率合体，形成社区发展共同体。在 2016 年创智农园实验中，居民作为社会力量的主体通过社会组织动员与培育形成社区发展共建方，已被证明为有效的社区开发共同体模式之一；东明实验中更是出现系统性整理力量支持下的内生性街区发展共同体的形成。近几年特别是 2022 年底针对 2023 年街区发展社代会提案中，凌兆一村居民区超过 25 位居民接龙支持社区外靠近中环路边的荒废空间激活成社区口袋公园的提案，以内外的互动实现更广域的资源统筹和发展指向。当知晓这块土地并非街道权限所能统筹时，基于对发展的共谋，居民们开始通过“随申办”进行人民建议、金点子以及诉求提交进行办理，并积极谋求人大代表和政协委员等更高层级的公共权力代表进行沟通与提报。

街区发展共同体超越了居住小区，更加关注资源的统筹，有更强的在地属性，这种在地是共同体会把利益关注情感投射到“附近”以达成邻里关系的重新建构，其组织方式更具自组织特征，同时可以有效减缓城市更新的士绅化。东明实验的重点已开始向街区发展中心筹划转移，自 2022 年启动中看到的共生计划价值，社区 – 街区互动的共生联盟已经初步形成，正在孵化出多方协商的提案计划，提交社代会、党代会，推动共生在街区治理中的枢纽作用。街区发展中心正在进行社会组织的注册，也将形成多方主体提案的常态化、组织化，最大化支持多方主体参与行动，这将决定未来街区的发展。

街区共同体对于社区规划的反馈机制：规划设计 – 营建实施 – 运维管理中全过程的良性互动与反馈。针对小体量空间，街区共同体可以自发进行系统资源调配，实现自主规划设计、营建实施和运维管理，自发进行社区开发合作；针对复杂空间项目，街区共同体可以其共识的引领性实现主导，采取有效措施购买专业力量方式，形成不同空间尺度下共同体反馈机制的理想范式。对于政府管理部门而言，街区共同体有助于实现基层放权，推动完善组织和制度化建设，实现更大范围人群“家门口创业”；对于居民而言，则是更有机会参与到社区更新中，通过参与塑造更美好的生活。

## 5　结语与展望

以东明实验为例的街区共同体共生计划是一场空间共治的先锋实验：街区共同体是促进街区发展的增长联盟，作为社会实践探索，希望以此推进城市更新、城市治理、社会发育社区共同体、公众参与的研究。共同体由街区共创人结盟而成，包括社区居民、商户、政府工作人员、学者、驻区单位代表等形成街区共生联盟。联盟聚焦在街区发展的方方面面，包括街区的发展规划、环境提升、业态提升等。其目标是开放融合政府部门、社区企业和社区居民等力量，将社群多方诉求转化街区发展的萌动力，共同促进街区发展。街区共同体的组织实体是街区发展中心，将成为街区多方主体的共治组织平台，锚固多方主体，促使街区共生的组织化、制度化、常态化，共同推进街区发展。

综上，针对城乡居民基层治理中难以形成共同体意识之问题，东明实验基于居民参与式社区规划更新行动，研究空间之上共同体意识形成情况，即通过实证案例验证以社区花园为载体的参与行动路径促进意识形成可行性及意识对空间反馈作用，以期为优化城市微更新中以人为本的规划设计方法提供了工作模式参考。

# 一个屋顶花园的启示——社区可持续发展的新契机[1]

王本壮[2]

## 1 故事的起点

2016年6月，一个炎热的夏季午后，长鹏社区管委会萧主委拿到市政府环保局的公文，是有关设置屋顶花园的说明会邀请。主委抱着试试看的心情参加了说明会，想说若是真如公文所说的：屋顶花园能够降低高层住户室内温度，又可以变废为宝、净零减碳，达成联合国可持续发展目标（SDGs），真是一举数得。

萧主委在参加完说明会后，发觉在小区的大楼设置屋顶花园，除了前述的好处之外，还可以让小区里跟他一样爱好种植的住户们，平时可以一展绿手指的好身手，收成时也能彼此分享联络情感。于是主委很快地找到几位有兴趣种植跟后续认养的居民，一起报名参与环保局办理的系列课程，并在课程学习后，申请行政部门的补助，亲手完成屋顶花园的基础设置，并且成立了一个社区屋顶花园管理小组。

## 2 问题的产生

萧主委回忆说："一开始的屋顶花园其实只是几个很简单的一平方米大小的植栽箱，薄薄的一层大约10厘米不到的有机黑土。在管理小组的讨论与实验种植后，先试着种些叶菜类的植物，再看看效果如何。"

当绿油油的芽叶冒出土壤，欣欣向荣地生长时，楼栋内的几位住户开始提出一些问题：

"这屋顶的植栽箱会不会影响房屋的载重啊？对居住安全会不会有危害？"

"植物浇水时，会不会造成顶楼的积水或是渗漏啊？万一浇灌系统故障，水会不会沿着楼道流进每一户……"

"种的叶菜类植物要不要施肥啊？这肥料会不会有臭味呢？收成的蔬菜怎么用……"

还有住户注意到一些更深入的问题……

"屋顶层是楼栋居民共有的供住户们公共使用的空间，做成屋顶花园是不是独厚某些人，限制了其他人的使用，不公平啊！"

"做这屋顶花园需要一些经费吧？钱从哪里来的啊？该不会是擅用属于大家的社区公共基金吧？还有日后的管理维护营运等等，谁来负责……"

一连串的问题开始涌入到社区的线上群组，也引发了热烈的讨论。萧主委跟管理小组的伙伴们警觉到之前的行动可能欠缺了一些跟小区各楼栋内所有住户沟通，于是立刻运用之前环保局上课时的教

---

1 本文取材自联合大学硕士何胜杰硕士论文访谈记录。特此说明并致谢忱。

2 联合大学建筑学系教授。

材进行一些简单的回应，例如：屋顶载重、浇水、施肥等的基本问题。萧主委宣布建立一个社区屋顶花园议题讨论的专属群组，让关心的居民都可以加入，进行直接的讨论。这个社区屋顶花园群组还邀请了环保局的行政人员及他们推荐的几位协助辅导的专家们一起加入。不管是种植的问题，或是相关的法令规范、资源补助申请等，都可以在群组里讨论，而且大多可以得到及时的回应与答复。

## 3 营运的过程

慢慢的，居民的疑虑获得解答，社区管理委员会也做成一些决议，如管委会另外成立社区屋顶花园的管理组织，视同一个社区的社团；比照相关的规范，所有的财务与维护营运等都应自给自足。这个结果虽然不是人人满意，但的确是让社区屋顶花园在法治化的部分跨出一大步。有了基本的设置合法性，然后再一步一步地提升，让其合情、合理。

首先，有关大楼屋顶层空间是专属于该楼栋住户使用的这部分，经过讨论的决议是尊重屋顶花园设置楼栋的住户优先认养权利，而获得认养许可非本栋住户或是协助维运的外部专家等，则可经由申请而能适度自由进出。在符合相关建筑法令的规范下，若在其他楼栋屋顶设置不同功能的使用空间时，各栋住户都有相应的权利可以使用，以提升各楼栋居民间的良性互动交流。

其次，在屋顶花园所需经费，以及植栽、维护所需要的资源这部分。初期的设施是经由申请行政部门的补助得以建置。在几位热心爱好种植的居民提供种子与菜苗的情况下，朝向社区农园与可食地景的方向发展。期待借由一些作物的收成能产生良性的循环，支持新的种子与菜苗的获取。而一个重要的关键是，在经历初期的尝试与付出后，社区对于屋顶花园的努力，获得行政单位连续两年的竞赛奖励，得到两笔奖金，得以用来改善相关的设备。这样不仅扩大了种植的面积，更提升了植栽箱的质量与其他支持性设备，例如浇灌系统、厨余堆肥、屋顶排水防漏，以及隔热降温等。让居民的疑虑解除，反对的声量也趋向平息，甚至二次的获奖让社区成为周边地区的典范，不仅有其他的社区组织来观摩，学区里的幼儿园与小学都要求来参访，希望能合作成为学校教育的一个环节。

就在这样的氛围下，社区屋顶花园逐步确立朝向有作物产出的屋顶农园的形态持续进化，而对于农园营运管理的共识，以及规约的拟定经过多次的调整修改而终于达成。共识中最重要的是基于“谁主张、谁负责、谁受益”，以及“使用者付费”的两大原则，让认养付出者有享受回馈的权益，并通过所谓的“公田私田”的机制，一年一期，开放申请认养，让所有的住户都有机会共享农园的美好成果。

## 4 持续的发展

从 2016 年开始的社区花园项目，能够一直持续的执行，几位早期就开始参与的居民在接受访谈时分析指出下列四点：

（1）初期行政部门的鼓励与支持是个很重要的起点，而且伴随着系列性学习课程及自主性的补助申请的要求，还有如同速食业者“得来速”般的实时线下与在线的辅导陪伴机制。诸多的配套措施，都让参与的社区居民们在面对问题与困境时，能够适时地获得支持与协助，并有效的提出对策，顺利解决问题。

（2）整体社会环境对于可持续发展目标（SDGs）融入日常生活的要求，处处可见、时时可闻。社区居民们也觉得尽自己的一份力量，在寸土寸金的都会型社区中，推动社区屋顶花园的计划，应该是一个可行的方案。而从种植产生的浇水、施肥的工作，就可以直接连接到生活中的雨水、家庭废水的再利用，以及厨余、中庭落叶等的堆肥制作等。这些都是能够在生活中有效对应净零减碳、减废的行动。居民李小姐以自己为例，说道：“在认养屋顶花园的农作植栽箱之前，我都不知道平常洗米、洗碗的水都可以再利用。选择天然无毒性的洗洁剂后，一些清洁洗浴的用水也都可以回收来浇灌，不仅节省水费，身体皮肤也变得更健康。”她接着说：“还有生厨余的堆肥制作，让农作物的生长变得更好，吃起来安全更是安心。种植过程中看到绿色植物的日渐成长茁壮，真的是很疗愈啊！”

（3）社区屋顶花园走向农园的发展方向其实是可持续发展的一个重要转折点。刚开始社区花园项目时，营运小组的志工们担心引发太多争议，想先种植一些观赏性的绿色植物与花木。只是初期的植栽箱太浅无法种植多年生的物种，再加上景观性的植物所需要的照料比较简单。因此，志工们的参与感及成就感一直提升不了。然后，在喜爱耕作的主委提议下，大家先小范围地挑了一个植栽箱试种可食的叶菜类作物。大约两周的时间就有了收成，激起了志工们的动力。于是在改善植栽箱后，开始寻找一些同样可食但也兼具观赏性的植物，例如西红柿、辣椒、薰衣草、迷迭香、各色羽衣甘蓝等。吸引了新一波的住户认养，也因为农作需要更多的关照付出以及伴随的甜美收获，让之前为了解决问题而设置的在线社群成为学习观摩、交流分享的重要传播渠道，也让更多的居民开始关切，继而加入社群，成为“吃瓜群众”的一员。

（4）发展成农园，开始追求作物的产出之后，新的问题也随之而来，如施肥、有机种植、培养土壤等。这时候，专业者的协助跟更深度的学习就成为进阶的门槛。所幸，都会型社区住户们卧虎藏龙，社区的一位居民许先生本身就是有机耕作的专家，并且发展出一套“蚓菜共生”的设备系统，以模块化的方式，降低设备以及人力成本，还能缩短生长时间，增加作物产能。让部分传统土耕的植栽箱，以“公田”的性质，再进化为运用蚯蚓分解生厨余产生养分的水耕方式，进行立体式的多层植栽，增加的收获提供了可供社区公共运用的产值，也同时强化了屋顶农园可持续发展的基础。

## 5 未来的愿景

社区屋顶花园的角色在这两年多来新冠肺炎疫情的影响下，不仅没有式微，反而因为住户们的居家时间变长，以及家户单元室内活动空间受限，一般性的户外公共空间不易控制人际距离等考虑而愈发受欢迎。大楼屋顶空间这类楼栋住户专属，具有社区半私密空间性质的室外开放空间比以往更受到重视。因为一方面，居民在这里可与阳光、风、雨接触，在都市环境中体验大自然的变化；另一方面在避免疫情的扩散下，居民还可以维持楼栋范围内相邻较熟悉的住户间的人际关系。所以若是能针对居民的生活需求，赋予楼栋屋顶空间新的功能，这是双赢的结果。

长鹏社区应运而生的屋顶花园，在行政部门、社区组织、专业人士，以及居民同好团体的四方共同努力下，跨过一个接一个的关卡，经过长期的“协商实验”与“磨合实践”，建立了社区发展屋顶花园“农园化”的方向共识，并且明确了各个参与主体的权利、责任与义务关系。尤其是“公田”与“私田”的机制设计，让个人的利益与社区的公益能够紧密结合，进一步顺势朝向“社区微产业”发展，对于相同类型的都会社区而言，不啻一种社区经济的新思维与新路径。其实，社区的屋顶花园只是一种操作模式跟执行手段。真正重要的是，所有参与者在这个过程中的学习成长，以及情感记忆的链接，因而促成了社区居民的理性自治与社区组织的韧性治理，一个理想的、更为美好的现代化生活社区于此诞生！

# 社区花园是一场有意思的社会试验

常 莹[1] 季 琳[2]

## 1 愿景[3]

苏州市吴江区松陵镇（现松陵街道）是我国著名社会学家费孝通先生的故乡。费孝通的老家位于原松陵镇富家桥弄。如今在离富家桥弄不远处的松陵公园内，建有费孝通先生纪念碑（图 4-3-1），很多费孝通迷会前往瞻仰。说碑其实也谈不上碑，其实是一块置于几级台阶之上的巨型的石头。因为非常不起眼，很容易被错过。碑上刻有费老在《吴江的昨天、今天、明天》中的一句话："逝者如斯而未尝往也。生命、劳动和乡土结合在一起，就不怕时间的冲洗了。"网络上经常会把费孝通纪念碑和费孝通墓混淆。费老是否下葬于此，就连本地人也说不清。有人说碑即是墓，有人说墓下只有费老的随身衣物。不论是墓与否，都不影响游客前来瞻仰的时候，内心对费老的尊敬和崇拜。

图 4-3-1 松陵公园内费孝通先生纪念碑

在松陵公园二公里外，有一条非常有市井气息的油车路。沿着油车路两边是松陵镇较早规划建设的多层小区，属于典型的老旧小区。我们今天介绍的社区花园位于鲈乡二村小区内，属于苏州市吴江区松陵街道二村社区。鲈乡二村现共有住户约一千三百多户，其中外地户籍住户占一半以上。2020 年 6 月，鲈乡二村被列为苏州市首批老旧小区改造的住建部国家级试点之一。为了贯彻住建部在老旧小区改造中"共同缔造"的主导思想，西交利物浦大学团队与同济大学、上海四叶草堂青少年自然体验服务中心合作，引入上海社区花园的经验和技术，在鲈乡二村打造社区花园试点。当地政府寄望通过社区花园的建设，挖掘本社区的志愿者资源，鼓励居民作为社区主体参与到小区环境提升改造的计划，从而共同构建一个"共建共治共享"的样板。项目的主管单位松陵街道的相关领导也非常开明，他们表示："社区花园是一个新事物，人们接受新事物需要时间，要有个两三年才有可能稳定下来，你们就慢慢弄吧。"

## 2 从"负一"到"一"的营建

在鲈乡二村引入社区花园试点，是抱有一些个人的"私心"和个人情感的。"私心"是希望能在费老的故乡做一场社会试验；个人情感是希望能身体力行地为苏州这片土地付出点什么，一方面是因为

1 西交利物浦大学城市规划与设计系副教授。
2 利物浦大学西交利物浦大学博士联合培养在读博士生。
3 本部分内容受西交利物浦大学重点项目建设专项 KSF-E-58《长三角生态绿色一体化发展中的微景观再生的作用——社区花园对生态及老年健康恢复效益的检验》资助。

在苏州生活了十多年，另一方面是因为感恩在武汉疫情期间江苏各市、县争先恐后支援家乡武汉。

带着无比的热情和决心，我们开始了在鲈乡二村的社区调研。调研结果却让很多同学立马对营造失去了信心。

与普通老旧小区不同的是，鲈乡二村小区包括了 80 年代初的职工宿舍，90 年代的低层还建房、福利房，以及新建的多层商品房。居民包括退休机关干部、普通职工，以及新吴江人。居民混合性程度高，居民构成复杂。不仅是新老吴江人之间存在隔阂、缺乏信任，本地人之间社会关系复杂，历史矛盾甚至积怨都有。在项目初期，居民对于我们是不熟悉、不信任，甚至反对的。居民对于邻里关系也是不信任、猜疑甚至不抱任何希望的。

对于锁孔花园，老人的最初反映是像坟堆，围绕着一块石头，“每个堆里面正好有一个洞，让人进去拜拜”。

“我们这里是小地方。苏州一个大学的（副）教授，跑到我们这里来干什么。”

“谁来给你浇水呀？”

“喜欢花的人都喜欢自己在家里养花，谁会给公家养花呀。”

“社区花园在这个小区里是不可能的。平时偷花的人都很多，今天种了明天就没有了。”

“二村的孩子太会玩了。那些外地人都忙着上班，没有时间管小孩的。他们的爷爷奶奶也不管他们。”

“外地人在这里住段时间就走了，跟他们说也没有用，刚刚教好了又走了，又来新的。”

很多行动者，特别是缺乏社会经验的同学们，听到这些话可能都会打退堂鼓了。这些让人有些沮丧的话却更激起了我的好奇和决心。我常常问自己，如果费老调研二村，他会发现些什么呢？在感到迷茫的时候，我会去参观开弦弓村的费孝通纪念馆，从费老的一生中汲取精神力量。在我心里，已经做好了准备，即使社区花园最后失败了，这也是一场非常有意思的社会观察和试验。同时，如果我们把话“反”过来听，就可以从居民的“反话”中听出对和睦友好、理想社区生活的向往，只不过这些内心的向往被过去的经验、失望甚至创伤所束缚，才会选择隐藏，甚至故意说“反话”。

经过一年多的营造，我们组织了几十场活动，初期几乎是每周一场，每年春天和秋天进行大补种。前前后后有正式记录的有来自二村、三村三百多个家庭参加过营建过程，参与的活动包括参与式工作坊、厚土栽培、锁孔花园种植、鲈鱼宝宝形象设计、昆虫旅馆与蚯蚓塔搭建、岩石花园搭建等。还针对新吴江人的文化融合组织了费孝通读书会、乐居鲈乡吴江历史文化讲座（图 4–3–2）。团队在 2021 年 3 月正式注册“花开鲈乡 BloosomInWujiang”微信公众号，记录和分享社区花园建设与维护的点点滴滴。更多营建过程和感悟，在公众号上有详细的记录。

如今已经建成的鲈乡二村社区花园位于小区中心广场的西侧，主要包括“石里花开”锁孔花园、疗愈花园、万景园、沙坑、生态池、科普墙与工具小屋。（图 4–3–3）其中最具特色的是万景园。十几盆盆景全部由居民捐赠并维护，其中部分盆景是由二村绿化修剪下来的树枝经过多年的养护而成，具有非常高的观赏价值和意义。人气最热闹的是五个锁孔花园。每天这里白天有老年人一起聊天、晒太阳，有二十位老年志愿者轮流看护和维护花园；放学后二村、三村的孩子们都喜欢到这里来活动；晚上有年轻的志愿者们轮流浇花（图 4–3–4）。

## 3　三分种，七分养

在完成了从“负一”到“一”的营建过程后，才发现“三分种、七分养”，运营维护阶段最具挑战。不仅仅在国内，国外的社区花园的长久发展也面临着各种各样的阻碍与挑战。德拉科（Drake）和罗森（Lawson）调查了美国和加拿大的 8 550 个社区花园，发现在 2007 年至 2012 年共有 1 615 个社区花园没有持续下去。通过文献回顾，我们发现，土地、花园资金和参与者三个方面是影响社区花园长久持

图 4-3-2　新老吴江人学习吴江文化

图 4-3-3　鲈乡二村社区花园

图 4-3-4　青少年参与社区花园营建和维护

续的主要问题所在。土地相关的因素主要表现在没有足够的绿地以及未获得官方正式的土地使用权。资金的缺乏会影响到花园资源的获得以及进行花园相关的活动与任务，如购买工具或举办庆祝节日。缺乏热心的志愿者也是社区花园衰败的一个常见原因，而且参与者的参与热情会受到破坏、偷窃等行为的影响。其他问题包括低质量的土壤，难以获取的水资源、对化肥和种子等资源的持续需求、园艺技能和教育培训的缺乏。此外，柯恩（Cohen）与瑞诺兹（Reynolds）还表示低收入社区和有色人种社区在维护花园会遇到更多困难。

以上这些困难在鲈乡二村的社区花园运营维护阶段几乎都遇到过。我们发现最大的问题不是来自花或者植物，而是志愿者社群的维护。

2020 年春天，我们开始组织十多位积极居民志愿者轮流给花园浇水。这些志愿者以新吴江人为主。2022 年 1 月，为了让志愿者们的付出得到官方的认可，团队正式申报成为“吴江新时代文明实践平台”的志愿者服务团队，并取名“鲈乡美美花园爱心园丁服务团队”。借用费孝通先生言道：“各美其美，美人之美，美美与共，天下大同”。希望新老居民们从欣赏自己创造出来的美，到包容他人创造的美，再到相互欣赏、赞美，不断融合，也喻意环境和行为都美。在成为官方认可的志愿者团队后，志愿者参与社区花园的时间可以在平台得到累积，从而有机会可以参与街道或者市级的优秀表彰（图 4-3-5）。2021 年 7 月，我们组织了西交利物浦大学设计学院社区花园国际工作坊，同时街道、社区领导为志愿者颁发了纪念品。

图 4-3-5　居民和吴江中专志愿者活动及表彰

但是我们做过针对志愿者的深度个人访谈后，结果却发现志愿者之间互相并不知道对方的姓名，特别是异性之间，年轻的父亲或者母亲不太好意思和异性太多交流和互动。另外一个主要发现就是几乎所有的被访者都认为一旦核心高校老师不进行在地服务了，社区花园就会散了、败了。志愿者对高校力量的信任让人感到欣慰，但是如此依赖外部力量同时说明居民领袖还未出现，社区花园离居民自治的目标还很远。

另外还发现的一个问题就是场所被贴上了“亲子”的标签，很多老年人认为花园成为孩子们主要玩耍的场所，老年人的所有感、主人感非常弱。社会融合的目标并未实现。同时青少年因为缺乏引导和教育，过度消费甚至破坏花园。青少年的不文明行为甚至影响了老年人对花园的感知和使用，加深了新老吴江人之间的矛盾。

2022 年初上海、苏州受疫情影响较大。线下活动无法开展。在此期间，团队尝试系列线上园艺直播课程，线下植物育苗分享，花园拍照打卡监督等措施，但取得的效果甚微。通过在菜鸟驿站发放种子和小苗的方法，普通志愿者社群仍然在壮大，但是缺乏凝聚力和稳定性。很多新加入的志愿者进群后不久就退了。

## 4 社区规划师还是“妇女主任”？

志愿者社群的发展陷入了困境。我们不断思考：如何保持志愿者的参与热情？如何建立匹配的福利制度？面对种种突发事件如何解决？由谁来解决？

问题出在我们一开始对自己的定位不清晰。从建设初期开始，带着巨大的热情和使命感，我们组织了很多活动，结果是大家都认识了我们，但是互相不认识。我们和很多居民的联系都是个人对个人，渐渐地我们成了这张网络的核心。浇水、自然衰败、人为破坏，所有的信息都汇集到我们这里来。街道领导曾形象地比喻我为妇女主任。在刘悦来老师和家人来二村交流时，他夫人也很赞同说刘老师也像妇女主任一样，接触的人多，操心的事情多。

我们鼓励驻地社区规划师，扎根社会，但是很难能说清楚驻地、扎根的度在哪里？社区规划师就是妇女主任加设计师吗？有时候我也对自己的身份产生了困惑。但有一点我们非常肯定，如果社区规划师成为领袖和灵魂人物，从自治的角度来说是失败的。

如何实现居民真正地主动参与，如何发现和培养居民领袖，居民领袖如何有力量和信服力，以及项目负责人与居民领袖之间如何过渡、权责转移，成为我们思考的主要问题。

## 5 三次突破

直到社区花园的第三年，我们才找到了志愿者团队建设的有效发力点。第一个突破是依托现有的兴趣社群，打造热点。在一次回访中我们了解到，在 2022 年疫情期间，因为老年日照中心暂停对外开放，乐器团的老年人便经常在花园里排练。于是我们便顺势提出要为他们举办一次音乐节，让他们排练的成果有展示的机会。为了更好地鼓励参与，我们满足乐器团的需求，为他们提供经费购买了排练需要的音箱。乐器团的成员们都非常开心，排练进来劲头十足。在音乐节上，我们也请来了社区领导同时为浇水、巡逻的志愿者们颁奖，分享感想（图 4-3-6）。音乐节的成功，给予志愿者充分的尊重和肯定，极大地调动了志愿者参与的热情，增强了社区的凝聚力。

第二次突破是和日间照料中心合作，组织了二十多位老年志愿者到苏州农业职业技术学院相城基地参加了培训和团建活动（图 4-3-7）。苏州农业职业技术学院的朱旭东教授带领大家参观了国家球宿根花卉种质资源圃，并赠送鸢尾给参与者。午休后我们组织了大家分享对社区花园的感受、选出了七位小组代表，并对分组轮流监督值日进行了排班。出乎意料的是，志愿者还提议说社区花园音乐节需要常态化地办下去，并且需要进一步扩大一支新的朗诵队，进一步歌颂赞美花的文化，花园的美好生活。

第三次突破是鲈乡二村社区花园正式挂牌成为鲈乡实验小学劳动教育实践基地。从社区花园营建初期开始，为了挖掘新吴江人中的志愿者，我们就和周边的小学合作，通过“家长课堂”平台，开展了爱心园丁、小小规划师、小小建筑师、小小景观师、公益园主、社区五好小公民等职业体验活动，完成了从平整场地到施工放线、施工监督、生态堆肥、厚土栽培、昆虫屋、岩石花园、锁孔花园种植、标识设计制作，以及花园维护的系列学习和公益劳动。2022 年推出“社区五好小公民”项目，和学校合作引导同学们在暑期的文明行为（图 4-3-8）。

图 4-3-6　鲈乡二村社区花园音乐节及志愿者表彰

图 4-3-7　老年志愿者在苏州农业职业技术学院相城科技园进行团建活动

图 4-3-8　鲈乡实验小学社区五好小公民暑期项目教育引导文明行为

## 6　社区花园的价值

三年中我们虽然没有过想放弃的念头，但信心尽失、感到无力的时刻还是有过的。有几件“小确幸”的事情支持我们一直走了下来。第一件事情就是花园带给居民的实实在在的疗愈性。听说有一位肺部重症患者每天清晨在香草花园练习深呼吸，帮助自己恢复。也有老年人晨间会在花园里打太极。年轻妈妈说每当她心情不好的时候就喜欢来花园走走，就会感觉放松了。还有年龄最大的志愿者、独居老人沈奶奶说，她每次来花园都能和姐妹聊聊天，一起晒晒太阳，感觉很开心。第二次受到触动是听到志愿者说：“你（们）改变了二村、三村。整个风气都不一样了。二村、三村感谢你（们）。”第三次是曾经反对花园建设的居民成为志愿者团队的核心，从曾经的“不可能”到“（对社会）看到了希望”。在志愿者微信群里，分享了这样一段话——“今天，我和老姜散步回来，走到小区花园边，只见淡淡的灯光下，一个美丽的人影，默默地拿着水管，为花园浇水。老姜忍不住拿出手机，录下了这平凡而又不平凡的影像。说平凡，那普通的浇水也没什么高贵，说不平凡，当今社会能有多少人不贪报酬，不计荣誉，做出如此高尚的行为，而且二年多来一直默默无闻地坚持着，这些人他们一周一轮换，自己没空就叫爱人来，或叫读书的子女来，这是多么难能可贵呀，每当看到他们这种精神，我也看到了希望！”

## 7 似“花”非“花”的社区花园

“社区花园”这一词的主体是花园，很容易让主管单位、行动者、居民、赞助单位误解为营造的主要目的和重心是要呈现一个花园。当我们一直以维护花园的主要目的组织志愿者的时候，也发现缺少持续的个人和团队动力。花对人的吸引是有限的，有季节性的，也是有选择性的。首先，缺乏养花技巧，或者过去养花失败的负面体验，就足够成为一位潜在志愿者选择不参与的主要原因。而且很难在短时间内提升养花技能。我们的经验发现，能长久吸引志愿者每天来花园打卡的，除了花园带来的美感和疗愈性之外，更重要的是在这个地点可以和其他人互动，有信息交换，分享照片后获得他人的赞美。也就是马斯洛需求层次理论中的审美需要（追求和欣赏美）、社交需求（友谊、爱情、亲情）以及尊重需求（自尊、自信、成就、认可）。这些需求的满足可以提升个人价值感和幸福感。

## 8 如果你也是社造新手

随着社区花园营造社群的不断发展，可以参考的优秀案例越来越多，社区花园的价值得到越来越多的认可，吸引了越来越多的个人和组织机构参与到社区花园营造中。其中有很大部分是高校学生。学生们的优势是有热情、有精力、有基本的专业技能，这些都是社区花园营造的基础。以下是根据我们自己的经验，对初次尝试社区花园营造的行动者的一些建议。

做好充分的准备后再开始。社区花园营造需要更多的相关知识、技能和工具的储备。在现场最好能找到支持你的社区、机构和居民，帮助贮存一些物料和宣传资料，这样可以节省很多精力和不必要的花销。初期实在是找不到理想的场所，可以通过投其所好、赠送花卉、小工具的方式交换需要的空间。老旧小区一般都有一楼的车库或者顶楼的露台，通常这些居民都是爱花之人，更容易获得他们的支持。

对于发起者，在进行初次社区花园营造之前，需要思考如下几个问题：

（1）对于新发现的支持者，我的团队如何和他们保持有效的交流和联系？如何保持新社群的热度？如果将这些支持者组织到一起？

（2）对于大量的新信息，包括志愿者信息、社区调研信息、相关知识信息、行业信息、活动信息，如何有效地管理和分享？如何做好高效痕迹管理，并更好地用于宣传和动员？

（3）在我的团队中，谁最适合负责物料询价、采购和管理？

（4）这个小区有哪些已有的文化社群有可能和社区花园进行联结？

（5）周边小学、幼儿园是否有和自然教育相关的课程可以合作？

社区花园的初始宜小不宜大，坚持先有人再有花，根据参与者的人数来确定花园的大小。如果条件允许，可以像滚雪球一样逐步发展；如果条件还不成熟，就维持好最初的一平方米也是非常大的成功。优秀的案例往往有着资金、专业经验、社会组织的深度参与、历史和文化基础等先决条件，而大部分的选址是缺乏同等的条件的。如果在没有组织培养好在地力量的情况下，发起者便成为主要的责任人，需要考虑甚至负责常态化地浇水、除草，季节性的防晒、防冻，还有意外性质的防破坏、防盗。这些事情，每一件好像都是小事，但都是不可控的，很容易变成压力、引起挫败感，消耗发起者的精力。我们建议大家先对自己及团队的时间和精力评估一下，量力而为。

社区营造的重点应该是创造居民互动的机会，让居民之间从陌生的邻居到熟人社会，增加居民之间的亲密度。社区花园的重点在于社群维护和志愿者激励，园艺相关的技能反倒在其次。前者需要长期规划、持续不间断地投入。花园的植物根据气候、季节和非人为可控制的因素，可以不断换新或者是补种。但是社群和志愿者团队一旦失去了再建立就难了。西村幸夫说："推动一个停止的东西比加速一个启动的东西，需要几倍的精力与能量，能干这种活的人就是社造领袖。"但是我们却并不希望高校、社会组织等外在力量成为社造领袖。如果一个小区暂时还缺乏本地领袖的条件，我们应该做的是做好联结，保持志愿者社群的活力和凝聚力，交给时间来发现谁是真正的社区领袖。

最后我们想和大家分享的是，社区花园营造是重塑我们与自我、我们与他人、他人与他人的机会。在从小到老都越来越依赖手机、微信、平板的时代，我们的生活正在不知不觉中高度地"被"信息化、线上化。我们需要规划、营造人与人面对面交流，一起劳动，互相分享、赞美的生活场所，完善更具社会化的人性，在社群中感受到更多的个人价值。这才是人类社区最初的样子。社区花园是社区历史和邻里关系的体现，也是重塑邻里关系的机会。即使我们可能暂时无法改变我们与他人、他人与他人之间的关系，我们也可以通过这个过程，发现我们更多的亲自然性、社会性，改变我们与自我的关系。从这个意义上说，社区花园不会失败，因为至少它可以疗愈我们自己。

在本文的最后，我们将这几年收集到的"金句"和大家分享、共勉：

"生命、劳动和乡土结合在一起，就不怕时间的冲洗了。"——费孝通

"我觉得社区花园对青少年教育非常有帮助。俗话说'土里来，土里去''土生土长'。我们的生命是和土紧密联系的。"——陶非男

我觉得社区花园虽然小，但是教育意义非常大。19 世纪美国教育家朗费罗有一首诗：

"我向空中射了一支箭 我不知他在何方

我向空中唱了一首歌 我不知他在何方

好久好久以后

在一棵橡树上 我寻着了这支箭 仍旧没有破

在一个朋友的心里 我寻着了这首歌

一个字也不错。"

"费老小时候最喜欢的就是沈天民校长的乡土课。这也是他后来研究兴趣的基础。社区花园的孩子们现在可能还意识不到，但是他们长大后，一定会记得小时候在他们生活过的这样一个花园。"——方拥军

"对于不理解社区花园的人，改变他们可能很难。我们需要做的，就是发现更多支持我们的人，把支持我们的人团结起来。"——刘悦来

## 参考文献


[1] Drake, L. and Lawson, L. (2015b) 'Results of a US and Canada community garden survey: shared challenges in garden management amid diverse geographical and organizational contexts', *Agriculture and Human Values*, 32(2), pp. 241–254. Available at: https://doi.org/10.1007/s10460-014-9558-7.

[2] Cohen, N. and Reynolds, K. (2015) 'Resource needs for a socially just and sustainable urban agriculture system: Lessons from New York City', *Renewable Agriculture and Food Systems*, 30(1), pp. 103–114. Available at: https://doi.org/10.1017/S1742170514000210.

[3] Becker, S.L. and von der Wall, G. (2018) 'Tracing regime influence on urban community gardening: How resource dependence causes barriers to garden longer term sustainability', *Urban Forestry & Urban Greening*, 35, pp. 82–90. Available at: https://doi.org/10.1016/j.ufug.2018.08.003.

[4] Bonow, M. and Normark, M. (2018) 'Community gardening in Stockholm: participation, driving forces

and the role of the municipality', *Renewable Agriculture and Food Systems*, 33(6), pp. 503–517. Available at: https://doi.org/10.1017/S1742170517000734.

[5] Mendonça, R.M.L.O. *et al.* (2020) 'The Community Gardening Project in Belo Horizonte: practicing systemic networks, agroecology and solidarity economy', *Strategic Design Research Journal*, 13(2), pp. 213–233. Available at: https://doi.org/10.4013/sdrj.2020.132.07.

[6] Milliron, B.-J. *et al.* (2017) 'Process Evaluation of a Community Garden at an Urban Outpatient Clinic', *Journal of Community Health*, 42(4), pp. 639–648. Available at: https://doi.org/10.1007/s10900-016-0299-y.

[7] Drake, L. and Lawson, L. (2015a) 'Best Practices in Community Garden Management to Address Participation, Water Access, and Outreach', *Journal of Extension*, 53(6), p. 6FEA3.

# 儿童友好社区花园的校社共建实践模式探索

沈　瑶[1]　胡筱萍[2]

## 1　丰泉古井社区的商业更新转型

丰泉古井社区毗邻长沙最繁华的五一商圈，面积 0.129 平方公里，北接解放西路，东接蔡锷南路，南接人民西路，西与黄兴路步行街接壤。丰泉古井社区因始建于清朝道光年间的水井“丰泉古井”而得名，是长沙古城风貌区老社区的典型代表。

为了响应政府整治社区环境，美化社区面貌的号召，丰泉古井社区与湖南大学建筑与规划学院儿童友好城市研究室（后文简称“CFC 研究室”）联合，利用参与式设计的形式与社区工作坊相结合，鼓励居民参与到社区整治行动中来，同时借此机会增强社区凝聚力，改变“流动社区”[3]现状。从 2017 年 6 月开始，CFC 研究室便开始在社区举办一系列以街巷空间为载体的居民参与式工作坊，发现儿童作为社区纽带的可能性，将社区儿童作为工作坊开展的支撑点，通过儿童带动家长，进而激发社区核心亲子家庭居民的参与度，从而完成方案设计及实施。

结合长沙市历史步道改造计划和长沙市社区微改造规划，CFC 研究室经调研走访后发现，丰泉古井社区虽在 2020 年完成社区更新，社区各庭院内增加了点状绿植，但社区儿童日常可接触到的可产生互动的自然环境仍十分有限，并且在过往的社区活动中也有不少儿童表示，希望在社区中认领一块属于自己的土地种植花草。因此，在 CFC 研究室的不懈努力下，2020 年正式启动了社区微更新 3.0——丰泉书房“屋顶花园”计划[4]，并同步负责开展屋顶花园共建项目（表 4-4-1）。以社区为核心，联合社会组织 HOME 共享家、湖南省农科院、社区党群服务中心和东茅街小学等技术力量，以儿童参与式工作坊的方式共同开展丰泉古井社区屋顶花园的共建活动。在开展系列活动的同时提高活动宣传度，在让社区中更多儿童能参与进来的同时提高活动参与度，积极探索社区花园的长期维护与管路机制，让社区空间利用变得更加可持续。

丰泉书房“屋顶花园”计划，通过与位于社区内的东茅街小学进行有效联动，开展屋顶花园儿童参与工作坊（图 4-4-1），目前已成功结合小学课外实践，引入亲子家庭及居民参与，将居民与空间紧密联系在一起，使居民与空间的互动升级，虽与工作坊参与人员在理念上也达成一致并出现了具有较高参与社区事务意愿的儿童，但随着工作坊逐步推进，因为资本不足、维护缺失、居民流动等原因，出现工作坊活动不可持续、无法稳定等问题。并且，当 CFC 研究室团队成员没有定期通过多元治理的模式进行花园工作坊活动时，公共活动空间的活力便逐步削弱，后期维护也逐渐缺失，目前大多数改造的空间已缺乏居民的参与、丧失空间活力、活动不可持续。

---

1　湖南大学建筑与规划学院副教授、博士生导师、日本千叶大学博士、国务院妇儿工委办智库专家、湖南省妇联智库专家、湖南省国土空间规划学会学术委员会委员、湖南大学儿童友好城市研究室负责人。

2　乡村规划师，湖南大学建筑与规划学院城市规划硕士。

3　聚居在一定地域范围内的人群所组成的社会生活共同体，当其流动人口数量达到或者超过社区总人口的 30%时，可称之为“流动社区”。

4　该活动由湖南大学儿童友好城市研究室与丰泉古井社区共同策划组织。

表 4-4-1　屋顶花园空间改造过程

<table>
<tr><th colspan="2"></th><th colspan="2">内　容</th></tr>
<tr><td colspan="2">缘起</td><td colspan="2">城市儿童的自然缺失症<br>丰泉古井社区绿色自然的公共空间布局不均且占地面积较小，仅有社区东南角的科普公园和南侧的白果园两处</td></tr>
<tr><td colspan="2">契机</td><td colspan="2">丰泉古井社区作为长沙市两型社会建设服务中心创建两型社会单位获得项目资助<br>丰泉书房屋顶空间闲置，可结合社区儿童种植需求提供该类型公共空间<br>社区里多有社区居民及有儿童的家庭在家附近种植植物，社区居民有一定种植基础和意愿</td></tr>
<tr><td rowspan="6">空间共建共治过程</td><td rowspan="4">意愿方案设计</td><td>屋顶空间现场勘探</td><td></td></tr>
<tr><td>屋顶花园设计方案</td><td></td></tr>
<tr><td>大学生及儿童方案评选会</td><td></td></tr>
<tr><td colspan="2">设计方案调整定稿</td></tr>
<tr><td rowspan="2">高校主导运营</td><td>社区居民共建议事会</td><td></td></tr>
<tr><td>参观湖南省农科院屋顶种植园并开展相关科普讲座</td><td></td></tr>
</table>

（续表）

| 内　容 | | | |
|---|---|---|---|
| 空间共建共治过程 | 高校主导运营 | 屋顶花园 LOGO 设计 |  |
| | | 堆肥科普活动 |  |
| | | “建工的苗”和“丰泉的苗”精彩共建 |  |
| | | 种植小队正式种植 |  |
| | 社区小学参与合作共营 | “小小花园地，大大生命力”小学劳动课种植实践活动 |  |
| | | 屋顶花园种植与小队补充选拔 |  |

（续表）

| | | 内　容 |
|---|---|---|
| 空间共建共治过程 | 多方共建 | 防水、防护栏、土壤等——启用项目资金<br>种子、花等——长沙湘江云中心计算有限责任公司、高校、社区儿童<br>水电、桌椅、种植工具、储物柜——社区<br>墙面装饰及宣传栏装饰——高校、社区儿童、小学 |

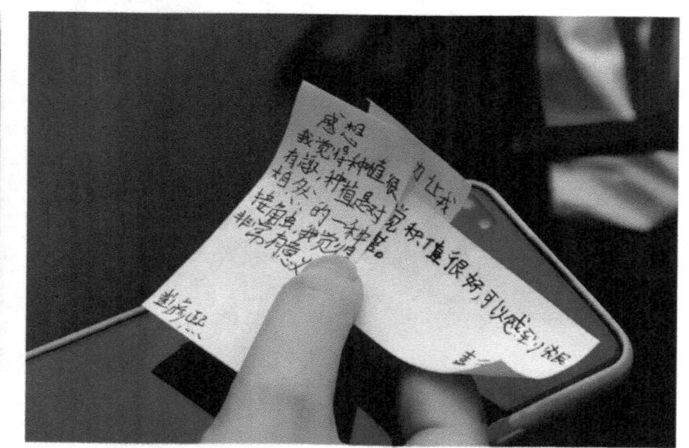

图 4-4-1　屋顶花园系列工作坊

因此，CFC 研究室团队正在努力结合丰泉古井社区如今最具活力的商业资源，以“唐姑娘爱看书”为例的丰泉书房提质改造升级案例为例，积极探索屋顶花园未来社区共享空间同商业资本、社区居民、组织人员等相结合的新型治理机制。

## 2　八字墙社区的第三方组织需求

八字墙社区科教新村小区位于长沙市岳麓区天马路、阜埠河路、潇湘中路三条道路交接围合的地块内部，临近湘江、国家五 A 级风景区岳麓山、橘子洲头、岳麓大学城，是典型的封闭式老旧型社区。2019 年岳麓山国家大学科技城进行整治建设，八字墙社区科教新村小区属于岳麓山国家大学科技城核心区，被纳入提质改造的范围中，为创新社区更新方式和途径，更好地了解居民需求，社区委托湖南大学建筑学院儿童友好城市研究室对社区公园内部指定地块进行更新。

研究团队在对社区进行初步调研、与社区基层党委进行探讨之后，决定将八字墙党群服务中心与科教小学之间占地 270m$^2$ 的梯形荒地建设为以培养儿童参与能力为主，兼具自然教育和社区营造功能的社区花园，取名“农心园”。地块靠近建设器材区、社区党群服务中心、科教小学次门、康乐宝贝幼儿园，人流量大，特别是上下学时期，大量儿童会在此嬉戏玩耍，地理位置优异，是非常好的校社共建社区更新区域。

CFC 研究室为研究儿童参与社区花园营造的可能性，以儿童参与式工作坊（图 4-4-2）的模式介入社区，采取以大学生为主组织营建社区花园的示范自发性社会实践活动模式，在明确社区花园与儿童参与是互相促进、互相支持的关系的基础上，以社区花园营造活动为切入点，激发社区儿童参与社区事务的积极性和自主性，在培养儿童参与能力的同时，增加社区公共绿地活力，与社区儿童、居民建立情感连接。

图 4-4-2 “农心园”儿童参与工作坊

由于八字墙“农心园”带有较强的实践研究性质，地理位置也具有很强的公众性，在营造期间花园整体采取朴门永续的营建手段，收集社区不用的废品垃圾进行活动，但因团队与物业公司对接沟通及运营管理的不到位，从而导致花园产生相关设施受损、花园建造物品丢失、破损严重、无法持续等问题。随着营造活动的逐步开展，研究团队通过与社区工作人员、物业管理人员进行多次沟通，逐渐受到了社区儿童、居民及附近小学师生的关注、喜爱与支持，而物业管理部门的态度也逐渐缓和并达成一定共识。但在后期的维护过程中，社区并没有设置具体部门、相关经费或相关人员对接管理该区域，无法提供长时间的维护及技术支持，最终使八字墙“农心园”成为一次性更新的成果。

实践研究证明，依靠 CFC 研究室为社区的儿童和居民搭建参与平台，采用高校和社区相互结合的方式，将教学与空间微更新相结合，创新性地对空间进行更新改造是可行的。但儿童参与的是持续性的过程，建立社区自组织，活化社区内部平台，形成儿童参与的社群是维护可持续更新的重点，如若想要八字墙“农心园”这种户外公共属性的社区花园营造模式的可持续发展，那就需要可靠的第三方组织持续性的投入和参与，后期的维护也需要一定的人力和物力进行支持。

## 3 马栏山合作的可持续开放探索

马栏山片区紧邻浏阳河、捞刀河，靠近苏托垸湿地。东北部被丘陵环绕，西南部三面临浏阳河，形成自然的半岛形；在马栏山片区西南侧，烈士公园隔河对望形成对景，北临月湖公园，有着优越的自然景观资源，为儿童游憩与健康成长提供了良好的基础。同时，马栏山以高科技与新一代信息技术为支撑，以视频内容为核心，以配套服务和衍生业务为特色，打造全国一流的文创内容基地、数字制作基地、版权交易基地，是极具全球竞争力的“中国 V 谷”。利用马栏山传媒影响力，可将马栏山儿童友好样板在全国、全世界范围推广，并形成马栏山“萌想城”儿童友好示范片区，对长沙儿童友好城市建设起到辐射带动作用（图 4-4-3）。

经过 CFC 研究室实践研究发现，由大学—社区—小学组成的“校社共建”模式发挥了较大作用[1]，

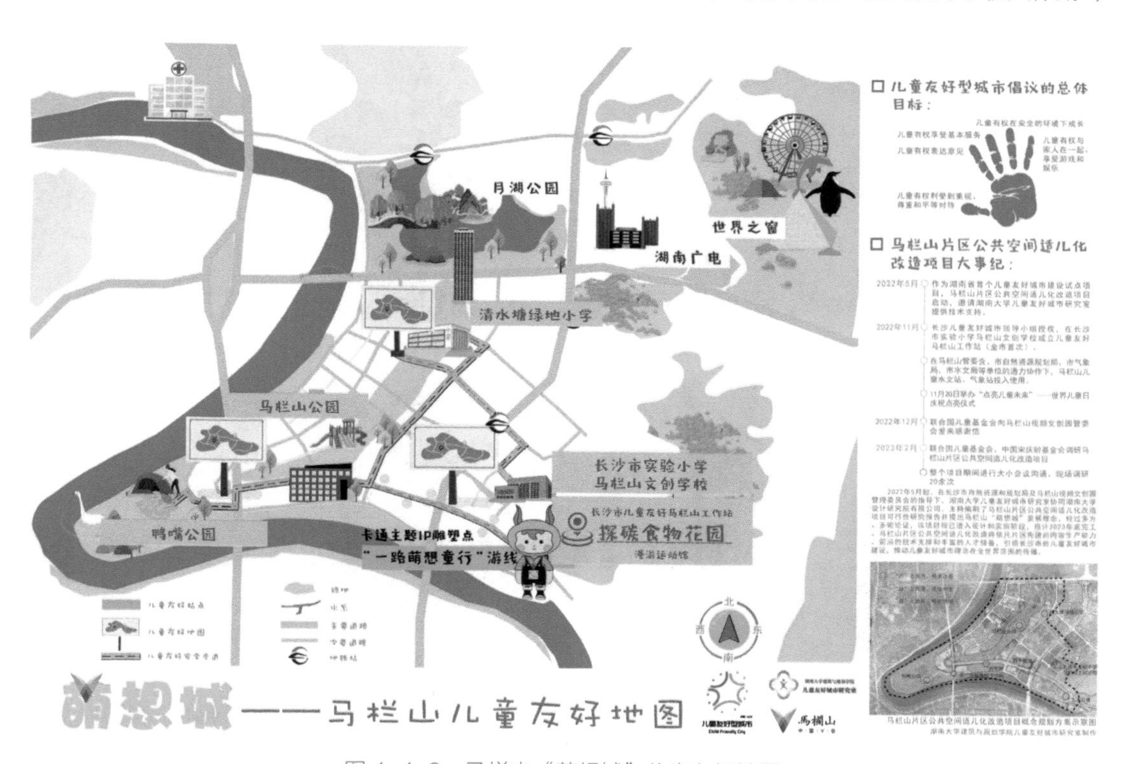


图 4-4-3　马栏山“萌想城”儿童友好地图

1　八字墙社区依托的是湖南省首个“校社共建”的社科科普基地，由湖南大学建筑学院主持。八字墙社区与湖南大学建筑学院的合作也是长沙市岳麓区引导的“党建引领下的校社共建”项目之一，在社区党委领导下，建筑学院的师生持续与社区内居民和中小学联动，对社区的公共空间开展持续共建。

在构建模式的过程中，儿童作为纽带紧密连接社区花园与多方参与者，而面向儿童友好的社区花园建设，需针对儿童群体特点深入挖掘其活动需求，结合社区花园不同背景因素提出差异化的社区花园营造模式，使儿童与社区花园建立起有效、可持续的连接。但由于社区花园的公共性及开放性特点，当高校及其他第三方组织逐渐由主导结构转向以社区居民为主、以高校及第三方组织为辅的结构时，社区花园的多方利益协同模式便难以运营下去，导致后期社区花园逐渐衰败，无法可持续发展。

为探索社区花园开放共享的可持续发展模式，CFC 研究室特在长沙市儿童友好马栏山工作站的创建活动中以长沙市实验小学马栏山文创学校（简称“马栏山文创学校”）为中心点，依托于“萌想城：马栏山片区公共空间适儿化改造项目”，紧扣文化、艺术、自然三大要素，将场地建设施工同儿童参与式工作坊相结合，联合打造“2023 探碳食物花园营建系列活动”（图 4–4–4）。马栏山文创学校的“探碳食物花园”建设是从课程设计开始的，主要是先发起部分固定儿童结合课后社团活动及相关自然教育、劳动教育的课程设计，在课程活动中共同参与营建校园内的花园绿地，在形成固定花园营建团队后，再通过工作坊的活动以数字内容生产为引擎形成独特的创意、文化、内容及 IP 优势，CFC 研究室同学校积极合作，协调家长联系家庭和社区共同参与“探碳食物花园”的工作坊活动，形成相互促进、相互支持的关系，促进“内容 + 技术”的融合，推动马栏山儿童友好花园建设向“课程—街区—城市”的全链条、可持续发展。

图 4–4–4　探碳食物花园营建系列活动

在此过程中，CFC 研究室将运用到“SPAR”模式，使儿童友好的理念同自然教育、劳动教育、课程设计相结合，从微观、中观到宏观三个角度逐步探索。微观上，结合目前在“双碳”背景下正在进行的“2023 探碳食物花园营建系列活动”（图 4–4–5），通过融合朴门永续发展理念，结合自然教育和劳动教育特色，以课程体系内容为载体，同文创学校内绿地及花园建设工作坊相结合，寻找固定参与的儿童及其家庭，开发创新做到点上发力。中观上，在形成一定课程体系后，以适儿化空间为载体开设马栏山公园、鸭嘴公园等马栏山片区社区花园新版图，利用儿童友好路径的相互关联性，将点式空间与线性空间相结合，做到线上贯通。宏观上，结合目前马栏山片区公共空间适儿化改造项目，通过上位规划分析，将“探碳食物花园”的建设融入整个马栏山片区的适儿化改造当中，全面覆盖马栏山片区，打造“点线面”多位一体的适儿化空间网络，形成马栏山“萌想城”儿童友好示范片区，对长沙儿童友好城市建设起到辐射带动作用。

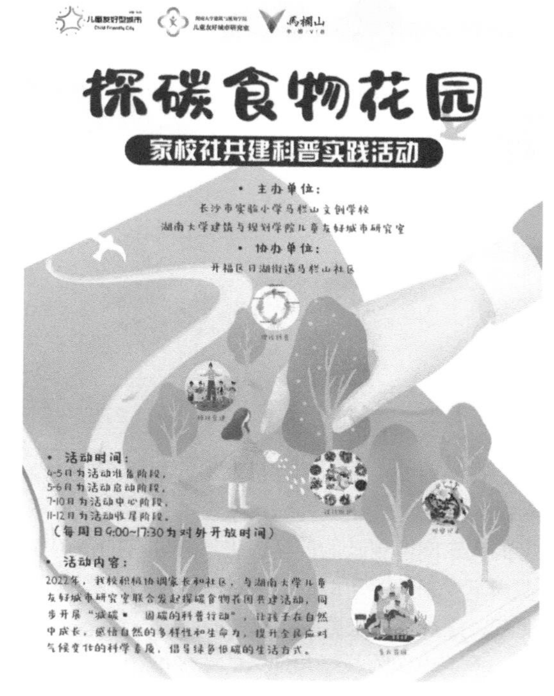

图 4-4-5　探碳食物花园营建系列活动海报

马栏山作为国家首批儿童友好示范园区，儿童友好特色鲜明，自然、文化优势显著，内容生产等儿童友好产业基础深厚。通过“探碳食物花园营建系列活动”的逐步开展，在联合打造儿童友好公共空间的同时，发挥城市公共空间的文化、教育功能，有利于打造未来城市更新新模式，带动整个片区的持续健康发展。也为未来城市绿色能源、城市农夫的培养发展、儿童友好城乡互动路径、衍生研学互动链等方面提供了一些启发和思考。

## 参考文献


[1] 谢畅.基于丰泉古井社区实践的儿童友好社区共建共治模式研究[D].湖南大学，2021.DOI：10.27135/d.cnki.ghudu.2021.002127.

[2] 沈瑶，廖堉珲，晋然然等.儿童参与视角下“校社共建”社区花园营造模式研究[J].中国园林，2021，37(05)：92-97.DOI：10.19775/j.cla.2021.05.0092.

[3] 沈瑶，杨燕，木下勇等.参与式设计在社区设计语境下的理论解析与可持续操作模式研究[J].建筑学报，2018，No.18，No.19(S1)：179-186.

# 社区营造校地合作模式探析：以南京市实践为例

王宇鑫[1] 林毅城[2] 周 详[3]

## 1 引言

在当前城市更新和存量发展的背景下，以公众多元主体参与为基础、以微型社区公共空间为改造对象的更新方式正成为城市更新的新趋势。早期我国的社区更新几乎是在大规模的拆建模式中往复进行的，这使得更新的社区丧失了其独有的特色文化，文化延续与城市发展的矛盾逐渐显现，这种方式在当下看来是不可取的。“人民城市人民建，人民城市为人民”，如何进行更有温度、更有情怀的城市更新，是当前社区更新应思考的问题。

南京市作为长三角地区的重要城市，人口密度较大，功能承载较多，增量空间较少，城市更新需求相当迫切。在2021年10月，南京市入选首批实施城市一刻钟便民生活圈试点地区；2022年4月，南京市出台了《南京市城市更新试点实施方案》，深化有温度的城市更新更加有据可依。按照“试点先行、以点带面、逐步展开”的思路，南京市计划在2022年底建成20个“一刻钟便民生活圈”，到2025年底建或改造完成的“一刻钟便民生活圈”数量达到80个。习近平总书记说：“我们既要善于运用现代科技手段实现智能化，又要通过绣花般的细心、耐心、巧心提高精细化水平，绣出城市的品质品牌。”实践团队以基层管理为“针”，以社区改造为“线”，对老旧社区进行管理细化和空间更新，解决社区生活中存在的问题。

团队曾于2019年在南京市秦淮区洪武路街道的龙王庙社区开展过社区微更新行动，2022年再接再厉，在南京市江宁区麒麟街道的东郊小镇以创建“一刻钟便民生活圈”为契机进行社区微更新，开展以“重塑邻里社交，打造理想社区”为主题的一刻钟便民生活圈社区微更新改造项目。

## 2 校地合作社区营造实践探索

### 2.1 南京市城市更新主要历程

南京市城市更新的进展一直处于全国前列。2021年11月，南京市入选住建部发布的全国首批城市更新试点名单。2022年上半年，《南京市城市更新试点实施方案》印发。在社区营造方面，2022年7月，江苏宝石花物业联合南京商业地产商会和专业机构，共同编制了南京市首份社区营造导则《东郊小镇营造导则》。

在试点实施的逐步开展期间，通用办法的编制也在大力推进。2022年9月，南京市城乡建设委员会发布《南京市城市更新办法（试行）》（征求意见稿），向社会公开征求意见，其中第七条“专家咨询”

---

1 东南大学建筑学院城市规划系在读本科生。
2 东南大学建筑学院建筑系在读本科生。
3 东南大学建筑学院景观学系副教授。

提出，建立社区营造（规划）师制度，发挥其在技术咨询、方案制定、法律援助、公众协调沟通等方面的专业支撑作用，强调了社区营造的多元主体与相关职能。

2022 年 11 月，由东南大学建筑设计研究院、南京市规划和自然资源局、南京历史城区保护建设集团共同申报的南京小西湖项目获 UNESCO 亚太地区文化遗产保护奖之创新设计项目大奖，标志着以政府为主导、依托高校企业、引入教学实践的南京历史社区更新已取得了丰硕成果。

团队进行微更新行动的南京市龙王庙社区与东郊小镇社区分别代表着两种较为典型的当代城市住区形态。龙王庙社区是位于高密度中心城区的小型单位自建小区，东郊小镇是邻近城市外部快速环线的大型商品房住区，在区位、规模、年代、更新主体与更新需求上，两者均具有一定的代表性与样本参考价值。

## 2.2 东郊小镇——以物业为主体的街校合作更新模式

东郊小镇位于城东麒麟街道，麒麟门大道北侧，距离南京主城区约 10 公里，占地面积约 90 公顷，属于大型居住区规模，社区中部有宁杭高铁与南京绕城高速横穿。东郊小镇始建于 2004 年，2018 年全部建成，由 12 个居住小区组成，以一至十二“街区”命名与管理，包含多层、小小家、别墅、小高层、高层、超高层、配套商业等多种业态，总建筑面积 152 万平方米，共有 1.5 万余户，常住人口约 3.2 万人。东郊小镇隶属于麒麟街道晨光社区，是晨光社区主要的服务对象。2021 年 10 月，东郊小镇入选北京 2022 年冬奥会和冬残奥会示范社区。

东郊小镇虽然未达到南京市老旧小区的更新补助标准（建设时间早于 2000 年），但被列入南京市“一刻钟便民生活圈”试点。

### 2.2.1 东郊小镇营造内容与目标

东郊小镇物业对照《南京市一刻钟生活圈建设验收考核标准（试行）》中各项条目，列出了重点跟进工作，并依托社区实际空间，提炼为四个主题的提升改造：“一街”“四景”“一中心”“一桥下”。四个主题在营造主要矛盾与投入成本上逐级递进，“一街”——住区主干道东曦路现状不足在于基础设施：道路老化、市政设施妨碍交通，无障碍设计不到位；“四景”——社区入口节点广场现状突出问题在于活力不足：疏于维护，周边商户业态需要升级；“一中心”——七街区社区中心暂时处于空置状态，社区集中性公共服务建设较弱；“一桥下”——绕城高速高架桥下空间，利用高架桥作为荫蔽，有望缓解社区停车压力，提供居民家门口的户外活动场地，难点在于高架桥属于国家基础设施，其周边空间的建设与活动有着严格的管控措施。若要利用，需与国家主管部门进行沟通。

东郊小镇物业希望借助微更新行动的契机，全面了解小镇现状、商业发展愿景和现阶段的工作难点，对接街道和社区在城管、物管、民政、文体、养老托幼和三产等各方面的政策，梳理街道和社区资源，了解社区居民诉求，让居民了解一刻钟便民生活圈的打造以及社区营造的意义和重要性，让居民们看到社区的丰富资源，帮助他们建立解决社区问题的机制，树立社区未来更美好的信心，从而实现人居环境与经济价值的“双赢”。

### 2.2.2 东郊小镇街校合作进程

由于受到当时疫情影响，本次实践在实地踏勘未完全完成的情况下，基于物业提供的分析资料与提升愿景，先行推进了设计环节。在后续疫情形势向好期间，团队前往社区进行踏勘与实地调研，再深化调整方案。在沟通方式上，以座谈会的形式，以物业公司管理部门为主，并邀请居民代表，共同开展初步讨论。

物业对于社区情况开展的初步调研十分翔实。由于物业与居民的生活品质息息相关，物业开展的调查工作得到了广大社区居民的重视与积极反馈。同时，物业长期运营所积累的管理信息十分丰富，对于小区的“痛点”“难点”有着非常深刻的认识。物业提供了不易在较短的踏勘时间内获得的“大数据”，为高校师生降低了前期调研难度，进而团队得以在线上进行初步交流与构思。

同时，我们也借鉴物业的工作方法，针对不同层次的问题，提出递进式提案，利于物业依据现实条件分步实施。作为理论探索更具优势的高校，我们在具体设计的同时，更提出了整体性营造策略（图 4-5-1）。

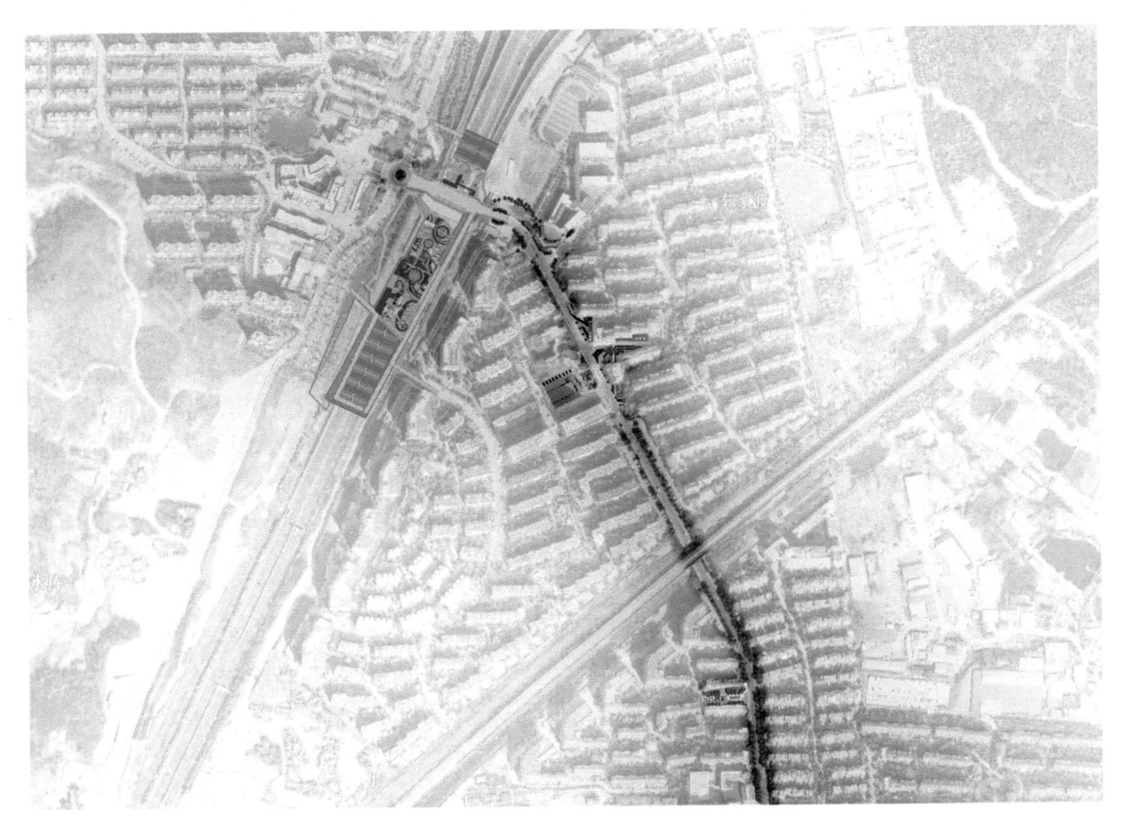

图 4-5-1　东郊小镇“一刻钟生活圈”提升总平面图

例如，在“一街”营造上，通过分析梳理，得出不同问题在一条道路上的分布与叠合情况。在对每类问题提供解决方案的同时，选取矛盾集中、具有典型性的道路区段进行深化设计。在“四景”营造上，以居民日常活动为导向，采取“工具包”策略，改善或适当引导目前居民自发形成的活动空间，同时拓展现有场地使用的可能性。东郊小镇社区居民以核心家庭为主，亲子家庭超过半数，对于学校、幼儿园周边空间的使用情况一天内的波动较大，这就要求节点空间具有弹性，对全年龄社区居民较为友好。

社区中心所在楼栋的先天设计较不利于其开放的要求，以山墙面向主路路口，同时在其临街面集中设置了一批燃气、电力等市政设施。改造可能需要涉及对楼栋、场地设施初始设计的调整，具有一定难度。我们按照理想情况进行了初步设计，提供一种可能的方案，打开临街入口，将高差空间通过景观处理，提供一部分停留空间，缓解邻近幼儿园放学时段家长无处等待的情况。对于高架桥下空间，我们同样秉持分段分策的思路，通过动线安排，布置停车—运动—生活分区，采用较易实施的彩色铺装方式，打造大面积的活力景观。由于现状桥下未曾建设，周围环境以绿地为主，相对社区干道、广场来说，复杂影响因素较少，设计工作推进较深，粗成体系，待桥下空间利用时机成熟，便可快速推进。

#### 2.2.3 东郊小镇街校合作成果

此次街校合作进程相对短暂，仍处于物业咨询为主的前期阶段，成果为概念、策略，以及展示初步效果，尚未进入细化及施工阶段（图 4-5-2）。但是，团队为物业提供了更明确的思路：如何进行空间改造，做到低成本而出效果；在专业上有哪些方法可以实现；如何递进式地进行空间更新；如何针对不同层次的问题依据现实条件分步实施。团队在实践期间，帮助作为管理主体的物业对于社区的痛点、难点，在空间分布上有了更具体的认知，对导致这些问题的先天设计原因也有了更深入的了解。

图 4-5-2　街校 - 物业前期交流情况

同时，作为高校师生，团队成员对住区基础设施管理的复杂与难处，了解更加深刻，对社区营造的经济效益考量也有了更现实的认知（图 4-5-3）。作为市场主体，物业迫切希望能引入高端业态，增强品牌效应。这些想法与居民最基本、最迫切、现状自发形成的生活需求，目前存在一定矛盾。“地摊经济”虽然满足了居民在“家门口”解决“小问题”，但管理难度大，品质良莠不齐，形象较难宣传，有可能贬损品牌的经济价值。如何在空间营造方面助力“烟火气”与“高大上”的有机结合、并存共生，仍然是一个充满挑战的实践问题。

图 4-5-3　师生 - 物业后期交流情况

## 3 多元主体的实践反馈

随着社区营造逐步开展，我们发现，早期建设中的从宏观规划层面到微观的基础设施与服务，都已然跟不上社区居民对生活质量提出的新要求。分别以宏观交通与微观建筑设备为例，东郊小镇中高速公路与铁路同时横穿社区，带来噪声与交通不便；龙王庙社区火瓦巷小区大门入口处上方，悬挂着隔壁建筑的外墙排烟管道，让出入的居民感到不适。这些社区公共环境中显而易见的问题，是早先阶段为满足基本居住需求而做出的妥协让步造成的。今天，当生活多年的居民渴望提升居住环境时，却面对着这些“先天不足”。

这些“先天不足”难以解决的主要原因是，涉及的多元主体包含经济运营、产权所有、管理服务等多方面，而各主体的能力与职责有限，难以形成有效畅通的社区营造合作机制。

### 3.1 物业的无奈

物业具备一定的经济实力，但难以依托社区微更新对城市基础设施进行大量调整。东郊小镇物业积极对照营造导则，开列了整改提升任务清单，其决心与态度实为难得。任务清单中，任务分层级的依据主要是经济成本考量，考虑其“有多少钱办多少事”的可行性。但是在真正落实的时候，却发现远远不是“有钱就行”，公共交通部分的矛盾尤为突出。面对市政设施微调或者市政道路、公交站美化改造，物业通过努力，协同街道部门与居民一起向区级或市级单位反映，条件成熟仍有办成的可能。然而，高速公路桥下空间，尤其是涉及高级别、多方面政府机构的空间，例如沪宁高速为国家级交通部门管理，作为物业极难找到沟通的渠道。因此，我们的营造团队尽管做出了完整的桥下空间利用方案，但在目前只能是一个美好的设想。

不止如此，涉及居民财产与利益的问题更为棘手，若建设期间留下了此类问题，在微更新阶段便容易陷入僵局。在东郊小镇某小区初期建设时，临市政道路部分路段未设置人行道（图 4-5-4），若将住区围墙内部空间退让一部分给人行道，又将损害小区内部业主的利益而引起反对。营造团队暂时也只能提出腾出人行道的理想方案，却无法精准设计。社区自身的争议未妥善解决，外来介入的设计师便很难把握可操作的空间。

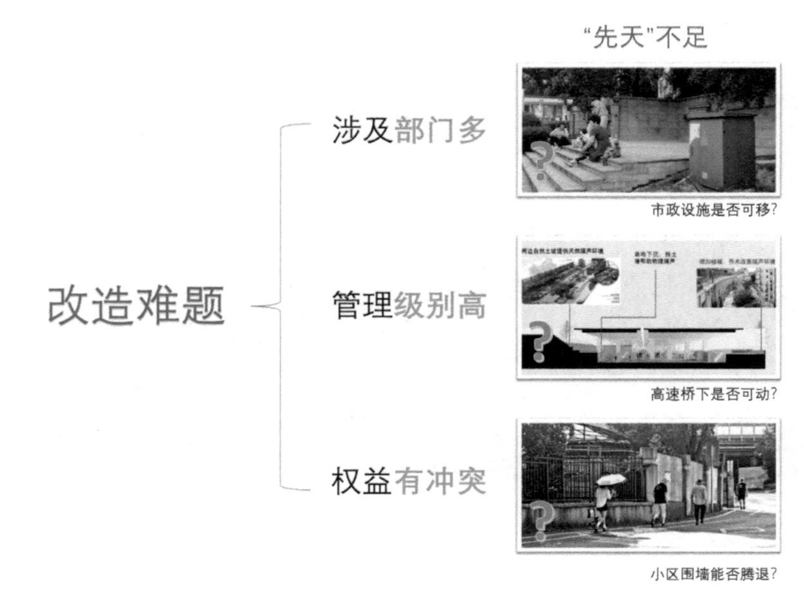


图 4-5-4　东郊小镇物业改造难题

### 3.2 社区的困难

社区具备一定的行政权力，也较容易与区市级政府部门取得联络，但经常缺少改造所需的资金。例如社区反映市政人行道需要进行美化等问题，请上级部门进行提升，或取得专项的改造拨款，这相对容易，但是对于解决问题费用较高小区楼房的排烟管道问题却束手无策。如果物业运营有方，资金充裕，也许能将管道布置或防护措施做得更加合理，但对于社区来说，仅能动用部分精神文明建设资金，无力负担高额改造费用。因此团队建议社区进行一些低成本的油漆美化工作。

### 3.3 视角的差异

此外，不同主体看待问题的角度与目标不同，也会导致分歧。以设计师与物业看待社区自发现象的差异为例：对于设计师而言，在围墙上破洞进行开店，未必会损害社区形象，甚至可能为单调的围墙带来活力。但是物业却将其归入“违规”行为，不利于其进行管理。对于“地摊经济”带来的烟火气，设计师认为这便利了居民日常生活（图 4-5-5），物业从社区品牌形象的考量出发，认为其不利于高端商业的引进（图 4-5-6）。每个主体的主张立场都具备合理性，这便需要更深入地把握我们所服务的对象——社区居民们真正的需求、兴趣，评估行为潜力。

图 4-5-5　社区地摊现象

图 4-5-6　物业愿景

随着社区营造向更多城市中的更多社区传播，我们越发现其模式需要调整以适应不同地区的发展情况，一定要因地制宜，设计者持续深入进行观察和思考，不能照搬国外的模式，也不能简单照抄其他社区的成功案例。对于希望改善社区的主体自身来说，能自行决策解决的问题其实十分有限。看似“小矛盾”，在资金、行政乃至业主财产利益面前就会变成“大问题”。在这两次实践中，我们的团队推行社区营造的标准模式，却难以对最突出的问题做出回应，只得进行一些表面装饰的提升工作，原因就在于此。“这问题要是好办，那早就解决了。”——这恐怕是社区居民与设计师们无奈的心声。

## 4　总结与思考

目前对于老旧社区进行社区微更新面临的一个重大难题是微更新启动资金的来源较少。一般来说，社区微更新启动资金主要来自政府财政拨款和专项补助。不同于龙王庙社区，对于东郊小镇而言，因为其未达到老旧小区的标准，若要进行社区微更新，物业需要承担较多费用，资金投入不可预见性和保障性在很大程度上阻碍了社区微更新的启动。

除了面临有限的资金来源外，目前社区更新改造盈利模式单一和持续运营的矛盾也阻碍了社区微更新的持续进行与推广。物业一头连接街道和社区，一头连接居民，是不可忽视的参与社区微更新的重要主体。但不同于街道、社区，物业作为市场主体，在进行社区更新时需要更多考虑投入与盈利，以保障社区更新改造长效进行。在资金方面，物业可以在收取物业管理费的传统盈利模式基础上，拓宽盈利渠道，引入更多合作伙伴，比如团队提出新设置的店铺可以开展招商引资，尤其配合物业方面即将开展的新业态的引入，可以更新和优化街区内的商业结构。团队还提出了引入智能管控系统，智能化停车场可方便出租、自主预约和收费，智能化体育设施则可以实现线上场地预约，也能做到分时段开放，在部分时间段进行设置收费。团队还在各处的场地设计中预留了诸多宣传栏，其可作社区宣传和公示使用，也可在部分路段转化为广告牌，进行广告位招租，实现后续的持续盈利。

随着城市更新的推广与深入，如何进行更有温度、更有情怀，同时兼顾长远的可持续性的更新，是当前社区微更新应思考的问题。社区微更新并非一场运动式的、表面的更新，更应当是持续的、深入的、内在的更新。要着力解决百姓在社区生活中的各种实际问题，这需要多层级、多专业的学者们、青年学子们和地方政府部门一起行动，不断深入社区真诚倾听群众呼声，用专业的、切实可行的设计真实反映群众愿望，怀着朴素的情感投入到社区微更新行动中。

# 从一座屋顶可食花园成为一段故事：38 号楼屋顶可食花园（稼好植物园）

李自若[1]　余文想[2]　李小霞[3]

## 1　这里是我们曾经共同成长、学习的地方

38 号楼的屋顶可食花园，位于广州市天河区华南农业大学校园内。花园所在的建筑被称为 38 号楼，建于 1990 年前后，是学校老的林学院教学楼。2005 年，因为新的学院楼建成，这座老建筑则转变为风景园林专业教室、展厅及绿色技术实验场地。38 号楼屋顶可食花园于 2015 年开始构思、设计，2016 年至 2021 年进行营造。2021 年由于建筑的使用功能发生了一些变更，主要的教学及实践工作也陆续迁移，花园使用终止了。虽然我们对无法继续而感到遗憾，但是过往的 6 年却给我们留下了宝贵的记忆，更让我们在共建、共治、共享的过程中，结识了众多的伙伴。我们与这座花园彼此支持、共同成长。6 年间，有数百人参与到花园的建设与维护工作中，他们包括校内外的老师、学生，校外的环保团体、亲子家庭、青年伙伴，也包括了来自海外的伙伴。虽然收成并没有特别理想，但这座花园中每位伙伴都有着自己的收获。

2022 年的一天，我收到了毕业的课题组同学的信息。前不久，她在福建的一所职业院校当了老师，也开始在学校带着同学们种植。她非常感慨当年读书时的经历，自己居然毕业后也开启了种植和教学。我非常感动，这座花园虽然已经结束了，但是它作为一处我们共同成长的节点，让我们彼此都得到了滋润，也在我们心中留下了关于成长、互助、与自然产生关联的种子。

然而一开始，这座花园并没有被定位成大家一起设计和建造、管理的项目。38 号楼建筑在 2015 年开启绿色建筑改造，同期有垂直绿化、雨水花园、屋顶可食用景观的改造构想。三个项目由三个不同的课题组同步开展。相比垂直绿化和雨水花园已有的多年经验积累，屋顶可食用景观在技术上还很不成熟。因此在 2016 年开始落地的时候，花园本身就需要整合学校的多个学科资源进行设计探讨。由此，稼 · 可食地景研究组也便成立并开始进行专项的研究投入。38 号楼建筑较为老旧，屋顶重新做了基础的建设，包括防水、排水、水电供应、围栏防护、避雷、种植物资（土壤、肥料等）的准备。前期的投入已经基本使用完了大量的资金。而对于可食用景观来说，研究与营造才刚刚开始。当时垂直绿化和雨水花园的营造中会涉及低维护。因此关于后续可食用植物的种植管理，我们也和园艺的老师沟通是否我们也用“懒人”种植的方法来做。园艺的苏蔚老师非常认真地说：“我们可以吃的蔬果都是从自然界不断筛选和驯化而成的。它们之所以美味就是因为我们人类付出了对植物的爱，它们因此回馈给我们。如果你们不投入关注，只是想偷懒，我建议你们不要对它们的回馈抱有太多期待。”听完园艺老师的我们感到自己确实有些贪婪。不过可爱的苏蔚老师还是非常专业地给了我们一些提示：“或许你们可以去了解耐旱、耐热、耐贫瘠的蔬果，从这点出发降低养护的投入或技术门槛。”因此，我们从小白

---

1　华南农业大学林学与风景园林学院风景园林专业副教授。
2　艾奕康设计与咨询（深圳）有限责任广州分公司景观设计师。
3　广东省科学院广州地理研究所风景园林规划设计师。

开始了可食用景观的学习与研究。这包括了可食植物的全周期观测、适应性评价、植物的组合搭配、不同生境的可食植物景观、乡土可食植物组景、可食植物景观的整体设计与运营。而根据可食用景观对于维护管养的高投入需求，课题组从2016年开始将“参与式的设计、运营、维护”纳入了本身的研究及行动中，秾·可食地景研究组则作为行动组织方来策划相关的运维事务。

自此，38号楼屋顶可食花园成为我们共同学习、研究、互助、共享的一个场所。秾·可食地景研究组，也成为我们大家共同的身份与记忆。大家一起基于场地去思考景观的全生命周期，利用场地去探索与成长自我，将场地作为我们共同学习与行动的平台（图4-6-1）。

图4-6-1 秾好植物园鸟瞰（摄于2018年）

## 2 “我们每年都会重新设计花园”

2019年冬天，来自天津大学的郑老师拜访屋顶花园，了解相关生产性景观的实践。其中有个问题是：“花园是什么时候设计的？”这个问题好像很常见，但是对于我们来说有点不好回答。回想了下我们的设计，其实我们每年都会重新设计花园，甚至每个学期都会重新设计。这是与其他地方有些不一样的，但是我们却又觉得很需要每学期进行设计或者改造。对于我们来说，花园是“活的”（图4-6-2）。

2016年刚开始的时候，我们就38号楼屋顶可食用花园的布局设计讨论了很多轮。大家觉得要有一个明确的方案，并且觉得整体的灌溉系统要根据这个方案去布置。于是，设计讨论了数个方案，大家还是没有办法达成共识。课题组思考，整个屋顶的设计目标是什么？我们是希望有个可食的花园，还是通过花园去探索？在反思之后，38号楼的屋顶可食用景观设计抛弃了之前的方案，从“探索”开始设计花园的营造。可食用花园是一个动态变化的对象。我们与花园彼此之间也是一种动态的关系，“设计”或“营造”都是我们与花园对话的过程。因此，每年或者每个学期，花园都会重新被讨论与设计。所有课题组的伙伴包括感兴趣花园的朋友，都可以一起交流和讨论可食用景观的探索目标。大家会讨论需要认识什么、学习什么、实验什么？在阶段性的目标推动下，大家开启共同的观察、学习、营造及互助。每个学期会有各种不同的植物、不同的种植技术在这里实践，其成果被塑造出花园的形态。过程中，也会有其他的伙伴加入进来，一起学习、分享、总结经验，推动花园的完善，为后续花园探索打下基础（图 4-6-3）。

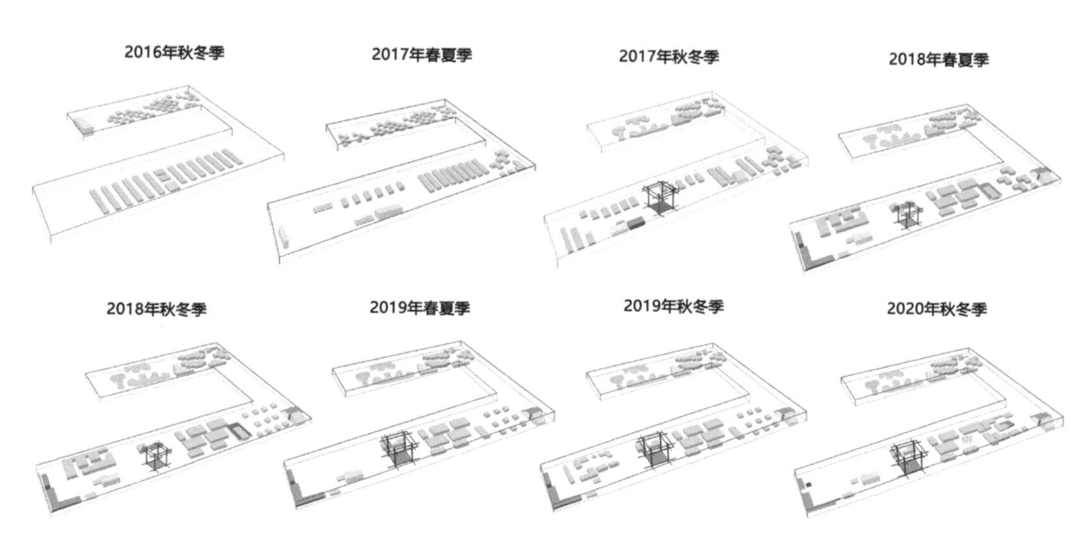


图 4-6-2　华南农业大学 38 号楼可食用景观历年布局变化

由课题组老师和研究生团队**介绍屋顶建设历程**

组织本科生一起进行屋顶布局现状考察，发现屋顶布局现状在使用或研究上的不足和需求

成员们分组或分工讨论新一轮布局设计的想法，并绘制新一轮布局设计草图

汇总所有成员的想法，共同制定新一轮布局设计最终方案

讨论布局改造实践的安排，包括改造时间安排、所需要的材料获得和运输，以及可能遇到的其它难点和解决策略。

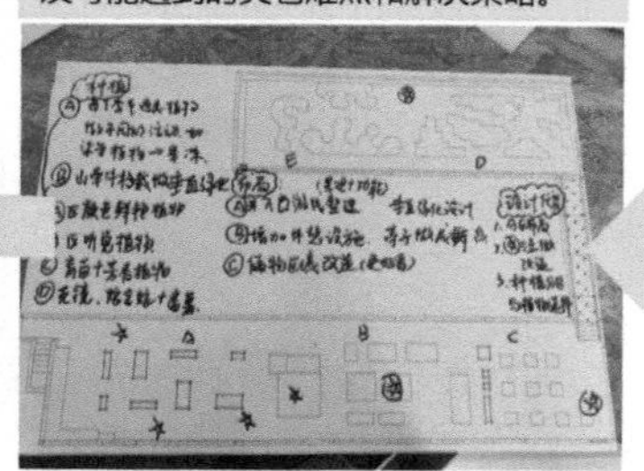

由屋顶花园的主要管理人员（老师和研究生）进行方案的完善后，再组织学生进行屋顶布局的现场调整

图 4-6-3　38 号楼可食用景观布局设计与调整过程

每个学期的安排是结合广州地区的种植季节展开，大家从调研、设计、采买、实施、维护运营来共同支持花园与自我的成长。大家投票每个种植季屋顶需要种植更新的可食用植物，需要调整和改善的公共基础设施，并对流线、活动空间、种植空间的发展进行讨论，分工制定行动计划。研究组会根据不同阶段的行动内容，分为植物组、造景组、设施组或者其他主题小组来推动营造。实施阶段，大家会一起前往花市或建材市场了解市场、选购材料、开展施工。维护阶段，大家分工安排浇水、观测拍照的工作。每个周末或寒暑假则作为集中学习的契机，大家一起来进行学期总结、案例学习、种植或设计的培训。培训的内容包括了无人机调研、手动工具使用培训、厚土堆肥、时空花园、育苗、绘本、自然教育等。课题组会尽可能地邀请校内外伙伴一起分享及学习，大家可以提议自己期望学习或分享的内容。过程中，学生本人也逐步从学习者变成经验者，给其他同学传递经验。每个种植季是一个轮回，每次轮回是在上一次的基础上的更新（图 4-6-4）。38 号楼也在这样的过程中，一步步从无到有，从单一种植走向了花园营造。伙伴们也从陌生变成伙伴，从小白变成了达人。

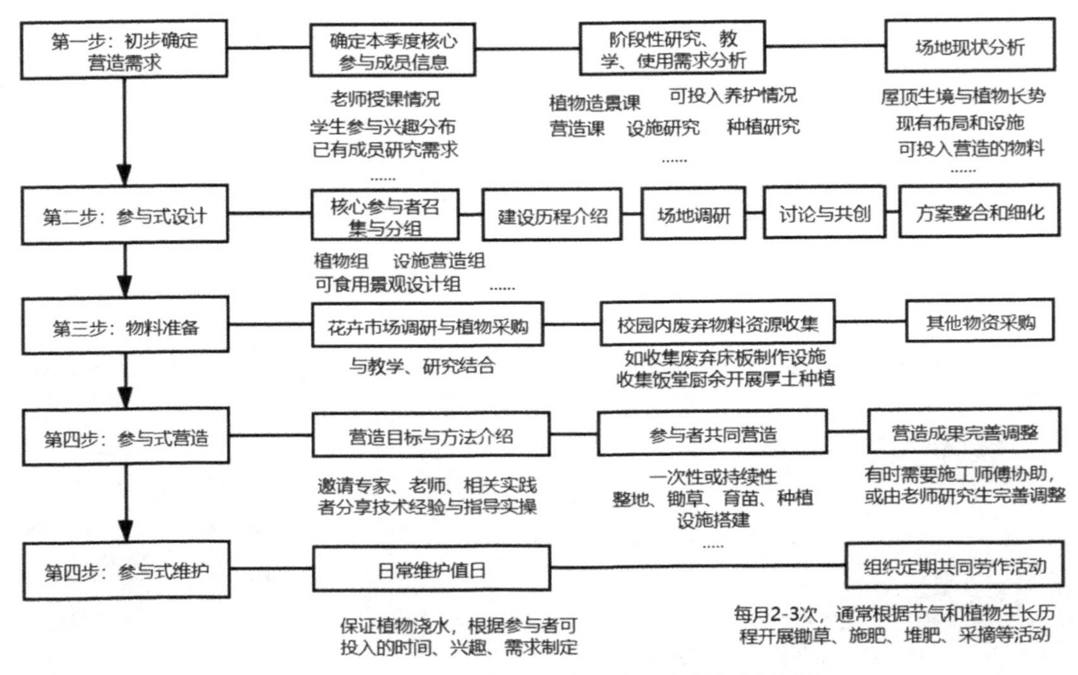


图 4-6-4　每个学期（种植季）花园工作开展基本流程

## 3　如此流动的时代，我们要如何重构“种植”的协作

38 号楼的屋顶可食花园被设定为一个动态的花园，一定程度让花园得到了更持续的关注。但更具有挑战的是，这份持续的关注需要如何进行组织？这是稀 · 可食地景研究组在花园工作中最重要的部分。

38 号楼的花园参与者中，大部分的伙伴会基于学习需求、兴趣爱好加入花园。但在考试周、寒暑假或者毕业后，大家就会无暇顾及。这是高校人口流动特点带来的必然挑战，也是现代社会“种植”或者环境维护面对的最大难点：高频率的流动性。公众参与的方式，在一定程度上能够为环境的持续运维提供最本土的支持。但是现代都市的流动性，每个社区的居民不一定会长期居住于一个地方，加之生活、工作、学习的节奏与传统种植的节奏已经大不相同。“种植”的协作，需要重新建构。

面对如此频繁的流动，秾·可食地景研究组刚开始的时候会感到非常的失落。为什么大家说起来都很想参加活动，但到活动的时候就来不了呢？这种失落也影响到我们的信心。但当我们去了解与站在参与者的角度来说，花园确实可能只是日常生活中非常小的一部分。作为组织者，大家需要对于彼此的节奏进行系统的梳理，寻找我们“协作”的可能性。因此，课题组从三个方面进行了调整：第一，每个学期通过伙伴间的沟通讨论，对花园进行“时间”的设计，将花园的节奏与大家工作、学习的节奏进行匹配，重新建构“种植”协作的节奏（图 4–6–5）。第二，结合参与者不同的兴趣及学习需求，建立协作的关系，尽可能地使得花园可以融入大家的生活、学习目标中，重新定义“种植”的目标体系。第三，结合不同的人群特点及自动灌溉设施等等，为“种植”建立多重的支撑系统，让“种植”更具韧性。2017 年至 2019 年，花园的运营在不断的调整中形成了稳定的“种植”协作（图 4–6–6）。

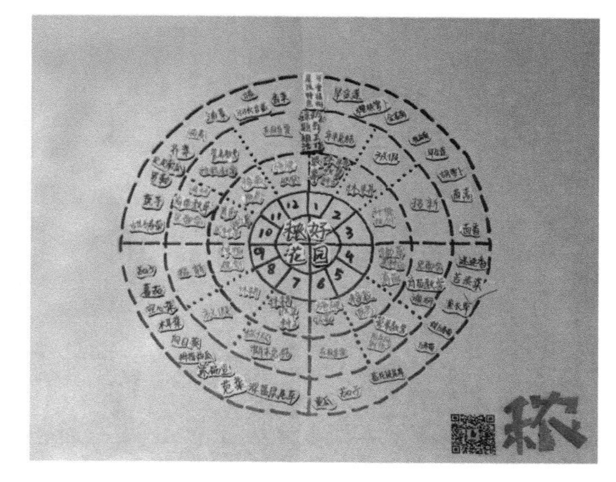


图 4–6–5　38 号楼可食景观相关种植活动、社群活动及植物的年度关系

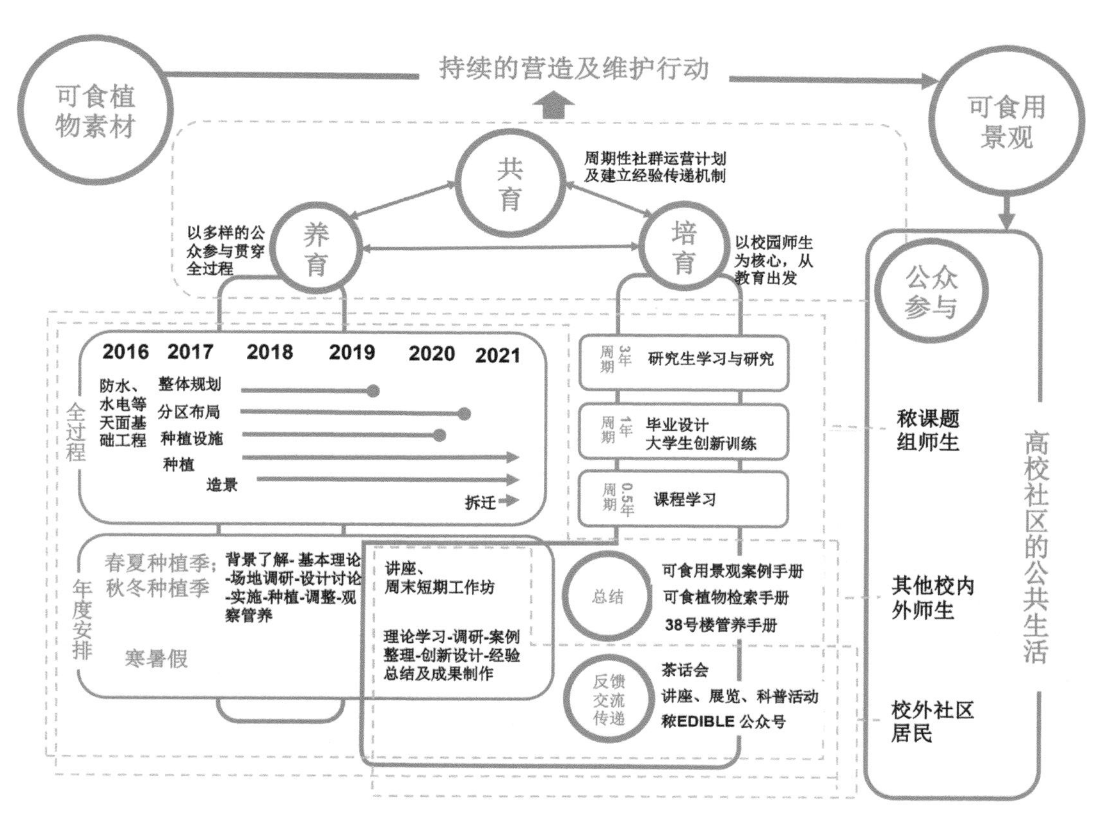


图 4–6–6　华南农业大学 38 号楼可食用景观公众参与过程图

与此同时，“协作”亦需要我们彼此经验的连接。为了更有效地让大家能够明白不同的伙伴在做什么，大家会结合固定的浇水观察，保持沟通和分享。每个学期，伙伴们则会对自己的体验及实践经验进行整理，通过文本的方式进行分享和传递。大家在不断观察、总结、分享的过程中，形成更持续的协作（图 4-6-7）。

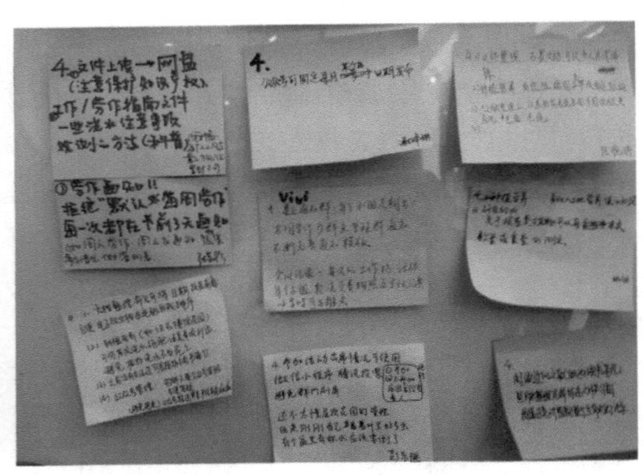

图 4-6-7　师生共同探讨上年度协作模式的问题及新学期的调整策略

## 4 “把每一个挑战，作为我们成长与链接的契机”

然而，2020 年之后的日子让花园面对着众多新的挑战。“疫情带来的距离”“实践的断代”“搬迁”，让原本的花园面目全非、种植也无法持续。面对这些挑战，秾 · 可食地景研究组究竟要以怎样的方式继续推动这座花园呢？众多新的议题让我们重新思考“可食用花园”的意义及其意义实现的路径。

2020 年疫情过后的几个月，由于大家无法返校维护，很多植物都死亡了。然而园艺的苏蔚老师却从另一个视角提醒了我们：“这么久的无人管理，屋顶还活着吗？”这个看似残酷现实，却让我们重新反思每一个挑战或许藏着屋顶可食花园及研究组的潜能。我们需要正面应对这些事实！于是疫情期间，秾 · 可食地景研究组的伙伴们开始了家的分享（图 4-6-8）。2020 年春夏，课题组组织了两场线上的分享。大家通过家乡的风景、美食，一起思考身边的可食用植物与风景，开始关注家乡与家人。2020 年秋季返校后，虽然大家面对的是一片杂草丛生的屋顶，但却充满了对于花园的期待，重新开启新的设计和营造。38 号楼屋顶可食用花园成为我们重新理解身边的环境、实践想象的地方。

图 4-6-8　2020 疫情期间的宅家分享

然而，2021 年上半年研究组收到了 38 号楼被调整使用权属的通知。面对突如其来的变更，大家非常遗憾但又不甘心。这一年的毕业季，大家在屋顶告别。面对即将失去的 38 号楼屋顶可食用花园，秾 · 可食地景研究组也开始思考未来的方向。过完暑假后，研究组决定重新定义这场 38 号楼的告别。于是 2021 年的秋冬季，成为 38 号楼屋顶可食用花园的分享季（图 4-6-9）。在分享的公告开始后，来自广州的不同伙伴开始邀请或申请。38 号楼顶的植物被搬迁到了黄埔区的深井村、海珠区的都市农场、天河区的职业技术学校、幼儿园、居民共建的社区花园、居民楼的屋顶花园、番禺区的屋顶种植、广州丰年庆的展览上。而楼顶的泥土也送往了深圳蛇口的展览。每次的搬运带着希望与祝福，38 号楼的屋顶可食用花园用另一种形式延续自己的故事，课题组的伙伴们也与更多的伙伴开启了协作。

图 4-6-9 （从上到下，从左到右）2021 年秋冬 38 号楼进入分享模式：搬迁到深井村 / 搬迁到一方乐田 / 搬迁到沙湾居民楼顶 / 合影 / 分享韭菜 / 泥土移到深圳蛇口展览

2022年，秾·可食地景研究组在成立6周年的线上展览中，为38号楼屋顶的可食花园以及曾经参与其中的大家创立了一个板块，有着伙伴们及植物们的种种瞬间（图4-6-10）。一路走来，38号楼屋顶可食花园相较于其提供的食物，更多地给大家带来的是挑战。然而这也让大家更加紧密地连接到了一起，一起学习、一起成长。虽然，研究组并不知道这份线上展览是否会产生新的连接，但希望这份记忆将以一种不落幕的方式，继续38号楼的故事。

感谢所有伙伴们的支持！

图4-6-10　2022城市种植计划（线上展览）中的38号楼关于人与植物的记忆

# 教育赋能城市闲置小微空间——南京市建邺区少年宫可食花园案例研究

何疏悦[1]　石依卉[2]　齐绍民[2]

城市微观更新主张以轻微、渐进的方式改变一些小规模城市公共空间，解决城市快速增量发展所带来的一部分社会问题的同时，弥补了传统的大规模城市更新难以渗透琐碎及消极的城市角落。正如罗杰·特兰西克在《寻找失落的空间》中所说，失落空间是“高层塔楼底层外部无组织的景观或是脱离步行活动而无人问津的下沉式广场。”闲置的小微空间通常衍生于城市中不同功能分区的地块边界附近，部分是由于不同时代城市规划设计模式的自然更迭所造就，部分则由于某些公众群体性社交行为的转变，人们下意识地选择远离这样的地方。在此背景下，如何唤醒城市角落中的失落已久的“群体性社会生活”，激发闲置的小微空间便具有重要的现实意义。

改造案例为南京建邺区少年宫主体建筑南侧 143m² 一处下沉空地。设计团队利用权属方的教育资源优势，将场地功能定位为满足邻近社区儿童自然教育需求的户外基地（图 4-7-1）。建成后的花园通

图 4-7-1　研究案例更新前后对比（左上和左下：2020 年 9 月；右上和右下：2021 年 12 月）

1　南京林业大学风景园林学院副教授。
2　南京林业大学风景园林学院风景园林专业硕士在读。

过超过 60 种蔬菜瓜果的全年种植计划，为迄今已完成的二十余场物候课程体系提供多元化景观资源的支持。场地的空间结构和景观节点在日常使用中不间断地进行着自发式更新，“教育”作为媒介强化了该空间与社区的联系，将改善社会尤其是儿童的生态生活方式的愿景同城市闲置小微公共空间的更新相结合，为城市既有肌理中“隐匿角落”，提供了一类全新的活化视角。

## 1 小微空间的教育内涵衍生

这片不足 150m² 的下沉场地位于一栋占地面积约 12 000m² 二层玻璃幕墙建筑的南侧，使用方单位为南京建邺区少年宫，场地的冬季日照最低时间不足三小时。少年宫的综合活动室有一扇门连通室内外的空间，但几乎没有人愿意从这个门进出。设计前的交流中，少年宫的老师们表达了高度统一的集体意识：为什么要从这里走?

“每个周末都会有很多孩子来我们这里上课。”少年宫的老师们说道，“我们希望有时候也能把孩子们带到室外去，但是目前既没有合适的场地也没有合适的课程。”

城市的公共空间因为人的活动而产生意义，小微空间也不例外。芬兰建筑师尤哈尼·帕拉斯玛（Juhani Pallasmaa）曾直言：“视觉的城市让我们成为偷窥的观众，成为短暂的游客，成为无法参与的局外人。”即使已经身处一个大型城市绿地空间——绿博园之中，老师们依然觉得周边缺乏一个理想的场所，能够在一年四季中，做建筑以外的“游戏活动”，提供具有充分说服力的行动依据（图 4-7-2）。空间的自有属性与使用需求的变化驱动了空间的进化。教师群体最终和设计团队达成一致：“将这片下沉空间通过设计打造为一个户外教室，能够开展各类观察、实验和互动合作的环境教育课程，为来少年宫学习和玩耍的孩子们提供参与自然实验、艺术感知及群体性活动的机会。”

一年半后，当以教育理念为驱动的景观基础设施在这片闲置的空地上构筑完成时，它不仅可以支持规律性、创造性的户外科学课程，更能通过广泛的参与式更新，创造了大量非正式的社交认知体验，将儿童、家长及社区共同纳入这个特殊场地的成长计划（图 4-7-3）。

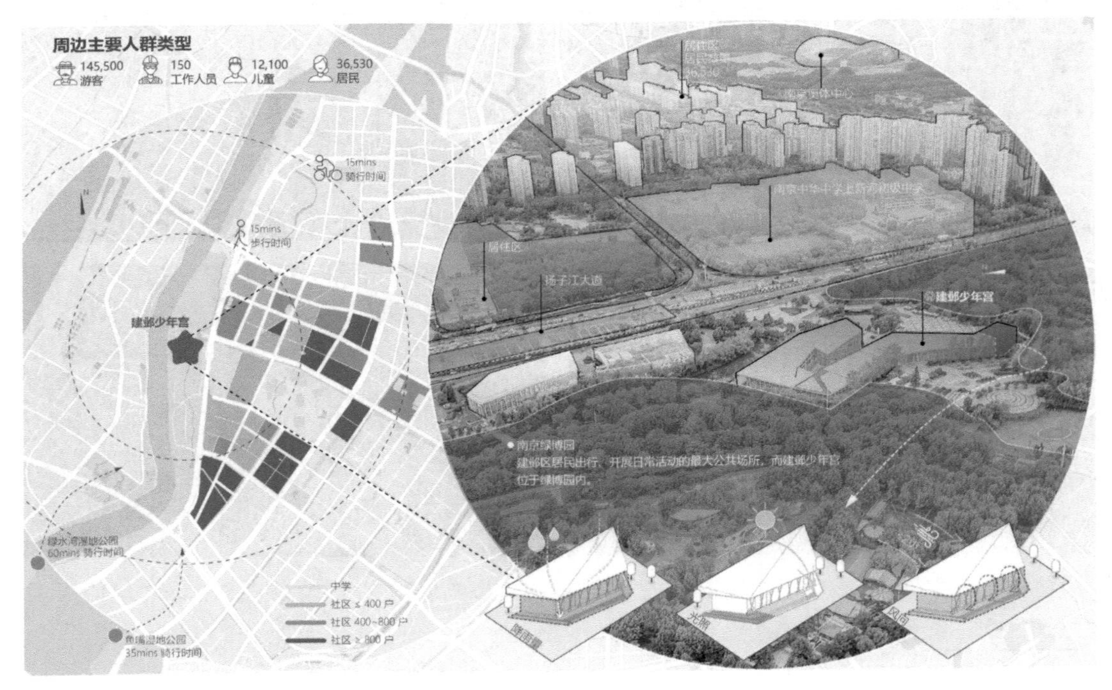


图 4-7-2　周边社会群体与场地本身的客观条件

图 4-7-3　建成后场景（2021 年 10 月）

## 2　教育景观重新定义小微空间

相较于大型公共空间，小微的社区空间呈现出数量众多、用地来源多样、布局分散、可达性强、贴近公众生活日常等典型性特征。它们与社区、交通及商业等城市一切生活轨迹和生产资源紧密牵连、彼此依存。这些相对独立的“偶发性”空间具备支持教育功能的天然优势——物理空间上的灵活性和社会空间中的关联性。

### 2.1　小微空间的景观场所价值转变

2021 年 11 月，少年宫的老师们为这个下沉式的花园正式命名——可食用花园（Edible Garden）（图 4-7-4）。此时，花园的二十四节气的系列物候课程已然完成了最初的两次“尝试”。其中，10 月 23 日的霜降课程持续了两个半小时，一共有十二名来自附近社区的二三年级的儿童参加（图 4-7-4）。有别于传统的农耕园艺类等身体、运动技能的活动，这是一类典型的儿童通过获取、加工自然材料并借助于身体力行的实践感知特定主题的环境综合认知课程。在成长阶段孩子们和外界环境间的关系复杂且多变，对儿童来说，最好的学习环境是为他们提供全面发展的机会的场所，更新后的花园空间为孩子们提供了多元化的自然要素支持，包括对外部世界的深入了解，推动发现和解决现实世界具体问题技能的提升，帮助儿童获得附加的教育收益。参与活动的儿童和家长们课后积极地在公众号上留言：“这是我们第一次摸到真正的棉花宝宝，太神奇了”“孩子希望我们家里也能有一个像你们这里一样的花园”。

Edible Garden 的设计定位包括建构支持感官体验和启发性学习的自然环境。儿童借助不断变化的现象与自然互动——而不是单纯的美学感知——从而建立一种独特的、体验性的认知自然世界的方式。因此在建成半年内的不断修整和完善中，可食作物被确认成为场地植物群落的主导，是构建支持“通过景观学习”的环境要素主体。教育景观鼓励每个“支持性空间”培育独特的场所身份属性，这类身份属性可以源于其所在社区的文化资源优势、相邻建筑的特征或基于该空间的生态本质，强化这种属性可以促进小尺度空间在长期的演替中形成更加明晰的场所价值，由此确保更新后的场所，在其所在的复杂外部城市结构中占据地方文化和社交节点中的关键位置（图 4-7-5）。

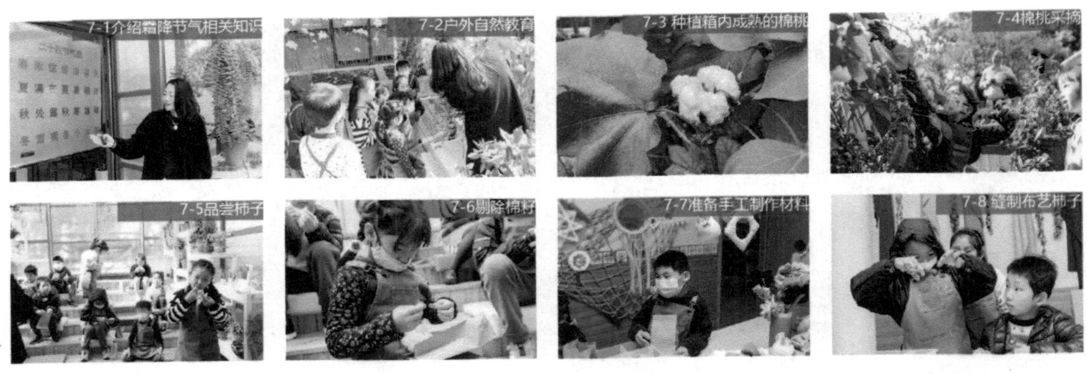


图 4-7-4　2021 年 10 月霜降课程活动

图 4-7-5　闲置小微空间向户外教室的转变

### 2.2　从小微空间向户外教室的转变

#### 2.2.1　支持性设施

教育景观包含了传统课程组织单元能够转移至室外教室的观点。可食用花园中的系列支持性设施为儿童提供了丰富的观察和记录环境并跟踪季相变化的机遇主题。场地中的中心设施是贯通建筑侧门和花园主入口的温室教室，温室中的防腐木阶梯坐凳的基础是原场地的花岗岩台阶，小寒、大寒等节气课程中物候文化的讲解、植物或昆虫观察课程的记录均在这里完成。温室东西两侧的种植区设置了连续且高低错落的防腐木种植箱，模数制的结构为计数、测量、统计等数学单元提供了单位课程的物质基础。建筑结构概念和简单机械原理也易于借助于拱形镀锌钢的植物攀爬架以及温室框架向儿童进行了直观的展示。

作为建筑延展空间的"户外课程"并没有与少年宫原有的室内课程体系分离。端午的包粽子、小雪的雪菜腌制，处暑的南瓜饼以及白露的糖水番薯制作等节气课程，均是在结束对花园作物采收后进入室内完成最后阶段的加工内容。花园建成一年后，建筑内一个教室空间的定位随之发生了变更，多功能的食育厨房的诞生拓展了花园课程的教学集合。外部消极空间通过规律性课程体系的展开为场地加载了全新的责任感和个体情感意识，促使少年宫的师生主体拥有了积极的行为动机，进而持续拓展户外课程的边界，有计划地改善场地的基础设施及变更设计要素（图 4-7-6）。

图 4-7-6　2022 年 9 月孩子们在花园里参与秋分节气课程

#### 2.2.2　规律性课程

认识到景观资源的教学可能性，城市小微空间的演替路径就获得了一个全新的维度。如果城市接受的学习环境不仅仅是建筑物的概念，公众对于教育场景的观念集合中也会增加新的备选空间。

少年宫全年的花园种植计划在经历最初半年的无序后逐渐趋向稳定，已经能够规律匹配不同节气物候主题课程所需的果蔬素材。花园年度的可食作物种植清单中包含了超过 50 种的瓜果蔬菜，其中不乏一些市场上少见的品种，例如紫苤蓝、黄花菜、紫菠菜、黑番茄及金银茄等。

可食用花园的二十四节气课程每两周开展一次，两个半小时的课程中包含三至四个阶段的内容。例如 2022 年 8 月 7 日的立秋节气课程，共分为"立秋导赏""花园农事""节气手工""立秋食话"四个阶段。在花园中，教师讲解关于立秋节气的耕读民俗和饮食文化之后，孩子们前往种植区采摘西瓜，带回多功能教室品尝后制作西瓜籽主题画。随后在食育厨房中，通过榨汁、去皮、切块等分组操作，集体完成一道西瓜皮炒毛豆的美食。课程序列中增加了课后作业环节，在家中烹饪以西瓜皮为主要食材的菜品，并由此与家人分享当日学习的喜悦和收获。花园中的植物结合课程提供了切实的文化联系，学习体验也因此与日常生活重叠，教育的发生过程也由此变得更加连贯与自然，高频次的使用和对“参与过程”的二次讨论也为公众与场所增加了源于个体经验的情感记忆。

由无人为津的消极空间转变为社区教育基础设施，规律性的自然教育课程体系为社区、家庭、儿童提供了在“角落和缝隙”中学习的契机，闲置的小微空间由此成为有利于社会互动、探索的“城市潜力容器”。空间活力来源于面向公众的行为体验，通过行为的延伸，公众在无意间被设计与策划引导，进而通过了行为经验和情感分享的创造了的场所价值的情感链接。被赋予了教育属性的小微空间会变得更加灵活，随着不同的时间穿插着不同的“演员”和“道具”，对于孩子们，可食用花园是他们周末记忆的知识图景，而对于少年宫的老师们和所在社区，它已然成为具有明确自我意识的感官花园乃至社区公共聚会场所。

#### 2.2.3 自发式更新

虽然难以借助于一般性设计方法来解决差异化的消极空间重塑难题，但“不间断的使用”和“可持续的设计”是小微空间形成内生动力最重要两项诱发因素。在以可食作物为主导的种植计划之外，可食用花园的一年四季中并不缺乏仅为提升场地美学效果和激活情感共鸣的细部设计。对于儿童来说，美不仅仅是一种视觉感受，更是一种能够调动所有感官的环境特征，尤其是在细节上，在相对于成年人而言更接近于地面的高度。

只是，这个场地中不断变化的色彩、纹理甚至气味的艺术表达，多数情况下，并非由设计方在建设期内预设并实施完成。位于紧邻建筑外墙的连续种植箱上方玻璃窗上的植物彩绘，首要的观赏视角并非花园而是室内。2021 年的秋季，少年宫的老师们引导孩子们实现了这个设计构想，通过自身的美学创作，为多功能教室面向花园的视线图景增加了新的艺术符号。

这类随机且持续的“微小”设计在花园建成后近两年的时间中不断发生。下沉空间的原场地，东西侧的落差形成了两处高度约为 1.1m 的水泥立面。初期设计中，东侧的立面仅考虑放置一个工具屋及一组彩绘油漆桶，不同高差汽油桶中种植时令花卉并保留一个作为堆肥桶。时至今日，这个角落缓慢演替成为一个艺术作品展示区。少年宫的老师们会将孩子们的手工作品和绘画作品装裱后悬挂，并不定期地更换，工具屋及汽油桶周边形成的大小不一的罅隙也逐一被形态各异的旧物改造填充，彩绘涂鸦均是由老师带领着孩子们共同完成的。有限的空间被高度激活继而产生多重的审美体验，错综复杂的材料物品混合着色彩丰富的植物共同形成了令人难忘的视觉图景，随着时间推移通过不间断地自发性更新发展起来的空间肌理为情感的累积提供了土壤，与随之而来的仪式、活动和聚会一起，将空间转化成为真正具有自我属性的地方场所。

## 3 少年宫可食花园的活化实践

在当今巨大而复杂的城市体系中，微观更新的策略尤其敏感，可食用花园的总体规划过程和设计释放了这个曾经荒芜平淡空间的潜力，少年宫与社区甚至绿博园的访客们共享着这片小尺度的教育景观。其中，少年宫的教师团队对于设计过程的参与发挥了重要的作用。这种参与为在此过程中逐渐成形的设计理念提供了一个自定义的基础，也同时为未来他们作为空间的实际使用者不断探寻这个自然系统的更深层次的实践体验和学习价值提供了一类有效的问题解决模式。

### 3.1 渐进更新

项目的调研及设计阶段始于 2020 年 9 月，2021 年 1 月至 4 月建设完成。新冠疫情延迟了少年宫的户外课程计划，但花园的生长从种植槽被蚯蚓土填满的那一刻就已经开始了。

教育的素养贯穿了场地的每一个角落，而如此富有生机的环境显然并非一蹴而就。从完工到 10 月才开始的第一次物候课程，半年的时间内，场地一直没有中断过自我适配的进程。得益于建造及维护均为同一家团队，在种植箱中撒下第一批小南瓜和佛手瓜种子的同时，初始设计中过宽的镀锌钢廊架间就适时地被麻绳攀爬网填充覆盖。从春末至盛夏，空心菜、香菜、奶白菜等叶菜的快速成熟使得少年宫的老师们成为空间最早的持续参与者。建成后的第一个春天，原设计方案中受资金所限未更换的防腐木地面不堪重负开始陆续断裂破损。7 月中旬，轻钢龙骨的防腐木铺装替换了原有的木龙骨结构。而一个月前的 6 月，温室教室中的定制阶梯木搁架与室外工具柜也陆续完成。此时，向日葵和玉米快速生长超过 1.5 米，象耳芋的叶片叠加番薯的藤蔓覆盖了几乎所有的种植箱表面裸土。8 月末，盛夏的傍晚，少年宫的老师们自发地为已完工的外部景观环境安装了情感化设计导向的了太阳能照明系统，与同时沿种植槽边缘排布的白色卵石共同传递出与白天截然不同的环境氛围（图 4-7-7）。

图 4-7-7　差异化的感官体验营造

“高频的使用”必然会触发“持续的更新”。这些自发性设计既可以来源于场地的直接使用者，也可以是规律性维护者的突发奇想。不间断的使用通过渐进地介入不断地扩充着场地中细节，细微的改变缓慢叠加生成了场地独有的物理特征。在此过程中，儿童的愿景模型曾是单一的设计关注，当“空间”开始启动向“场所”的转变进程时，越来越多的人通过“偶然”与这片环境的接触，“意外”为场地附加了具备个人情感偏好的愿景插件。

### 3.2　全龄友好

2021 年 7 月的铺装更新施工阶段，彼时种植槽内的作物经过三个月的生长季已然极为茂盛。清理过程中，绿博园的保安大叔从沉默地在栏杆外观望到翻越栏杆参与采收，间隔不过三两句攀谈的时间。自此之后，绿博园安保中心的巡逻车也时常停在的花园的外沿，闲时驻足观望的路人也缓步增加。此类停留大都是非理性的、意外的到访者，他们的随机的出行计划在感知到这个公共空间的情境而临时改变。有趣的是，突发性的意外更加能够促进不同形式善意社交行为的发生，2021 年 6 月末，一夜台风，花园中的玉米、向日葵和所有的攀援瓜果均出现了不同程度的倒伏。在清理现场的过程中，老师们、维护人员和陌生的路人们随机共享了一个无序但充满乐趣的公共空间，场所也借助于这样的过程为所有的随机参与者提供了一个机遇——培养合作、归属感、尊重和责任感的教育环境机遇。

即便是在校园的尺度，支持创造性游戏的程度都在不断降低。儿童需要更多制造“创造性脏乱”的行动自由，但在今天城市中的很多学校和社区，此类打破“整洁”的行为都受到了极大的约束。成年人对于景观整洁有序要求的审美偏好从设计伊始就没有被视为这个小微空间更新的价值观之一。可食用花园的景观不仅鼓励着儿童的参与，它的设计对于包括少年宫老师们在内的所有成年人，都秉持着诚挚邀请的态度。2021 年 9 月的中秋节，少年宫的老师们在这里举办了第一次的中秋节户外晚宴，积极的仪式感传递了他们对现有场地的身份认同。

高频的参与使用和空间的认知体验决定了小微空间是否能从本质上完成从“闲置”向“活化”的蜕变。在社区典型的密集社交网络和多样学习景观中，关联性的社会互动与生态体验叠加，会产生指数级的影响。在一定程度上传递了户外学习场所的理念、特质及价值属性，同时也显著促进并鼓励社区其他环境中景观教育资源的价值认定。

### 3.3 稳态维持

创造更丰富、更多样化的学习场所的机会是放松已建成花园整洁维持标准的最优结果之一，包括可以通过修改日常维护计划以及将简单的园艺及农耕维护结合自然教育的课程展开，例如收集掉落的枝叶堆肥和收获后残留的枝干为自然教育课堂再利用，多途径综合提升效率和节约成本。行之有效的管理意识能够帮助设计意图的持续推进，同时也是吸引实质性社区参与的有效催化剂。

可食用花园中规律性种植的玉米、高粱、向日葵以及花园入口处 3 米多高的一年生蓖麻，每年都能为少年宫的各类课程提供丰富的高可塑性生态材料。随着可食用花园的景观发展水平日趋稳定，场地中连续展现的视图和空间创造了一种真实的复杂性，随着景观元素中的细节不断变化，在不同的季节中传达着截然不同的环境体验。

持续改变和不断衍生的景观空间为儿童提供了真实的环境感知（例如生物和非生物、生物多样性、生命循环、食物链和碳循环等概念的探索），其中包含的“教育潜能”是无限的。2021 年定制的工具箱原本是绿色，完工半年后它被重新涂刷成了白色。同样的事情还在持续发生，间隔的三组松木本色的种植箱，甚至包括被用作堆肥桶的汽油桶，在不同的时间点，也被“悄悄”涂刷成了白色。无论此类改变的动机源自何处，改变行为本身就已是参与者对环境维持所提供的最明晰的正向反馈。

2022 年 9 月，第二个中秋节的聚会如期而至，同样的仪式表达，但参与的人数增加了。与本地的公园部门、其他开放空间的机构管理者或者社区街道和非营利组织的加入使得社区中的孩子们、家长以及本地的生态系统之间建立起了一种可持续的伙伴关系。当精心规划的教育景观致力于支持儿童与环境的积极和相互依存的关系并为此付出长期的努力，社会中所有的参与者都会从中受益。

## 4 讨论与展望

可食用花园是一个实践项目同时也是一个研究项目，设计团队通过对该项目长达两年多的设计建设及运营参与，深入探索城市小微空间更新的一类差异化设计模式，并通过持续的观测和不间断的设计改进逐步完成理论框架和实践方法的建构。项目论证并实践了如何更好地设计利用“教育景观”以改善城市闲置小微空间的公共参与性，包括依据小微空间所处区域的城市背景和使用需求预设，提炼并植入契合的干预性媒介，在实现特定空间物质要素组合的基础上，引导公众产生日常化活动，支持建设存续时期的一般性的公共参与以及未来长时间稳定的自发式更新。针对小微空间内涵特征的更新适应灵活多变的场地客观条件，不限于物质上和审美上的完善，而是实质上地介入“地方公众生活”的原有轨迹。深入触动城市内部生活中。最终实现构建具备重复性、时间性和情境性的城市“地方生活日常”。

# 小树与大剧院——南京乐山路小学屋顶花园中的实践探索

程云杉 [1]

小（树）虽小，但可以解决大（剧院）所不能触及的问题，并会以一种不同的方式来唤醒人们那些潜在的力量。

在南京市河西新城乐山路附近，夹江步行桥“南京眼”、保利大剧院和青奥体育公园等各类城市地标比邻而立，这些巨型的建筑和地景都是城市快速发展时代的耀眼成果（图 4-8-1、图 4-8-2）。

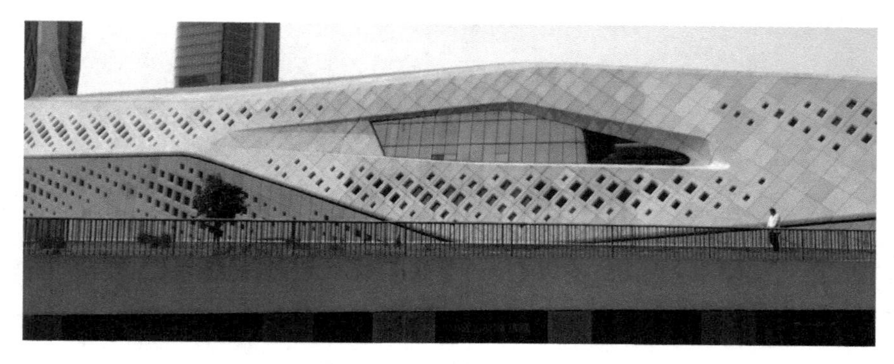

图 4-8-1　小树与大剧院

图 4-8-2　建设前期的基地环境（2017）

1　南京林业大学风景园林学院讲师、设计创新与营造实践实验室主持。

近在咫尺的南京致远外国语小学乐山路分校中，亮丽的新建教学楼上已然为屋顶花园的建设预留出了空间。然而，若想要为学校和孩子们带来超出预期的学习空间和生活体验，则需要由不同以往的人员组合，以不同以往的方式，才更有可能打造出一片新天地。

## 1　多样性的汇聚

2017 年下半年，也是这所新开学校的第一个学期，在高校从事景观建筑教育和设计实践的我，和结识不久的前外企高管张总，以及前规划院资深规划师萧老师走到一起。三个经历各有不同的“70 后”为了共同的志趣，在一个充满不确定性的新领域中共同前行。也有幸遇到同为“70 后”并同频的季校长，从而有了难得的探索空间和落地机会。

整个探索过程是一个包含设计策划、营造维护和教学组织等各方面工作的综合性项目（图 4-8-3）。从打造一个花园式农场开始，并以此为基础通过丰富且有特色的教学活动来使之成为学校教育的一个重要组成部分，进而达成促进社区发展这一“额外”目的。

图 4-8-3　不同时节的场景航拍

这个项目虽小但很复杂，其推进和实施又非常赖于具有不同经验和能力的人们的共同参与和相互支持。我们又陆续拉来更多帮手，就如我先是将年轻有为的老朋友小施拉入团队，他在项目的基础设施建设、永续农业实施和自然教育等方面都发挥了重要作用。后面又拉入前外科主治大夫和现木工达人高老师，他为我们必须亲力亲为的木构建造提供基本的技术保障。此外，还有新农人阿财和小柯，来自大理的手工艺人段王爷，以及南京林业大学的诸位研究生和本科生们，大家为这个特殊的项目带来了各自的热情和贡献。

虽然先是需要我们这些“外来人”凭借自己的理念和技术来推动和支撑这个项目的启动和进行，但是社区花园的永续运作也自然少不了社区主人们的积极参与。而随着实践的深入，不仅更多的校内老师们加入其中，并且也逐步吸引了不少家长成为我们的志愿者。当然，更值得一提的是，一届又一届的孩子们从一年级开始就逐步活跃在各类自然学习和建设活动之中；而支持他们与花园共同健康成长不仅是我们行动的初衷，也是所有努力的价值和意义所在。

## 2 屋顶花园与永续农业

多样性的人因为一件共同的事而走到一起，这带来了互补、启发和合作，也必然会在做事的过程因为现实的复杂而引发一系列的碰撞和冲突。这就如项目的初步定位是花园式的农场，其所包含的花园效果呈现和永续农业理念贯彻这两方面内容虽有交集，但却也时常会引发源自不同侧重点的争论。

回想项目启动时，已逐步进入2017年的冬季，我们一方面对场地进行测量和进行初步设计规划，另一方面则需抓紧做好清理场地和改良土壤等基础工作。因为偌大的场地内铺满防尘网和石块等杂物，并且深陷在土层中，小施等费了很大的精力慢慢进行清理。还有，他们为了把所买的整整一车牛粪均匀混合到土里，可以说把散布在一千多平方米屋顶上的大大小小的裸露土地都以手工方式深翻一遍。然后还有选菜苗、铺枕木、做堆肥……所有这些工作是那么细碎和繁琐，都需要用自己的双手一点点实现。

值得注意的是，如此重要的阶段可以说是后面一系列种植和建设工作的基础，其实施的效果难以在短期内呈现，更多时候有赖于新农人的价值信仰和用心程度，但却又难以被不明就里的人们之肉眼所能察觉。

同样，因屋顶的完全露天状态，蒸发量非常大，所以需要进行覆盖以调节土壤温度和湿度。而用稻草和秸秆来进行覆盖虽然经济便捷、自然环保，但是视觉观感则不那么让人“舒适”。再比如，永续耕作因追求和自然合作而更需要一个渐进的内化过程，而展示和观赏等方面的需求则又往往追求外在的整体效果。还有，为了避免使用化学物品的人工除草，以及因没有安装灌溉系统需要人工浇水维护等工作也都是那么费时费力，却同样难以出效果……

这些反差的存在让不同的价值取向有机会产生直接的碰撞，虽然难免内耗的增加，但也由此促进了整体认知水平的提高。

## 3 体验式学习与日常观察

而在难以量化和评价的教学方面要想达成共识则更是一件需要长时间磨合的工作，因为要在现有体制下想要突破已有的框架真是一个艰巨的挑战。

我们是接近每周一次的频率在固定时间点进入课堂，带着孩子们在户外进行劳作、观察和自然教育。在其中不仅要为孩子们创造各种参与劳作和的机会，并且尽可能提供必要的时间和空间来保证其能够深入体验。这里且摘抄我的一段教学日记来呈现当时的观察和反思：

2018/10/16，周二，分组地块

今天两次课：分别是观察油麦菜和种植大蒜。

第一课——观察油麦菜

① 先带的是油麦菜观察，基本整个过程都是围在小块场地旁边，趴在池台边上画自然笔记。

② 先画牌子，都参加了至少一笔，也有一位不想参与。

③ 插牌子，仪式感。发本子，交代隔开三页，记录当天的信息，引导大家画场地现有的东西。

④ 耐心的孩子慢慢磨画，我会让其更轻松更大面积，心急小朋友画画就开始分心别的，我引导其看到和画出更多的信息。

⑤ 不少人对于旁边组地上的秋葵感兴趣，特别是当一位男生捡到一个饱满种子的秋葵壳时，其他几个小朋友就眼馋，也想摘……

⑥ 总体大家精力释放得有限，几位同学自发地捡东西去装饰木牌子周边。

⑦ 结束前后所有同学先后去找、捡和摘各种花朵、果实等，还组队去看更大场地中的植物等，

不少人都粘了一脚泥，看来这方面有更大需求啊。

……

而另一方面，教学志愿者们也需要通过每课的实践和复盘来不断改进。这里同样从我的教学日记中摘抄一段以供管窥日常工作中的问题：

2018 年 11 月 13 日，周二，未来农场畅想（粉笔集体画）+ 丙烯画木牌

A. 第一班第二组

① 黑板架在那里，同时参与的人有限，同时就有同学在自己本子上画，还有没带本子的就四处游逛（开始时还尝试引导其回来，后来觉得还是让其神游更好）。

② “顽固”的小组长女生擦去了男孩子“乱画”的丰富图案（浇水飞行器、滑滑梯等，都是不同人喜爱的，被擦后再让画一遍就没那个兴致了），并且和另一女生不让“调皮的”男生参与画东西。借机“教育”这些学校日常的宠儿。

③ 让爱“生事”的组长等去画木牌（本来两个女生去的，后来不知怎么就成了小组长一个人垄断了），只有一种红色，组织不及，别的同学再补也只有红色。

……

可以说在我们的教学实践中，成人们需要尽可能少的教导，代之以更多的支持、鼓励和引导，聚焦主题但又有留白，从而逐步形成一个强调观察、体验和探索的学习氛围。

## 4　促进社区发展

我们的基本定位是对于学校主流教育的有益补充，而目标是通过打造一个更具有活力的户外教学场所，由此改善既有的师生二元关系和单一的评价标准，从而逐步形成一个更加合理的共同学习机制。

而若将教师、学生、家长和外部支持人员等都视为一个学习型社区的成员，那么从单纯的“学校”到更为复合的“社区”的转变就意味着需要对于这些成员之间的关系和互动进行重新认知，从而促成更为开放和多元的教学探索。

这就像我们积极引导孩子们深度参与到花园建设和维护的各项工作中，就是为了培养他们的主人翁意识，进而弱化自上而下的等级观念和评价方式等所带来的一些负面影响。

此外，尽管现行的校园管理机制使得家长定期进入学校这一单纯问题也变得没有那么简单，我们还是积极引入家长志愿者进入到环境维护、辅助教学和外部支持等各个环节，取得了一定的效果，并为家校关系增加了新的维度。

同样，通过校外人员和学校专职教师之间的定期合作与联合探索，从而让彼此之间取长补短、相互协作，共同为社区和孩子们赋能。

## 5　不同的空间与场景

我们从最初就将整个空间按照方位和可达性等赋予了不同的定位（图 4-8-4），这不仅是基于功能和环境等设计因素的考虑，也是希望为孩子们打造出截然不同的体验空间和学习场景。

如从入口开始，由近及远分为三个区域：侧重“认知”和观察观赏的近端，侧重“行动”和实验探索的中段，以及侧重“情感”的远端留白体验区。

首先在近端区，考虑应季、观察和防风抗倒伏等问题，从低到高进行有层次的交替种植；中间加入枕木铺设的汀步，方便两边作物的采摘和触摸。此外，还在这里精心打造木制长廊和生态水池等重要节点。

接着是中段区，除了利用独立小块土地作为分组种植的基础，还在这里带领孩子们参与一米菜园、堆肥箱和螺旋花园等构筑物的手工制作，同时也利用身边厨余和生活垃圾等进行有机生活体验。

图 4-8-4　分区定位、概念模型与平面图

而在最远端，也是面积最大的区域，则留给了成片种植的冬小麦——这不仅是基于时令限制、造价控制和维护成本等方面的现实考量而打造出的一处季节性景观和自然教育资源（图 4-8-5），同时，也通过留白而为都市校园的日常生活保有了一处难得的静谧，一处可以抵达的远方。

图 4-8-5　屋顶麦田中的自然教育

## 6　小树的价值

在远端成片麦苗的映衬下，一棵孤植的桂花树引人注目。一个雨天的上午课间，几位穿着雨衣的小朋友，沿着泥泞土地上的小路奔向他们心爱的小树。其中，最为积极的护树三人组成员曾经这样回答过我那关于想在这里种几棵树的问题：

黄同学：我希望有很多棵。

晏同学：两棵。

张同学：就一棵。

晏同学：那我也一棵。

而又一天，当我看到原本走路就一颠一颠的晏同学在赶来的同学帮助下费力地抬着水，走在还裸露着黄土的汀步上（图 4-8-6），一步又一步地靠近那棵小树之时，心中有个声音告诉自己：有些事做对了……

图 4-8-6　抬水浇小树

# 为了更生态的社区花园——以定海路街道微更新为例

戴代新[1]　李林勃[2]

## 1　设计师在社区

这一次的故事发生在上海市杨浦区定海路街道。这里也许跟大多数人对上海的印象不同甚至可以说是大相径庭。这里少有繁华的超级大楼，也罕见所谓老上海的精致弄堂，看起来就像是平平无奇的县城一般，街边正进行着如火如荼的旧城改造。我们接触的两个小区，河间路电苑小区（图 4-9-1）与平凉路平凉小区（图 4-9-2），也期盼着绿地向社区花园的转变。我们希望在两个小区营造具有丰富生物多样性的社区花园。

图 4-9-1　电苑小区更新前

图 4-9-2　平凉小区更新前

生物多样性在社区花园中扮演着重要的角色。它不仅丰富了花园的生态系统，还带来了一系列的益处和价值。

毫无疑问，生物多样性能够提升社区花园的生态功能。不同种类的植物、动物和昆虫相互作用，形成了一个更为复杂的生态网络。植物提供氧气、吸收有害物质，维持空气质量和水循环；鸟类和昆虫作为传粉者，促进了植物的繁殖；昆虫还是食物链的重要环节，维持了生态平衡。因此，通过增加生物多样性，社区花园能够实现更好的生态服务功能，提高空气质量、水质、土壤肥沃度等。其次，

1　同济大学建筑与城市规划学院景观学系副教授、博士生导师，教育部生态化城市设计国际合作联合实验室景观空间分实验中心主任。
2　同济大学建筑与城市规划学院风景园林学在读硕士研究生。

生物多样性丰富了居民的生活体验。社区花园中的动植物构成了丰富的生态景观。居民可以欣赏到各种绚丽的花朵和树木的变化，欣赏到鸟儿的歌唱和飞舞，感受到大自然的宁静和谐。这些自然的元素能够纾解压力、增加幸福感，促进身心健康。此外，生物多样性还具有教育和启发的作用。社区花园中的生物多样性自然教育的机会。通过观察植物四季变化和动物来去栖息，了解它们的特点和生态习性，提高对自然的认识和保护意识。

在我之前参与的一处社区花园共建项目中，与居民共同沟通设计，将楼前的数棵桂花下的绿地改造为社区花园。在留住桂花清香的同时，清理了树下枯死的枝丫与垃圾，增加了灌草的种类，还增加了月季攀援的花架。后续我们和居民也一直在网络上进行后续维护的跟进，经过居民们用心的自治维护，我们惊喜地得知花园已经能够招蜂引蝶，这完全出乎了我们的意料，新的花园有了新的生态，也是小区里小朋友喜欢玩耍的新场所。

回到定海的两个小区，两处地点具有营造生物多样性的基础条件，都有老旧小区特有的大树，平凉小区更是野草丛生，绿意盎然，只不过被围墙封住不可进入。所以为了营造生物多样性，我们坚持保护原生的植被尤其是树木。在河间路考虑到居民强烈的晒衣需求我们设计了独特的晒衣架，同时设计了紫藤花架提供藤蔓攀援的空间和飞鸟筑巢的场所；在平凉路我们策划了休憩广场与漫步小径，保留了乔木的同时设计了非常丰富的灌木草花，我们还提供了昆虫之家，供它们生息繁衍。当然，重要的不只是设计师在社区做了什么，还有小区里发生的故事。

## 2 小区里的故事

### 2.1 第一幕：生物多样性的畅想

在我们对社区花园的想象中，营造生物多样性是重要的一环。我们对此设想一幕又一幕的景象。我们希望河间路电苑小区的广场上，紫藤爬满花架，如一道优雅的绿色瀑布，为社区带来清凉与美丽；我们希望保护好两个小区的大树，让繁茂的枝叶继续为居民提供荫凉；在平凉小区的花园里，二十余种花草丛生，小区的角落里也有“四时之景不同”。在设计前的调研中我们发现小鸟如麻雀常常出现在两个小区的大树枝头，我们希望保护它们的栖息场所，让居民在树荫下乘凉时也能听到其中鸟鸣清脆。此外，出于生物多样性与自然教育的考虑，我们特别考虑到了昆虫世界。在我们的设想里，社区花园为虫豸提供了安家之所。

对两个社区花园的畅想充满了生命力和活力，每一个细节都充满着关于自然的美好愿景。我们希望通过营造拥有丰富植物、吸引鸟类和昆虫的社区花园，让居民们与自然亲近，感受到大自然的奇妙和宁静。

### 2.2 第二幕：社区居民的呼声

当项目开始后，居民的呼声也逐渐见高，我们很期待听到居民对于社区花园营造与生物多样性的态度与诉求。在社区的汇报、沟通中，很多居民都展现出了他们对于社区花园抱有的期待和渴望，他们的畅想未必与我们不谋而合，但他们的想法同样重要。他们希望社区花园不仅仅是一个看上去美丽的或者说现在很流行的“网红”的景观设计作品，更希望能实实在在为居民提供实用且便利的功能。他们渴望在社区花园里找到一个可以休憩放松的角落，一个可以和邻居们聊天交流的场所，还有和家人游赏花园的路径。他们希望花园能够呈现出丰富多彩的色彩和形态，让人们感受到美的享受和愉悦。他们希望花园里的设施和基础设施能够满足实用性的需求，比如有更多的座椅供人们休息，有方便的路径供人们散步和运动。他们希望花园的布局和设计能够兼顾到各个年龄层次的居民，从老年人到孩子们都能够在花园里找到适合自己的活动和娱乐方式。这不正是现在常提到的全龄化友好设计，设计不是只有设计师才懂啊，这可太有意思了。

此外，居民们的另一诉求是希望与社区花园的营造之间有良好的信息互通，也就是尽量在公开渠道及时更新营造情况，使他们能够及时了解关于花园项目的最新动态，同时有渠道并表达自己的想法和建议。

### 2.3 第三幕：争论、协商与合作

在社区花园营造过程中，还是发生了一些“意外”，当然我觉得姑且可以算作美丽的意外，哪怕现在回想起来过程不是那么愉快，但确实很有意思。

在社区花园建造的过程中，不可避免地发生了一些争论和分歧。在沟通的过程我们发现很多居民对于花园中生物多样性的重要性持怀疑态度，更直白的说法是在他们的认知里所谓生物多样性不是一个重要的东西，当然并不是说这是错的，只是这与我们的初衷相悖而已，而我们要做的是去阐释我们的设想，我们希望最后是一个共赢的结果。

相比于在社区花园里营造生物多样性，他们更加注重花园的实用性和美观性，事实上居民提出的意见往往是基于他们生活习惯的一些想法，是相当实际的。我想起来在平凉小区的建造现场，居民们与我们展开了非常激烈的讨论，当然居民激动的情绪可以理解。彼时我告诉自己与人共情也是设计师必备的能力之一。言归正传，居民们对一些具体的设计细节有自己的想法，比如道路的宽度、花坛的形态以及花架和晒衣架的位置等方面。有些居民认为道路应该更宽敞一些，方便双人通行和交流，而在我们的设计中这一条背面的小路就是不要让太多人进入，路径本身具有私密感。以及花坛的布局和形态也引起了一些居民的不满，当然这是审美的问题，见仁见智。

然而重要的是，我们和居民都希望能够在争论和分歧中找到共识。我们进行面对面的沟通、协商和合作，试图找到一个既能满足居民需求又能营造生物多样性，还能保持我们原有方案设计亮点的解决办法。

### 2.4 第四幕：试图平衡的解决方案

为了平衡生物多样性营造和功能使用的矛盾，我们尊重并充分考虑居民的意见和需求。我们试图通过妥协和调整来满足居民对实用性的要求，比如重新安排垃圾桶的位置和调整座椅的数量与位置，以提供更好的休憩条件，当然这对于整体的设计方案无伤大雅。同时，我们也坚持保持设计中的亮点和特色，继续坚持营造生物多样性的环境。对于紫藤攀援的花架，我们调整了尺寸与位置避免对居民活动空间的挤压与冲突；此外我们坚持保留了树木和昆虫之家的设计，希望保持原有植被环境与鸟类和昆虫栖息的场所（图 4-9-3、图 4-9-4）。

图 4-9-3　平凉小区改造中

图 4-9-4　电苑小区改造中

我们和居民们共同努力，希望能够在社区花园中找到生物多样性和功能使用之间的平衡点，为社区创造一个绿色、美丽且实用的环境。

### 2.5 第五幕：意外的后续

不出意外还是出意外了，尽管经过我们和居民以及街道的共同努力，社区花园的设计方案得以实施落地完工，但仍然发生了一些意外的后续情况。花架上刚刚开始攀爬的紫藤被居民偷偷扯掉，甚至在土里撒盐；设计的晒衣架也没有按照我们的预想来使用，花架上被衣服和鞋子所占领……

在感到无语的同时，这些意外的后续情况也引发了我们的反思。我这才意识到原来其中还有这么难以调和的矛盾。虽然心痛，但确实需要反思或者说要找到其中的缘由，之后才能以设计师的身份更好地介入社区花园的营造中。

## 3 下一个花园

坦白来说，这两个项目并不算特别成功，建成效果、后续维护没有完全做到尽善尽美，但是其中有实实在在的经验教训。我们对于生物多样性营造的理想与实际落实之间存在一定的落差，当然这并不妨碍我们在未来依然坚持强调生物多样性在社区的重要性以及设计和营造。在整个项目周期中，设计师、居民和街道 / 居委会之间的沟通并不是特别充分，也没有很好地调动起来居民在营造过程中的参与性与积极性，进而导致了方案中的一些不完善之处，比如缺乏了后期维护模式的参与等等。

综合两个项目的经验，我们认识到在处理生物多样性与功能使用的矛盾时，需要全面考虑，以及更加灵活的处理方式，需要加强营造过程中多方沟通和参与的程度，要及时了解居民的意见和需求。在项目初期就与居民们充分交流，提前发现可能存在的矛盾，并且调整设计方案，因为生物多样性营造的方式我们可以调整，但其实很多涉及人的矛盾与冲突非常难调和。此外，鼓励居民的参与和反馈也是非常重要的，让他们感受到自己实实在在地参与了社区花园的营造，对社区花园有主动的贡献和参与感。

以上就是这次社区花园中生物多样性营造的故事，每个环节都是一个探索和学习的过程。有了这一次的经历，我们更加明确了如何在社区花园中实现生物多样性的营造，同时满足居民的实用性和美观性需求。我们期待下一个花园将是一个更加成熟和周到的项目，通过加强各方之间的沟通与合作，希望能打造出一个更加理想和完善的生态社区花园。

# 重建附近：合肥城市学院“半亩方塘生态农园”重建的故事

席冬亮[1] 王晓滢[2] 夏雨朦[3] 郑艺涵[4]

自己研究的方向和兴趣爱好能结合在一起，是一件幸福的事情！感谢可食地景为我们打开一扇窗，自此，天光人影共徘徊。

每一个学校不管空间大小，都应思考其空间潜力，即让每一个使用者置身于其中，均能参与多元的学习与各种活动，让人与人联系起来，产生新的活动连接，也可以在其中享受观察、体验与思考自然的乐趣。一个被称为学校的地方，应该不只是外观看起来像校园，而是其空间充满了学习机会，有价值的教学活动都可以在这里开展，不仅是关于自然和种植，还有团队合作、观察、系统思考等，这些都可以通过与自然连接形成一个更为紧密的学习结构，引导学生“以万物为师，与自然为友”。

## 1 缘起

席冬亮老师2016年毕业于英国布赖顿大学的可持续设计专业，选择的研究方向是关于城市农业在可持续城市设计中的应用，在英国的布赖顿小镇接触过社区花园，并有幸听到生产性城市景观（CPULs）理念的倡导者安德烈维尤恩教授的讲座，安德烈教授是连贯式生产性城市景观理论的提出者，2016年安德烈教授的理论书籍刚刚被翻译成中文版本，教授委托席老师帮他从国内购得此书。拿到书后，五十多岁的教授激动得像看到了自己的孩子一样，教授的学术态度深深地打动了席老师，读研期间席老师也关注了布赖顿本地社区花园。可持续设计专业的很多生态理念和社区花园的理念是完美契合的，例如“waste=food”（废弃物 = 食物）循环的理念，席老师研究生的课题选择了“如何利用屋顶空间打造药食同源的社区花园”，我国的城市化迅速发展是全世界少见的现象，迅速的城市化提高了人们的生活质量，同时也带来了一些问题，环境污染，人与人之间关系的疏离，各种城市病也随之出现，社区花园这个小小的公共空间可以解决或者是缓解很多城市病，硕士研究生毕业后席老师就立志要回国推广社区花园这种城市病的解药。

## 2 首建——知行合一

回国后发现同济大学的刘悦来和他的团队已经在国内做了很多的社区花园的项目，感觉终于找到同道中人，关注四叶草堂很久了。在2018年，席老师申请了安徽省高校校级质量工程项目，带领5位本校风景园林的学生在校内的备用地开垦了一块小型的实验农场，与此同时有缘参加了同济大学主办的“社区花园”全球的学术交流和刘悦来老师举行的“种子”（Seeding）活动，后来还参加了第一届的

1 合肥城市学院讲师。
2 合肥城市学院讲师。
3 合肥城市学院讲师、大学生心理健康发展中心主任。
4 合肥城市学院教师，中级工程师。

全国社区花园萌芽大赛，也取得了不错的成绩，后来我们的案例也有幸收录在《社区花园理论与实践》的案例模块当中。席老师还参加了四叶草堂举办的城市朴门的培训，学习到很多的生态种植的知识，很可惜因为个人的原因没有取得最终的毕业，希望之后继续参加培训并完成学习取得证书，今后可以运用所学知识影响更多的人。2018 年的项目算是一个小的尝试，感觉还有很多的不足，特别是花园的后期的维护的工作。

## 3 重建

### 3.1 前期准备

成绩是曾经的，我们半亩方塘还要继续，问渠哪得清如许，为有源头活水来。2021 年席老师又申请了一个可食校园的项目，向学校申请了半亩的荒地（图 4-10-1），得到学校领导的支持和批准，风景园林专业的老师也给予我们项目大力的支持，包含工具和地块的支持，在这里深表感谢。不过我们答应等我们农园有产出的时候我们会重谢他们的。

图 4-10-1　重建所选地块

土地和工具都有了，我们还需要参与的人员，我们让学生助理在他们班级里招募了对种植感兴趣的 5 位环境设计的同学，同时还和学校的大学生心理健康中心的夏雨萌老师聊到了“园艺疗法”，夏老师对我们的项目很感兴趣，她鼓励了一些“社恐”的同学参加到我们的志愿者队伍中来，同时我们也和学生处的领导介绍了我们的项目，后期决定将我们的项目和劳动教育结合，那样我们的志愿者队伍就会不断壮大。

资金可能是我们的短板，我们只有 2 000 元的项目资金，所以这也迫使我们精打细算同时，还要充分地利用可回收的材料来构建我们的小农场。

人、土地、工具、资金都有了，那就开始行动吧，首先我们对地块进行了分析，光照、风向、水源、土壤。结合之前的实践经验和刘悦来与魏闽老师出版的《共建美丽家园——社区花园实践手册》，带领学生们行动起来了，刚开始我们还想沿用 2018 年的做法，利用回收的板材来做种植箱，但是之前的板材都是人工合成板材，板材内部会含有有害的物质，所以这次我们选择了在网上购买比较安全的原木箱作为我们的种植箱，很快在网上找到了一家原木一米菜园的种植箱（图 4-10-2），这个原木箱也是采用回收的包装作为材料，符合我们半亩方塘“回收”（recycle）的设计理念。

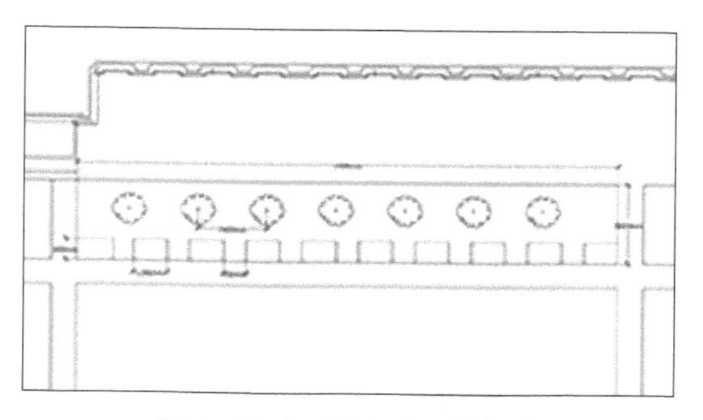

图 4-10-2　重建“一米菜园”

### 3.2 营造过程

选择的场地面积有一百多平方米，可以做 10 个种植箱，一字排开，我们之所以选择一米菜园作为我们种植的方式，是因为我们所选择的场地是建筑废土的堆放地，土壤板结严重，土壤的黏性大，肥力弱，不适合种植和后期的养护，而且选择一米菜园也是一种化整为零的方法，这样可以降低后期的养护，比较容易管理。刚开始我们买了 2 个一米菜园的种植箱（图 4-10-3），没有一次性把种植箱都买齐全，我们也是抱着稳扎稳打的策略，我们希望我们的农场也能像植物生长一样，一点一点生长，而不是工业思维的一蹴而就，这些也是老师们和学生们一直强调的，好多事物的发展都像自然界中的事物需要慢慢成长，急不得，然后请学校书法协会的学生帮我们在种植箱的两侧写上了“半亩方塘”“一米菜园”等字样，并在每个种植箱的四周写了二十四节气，二十四节气也是中国传统农耕文化中重要的一部分，蕴含了我们祖先“天人合一”的智慧，而且后期我们也有二十四节气种植手册，书中详细介绍了每个节气需要做的农事，为我们的后期的小农场的管理和维护提供比较明确的指导，两个种植箱安装后，我们开始调配土壤，之前提到现在场地的土壤并不适合种植，我们在场地附近的林子下方发现了比较好的腐殖质，搭配当地的土壤和在网上购买的椰砖以及营养土，三合一，我们把种植箱填满了。接下来就是将提前购买的苗木种入我们的种植箱，在种植的时候，我们的几位学生都很激动，好像很快就可以收获了，我觉得这可能就是我们人类的天性，种下一粒种，种下一棵苗，就种下了一个希望。

图 4-10-3　组装“一米菜园”种植箱

植物的选择上我们在 1 号种植箱内，种上了药食同源的一些植物，有我们中国的藿香、金银花、板蓝根、薄荷、紫苏、香茅草也选择了西方的一些香草像迷迭香、百里香，还在种植箱中心的位置种了艾草（图 4-10-4）。

图 4-10-4　五位环设专业的志愿者及一号种植箱

### 3.3　本土植物、艾草、红薯

2 号种植箱我们准备种一些蔬菜。我们学校周围有一些村庄，在选择 2 号种植箱的时候，我们想到去村里向周围的老乡购买一些当地和当季种植的蔬菜，一位阿姨很乐意把他们地里的红薯免费送给了我们（图 4–10–5），后来学生们去爬山发现了一些野生的艾草把他们扦插到 1 号种植箱内，本土的植物的生命力就是顽强，而且养护起来也是比较省心的。

图 4–10–5　学校附近的农民阿姨送的当地的红薯苗

种植离不开水，虽然选择场地的时候我们特地选择距离水源比较近的地方，在南教学楼的厕所有自来水可以供我们使用，但是幸运的是我们在教学楼的南面发现有雨水管，于是我们想到可以收集雨水用于灌溉，说干就干，在网上购买了一个 50 升的雨水收集桶，放在雨水管的下方，没多久天气预报说当天晚上有雨，第二天学生们迫不及待地去看，雨水桶已经接满，这样学生们浇水就可以自给自足了（图 4–10–6）。

图 4–10–6　落水口及雨水收集桶

### 3.4　堆肥、园丁

还有种植蔬菜也需要肥料，我们小农场秉持不用化学肥料的原则，我们选择自己堆肥，之前在上海四叶草堂的城市朴门农法培训中学习到了不少堆肥的方法，我们选择了 em 菌有氧堆肥的方法，刚开始还在考虑堆肥的材料，刚好学校的绿化在做养护，我们和学校后期绿化维护的师傅沟通是否可以将他们除草的“垃圾”放到我们的堆肥箱，绿化管理的师傅欣然接受了我们的请求，第二天我们的堆肥箱旁边就放了 3 大袋的草，我们立马把这些垃圾放入我们的堆肥桶，加上一些 em 菌，浇了一些水。接下来就靠 em 菌自然发酵的力量，静待把垃圾转化为我们需要的肥料。而且席老师还鼓励学生们收集平时的生活垃圾用来堆肥，用垃圾喂养我们的堆肥桶，在我们教研室的洗手池旁席老师放置了一个沥水桶，将平时老师们的茶叶渣和咖啡渣收集起来用来堆肥，我们的老师好像喝茶喝咖啡的次数也增加了，希望后面农场有收成了，也要将我们的成果和他们分享一些，谢谢他们贡献的“垃圾”“废弃物 = 食物”。我们购买的 3 号种植箱也到了，我们准备用自己的堆肥来作为 3 号种植箱的填充，就把在网上购买营养土的花费省了（图 4-10-7）。

图 4-10-7　园丁大叔贡献的三大袋园艺垃圾及学生收集的咖啡渣

### 3.5　防虫、酵素、辣椒水、白醋

种植的蔬菜和香菜难免会受到害虫的侵扰，后来学校后勤的师傅告诉我们白醋可以驱虫，我们试了一下效果还是不错的，还有酵素也可以驱虫，后期我们也会带我们的学生来利用厨余垃圾来制作，又是一种变废为宝的好方法。

## 4　未来、愿景、课程

未来我们的农场的种植箱要增加到 10 个，也是初具规模了，后期也会逐渐地添加像螺旋花园，草莓塔，蚯蚓堆肥等等，让农场形成一个小型的生态系统，也会将园艺疗法作为我们和大学生心理健康中心合作的一个方向，希望通过我们的小菜园让更多的人了解到环保和生态的理念，还能治愈很多人（图 4-10-8）。

图 4-10-8　大学生心理健康中心志愿者们参观农场并播种花生

国家现在要求培养德智体美劳全面发展的人才，劳动课也是我们的一个方向，希望有更多的学生参与进来。

另外社区花园已经纳入了本校环境设计专业的人才培养方案中的课程体系，希望我们很快将这门有室外实践的课程建设起来（图 4-10-9）。

图 4-10-9　农场现状及板蓝根发芽了

## 参考文献


[1] 贺慧.可实地景[M].武汉：华中科技大学出版社,2019.

[2] 李树华.园疗艺法概论[M].北京：中国林业出版社,2011.

[3] 刘悦来,魏闽.共建美丽家园：社区花园实践手册(社区花园手册)[M].上海：上海科学技术出版社,2018.

[4] 安德烈·维尤恩.连贯式生产性城市景观[M].北京：中国建筑工业出版社,2015.

[5] (美)大卫·W.奥尔.大地在心(教育环境人类前景)[M].君健,叶阳,译.北京：商务印书馆,2013.

# 造一个助力人才全面成长的大学校园花园——以长沙理工大学风景园林实践教学基地为例

周　晨[1]　熊　辉[2]

## 1　花园管理、润物无声

2023 年 6 月 6 日，长沙理工大学（以下简称长理）2020 级风景园林专业的《花园管理》课程在校园内的风景园林实践教学基地（以下简称花园）展开，内容是识别和清除入侵物种，并从中学习生物多样性的相关知识。这次活动引发了黄皓同学对入侵物种的好奇心，课后他查阅关于入侵物种的资料，发现省林业局下发的《湖南省主要乡土树种草种名录》中，将一年蓬、空心莲子草、鬼针草等入侵物种写入了乡土草种名录中。他有些担心，认为这会误导大众，不利于乡土物种和生物多样性保护，于是在省政府网站的互动平台上提出了疑问（图 4-11-1）。6 月 12 日，省林业局给出了答复，解释了将上述三种植物作为乡土植物的原因，并承诺在修订名录时一定结合专家意见予以修订。

黎凡宇、隆泽凡是长理风景园林专业 2020 级学生，自从 2022 年秋季实践花园建成后，他们便主动当起了花园管家这一角色，经常在花园内巡查，观察植物生长情况，定期浇水灌溉，由此成了老师信赖的重要帮手，一些日常维护的事情都会交给他们去完成（图 4-11-2）。

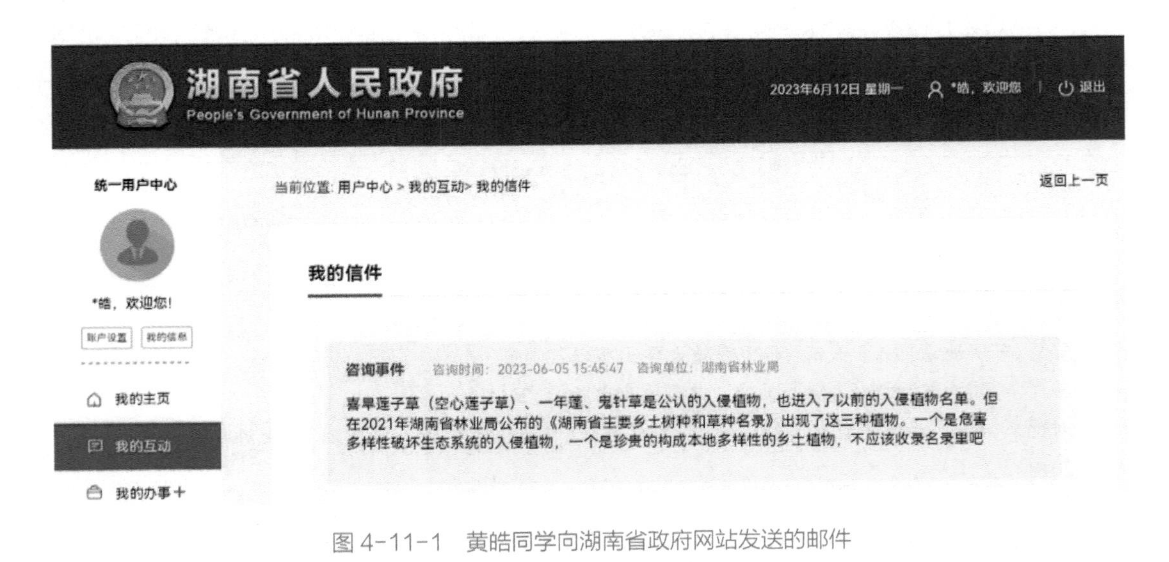


图 4-11-1　黄皓同学向湖南省政府网站发送的邮件

1　长沙理工大学建筑学院副院长、教授。
2　长沙理工大学风景园林系主任、副教授。

黄俊峰、汪鲲鹏、罗菁菁是风景园林 2021 级的学生，也是花园内常见的身影，他们对植物产生了浓厚的兴趣，自觉地参与花园营造和管理，并将此行为延展到学校的附属幼儿园，帮助幼儿园建造花园，带领小朋友播种、栽植，开展自然教育，同时吸引了更多的大学生组成营造队，与幼儿园建立了长期的花园营造和自然教育的合作关系（图 4-11-3）。

图 4-11-2　黎凡宇、隆泽凡进行花园管理

图 4-11-3　学生社团为幼儿园建花园

更有趣的是，花园也吸引了一些非风景园林专业的学生参与，能动专业的向黎是个阳光男生，喜欢植物，也喜欢动手，只要听说花园有营造活动，就会兴致勃勃加入其中，和专业同学一起劳动。

风景园林系的熊虎、曹盼、王茜、周鹏老师，不但精心管理着花园，同时也在花园内开展关于自生植物群落、生物多样性、植物耐寒性，以及海绵城市的相关研究，并带领学生开展大学生科创的活动（图 4-11-4）。

图 4-11-4　师生一起开展的科创研究

一切都润物无声地在花园中发生，慢慢形成一股美好、温暖、坚韧的力量，向周边渗透和发散。作为花园建造的主持者，长理风景园林的专业负责人周晨教授，每天都会在花园内观察植物生长的情况，远远看着花园内老人们、学生、孩子们在欢愉地使用和参与花园（图 4-11-5），这对她来说是极其幸福的事情。

图 4-11-5　作为开放空间的实践基地，承担了教学、科研、健身、休闲、学习交流的多重功能

## 2　长沙理工大学实践教学基地概况

### 2.1　基地概况

长理风景园林实践教学基地位于长理金盆岭校区的建筑学院前庭，占地面积 5 000 平方米。与传统封闭管理的实践基地不同的是，该实践基地是一个面向校园全体师生的开放空间，兼具了教学、休闲、户外教室、科学研究的多功能花园。该花园建于 2022 年秋季，是学校为风景园林专业学生的特批建设的校内实践基地。

### 2.2　花园布局

花园设计保留了建于 20 世纪 90 年代位于场地轴线上花架，采用原花园中的构图母体“圆”为中心的对称式总体布局，圆心的缓坡草坪为构图中心，中部为公共活动空间，为学生提供交流场地。东侧入口处设计了一条下凹绿地作为雨水花园，拦截花园的雨水流向道路绿地，并向学生展示雨水花园的工程措施及植物种类。南北两侧为生境花园，作为学生的实践教学和种植体验场地。靠近教学楼设有生态池，结合落水管设计雨水链设计，将屋顶雨水收集进行景观可视化，收集的雨水经流向生境花园中的水生植物种植池。西部位于花架后半部，设计保留了原有乔木，由于此处大树参天，郁闭度较高，以前少有人进入，因此用灰色碎石铺地，与廊架和木平台相协调，形成一个简洁清爽的安静学习区，同时在树下围墙边形成阴生植物种植区，以帮助学生学习不同生境与植物的生长的关系。西南角设有生态塘，对雨水物质沉淀和雨水净化起到一定作用，并且能够为校园小动物提供栖息地（图 4-11-6、图 4-11-7）。

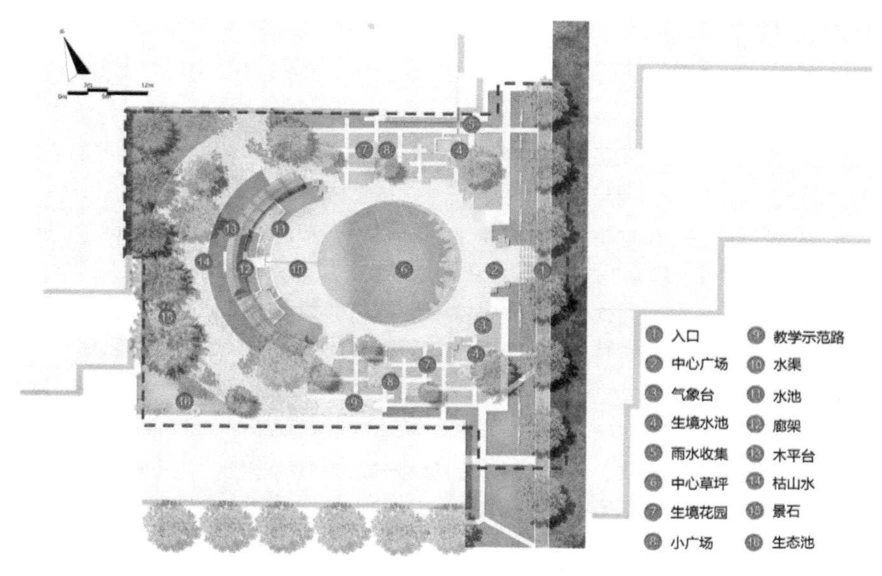


图 4-11-6　花园总平面图

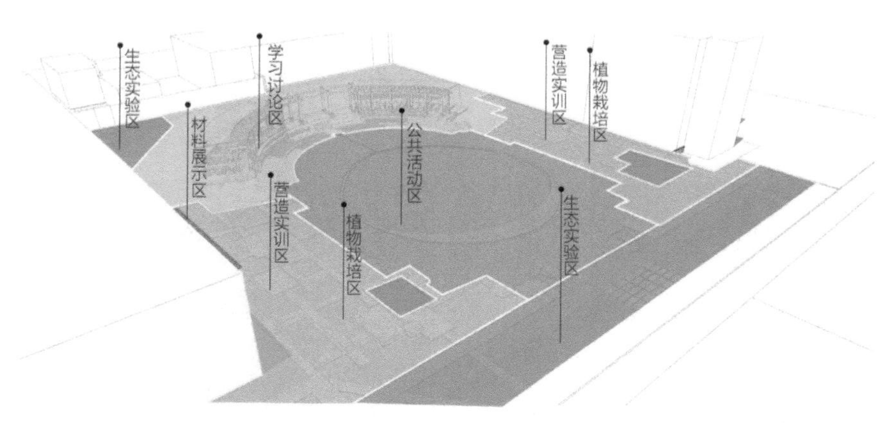


图 4-11-7　花园功能分区图

## 3　服务于人才成长的花园教学与管理

花园的开放性，使它服务于广大师生的休闲交流，但其花主要功能是服务于风景园林的人才培养。人才培养是全面的，综合的，并不是单一的知识的传授，因此，花园作为户外学习的空间载体，在知识、情感、能力等方面对学生的成长起到了极其重要的作用，这是课堂教学很难达到的。

### 3.1　花园作为知识学习的户外课堂

花园设计时充分考虑了课程植入与场地布局的统筹，如《花卉学》《景观自然系统》《建构实习》《竖向设计与雨洪管理》《景观工程认知与图绘》《场地生态环境认知实习》《环境行为学》等课程，都有相应场地与之协调，如花园中有完整的海绵系统，有阳生、阴生、水生、岩生等生境花园，有由学生自我管理种植床，有园林材料认知场地，有气象站等等，这些场地和设施为课程开展提供了完备的条件。

3.2　花园作为能力培养的基地

与知识一起增长的，是学生的能力和情操。长理风景园林培养方案中首开了《花园管理（1至4）》（课程号：0828020080、0828020130、0828020160、0828020190），分四个学期开设，每学期0.5学分（每个学期在花园工作3天），共2个学分。该课程不固定时间，课程内容根据花园发展的需要灵活调整，如土壤改良、播种、入侵物种识别与清除、物候记录、植物修剪、堆肥等等。在该课程中，学生所学知识是综合的，是将气象学、植物学、生态学、土壤学等多门知识通过实践融会贯通；培养的能力是全面的，各种花园养护、管理的动手能力和综合思维得到了发展；情感的养成是健全的，参与意识、合作意识、关怀意识、劳动精神、社会服务精神都在一次次的劳动中得到了培养和升华。正如前文提到的黄皓同学的关于入侵物种的省政府进言和黄俊峰等同学的幼儿园营造和自然教育，都是这些课程所产生的效应和潜移默化中散发出来的魅力。

3.3　花园作为劳动教育的阵地

花园也带动了劳动教育的开展，加强了学工管理和专业教育的连接。花园的日常管理由学工部组织学生承担，每天都会有值日生的身影穿梭其中，清理其中的垃圾，这成为学工开展的劳动教育的一部分工作。但可能看着有人清扫吧，一些同学喝过的奶茶杯、快餐盒以及塑料袋总是会遗忘在花园中，于是“长理营造学社”的同学设计了一些标识标牌，立在花园座位的一角，从那以后，花园中就很少有垃圾出现了。这几个简单的文创标牌，仿佛打开了一扇窗，于是他们筹备着秋季办一个花园节，做一些与植物有关的书签、标本镜框、滴胶项链等文创产品，准备在花园节中亮相（图4-11-8）。

这还只是开始，花园从建成至今才半年的时间，相信随着时间的推进，它会越来越完善，也会带来越来越美好故事发生。

图4-11-8　师生共同开展的花园日常维护活动

# 以“植物房客”为对象的毕设复盘

贺沁洋[1] 廖波峰[2] 谢志鹏[3] 刘江萍[4] 陈晓曼[5]

费孝通曾说：亲密社群的团结性就倚赖于各分子间都相互拖欠着未了的人情。基于人情“欠”与“还”的理念，植物房客以城中村植物为媒介，以轻松有趣的形式，活络人与人之间的交流。城中村里的植物，不拘形态，不惧环境，野蛮生长，是城中村特征的缩影。设计团队在征得村里 36 位业主同意后，向他们讨要了 36 株植物、收集了每株植物背后的故事；并回收村里的盆盆罐罐，经过再设计，作为种植容器，以门牌号为编码，形成 36 个全新的城中村植物盆栽。专门制作了交换装置，推着它走进各个城中村，吸引村民用他们的城中村植物故事来交换盆栽，以此得到 72 个故事。借以龙鳞装这一装帧形式，设计成了一本 72 房客植物故事会。

## 1 为何是城中村背景

植物房客项目是由谢志鹏、刘江萍、陈晓曼我们三位深圳大学本科生在廖波峰老师、贺沁洋老师指导下完成的一个毕业设计作品。我们学院视觉传达设计系实行的是双导师和互选制。我们三心仪的导师负责的命题是关于城中村方向，正好我们也对城中村很感兴趣。

志鹏、晓曼对城中村选题的兴趣源于儿时在城中村生活的快乐回忆，正因为有着类似的生活体验，才很容易与有着同样经历的人产生共情。而江萍表示城中村日新月异的喧嚣生活里有着七彩斑斓的霓虹灯招牌、琳琅满目的房屋出租信息，以及城中村人有趣的内心直白宣言，对她来说都是无比的新鲜。所以我们三人一拍即合，组队成功申请与廖老师、贺老师一起组建一个城中村设计天团（图 4-12-1）。

图 4-12-1 城中村设计天团大合影

1 深圳大学美术与设计学院视觉传达设计系副教授、艺术学部副主任。
2 深圳大学艺术学部外聘教师，有料设计创作总监。
3 深圳大学美术与设计学院视觉传达设计系硕士研究生。
4 深圳大学美术与设计学院视觉传达设计系硕士研究生。
5 深圳大学美术与设计学院视觉传达设计系本科毕业生。

## 2 洞察 1.0

通常情况下，展开设计实践的第一步是选取适合的设计研究方法做洞察，进入到真实世界进行设计实践。最初老师跟我们提到了一些具体要求：

通过以小见大的视角，找到城中村的“超级符号”——城中村里到处可见并具有广泛的认知基础的物体，并挖掘这个超级符号背后的故事。最终以设计的形式来呈现这个项目，而且不能太艺术，因为设计师是要解决实际问题的。此外还提醒我们不要仅限定于平面视觉这些范畴里，可以综合运用品牌、包装、书籍、影像、交互、社会学等多种手段，以大设计观使得毕设呈现更为丰满。

听了老师的建议，我们开始了为期两个月的田野调查，最终找到城中村具有生命力的物件——植物（图 4-12-2）。我们发现了一些有趣的现象：居民会用植物作为他们划分空间的屏风。同时，城中村植物有美好寓意功能，以及食用功能，甚至我们会被城中村植物一个野蛮的生长状态所感动。

图 4-12-2 城中村的植物

选择植物，是因为其在城中村普遍出现，是居民生活的陪伴物，便于我们大量采集样本。通过植物了解居民，也不涉及较多的个人隐私，便于我们去了解每一株植物背后的故事。同时城中村里的植物跟住在这里的人一样，拥有顽强的生命力，给点阳光就灿烂，抓住一切可以活下来的机会，它们善于“因地制宜”，在各式各样的容器里扎根生长。

在洞察阶段中，我们发现即使有景、有物、有人、有行为，但这都只是被拍摄、被捕捉、被描绘的瞬间。我们只是一位进入真实场景的旁观者，未与“人”产生互动，从而无法与城中村、城中村的物、城中村的人感同身受。设计解决方案的创建基础，源于眼前这群真实的人、在真实场域中的所思所想所欲所求。而不是聚焦单个“物”的创建与美化。

## 3 洞察 2.0——发现“链接”

所以我们重新将重心放在“与人交流”上。其实在前一个阶段，我们尝试过与人聊天，被拒绝居多，即便是能聊上几句，也没办法深入下去，但我们还是硬着头皮尝试以下几种方式。

首先我们把小孩作为交流的润滑剂，通过逗小孩与奶奶唠家常，但遛孩子不是常态。然后我们尝试为居民人像摄影，希望能产生交流的机会，但多数人都排斥拍照。甚至我们还尝试假装初来乍到的游客，拜托村民帮我们拍照。大多数人愿意帮忙，但是很难有深入的交流。最后是一个复盘起来都很自以为是的想法：我们虚拟了一场《好街坊、好故事》活动，用评选故事的方式鼓励居民分享，结果没人参与。

虽然屡屡受挫，好在我们三个小伙伴互相鼓励，坚持最后的倔强，不主动找人聊天，而是坐在人家门口画房子主人养的植物。没想到这一招还真奏效了。这时候对项目推动起着关键性因素的人物隆重登场——香港阿伯。香港阿伯非常开心且主动滔滔不绝地聊起这些植物背后的故事，直到要出门喝茶时都还意犹未尽。香港阿伯临出门前，把他养的一大株碧玉分了三株，又从隔壁猪肉铺老板要了塑料袋，将植物装起来送给我们。而这礼物来得太突然，加上社恐加持，我们三第一时间的反应是不太敢去接收。阿伯说："没事，我们的街坊邻里之间经常这样互送植物的。你们继续画继续玩，最好画多多在我门前办个画展。"

收获到来自香港阿伯的善意，我们也心想回赠点什么，所以就把画塞到阿伯家门缝里作为回馈（图 4-12-3）。至此，整个事情就变得不一样了！我们意识到，我们开始从一个城中村旁观者变成了一个真正的城中村参与者。

就是这么一次短暂的交流和一份礼物，启发了我们对互动系统搭建的最初想法：整件事有空间、有植物、有人、有故事，而植物作为一个"破冰触点"的媒介。我们找到了创建联系的要素后，思路也逐渐清晰起来，这个事件推动了我们对"连接"的思考。

图 4-12-3　收获阿伯赠送的植物，我们将植物画回赠给阿伯

## 4　互动系统的设计

由植物牵出人，由人引发故事。在生活气息浓郁的城中村，阿伯的隔壁住着猪肉档老板，阿伯送我们植物，于是找邻居要来塑料袋，塑料袋装植物，我们的画作为礼物又送回给植物主人。植物作为

一个媒介，产生了多重互动，且这个互动又催生了愉快的情绪。

整个互动设计初见雏形。接下来，我们着重思考的事情是，如何通过互动系统设计，连接到更多的人。在这个系统中我们需要考虑如何产生更多的植物、吸引人的触发机制以及找到承载故事信息的载体，形成连接人与植物、人与人、人与空间的一个个媒介和引导。

于是我们设计了一个引导机制——我们设计团队充当连接者，去引导植物的主人赠送植物并讲述它的故事，之后引导另一位随机的居民来认领植物，并回馈故事。

整体的互动流程分为三个环节，分别是植物的收集环节、认领环节和反馈环节（图 4-12-4）。第一个环节设计团队寻找生活气息浓郁的植物，在故事收据上描绘植物主人门前的植物，吸引主人分享植物故事，并代收植物主人赠送的植物进行保管，最后引导植物主在收据单上填写植物故事、信息以及给未来的认领者留言。

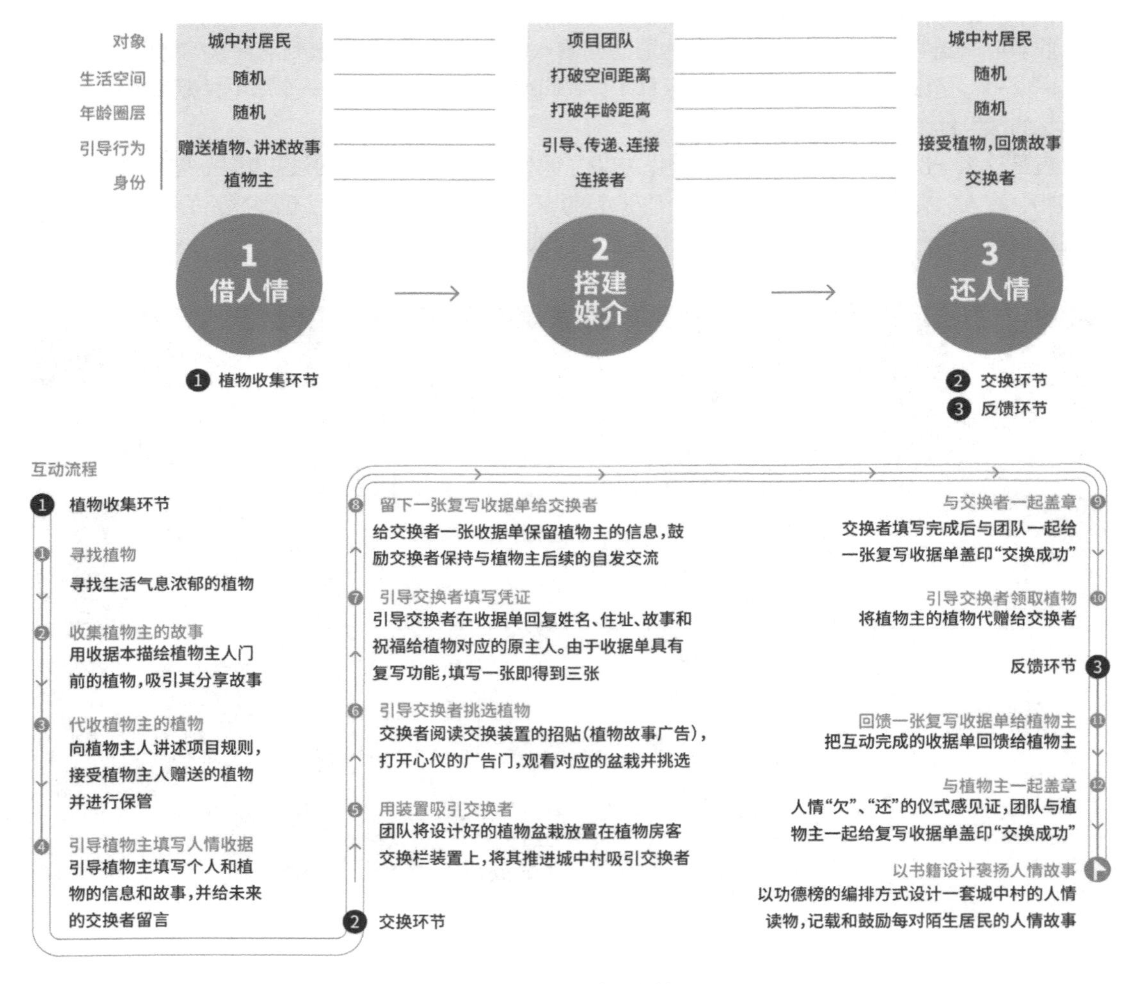


图 4-12-4　互动具体流程

第二个环节，团队将设计好的植物盆栽放置在植物房客交换栏装置上吸引认领者，并引导认领者挑选植物，填写故事收据，然后将植物赠送者的收据联和植物一同交给认领者。

最后一个环节就是反馈环节，我们把认领者的故事收据回馈给赠送者。

## 5　项目过程中的视觉设计

我们的概念也开始生成了。但仍需创建一套整体性的视觉语言体系装载以上内容，我们则从品牌设计思维及手段去入手。

我们的品牌名称是植物房客，源于我们项目里的植物来自城中村房客们，一株植物象征着一位城中村房客，完整的盆栽是植物与容器的关系，同时盆与房、植物与人有着一一对应的关系。品牌LOGO采用直接、快速的手写方式，以强烈的块面感，还原城中村书写野生、直接的视觉张力。

对于盆栽设计，我们从产品设计的思路出发。废弃物原型到统一涂抹白色颜料，印上LOGO，挂上相应信息的门牌，最后将植物进行移植。针对盆壁统一改造处理，团队选用石英砂混丙烯的涂抹效果还原城中村墙壁厚实、凹凸的质感。废弃物统一盆壁视觉后，我们选用海绵印章印制的方式，像城中村将信息快速印在墙壁的行为，在盆壁上印制logo。而门牌设计在概念上还原植物盆栽作为“房”的属性，并以此承载植物在城中村具体的地址信息。视觉上还原门牌的排版及经典的蓝白配色。同时，应用城中村常见的蓝色扎带统一色彩，固定并系挂门牌（图4-12-5）。

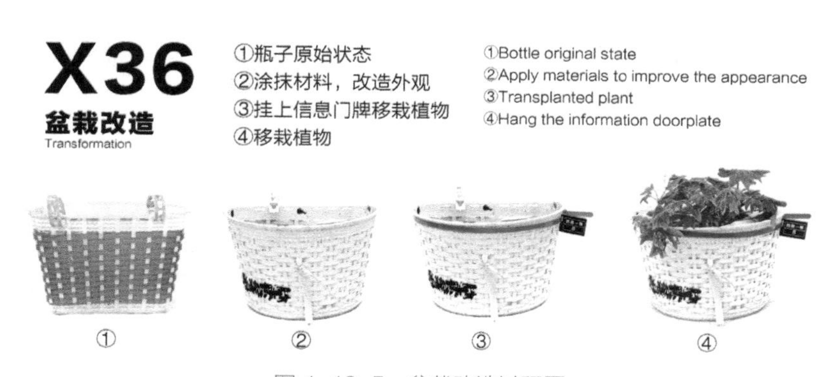

图4-12-5　盆栽改造过程图

在互动设计环节，我们借鉴装置设计方法作为互动手段。我们的互动装置是以城中村房屋出租张贴栏为雏形进行改造设计（图4-12-6）。其正面是植物故事的广告招贴，每个广告位设计了对应的开关，打开广告门，背面就是广告相应的植物盆栽。此外，我们将具有一式三份的复刻功能的传统样式三联交换收据单（图4-12-7）经过再设计，使得互动三联交换收据单保留信息记录装载的功能，同时可作为陌生人之间友好的连接证明票证。

图4-12-6　在城中村展示且可互动的植物交换装置栏

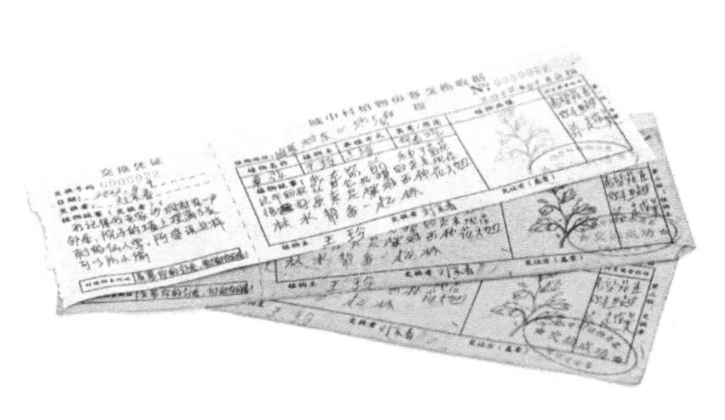
图4-12-7　一组三联交换收据单

最终的书籍设计呈现是团队将 36 对居民的人情故事记录成这一套 72 房客植物故事会——《植物房客》（图 4-12-8）。在项目过程中，居民们希望自己养的植物能传递给下一个陌生人的朴实而又美好的小举动，在我们看来是一个莫大的功德。基于这种感受，我们以中国传统人情礼本和功德榜的编排方式，加强居民赠送植物、交换故事的美好感受。采用龙鳞装的形式进行书籍装帧，营造多层次的阅读空间体验，呈现最丰富的内容。我们并选用报纸作为项目的理念“说明书”及书籍外包装纸，具备阅读功能的报纸在城中村生活中是常见、普通、实用的物件。报纸轻薄柔软，易于折叠，能够很好地将筒状书籍包裹，起到装饰与保护的功能。另外我们以村民包绿豆饼的方式包捆书籍，提书就像提五花肉一样，简单而又日常。另外，在项目过程中，我们也有幸邀请了无绘画功底但有城中村生活经历的志鹏妈妈用最朴素的白描方式为 72 房客头像进行生动呈现。

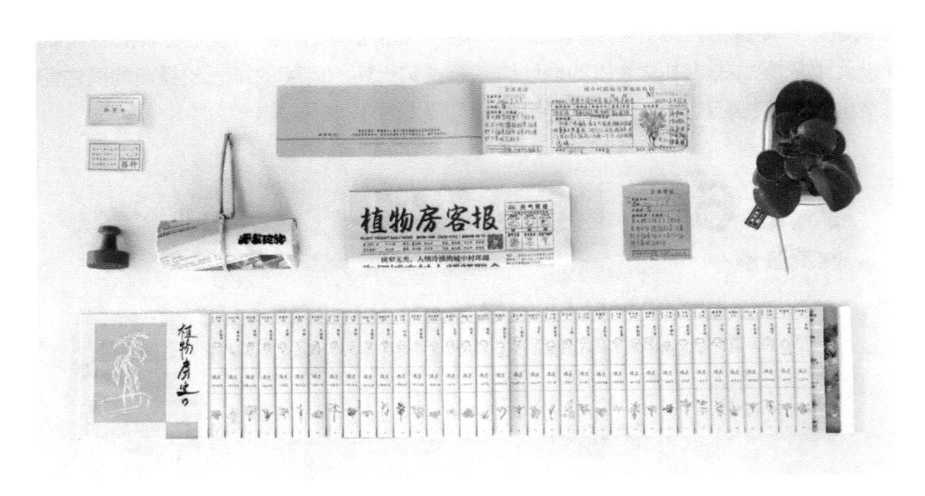


图 4-12-8 《植物房客》概念书籍

## 6 项目反思

以设计专业的学生身份思考，作为视觉传达设计专业的毕设作品产出，因为面向真实的人与场景，关注关系的创建，而不仅仅停留在对“物”的塑造与美化，所以再进入到社会设计领域。老师一直和我们强调社会责任，学会反思设计作品或设计产出，能为这个真实世界带来什么？我们应该寻找未被发掘的需求，而不是创造欲望。从本视觉传达设计专业出发，拓展其他专业的知识，保持开放的探究式设计研究方法，将创造性、主体性和对设计选择的反思与讨论结合起来做整体思考。关系的创建比物的塑造更重要，把设计视为意义的建构过程。同时我们应避免产出脱离受众的设计，在盆栽设计环节我们学习城中村居民使用生活物件制作盆栽，发挥实用性的智慧。除此之外，我们提取宣传栏、收据本、报纸、功德榜等居民常用的媒介来吸引居民互动、记录和阅读。通过对居民生活的挖掘，我们尽量尝试让设计从居民生活中来，再回到居民生活中去（图 4-12-9）。

图 4-12-9 一位居民在家阅读植物房客报

以社区设计实践者的身份思考，进入真实世

界反复实践是非常有必要的。面对复杂的社区要素，充分地试错有利于打磨出更有效的在地策略，推动我们作出以人为本的设计实践。例如在项目过程中需要不断尝试合适的沟通方式去推动设计洞察。从让居民有所戒备、频频拒绝地直接搭话到通过绘画植物吸引居民主动开口聊天；从带着相机被老人忌讳到改用手绘人物画像；从直入主题到用夸赞有效地拉近对话的距离。一次次更近的沟通方式有效地推动了设计洞察。同时沉浸式的居民视角有利于捕捉灵感，让我们在无数的偶然中挖掘到有效的必然。都说设计来源于生活，回想项目之初我们在城中村兜转两个月，抬望握手楼狭窄一线天里冒出的几株植物，让我们压抑的情绪得以释放，由此成为我们选择植物主题的缘起。同时如果没有在城中村的深度“晃荡”，我们或许不会那么幸运遇到那位赠送植物给我们的香港阿伯，难以确保人与人连接的环节能够突破。我们总结发现选择公众生活最常见的物体作为事件发生的触点，并通过设计手段优化这个物体，以新的一种方式出现在公众面前，可以吸引公众，引导公众以新的角度观察该事物并参与到事物中去。

这次社区设计的实践探索中，我们意识到居民共创的重要性。老师常强调我们是牵引者的角色，应意识到居民是主体，重在引导居民参与共创。因为共创的方式能增加参与互动居民的认同感。我们引导互动者在收据本上手写故事、盖章见证互动行为，并让每一位参与的居民为书手写提名，书则作为最终共创的结果，呈现了居民的互动痕迹。同时我们也意识到专业的事应该让专业的人做，比如宣传栏装置让城中村的焊铁师傅制作会更原汁原味，居民的画像让常居城中村的志鹏妈妈手绘得气质更朴实，表情更生动（图 4-12-10）。

图 4-12-10　志鹏妈妈手绘的房客头像

最后本社区设计的实践也让我们对艺术与社区的关系有了一些思考——艺术与社区是相辅相成、无法割离的关系。艺术来源于生活，而社区是每个人生活的场域。社区因艺术焕发新的力量，艺术因社区变得充盈。艺术作为一种手段，介入到社区中，使社区焕发新的力量，与此同时，艺术也可以从社区中发现问题、汲取新的灵感与养分。

# 在包容中共建“附近”：社区花园与城市治理

王宇泓[1]

## 1　城市治理的柔性抓手

深圳市的公园建设在过去的四十多年快速的城镇化进程中取得了显著的成就。从经济特区建设初期的仅有两个公园，到如今拥有1206个公园，实现了千园之城的巨大跨越。然而，深圳也面临着人口增长和土地短缺等巨大的压力。城市的面积从建市之初的仅3平方公里扩展到了956平方公里，人口数量也从33万人增加到了1756万人（截至2021年）。人口的快速增长，尤其是外来人口和流动人口的增加，给基层社会治理和服务带来了更多的挑战。因此，解决空间治理和社会治理这两个相互关联的问题变得尤为重要。

社区花园作为居民亲近自然和享受福祉的公共空间，在城市治理中具有重要的作用。在深圳市城市管理和综合执法局推动的数百个社区共建花园项目的推动下，企鹅花园的选址、设计、营建以及维护融合了多元利益相关方的智慧与力量。企鹅花园位于深圳市南山区蛇口望海路街旁的公共绿地中，毗邻多个居住区及中小学校，紧邻公交车站，来往人群常常路过的位置。而企鹅花园所在的深圳市蛇口是中国第一个外向型经济开发区，蛇口片区内的社区积极探索精细化、常态化的社区运行机制，是主动探索社会建设的一个成功标本。作为深圳市的第一批社区共建花园项目之一，企鹅花园作为与市民“距离近关系亲”的绿色活动空间，对于居民获得福祉具有重要的意义，成为居民参与公共事务、享受绿色空间、组织学校及社区活动的良好依托，进而成为城市治理的柔性抓手。

## 2　关键个人及创新型管理部门推动包容性

在人民城市人民建，人民城市为人民的理念指导下，深圳市城市管理和综合执法局的社区共建花园项目鼓励多方参与。随着企鹅花园项目（图4-13-1）的开展，越来越多的参与方参与到其中，包括政府机构，城市公众，专业团队以及社会组织。该项目由南山区城市管理和综合执法局牵头，蛇口社区基金会承办，草图营造执行，绿色基金会、大自然保护协会提供技术支持，蛇口街道及海欣工作站提供政策及在地资源支持，太子湾学校师生及周边市民参与设计、建造及管养。企鹅花园的选址来源于在地的居民、社会组织和学校。在太子湾中学生物周老师在得知社区

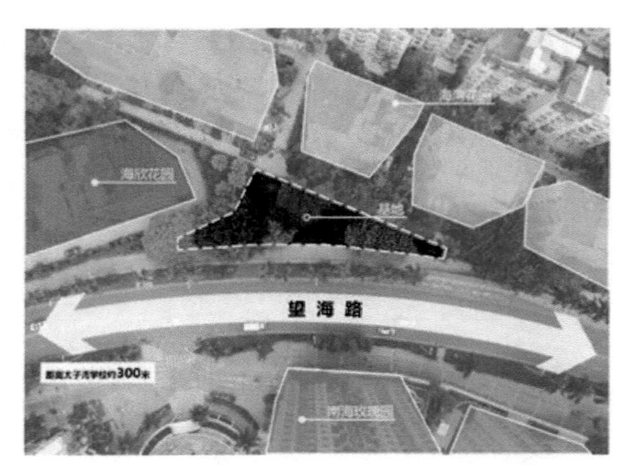


图4-13-1　深圳市南山区企鹅花园区位

1　伦敦大学学院巴特莱特建筑学部博士研究生。

花园项目之后，结合项目式学习的目标，与蛇口社区基金会及区草图营造的设计师进行初步的选址勘探。这样的尝试对于小学生、初中生无疑是一种独特的体验。青少年们沉浸在植物、阳光和手工活动的自然世界中，与真正的设计师、建造师一起工作，培养青少年的独立性，增强自信和韧性。同时，在自然中享受大量的体育活动和新鲜空气，以及合作的乐趣。

建设的过程主要包括共商、共建、共治、共享。共商主要包括政府机构、城市公众、社会组织和专业团队共同参与需求挖掘和冲突管理。通过现场走访、问卷调研、商讨会议和公众参与工作坊等形式，各方讨论并确定花园的主题和设计。共建过程是绿地供应的关键阶段，涉及众多利益相关方的参与。通过协同参与，各方共同决定绿地的形式和品质。例如，太子湾学校的学校美术课和生物课资源与企鹅花园的主题建造工作坊、树痕艺术绘画工作坊、阴生植物种植工作坊等活动相结合，共同参与花园的建设。共治过程中，各方持续参与并负责维护花园。区级城管局、社会组织和城市公众定期进行问题排查，园长和值班人员报备政府机构并联系专业团队进行处理。同时，居民自治负责日常的施肥、修剪和喷洒农药等维护活动。最后，共享过程体现了长期和可持续的绿地价值。通过提升环境和凝聚共识，花园成为邻里交往和社区活动的场所。居民可以在绿地中野餐、休息和观赏，并参与自然探索营等活动。

通过梳理，共有 21 个利益相关方参与到企鹅花园的建设过程中。其中，我认为有两个关键角色——主要推动人和创新型社区管理部门。主要推动人为项目供能，将各个利益相关方带动起来，保障共建的持续性。而创新型的管理部门，主要提供政策和资源支持。企鹅花园的案例中。这个关键个人就是来自社区社会组织的一位工作者——陈风老师，之所以企鹅花园的建设有着丰富的包容性，是因为陈风老师作为社区工作者的积极协调和推动。共建团队是一个逐渐吸纳的过程，通过选址调研街道，街道的工作人员被纳入进来，通过走访学校，学校的老师和同学纳入进来。通过几次问卷调研和路演，当地的居民也被吸纳了进来。社会组织包括环保社会组织、社区社会组织及社会工作者协会等，是共商共议平台的搭建者，也是项目的主要推动者。在政府与公众之间建立起沟通协调的桥梁。

创新型管理部门在企鹅花园中是市城管局及区城管局，它的角色更多的是容纳了资源型利益相关方，比如设计师、在地的施工团队、管养团队。政府机构在社区共建花园城市绿地供应过程中起到政策支持、资源协调的作用。深圳社区共建花园项目是深圳市城市管理和综合执法局在推进城市园林绿化建设中开展的创新项目，以社区居民“共商、共建、共治、共享”的方式融入自然。各级政府以政策支持的方式，自上而下进行推动项目的发展，因此政府在其中一方面是将此作为工作项目，推动和监督其按时按质完成，另一方面又是为社区提供资金支持和资源对接的主要支持者，具有关键的角色。施工方与管养方一般由政府委托，在设计单位及社区社会组织指导下，承担了施工承建和绿地日常管理养护的任务。

## 3　包容带来积极的参与

接下来我想聊聊包容性中关于广泛参与的辩证性。城市公众主要包括学校师生、当地居民、其他市民及义工团体。作为绿地空间的使用者，是绿地供应的主要对象。满足他们对绿地的使用需求、解决他们所要求的问题，协调他们在绿地供应过程中的冲突，是规划设计的重要工作任务。同时他们对本土资源的理解和提供，以及参与社区营造的志愿行为，对绿地的建设有着重要的作用。但我们应当意识到，公众参与团体与一般城市公众的区别，这些团体从一定程度上代表了城市公众的意见，但也具有一定的关注局限性，因为这里公众意见收集的结果主要反映了那些“积极”参与项目实施过程的人，并没有彻底考虑到那些没有参与的人。另一方面，而在实际的访谈过程中，我们发现，没有参与过的人更容易对绿地供应过程中的程序正义表达负面评价。这就涉及了公众参与的激励，我们发现了很有意思的一点，也就是在实操过程中“利益冲突”，看似是更新过程中的难题，但其实，激励公众参与的好办法。当我们抛出一些有争议的话题。这将会也极大地吸引公众注意，让大家参与进来，共同解决冲突，从而提升包容性。

## 4 共建的过程促进了信息的公开

企鹅花园的选址来源于在地的居民、社会组织和学校。在太子湾中学生物周老师在得知社区花园项目之后，结合项目式学习的目标，与蛇口社区基金会及区草图营造的设计师进行初步的选址勘探。这样的尝试对于小学生、初中生无疑是一种独特的体验。青少年们沉浸在植物、阳光和手工活动的自然世界中，与真正的设计师、建造师一起工作，培养青少年的独立性，增强自信和韧性。同时，在自然中享受大量的体育活动和新鲜空气，以及合作的乐趣。

企鹅花园从项目启动之初开始，就积极鼓励参与各方通过参与式工作坊，与附近居民和学校师生一起，完成了调研、设计、营建的全流程。目前，花园管养以花园附近的学校师生为主体，结合该校的自然教育课程进行，并以周围居民志愿者为辅，基本实现了花园管理自治。社区花园作为社区的一部分，为居民提供了一个归属的场所。居民通过参与花园的建设和维护，培养了对社区花园的情感依恋，意识到自己是这个社区的一员。当我们真正放下手机，将关注从虚无梦幻的网络世界转移到身边真实存在的人，具体的事情上时，我们才可以看到真正的美好与自然。

图 4-13-2　生态本底调研工作坊

在生态本底调研工作坊中，学生们对基地进行生态本底调研，在平日里习以为常却未曾注目的城市自然中观察、感知、记录，包括动物和植物（图 4-13-2）。在这个工作坊中，学生们会深入到基地所在的自然环境中，以了解生态系统的组成和运作。他们会仔细观察和记录身边的动植物，探索它们的生态角色、行为习性和相互关系。通过这样的调研，学生们可以深入了解基地的生态特征和环境条件，同时为后续的社区花园设计的工作提供有价值的参考和启发。这个工作坊注重学生的实地体验和亲身参与，鼓励他们与自然互动并发现隐藏在城市中的生态珍贵之处。学生们可能会进行生物物种的识别和记录，绘制生态图表或制作野外笔记，以记录他们的发现和观察结果。这样的调研过程不仅可以培养学生的观察力和记录能力，还能让他们深刻认识到自然与城市的关系，进一步提高他们的环境意识和可持续设计的思维。

参与式设计工作坊中，学生们在对基地进行完本底调研之后，紧接着就小组在基地中观察和感知到的问题，提出自己对于花园改造的建议和想法，并用手工模型表达出来。参与式设计是指学生们在完成对基地的生态本底调研后，积极参与并发挥自己的创意和想法，通过小组合作在基地中观察和感知到的问题，并提出对花园改造的建议和想法。为了更好地表达他们的设计构思，学生们会使用手工模型来呈现他们的想法。在这个过程中，学生们以小组为单位，共同探讨和分析基地中存在的问题和潜在的改进空间。他们会根据自己的观察和调研结果，提出各种创意和建议，包括景观布局、植物配置、功能设施等方面的改进。学生们可以结合自己的专业知识和创造力，提出独特而可行的设计方案。参与式设计不仅让学生们在实践中学习，而且能够充分考虑到基地的特点和用户需求，使设计更具实用性和可持续性。通过学生们的积极参与和创意表达，花园改造的设计方案可以更好地满足用户的期望，营造出舒适、美观且有意义的公共空间。这样的参与式设计过程将鼓励学生们思考和关注环境问题，并培养他们在未来职业中的可持续设计思维和实践能力。

专业团队主要包括设计单位、自然教育机构、美术教育机构、学术科研机构，为绿地供应提供专业评估和技术支撑。专业团队除了规划设计之外，在协调沟通公众需求的方面也提供了有效支持。然而，在社区花园中，什么构成好的信息公开呢？在和居民的访谈中，我们发现“全面”和“准确”被广泛提及。同时适时性也是其中非常重要的一点。而实时性与项目节奏和进度有着密切的关系。通过梳理企鹅花园的共建过程，我们可以发现，活动是非常丰富且密集的，这就同时为实时性带来了挑战，这里涉及“公平和效率”这个永恒的难题，所以，留出适当的时间窗口，以确保信息适时公开，是有助于提升公开性的有效办法。

## 5　包容落实在真正地影响决策

“来了就是深圳人”这是一句每个在深圳的人都无比熟悉的话。出火车站就可以看到的石头上，公交车站的宣传牌，聊天里的调侃，不经意地一抬头，你就能留意到它们的存在。包容，是这座城市的底色。而在企鹅花园，你可以看到他们的身影。企鹅花园是居民们相聚和交流的场所。人们在这里相识、交流和分享，彼此之间建立起友善的关系。无论是老年人、年轻人，还是不同职业和背景的人们，他们在花园中都可以找到共同的兴趣和话题。社区花园为居民们提供了一个相互认识和理解的平台，促进了友谊和社区凝聚力的形成。

各利益相关方对绿地供应均有决策影响，而政府机构、城市公众和社会组织，主要产生“协商影响”。而非“直接影响”。这是因为规划设计方案的探讨中，他们对于设计方案的建议往往难以产生直接的改动，而是需要通过对专业团队表达诉求，进而转译成设计理解。这会导致一定程度上的信息失真。另一个方面，我们发现，城市公众对于自己是否影响最终的决策，是缺乏感知的。就像设计师说的“我们可能已经回应了他的需求，但是居民并没有意识到”，这一定程度上表明了专业壁垒带来的影响力削弱，也提示我们应当建立影响力反馈机制。让居民理解自己对绿地供应的决策影响，从而减少反弹效应。

## 6　总结

通过以上的讨论，深圳市在城市治理中采取了柔性抓手的方式，特别是通过社区花园的建设和推动，实现了城市的可持续发展和社区的包容性增强。企鹅花园作为一个成功的案例，展示了多元利益相关方的广泛参与和协作，包括政府机构、城市公众、社会组织和专业团队。这种共商、共建、共治、共享的模式有效地解决了城市治理中的空间和社会问题。通过广泛的参与和信息公开，提高了公众的参与意识和责任感，促进了社区凝聚力和城市居民的福祉。深圳市作为一个充满活力和创新的城市，以其城市治理的柔性抓手为其他城市提供了有益的借鉴和启示，推动了可持续城市发展的道路。在未来，继续鼓励包容性和广泛参与的城市治理模式将对城市的可持续性和社会和谐起到重要作用。

# 活化与重塑——对大学社区花园建设的思考

徐家骅[1]

## 1　大学社区花园引入的必要性与可行性

现代居住在城市里的人，总会对钢筋混凝土有些许厌倦，对生态自然充满向往。

如果把社会看作生命体的话，那么社区可以说是这个大体系中的细胞和基本组成单元。每个人都必定居住在某个社区当中，那么其生活必然与社区息息相关。

而社区花园（Community Gardens）则是建立在社区基础上，一种相对新的概念。根据前人的总结和概括，其本质上就是社区居民通过社区共建共享共治的方式进行园艺活动的场地。

社区花园的概念在中国大地上可以生根发芽是有根据的。放眼历史，中华民族以农耕文明为主，种菜是刻在我们骨子里的事情。我们不仅在沙漠，甚至在外太空也要种菜。新冠疫情期间，不少人也着手在家中阳台种菜。根据淘宝天猫电商平台发布的《2022阳台种菜报告》，2022年第一季度，各类蔬菜种子销量同比暴涨，购买人数连续三年增长超100%。

我国也是花的国度，花卉文化源远流长。我们笑称自己是“种花家”，我们有“花中四君子”，有“十大名花”，各个城市都有不同的市花。中国人爱种花，爱赏花，更喜欢用花朵抒发情感或展现精神，比如“采菊东篱”和“出淤泥而不染”。

在我看来，在现代社区里，有了自发性且热情高涨的种菜养花需求，又恰好有合适的场地，社区花园自然就会诞生。

大学其实是一种特殊的社区，因为有包括学生（本科生、硕士生、博士生及委培生等）、教师和教务人员（教学老师、实验老师、辅导员和教务管理等）、后勤与生活管理人员（宿管、园丁、食堂厨师、保安、校医院医生等）等多种职业的人群在此居住、生活，符合社区有一定地理区域，有一定数量的人口，居民之间有共同的意识和利益，有着较密切的社会交往的特点。

传统的大学校园景观通常由铺装路径、万年青丛林、球形绿篱、条椅和宣传栏等元素组成，环境好些的还有水池或小湖。随着现代化的发展，这样呆板乏味的景观空间显然已不能满足大学乃至社会的需要。强调人与人之间、人与自然环境之间良性互动，营造共享性和交互式的景观是当今设计的发展趋势，因此社区花园模式的引入十分必要。

## 2　西飘逸园的诞生

### 2.1　华侨大学厦门校区的变迁

华侨大学厦门校区位于集美大道北侧，征用农地2 000余亩进行建设，2006年正式投入使用。但由于种种原因，后期的建设没有跟上，现实际面积远远小于规划的数字。按照规划，学校本着合理提升土地利用效率和综合环境质量的原则，依托大面积的水系，布置了“三大功能带区”，即校园北端由

---

1　华侨大学建筑学院建筑学硕士研究生。

体育活动及球类场地为主组成的运动区，校园中部由服务与居住功能为主组成的生活区，校园南面的教学区。

由于老学院的扩建与新学院的建立，伴随着招生人数的增加，除了学生和教师，各种教辅人员也不断增多，华侨大学厦门校区地块缺少的问题日渐突出。有限的校园空间里建筑越来越多，越建越高，楼间距却越来越近，空间压抑感很重；活动场地和景观环境被压缩，校园内缺乏沟通的空间，人与人之间的关系从一般认识到陌生，或许到更陌生，相互间的关系呈现不稳定的倾向，甚至会产生一些极端的案例。

2.2　西飘逸园的出现

西飘逸园位于校园的中部区域偏西南的角落，北面跨过水系是图书馆和机电信息实验大楼，大约占地 1.3 公顷。通过影像资料，可以发现西飘逸园这个片区以前是大片荒芜的杂草地，存有农民留下的旧民居、仓库、自行车棚等，园区几乎没有乔木和灌木。

厦门校区有两块较大的绿地，最大一块是在校园东部的音乐舞蹈学院西南侧，但坡度较大不适合作为活动场地；另一块则是西飘逸园所处的位置，坡度较小，而且西飘逸园的南侧是教学楼群，人流量大比较适合建设校园景观。彼时各式各样的大学景观游园如雨后春笋般出现，西飘逸园随之产生。

2.3　西飘逸园的建设

建造西飘逸园的过程中，首先把不相关的各式民居拆除，铲平杂草，特别是水边粗壮高大、景观效果差的野生芦苇；其次出于节约环保的原则，全园使用特色的“中水”系统进行灌溉；再者在植物方面种植紫薇等灌木和乔木，以及各种花卉，还对园中少量的古树进行了保护（图 4-14-1）。

图 4-14-1　西飘逸园建设场景

经过几年的大力建设和精心耕耘，西飘逸园变样了，变得愈发绿意盎然。目前西飘逸园内的植物主要有大叶龙船花、大叶紫薇、大叶榕、大花第伦桃、小叶紫薇、朴树，还有具有闽南特色的台湾相思树、火焰木、南洋杉、木棉、土蜜树，还有引进的腊肠树、美丽异木棉、荷兰铁、邓伯花，高大的红车、猫尾木，水边的美人蕉，美丽的蓝雪花、月季、波斯菊、红花檵木和柳叶马鞭草相间搭配，乔木、灌木和草本植物穿插其中，色相丰富，营造出了令人赏心悦目的南国风景。

景观仅仅建设得好还不够。西飘逸园作为宿舍区和教学区之间的绿地，过去一直“野”着，寻求让大家改变观念、欣然前往也非常重要。经过多次实地考察，我观察到一个细节，西飘逸园的道路设计很有门道。从西飘逸园的西端出入口，到南端出入口的教学楼，建设有一条弯弯曲曲的小道，实际体验过它的同学不难发现，不管这条小道怎么七弯八拐，走它也比走校园里的主干道要省路。

一个有趣的故事发生了，刚开始，很多同学或是起床晚了，或是因为各种原因耽搁了，害怕迟到受到教授责罚，抄起书包匆匆进入西飘逸园插小道近路，结果着实给力，杜绝了上课迟到现象。这个信息迅速传开，越来越多的同学陆续走小道去教学楼。穿过花园即使匆忙，对旁边不经意的一瞥，逐渐也会发现，这个花园好特别哦，于是西飘逸园的美丽就会映入脑海里。以后就是不上课，也会想着去西飘逸园走走逛逛，背背书，发发呆，或是晨跑一圈，或是与好友谈心，总之就变成自发前往了。

## 3 西飘逸园的转型

西飘逸园是校园内重要的公共绿色空间，虽然设计比较精妙，但从根本上看还是使用率较低，活力不足。

如何让西飘逸园更加有价值，从实体空间和人文角度，在校园中起到更大的作用？相信学校方面有过很多思考。校园里存在种种难解之题：比方学生之间、师生之间如何有效地加强沟通交流和理解，日益凸显的高校师生的心理健康问题如何缓解，没有围墙的大学如何更好地和公众互动，对于大学生的自然教育应该如何进行。引入社区花园的模式可以作为一种解答路径的立足点。

图 4-14-2　老师在西飘逸园给同学讲解植物知识

此外，结合国家大力推行劳动教育的方针，鼓励从课本到实践，给生物学、风景园林等专业提供校内认知和教学的场所（图 4-14-2），不妨就让师生们都参与到西飘逸园的营造当中去，大家一起共建共享。种植农作物和花卉，不仅赏心悦目，而且让大家参与到生产劳作中，受到自然熏陶，习得生态知识，最终使西飘逸园真正成为每名师生心目中的理想社区花园。

记得刚来华大读研没多久，一天下午我上完课往宿舍走，路过西飘逸园时远远地看到一群同学和园丁师傅在里面不知道在干啥，好奇心驱使着我接近他们。走近一看，原来他们有的在锄地，有的在捡落叶。跟小伙伴们一聊，才知道他们是土木学院的种植团队，在“不务正业”地参加“我为华园种花海”的活动，受到感染的我也情不自禁地加入其中，尽己所能地和他们一起拾起了不少落叶，干活一直到黄昏，充分亲近自然。大约到了十二月份，波斯菊和蓝雪花相继绽放，美不胜收的花海吸引了大量的师生前来打卡，给大家的期末时光增添了不少色彩。

西飘逸园里不仅种花，种菜也是大家一直热切的愿望。老师们主要是想进行体力劳动锻炼，吃到自己种出的果实；同学们更期待与小伙伴在畅聊中劳作，让心灵得到片刻的舒缓；学校层面是希望大家在闲暇时间走出电子虚拟世界，全身心地拥抱大自然。于是，在后勤与资产管理处的安排带领下，大家组队利用西飘逸园的空地进行种植。每支队伍自行选择想要种下的菜苗，后勤师傅和专业老师悉心指导，大家整地、撒籽、放苗、浇水、拔草、施肥（图 4-14-3）。日复一日，热情却不减，队伍里的小伙伴经常相互交流种菜经验，更是有老师每日在社交媒体上分享小苗成长的点点滴滴。经过长时间的努力，各个队伍的番茄、黄瓜、辣椒、西瓜、空心菜、苋菜和秋葵相继成熟，大家品尝到了辛苦耕耘而来的果实。

之后，我通过各种渠道逐渐了解到，学校近年来利用西飘逸园的空闲绿地，还举办了多次有意义的活动。比如在 2023 年 4 月，面向教职工家庭开展了“你我‘童’行，寻美华园——厦门校区教职工子女校园游研学活动（第三期）”（图 4-14-4），在西飘逸园内分别进行了植物识别、植艺手工制作、植物种植体验几个环节，小朋友们走近花草，耐心种植，亲身体验大自然的美好。

图 4-14-3　西飘逸园里的种菜场景

图 4-14-4　“你我‘童’行，寻美华园——厦门校区教职工子女校园游研学活动”

2023 年 6 月，“执此心橘，与你一起向未来”的毕业植树活动也已经举办（图 4-14-5）。相信未来还会有很多活动，让更多的华大人或非华大人走入西飘逸园，为建设西飘逸园贡献自己的力量。

在我看来，与西飘逸园初创时相比，它的景观活化了。“活化”，原本是生物化学反应里的专属名词。近年来，“活化”一词被用在建筑设计领域，特别是在老城和乡村改造中常被提及。一般理解的景观活化是指将城市景观空间赋予文化意义，是为了更好地满足人们的使用。而对于社区花园来讲的活

图 4-14-5　“执此心橘，与你一起向未来”毕业植树活动

化，主要做的是使客观存在与“人”产生反应，从而实现重塑。西飘逸园里万紫千红、瓜果飘香是传统的场景，谈笑风生、雨淋日炙是活化的场景。社区花园伸出它无形的手，最终把大家的心连在一起。

## 4 思考与启示

研究大学社区花园的营造建设，我认为其主要有以下四点意义：

一是促进各领域、各职业人群的沟通交流，减少隔阂。

当代的每一个人都十分繁忙，大家更多地处在手机里的虚拟世界中，各自之间仿佛都有隐形的墙壁。有了建造和种植这种线下活动，学生与学生，老师与老师，老师与学生，园丁与学生之间都很容易产生良性互动。大家彼此了解对方从事的领域、爱好乃至观点，沟通之中可以有效地消除隔阂。

二是通过园艺疗法等手段可以缓解大学师生日益普遍的心理和健康问题，放松心情。

园艺疗法是对于有必要在其身体以及精神方面进行改善的人们，利用植物栽培与园艺操作活动，从其社会、教育、心理以及身体诸方面进行调整更新的一种有效的方法。有多项研究表明，从事园艺活动可以缓解疲劳，提高工作效率。在西飘逸园里，可以进行挖坑、拔草、浇水和采摘等多项园艺活动，帮助老师和同学接触自然，缓解压力，维护心理健康。

三是通过老师和专业人员的引导，加上解说牌的辅助，可以进行有效的自然教育。

以西飘逸园为例，在管理人员的努力下，园内大部分植物都有了专属的解说标识牌。生物学、风景园林等相关专业可在西飘逸园内开展专业性教学，非相关专业的同学可以对其进行科普式的动植物自然教育，对教工子女乃至社会上的其他小朋友也可以组织形式多样的自然教育活动。

四是生产的蔬果产品完全可以直接交给种植者或供应食堂，大家体会自己劳动的喜悦。

西飘逸园内种植的黄瓜、辣椒、空心菜陆续登上了师生们的餐桌。能吃到自己种植出的蔬果是特别有成就感、有幸福感的事情。所以希望收获的果实可以更多地回馈老师和同学们，让大家切身感受到拥抱大自然的直接成果。

## 5 结语

希望未来随着新冠疫情的结束，学校校园的开放，校内外的更多人士能够参与到西飘逸园的设计和建造中来。

大学社区花园是城市更新视角下聚焦校园内公众参与的一种探索方式，鼓励人与人之间，人与自然之间的互动。除了景观空间物质层面的活化升级，更是对校园多元文化和大家精神层面生活的重塑，从而达到人境交互的境界。在我看来，大学社区花园不仅是五彩斑斓的花园，更是疗愈身心以及获得自然教育和寻找满足感的地方。期待大家在社区花园的营造建设中，收获美好生活。

## 参考文献

[1] 刘悦来，许俊丽，尹科娈.高密度城市社区公共空间参与式营造——以社区花园为例[J].风景园林，2019,26(6): 13-17.

[2] 王新悦.站在风口上的“阳台农业”[J].中国花卉园艺,2022(7): 6-13.

[3] 李莉.传统村落景观空间的活化设计研究[J].建筑与文化,2019,187(10): 49-52.

[4] 李树华，张文秀.园艺疗法科学研究进展[J].中国园林,2009,25(8): 19-23.

[5] 周晨，黄逸涵，周湛曦.基于自然教育的社区花园营造——以湖南农业大学“娃娃农园”为例[J].中国园林,2019,35(12): 12-16.

# 纽带与桥梁——明日城市的社区营造与畅想

张永刚[1]

## 1　繁华都市和对田园生活的憧憬

鲍尔·弗雷德博格谈到他曾设计纽约城市公园时，曾煞费苦心为老人设计一个他们自己空间，这个空间是特地为躲避嘈杂的人群而设计的，然而老人们却躲开为他们设计的空间，更愿意回到人行道上，这种原因的出现正是他们害怕孤独寂寞，更渴望交流更希望到人行道上来。通过这一个简单的案例就可以得知生活在城市的人个体与个体缺乏交流，一种隔阂引起的孤独感在蔓延。城市的出现一定程度上是对乡村的以血缘为纽带的关系一种瓦解，乡村熟人社会的结束以独立的个体涌入到城市人与人之间的缺乏交流加剧了这一现象的产生，久而久之这种孤独感的产生从而对乡村田园生活的一种期望。另外一个有趣的现象 1840 年左右英国超六成的人口还住在乡村，工业革命爆发大量人口迁移到城市经过 10 年以后一半的人口住在城市，100 年后的日本也出现类似的情况城市人口占到总人口八成。工业革命特殊背景下大量的人口涌入城市带来了各种各样的问题，城市的绿地和休闲空间使用不足，当时伦敦市中心疾病肆虐，犯罪多发城市环境污染带来了各种城市病，人们开始逃亡乡村，日本也出现了类似的现象。经历过漫长的城市发展，许许多多出生在城市的新生代没有经历过田园生活，他们逐渐对田园产生了憧憬，乡村作为英国人的灵魂和血脉，有些艺术家会利用手中的画笔描绘了大量的田园般的田园生活，城市中居住的居民厌倦城市生活开始向乡村进行迁移，他们更希望回归自然、感受田园风光体验乡村的慢生活的愿景。

19 世纪至 20 世纪初人们刚踏入工业化时代似乎人们并没有预想到城市带来的一系列城市病，交通拥堵和环境污染时刻让人们不知何去何从，埃比尼泽·霍华德于 1898 年提出的《明日的田园城市》霍华德提出的田园城市理念曾提出在距离市区 50 公里左右建立理想城市，田园城市也有工作和住宅，人口就会向田园城市流动这样会解决城市高密度区域的人口从而满足人们对田园城市的向往。如图 4-15-1 所示他提倡若干个田园城市围绕着一个城市布置营造，他预想的 6 万的城市有 6 个田园城市和一个中心城市形成城市族群，在当时霍华德多的田园城市设计希望房屋和环境紧密结合，他的花园运动虽然带来了很大的价值，但在当时并不符合当时经济发展的规律，所设定的城市规模过小与城市发展不符是一个理想化的一种构想，但是也确实反映了当时人们对田园城市的向往。

如今城市的高楼居所如同像素般的水泥盒子，人与人在一个个网格里公共空间功能单一久而久之更是缺少交流多年后邻居之间始终是陌生人，城市一些消极的公共空间不能被市民有效的利用某种程度上造成了极大浪费。越来越缺少人文关怀在设计的同时并没有考虑到群众的需求造成出现了乏味与无趣，林德海姆和赛姆，以及克欧（Kuo）等人指出，城市的居民参与规划和设计本身可以增进健康和幸福。林德海姆和赛姆强调，“健康”的生活环境没有单一的模式，城市建筑空间和公园提供基本服务结构，并提供连通性，为公民提供一系列机会，根据他们的具体需求和偏好选择和塑造他们的家园和社

1　河北工程技术学院建筑与设计学院专任教师。

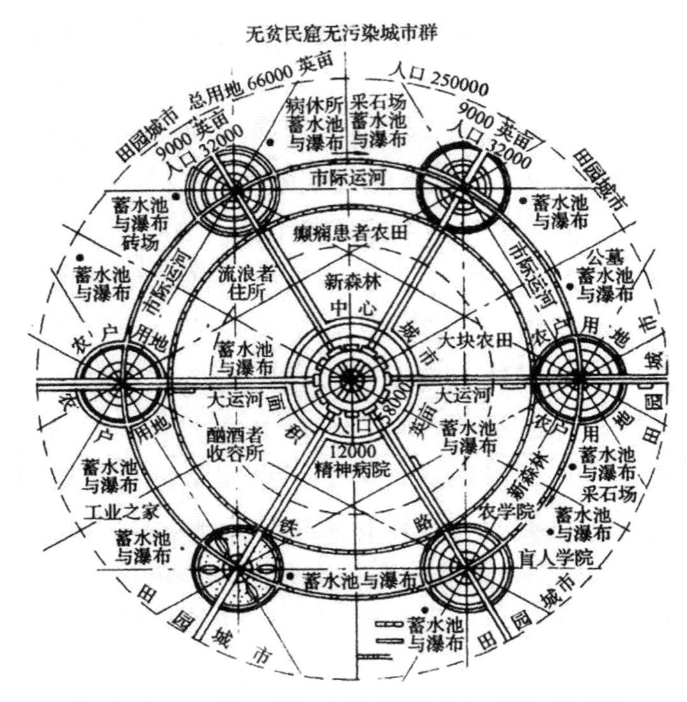


图 4-15-1　埃比尼泽·霍华德描绘的田园城市理论图

区。如今大都市的繁华背后是人们厌倦都市生活，噪声和繁忙的交通以及环境污染时刻给生活在都市的人民带来困扰，人们逐渐开始向往田园的牧歌生活，享受碧水蓝天和悦耳的鸟鸣声成为大家的想象。

## 2　大都市的社区田园梦

20 世纪初，马里奈蒂发表了《未来主义宣言》，人类关于未来城市的探索在高技派的想象中开始萌芽，我们踏入信息化时代试想在千年以后的我们听到鸟鸣声或是看到五颜六色的花和叶，依然会让人感觉很好人们身心得到一种抚慰。可食用城市社区的提出或许可以为实现田园城市提供新的思路，在大城市提供一个可食用的田园社区让不同背景和年龄段人群参与其中共同参与社区建设，在德国柏林公主农园原来是莫里茨广场的荒地，由于多年没有使用逐渐荒废，由马克·克劳森等人提出建立一个新型的社区花园，他们租下莫里茨广场部分区域进行实践城市社区花园，这个花园不同于以往的花园而是以蔬菜和草药作为造景的源泉，号召周围居民一起清理垃圾和收集垃圾，重要的是人们积极配合进行社区花园的营造，吸引了各种各样的人来投资不求回报经过改造这里成为一处公共的农耕地，活动以农业为主要范围开设了工作坊和咖啡厅还有定期的田园音乐会，社区还产生了家庭为单位产生了不同的分工通过不同家里种植不同的食物，他们之间平时空闲时间交换彼此手中的食物，人们之间因而产生了物与物之间的交换，人们通过物与物之间的交换促进了社区之间的交流，通过这些活动出现让他们以主人翁态度对这片区域进行保护，这个农园成为大家日常聚会常来的场所已经影响到了整个城市，而这一切都是居民自发形成的田园社区营造成为连接人们心灵纽带。而位于美国西雅图被称为“灯塔食物森林”故事在影响着人们的生活，这个故事还要从创始人杰奎琳·克拉眉和格伦·赫里说起他们在一堂农艺课上构想了一幅所谓的梦想地图，梦想地图上构想着密密麻麻的树林，在树林里畅游而他们拿着手中的梦想地图找到当地政府希望帮他们实现却没能得到认同，但意外的是他们在那个地方得到意外的数千名居民支持，他们一起打造世界上所谓的第一座食物森林公园，食物森林中有大量公共空间使人们闲暇之余到树荫下纳凉，面对城市的枯燥与乏味这些空间的出现为人们提供了情感交流机会，实物森林这样的自给自足的一种方式打造了一种人人共享的一种理念，开放的区域人们可以实现自由种菜和采摘瓜果蔬菜，这种可食用景观使得社区的居民让更多人心灵得到联结，当时的创始人也没有想到有今天这样的影响并得到了西雅图的重视与投资。

这些取得成功的经验让更多人融入社区加大了人与人之间的进一步交流。通过居民自发性的社区营造公众参与改造城市公共空间力量是无限的。在今后的城市更新的发展过程中城市边界会被重新分割，城市的社区消极公共空间会被重新重视，建筑师和景观设计师需要对不同领域学科的进行研究，充分调动居民参与社区营造的积极性从而进行某种交流，可食用景观的出现让更多社区居民积极参与其中共收获，社区共建让人们之间交流会更加频繁让大家以主人翁的态度积极投身社区营造活动中来。

## 3 结语

城市的出现正在改写着人类的发展史，城市的社区建设在城市发展过程中扮演着重要的角色，随着城市化进程不断深入，需要进一步关注人与社区与自然之间的对话，社区共享空间将在日常生活中会扮演着多重身份，在万物互联的时代背景下智慧社区将会重新挖掘社区的活力，共建、共享、共治将来会成为社区更新的主流，社区花园的出现成为搭建起人与人之间交流的桥梁，在功能需求层面的设计需要更加关注社区居民的需求。城市社区空间作为城市公共空间体现城市品质的重要一部分，在城市更新过程中需要更加关注社区文化进一步挖掘历史文脉，人们之间的交流也会塑造社区的场所文化，社区所形成的场所文化内涵也会成为识别城市文化的重要一部分。

## 参考文献

[1] 马翠霞、王忞.创造精神共享的精神空间—现代城市的艺术观念与景观设计探析.[M].电子科技大学出版社,2019.

[2] [日]山崎亮.社区设计的源流[M].上海科学技术出版社,2023：148-155.

[3] Laura E.Jackson.The relationship of urban design to human health and condition [J]. Landscape and Urban Planning, 2003(64)：191-200.

[4] Viktor Andriovych Volkov, Olena Pavlivna Oliynyk, Viktor Andriovych Volkov. Urban public spaces from the standpoint of sustainable development.[J]. TechHub Journal, 2022(1)：49-54.

[5] Yoonku Kwon, Shinha Joo, Soyoung Han, Chan Park.Mapping the Distribution Pattern of Gentrification near Urban Parks in the Case of Gyeongui Line Forest Park, Seoul, Korea[J].Urban Forestry & Urban Greening,2017(10):36-72.

# 土壤生态修复背景下的社区花园植物景观营造——聚焦与展望

金荷仙[1]　易　侨[2]　陈江波[3]

## 1　前言

社区花园是居民在社区开展园艺或其他公共活动的绿地，在促进社会包容、增强社区凝聚力、应对气候变化和改善身心健康等方面具有积极作用。社区花园最早出现在英美等发达国家，21 世纪后传入中国。进入新时代，我国城市化进程趋于平缓，城市中众多的存量空间亟须妥善处理，社区花园这种“小而精、小而美”的绿地形式受到热烈追捧，给更新社区闲置、尴尬、废弃甚至是受污染的绿地空间提供了新方式。近年来，社区自治深入人心，越来越多的居民自发参与到社区花园中。随着社区花园数量和参与人数的激增，其产出的粮食是否安全、食品是否健康问题也随之而来。大家不禁产生这样的疑问——“这块地能种菜吗？”“花园里采摘的瓜果能吃吗？”“自家种植的蔬菜健康吗？安全吗？”食品安全问题亟待解决。居民在社区花园中进行园艺活动，其环境质量的影响不可忽视。针对大家关心的问题，团队将矛头转向社区花园土壤环境方面，为了防治和建设“零风险”社区花园，对此展开了进一步实践和研究。

土壤重金属污染作为当今全球社会重点关注的环境问题之一，主要通过食物链累积、环境暴露等形式危害人体健康。社区花园通常建设在屋前屋后闲置或废弃的场所，其土壤性质并没有进行检测和评估。已有研究指出蔬菜作为重金属与人类的接触媒介约占重金属摄入的 90%，其余 10% 的摄入量是通过皮肤接触和吸入受污染的灰尘，当居民在社区花园种植可食植物时，植物在生长过程中会对土壤中的重金属进行不同程度的吸收和转化，若长期暴露在此环境中或食入口中，将会对民众健康造成直接威胁。国外学者针对美国、澳大利亚、英国等城市的社区花园土壤展开研究，均发现社区花园土壤中存在危害人体健康的 Pb、Cr、As 等重金属，且重金属含量随时间的推移明显增加，部分重金属浓度超过标准值，存在致癌风险。同时，国内学者也在社区花园或与其有相似农业用地属性的城市绿地中发现存在重金属生态风险，且浓度与建成时间有密切关系，并通过植物吸收进入食物链，威胁人体健康。

由此推测，身边的社区花园或尚未成形但具有相似属性和功能的绿地可能存在重金属污染，存在生态及健康风险。基于此，团队提议在进行社区花园景观设计时首先关注土壤问题，针对土壤重金属污染、质量不佳等问题展开研究，希望为社区花园的健康发展提供更为科学、精确的理论依据。当前已经对杭州某地区社区花园重金属含量进行调查，确定了社区花园中重金属污染的来源、类型、风险等。研究进行到此，也许大家又会有疑问——“重金属污染后的社区花园中还能否种植可食植物？”“种植成熟后又能否食用？”等等。种植在社区花园中的可食植物是否符合食用安全标准需要进行进一步的

1　浙江农林大学风景园林与建筑学院教授、博士生导师。
2　浙江农林大学风景园林与建筑学院研究生。
3　浙江农林大学风景园林与建筑学院研究生。

研究和考证，因此团队引入生态修复手段，设计试验证明具有吸收重金属能力的修复植物与可食植物间作、混作模式对土壤有修复作用，能有效降低土壤重金属含量和可食植物可食用部分的重金属含量并且部分可食植物达到食用安全的标准，进一步说明提前检测和评估土壤污染和健康风险并及时采取植物修复等相应干预措施可有效降低其带来的健康风险，这对改善社区花园土壤环境是行之有效的方式。

## 2 聚焦：社区花园土壤存在重金属污染

### 2.1 社区花园重金属污染特征

“社区花园是否存在重金属污染”“土壤存在哪些重金属污染？”——团队对杭州市某街道的 62 个社区进行调研，筛选出典型社区花园中的 28 个样点，采集并测定样点中浙江常见的 7 种重金属含量及土壤基础指标，并对重金属污染环境产生的生态及健康风险作出评估。结果表明研究区域内过 80% 的社区花园存在重金属污染，且 37% 的地区呈现中度或重度污染，96.77% 的土壤存在潜在轻微生态风险，其中砷（As）、铬（Cr）、镍（Ni）对人体健康风险影响较大。长期食用含有此类重金属的食物会影响人体内蛋白质和酶的循环活性，破坏神经系统，降低人体免疫力，严重时导致癌症和畸形。此外，重金属污染分布与人类活动休戚相关。通过比较分析得出社区花园绿地边缘地块或地势较低的区域容易累积重金属，且重金属污染往往由此向绿地内部扩散。靠近道路或靠近入口侧区域车辆进出、人行活动频繁，重金属污染较为明显；靠近城市道路的区域因其繁杂的交通活动，向社区花园土壤环境释放了大量的重金属，例如浓度较高的铅（Pb）、铬（Cr），这两种重金属在浓度极低的情况下就具有毒性或致癌风险，可导致神经系统瘫痪。不仅如此，频繁使用肥料、杀虫剂和除草剂也会导致重金属含量的增加。生活垃圾的堆放、建筑的老化、年久失修的金属设施、油漆的使用、家具和废电池等其他废弃物也是重金属的来源之一。

综上所述，想必大家已对社区花园土壤重金属污染有大致的了解，也明白重金属污染问题不容忽视。接下来，需要针对不同重金属污染和场地类型提出合理的植物搭配模式，便于社区花园中种植场地的选取。

### 2.2 不同重金属污染下植物生理特性及种植模式探索

“被污染后的土壤能否种植可食植物？”——为了更加精准科学地进行植物景观营造，团队提出种植超富集植物（指具有对一种或多种重金属超出普通植物 10～100 倍提取能力的植物）吸收土壤重金属，以此降低可食植物中重金属含量。以可食植物在土壤重金属污染下如何生长、有多少重金属会转化到可食植物中、如何种植修复植物来降低重金属对人体健康的危害等三个问题为导向进行实验探究，筛选出对重金属有良好抗性的可食、修复植物，并合理搭配出最佳种植模式。根据场地总体污染情况，筛选铅、铬两种污染较为普遍且危害程度较大的重金属进行深入研究。分别在铅、铬两种污染情况下进行为期 3 个月的可食植物与修复植物的实验种植（表 4-16-1），探究不同种植模式对受污染植物的生物量、抗逆性指标、可食部分重金属含量和土壤指标的变化情况。

表 4-16-1 实验植物种类

| 重金属污染 | 种植模式 | 修复植物 | 可食植物 |
|---|---|---|---|
| 铅（Pb） | 间作模式 | 东南景天 | 青芹、上海青、辣椒、樱桃萝卜 |
| 铬（Cr） | 混作模式 | 高羊茅、藿香蓟、白三叶 | 甜菜心 |

最终实验结果显示，在铅污染下与东南景天间作的青芹、辣椒、樱桃萝卜中的铅含量得到有效抑制，且三种蔬菜均符合食用标准，推荐种植，而上海青不建议种植在受铅污染的土壤中；铬污染下藿香蓟和高羊茅不推荐与甜菜心混作种植，与白三叶混作甜菜心产量最高且可食部位中铬含量低于标准，有效降低植物可食部分铬积累，增强食物安全，是对理想的社区花园重金属土壤修复的搭配模式。在社区花园植物配置中，居民及设计者可以将可食植物的单作种植模式转变为与修复性园林植物间作、混作种植模式，这有助于降低土壤重金属污染，增强园林植物对土壤污染的修复率，产生积极效益，提高土壤生产力和环境质量。

## 3 解决：基于土壤生态修复下的社区花园植物景观设计

在上述研究的基础上，解决最关键的问题——“在被污染后的土壤上如何搭配种植修复植物与可食植物？”团队从重金属污染程度、植物类型及选取等方面提出策略，在景观营造的同时解决社区花园土壤重金属污染等问题，为未来社区花园健康可持续发展提供借鉴。

### 3.1 不同污染程度

社区花园不同地块的重金属污染情况不同，在对土壤进行综合性考量后将社区花园土壤重金属分为轻度、中度和重度污染，并依次对三个层级提出修复策略。以植物修复技术为主，物理、化学修复技术为辅，对土壤进行综合治理，促进场地恢复，提升土壤自我更新能力。

在专业人员对土壤进行检测和分析前，居民可先行考量社区花园及周边环境对其的影响，例如根据社区建设年限、社区花园所处位置、周边是否有工业设施等方面，初步判定重金属污染程度。轻度污染场地多存在于年限较短的社区中；中度污染场地多存在于建设年限大于 10 年的社区中；重度污染场地多存在于建设年限大于 20 年的社区中，社区花园分布密集，并且在交通网密集处重金属累积明显。

（1）轻度污染场地潜在生态风险和健康风险相对较小，并且远离交通要道可利用植物修复手段提取、吸收重金属或通过土壤的自然更新换代有效降低甚至消解污染。

（2）中度污染场地存在少量重金属积累现象，一定程度上影响环境生态平衡、危害人体健康。在植物生态修复的基础上，利用生活废料如玉米秸秆炭作为活性剂转化重金属形态，促进超富集植物对重金属元素的提取，维持生产性作物正常生长，并结合生物炭、石灰类改良剂、工业蛋壳等材料固化修复重金属污染。

（3）重度污染场地重金属污染风险高且多呈现高浓度富集现象，严重危害生态环境，人接触后可能会产生重大健康风险，多存在于建设年限大于 20 年的社区中，并且在交通网密集处重金属累积越明显。此区域以修复性或抗逆性较强的植物为主，严禁种植可食用植物，可设置栅栏进行隔离或选用与环境相结合的硬质铺砖，减少人与土壤的直接接触，必要时可用未被污染的土壤代替，有效隔离污染土壤，减少对环境的影响，但此方法成本高，适用于小场地。

### 3.2 修复性植物类型

修复性植物是能够修复土壤重金属污染的植物，依照其在受重金属污染后的不同特性可分为超富集植物（提取重金属）、高生物量植物（吸收转化重金属）和封隔植物（固定重金属）（表 4-16-2）。

（1）超富集植物是植物修复的首选，能有效将重金属吸收转化到植物体内以此来减少土壤中的重金属含量。此类植物虽对重金属有超强提取作用，但种类有限，再者其生物量小、收集处理环节复杂且不适于大面积种植，在实际生产过程中吸收转化土壤中重金属的能力有限。

（2）高生物量植物指在相同时间内，生长速度快，产量高的植物。此类植物生物量高，收益快，种植面积较大，在成熟后可收割其地上部用作生物能源，部分在可食用标准之内的生产性作物还可当作农产品售卖，具有较高经济价值，不少学者已证实其在一定程度上优于超富集植物修复。

表 4-16-2　修复性植物名录表

| 植物分类 | 植物名称 |
| --- | --- |
| 超富集植物 | 草本植物：东南景天、万寿菊、蜈蚣草、美女樱、宝山堇菜等 |
| 高生物量植物 | 乔灌木：杨树、柳树、木荷、泡桐、黑松等<br>草本植物：油菜、薄荷、大豆、向日葵、花生、白三叶等 |
| 封隔植物 | 乔灌木：杜鹃、月季、木芙蓉、珍珠梅、海桐、枫香、旱柳等<br>草本植物：黄花月见草、香根草、紫羊茅等 |

（3）封隔植物指在生长过程中根系可以固定土壤中重金属并防止其扩散的植物，虽不能将重金属直接提取带离土壤，但能防止污染扩散，主要针对铜、铅、铬等不易被提取带离土壤的重金属。此类植物多为乔灌木，大多种植在受污染土壤的边缘地带，防止重金属的扩散。

综上所述，不同类型植物的优势不同，其中超富集植物如蜈蚣草对重金属提取效率高，油菜、紫花苜蓿等高生物量植物种植简单、生产成本较低，且种植面积大，因此在修复过程中可采用“边修复边生产”模式，集中植物优势合理搭配各类型植物，达到事半功倍的效能。

3.3　植物配置及种植方式

（1）“超富集 / 高生物量草本花卉 / 地被—生产性作物”间作、混作模式

单一重金属污染程度较低，可选取针对特定重金属的超富集植物与生产性作物进行间作或混作，如超富集植物蜈蚣草（As）、李氏禾（Cr）、东南景天（Pb）等与生产性作物间作、混作。但超富集植物对环境条件的高要求且多为野生植物，种植条件较高，经济效益较低，因此也可选取高生物量草本植物代替。高生物量植物中大多为豆科、禾本科，如白三叶、黑麦草表现出较强的重金属修复能力，具有固定和吸收养分再利用的特点，因而养分能较大程度地集中于经济作物的生长发育。通常情况下，超富集植物在种植 3 至 4 个月后，土壤中重金属含量将会有明显的降低，此时可食植物是否在食用安全标准内还需要进一步进行检测。在污染物较为复杂的土壤中，往往需要禾本科植物与其他科植物间作，例如禾本科地毯草、菊科飞机草和豆科翅豆间种于重金属镉（Cd）和有机化合物菲共污染的土壤中，在提高植物生物量的同时促进土壤酶活，进而强化修复作用。

（2）“高生物量乔灌—封隔草本花卉—生产性作物”或“封隔乔灌木—超富集 / 高生物量草本植物—生产性作物”间作、混作模式

在多种重金属污染的土壤中，依据重金属被提取的难易程度进行分别处理。对于难提取的砷（As）、镍（Ni）、锌（Zn）等重金属，采用高生物量乔灌木（柳树、杨树）、封隔植物（无花果、野芥菜）和生产性作物进行搭配；对于易提取的铜、铅、铬等重金属，采用封隔乔灌木（海桐、木芙蓉）、超富集或高生物量草本（东南景天、龙葵、百日菊）和生产性作物进行搭配。对草本花卉和生产性作物采用间作、混作模式以更好地吸收土壤重金属以及提高作物产量，并且依据土壤污染复杂程度，延长修复植物的种植期，如在重金属镉、锌复合污染的农田中连续 3 年种植菊花，土壤中镉和锌的含量得到有效降低。生产性作物可选择本身抗性较强且食用部分对重金属富集较弱的种类，尽量避免种植菠菜、芹菜等对重金属有较强富集能力的叶菜类植物。在实际生产生活中应根据场地种植情况及蔬菜的重金属积累特性进行合理安排，达到蔬菜安全生产的目的。

（3）“封隔乔灌—高生物量 / 超富集灌草—超富集草本花卉 / 地被—封隔地被”间作、混作模式

此种植模式适用于场地存在重度污染情况，严禁种植任何生产性植物，大量种植耐性强、修复性佳的封隔植物，以其发达的根系固定重金属，减弱重金属扩散，降低土壤重金属浓度，辅以种植超富

集草本花卉或地被，增强其对重金属的富集作用。在土壤边缘种植生长缓慢但抗性强的乔木，如观赏乔木杨树、柳树均有较强的富集能力，观赏灌木夹竹桃、杜鹃、月季等既有较高的观赏价值，又不影响其他植物的生长，同时搭配具经济价值的高生物量植物，如油菜、向日葵作为修复植物种植简单，优势明显。以此阻隔居民，避免人体因接触而产生危害，草本植物类型以多年生、低维护类型植物为主，减少植物更替和人为维护和干预，推动社区花园的生态可持续。

## 4　展望：未来社区花园的挑战与契机

本文研究集中于重金属污染，对土壤质量有所涉及，但社区花园土壤来源复杂，通常来自混合土地用途的土壤，其污染往往是重金属、盐碱、磷、有机物等多种污染并存，这种情况下的污染复杂多变，修复难以开展。此外，社区花园不同于专门种植农产品的蔬菜基地，其土壤综合健康指数较低，需要通过堆肥和其他营养改良剂来培育土壤。但大多数社区花园参与者因缺乏科学的园艺知识，导致肥料、营养剂等滥用，反而加重了土壤污染。为保持土壤修复有效和可持续，仅仅依靠专业人员的介入还远远不够，还要注重调动专业人员、居民、社区等多方参与和协助。因此，园艺活动者应提高自身专业素养，居民、社区管理者等利益相关方应积极参与社区花园的维护，加强土壤及植物的管理与处理，避免二次污染。

## 参考文献


[1] Jesse R, Michael H, Catherine M P. Current and future directions in research on community gardens[J]. Urban Forestry & Urban Greening, 2023, 79: 127814.

[2] Zhu J, He B J, Tang W C, et al. Community blemish or new dawn for the public realm? Governance challenges for self-claimed gardens in urban China[J]. *Cities*, 2020, 102: 102750.

[3] 陈蓉蓉，金荷仙.基于土壤重金属生态修复的社区花园植物景观设计[J].中国园林，2022，38(6): 115－120.

[4] Staeheli L A, Mitchell D, Gibson K. Conflicting rights to the city in New York's community gardens[J]. *Geo Journal*, 2002, 58: 197－205.

[5] 陈亮，姜苹红，陈灿.不同类型蔬菜中7种重金属含量差异及人体健康风险[J].环境科学与技术，2021，44(S2): 366－375.

[6] Isabel M, Gemma P, Roser M, et al. Human exposure to arsenic, cadmium, mercury, and lead from foods in Catalonia, Spain: temporal trend. [J]. Biological trace element research, 2011, 142(3).

[7] Emad A, Kadhim H, Safa A. Health risk assessment of some heavy metals in urban community garden soils of Baghdad City, Iraq[J]. *Hum. Ecol. Risk Assess*, 2016, 23(2): 225－240.

[8] Seyedardalan A, Niklas J L, Gareth O, et al.Heavy metals in suburban gardens and the implications of land-use change following a major earthquake[J]. *Applied Geochemistry*, 2018, 88: 10－16.

[9] Laidlaw M A S, Alankarage D H, Reichman S M, et al. Assessment of soil metal concentrations in residential and community vegetable gardens in Melbourne, Australia[J]. *Chemosphere*, 2018, 199: 303－311.

[10] CHENG Z, PALTSEVA A, LI I, et al. Trace Metal Contamination in New York City Garden Soils[J]. *Soil Science*, 2015, 180(4): 167.

[11] Lorraine W, G Darrel J, Daniel J B.Urban legacies and soil management affect the concentration and speciation of trace metals in Los Angeles community garden soils[J].*Environmental Pollution*, 2015,

197: 1–12.
[12] 符娟林. 杭州市居民区土壤环境质量的空间分异及其与土地利用历史的关系[D]. 杭州:浙江大学, 2004.
[13] 林俊杰, 王云智, 陈国祥, 等. 万州老城区楼顶菜地土壤重金属污染特征[J]. 环境科学研究, 2011, 24(6): 679–683.
[14] 龚梦丹, 顾燕青, 王小雨, 等. 杭州市菜地蔬菜重金属污染评价及其健康风险分析[J]. 浙江农业学报, 2015, 27(6): 1024–1031.
[15] 刘媛, 李亚梅, 马荣荣, 等. 重金属污染的蔬菜修复机制初探[J]. 辽宁农业科学, 2013(6): 30–32.
[16] LEE D H, CODY R D, KIM D J, et al. Effect of soil texture on surfactant-based remediation of hydrophobic organic-contaminated soil[J]. *Environment International*, 2002, 27(8): 681–688.
[17] 何斌, 温旺, 贾立军, 等. 重金属污染土修复技术研究综述[J]. 科学技术与工程, 2023, 23(6): 2260–2267.
[18] 刘柏成, 李法云, 赵琦慧, 等. 禾本科植物修复多环芳烃污染土壤研究进展[J]. 化工进展, 2022:1–15.

# 米兰圣西罗社区营造实地调查与设计实记

栾晓颖[1]

## 1 项目背景

社区情况和调研场地简介：圣西罗社区（San Siro）以意甲球队 AC 米兰及国际米兰主场圣西罗球场（San Siro Stadium）闻名，位于意大利米兰市中心西北方向。作为著名都市城中村，圣西罗社区的居民来自世界各地，具有国际移民聚集地贫困社区多元化人口特征，其国籍与信仰所伴随的剧烈文化冲突与贫民窟所固有的居住环境破败、房屋与场地大量空置、管理与治安混乱等隐性显性问题。本次项目包括 2 周跨国场地调研与 4 周研究与设计，调研区域在圣西罗社区核心区东北侧，其内有书店、社区主街、学校后院活动场地、社区活动中心、大型楼间闲置空地共计五处主要调研场地（图 4-17-1）。

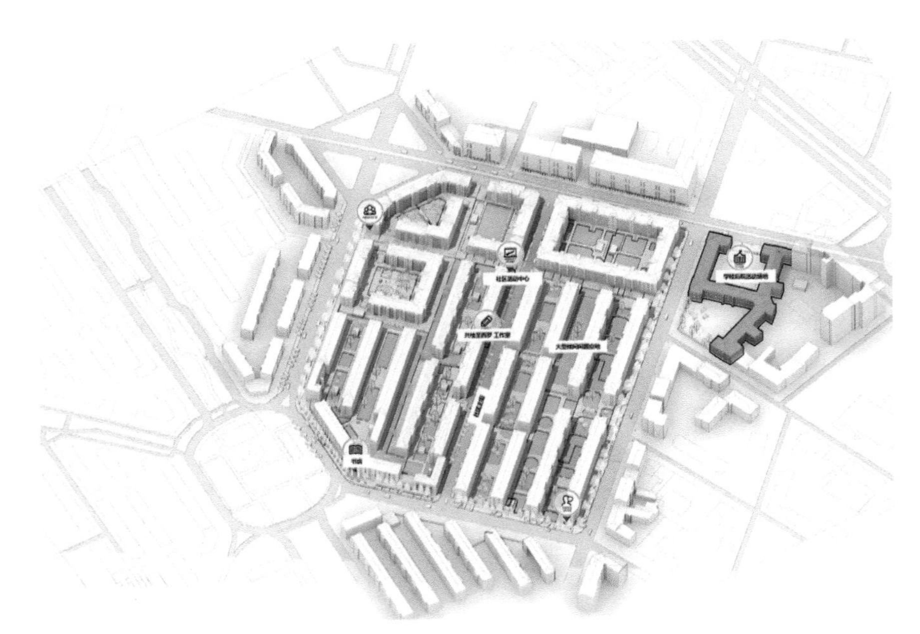

图 4-17-1　圣西罗社区营造项目小组调研区域现状示意图

本次设计任务：共同包容性设计——圣西罗社区更新计划，由已在地运作多年的社会组织共绘圣西罗（Mapping San Siro）主导，联合米兰理工大学驻地师生教研团队与谢菲尔德大学 2019 届城市设计城市融合研究方向的访学团队（Theme A：Urban Inclusion，MA Urban Design）开展社区更新营造活动。根据共绘圣西罗提供的设计纲要，设计目的以探讨社区空地利用策略作为切入点，以临时使用场地作

1　谢菲尔德大学城市设计硕士、AI 绘画独立设计师。

为实地平台，进行包容性设计、反哺社区经济等策略调查研究。总结利用设计任务大纲：增加收入机会；应对文化壁垒（语言、宗教、习俗）；利用闲置空间，共计三大设计要点。

## 2 调研开展

本次包容性社区设计的研究设计范围为社区开放空间与半开放空间，我们选取此范围内现有及潜在社会活动空间进行使用者访谈。参照杨·盖尔《交往与空间》中对发生户外社会活动的公共空间的界定，我们将访谈地点选在点状空间：街坊出入口、沿街设施（包括书店等商业店铺及外摆、保安亭、游憩设施），片状空间（公园绿地、大型楼间闲置空地即儿童临时游乐场等）、线状空间：社区主街，共计三类空间。

为细化目标调研对象以明确设计需求和问题，我们首先进行社区公共空间广泛的使用者预访谈——随机路人访谈，进行分析讨论后缩小访谈范围和具体化访谈对象，进行设计研究目标群体访谈——主要角色访谈，进行用户建模收敛设计方向。

下文将以本次调研的调研者和被访者的故事展开叙述，介绍异国学生与意大利社区居民的碰撞火花和我的调研与设计思考。

### 2.1 随机路人访谈——态度调查（Attitude Survey）

静态路人对象：主要为社区点状空间停留活动的居民、社区工作人员。访谈难度小，大家因为本身就，不影响。当然有热情开朗爱说话的（如态度 Warm——案例 1），友好内向表面沉默的（如态度 Smiled——案例 4）截然不同的性格、职业、年龄等，我认为无论访谈难度大还是小，预调研应尽可能扩大范围有助于对社区问题有全局了解以便于定义设计假设问题，所以尽己所能调动大家的接受访谈欲望。其中表现为微笑（Smiled）的案例 4，起初并不愿意接受访谈，其为墨西哥移民并不会说英语和意大利语，所以其在客观情况上判断很难接受访谈。在我通过有道在线翻译 App，不断地表明自己的身份，简单聊聊天就行的友好诚恳态度，以及出示学生证明等获取信任的行动攻势下，他才愿意放下戒备心进行访谈，这个采访对象就是下文的主要采访对象——青年移民非居民社区工作者（即故事板－青年移民看门保安的雏形）。

动态路人对象：主要为分布在社区主街的过路人（图 4-17-2）。这块访谈难度很大，大部分人都急着出门或者急着回家，主要表现为忽略（Ignored）和怀疑（Skeptical）两种态度，对应不愿意接受采访的行为。究其原因，是大家难以信任陌生人，这其实是人之常情；而具体情况具体分析，圣西罗社区现状存在的抢劫、违禁品滥用及交易等问题，以及移民聚集造成的潜在不安定因素，加剧了这种不安全感。既然如此，社区用户（User）在自身安全问题都无法保证的情况下，何来闲情逸致一起描绘包容性社区的愿景呢？所以，虽然圣西罗社区纽带关系建立困难重重，在保证安全的前提下建立信任是无法逃避的包容性社区营造的长征第一步。

### 2.2 主要角色访谈——用户画像（Personas）建模

社区活动空间的实际使用者为访谈对象，针对其个人基础信息和社区活动和空间的需求、行为、态度等方面进行半结构式访谈，挖掘其行为逻辑和社区空间活动动机，进行需求挖潜和未来展望（图 4-17-3）。将主要用户的信息归类抽象为青年移民非居民社区工作者（故事板角色：青年移民社区保安）、青少年当地学生（故事板角色：少年当地学生，我们将青年当地学生剥离成为设计专业大学生角色参与到营造过程中，并将其部分诉求转移到“少年当地学生”用户上）、中年当地社区居民（故事板角色：当地家庭主妇）三大类用户画像进行建模。

在异国调研条件有限，且贫民窟社区情况非常复杂，这非常考验调研小伙伴的耐心和快速获取路人信任的能力。而像我与小王同学这种有动力有能力去完成调研的小伙伴，我们进行调研活动的取舍

图 4-17-2 随机路人预访谈——社区更新居民的态度调研

图 4-17-3 主要角色正式访谈——用户画像草稿

边界在哪里呢？在此介绍一个异国青年勇闯虎穴故事。在态度为热情（Warm）的案例 1 中，是小王与我在米兰最后一天学生分散活动的时候，大部分人选择公派旅游去“City Walk”（游域），我们因调研范围大未完成所有街区的现状信息收集重绘（Social & Physical Mapping）返回社区补充调研。在调研过程中，偶然访谈到一位语言不通的好心意大利阿姨邀请我们去她家坐坐，等她上大学的女儿回家，可以充当翻译接受英语交流。因为主要角色访谈样本真的很少，所以我们犹豫了一下选择前往。在访谈过程中，阿姨拿出来小区地图和户型图，我们得到了宝贵的一手资料的同时，也补充到了缺失的中年用户画像的重要信息。这段经历虽然实属机遇难得，但每每想之还是如历缅甸拐卖之事般后怕。当时跟组内其他小伙伴说起来时他们也为我们的勇气和责任心所震惊，也确实鼓舞了小组一起加油做好这次设计研究项目。

## 3 设计叙事

因为当地治安问题缘故，无法记录 19 点以后的夜晚活动，这是大家默认的棘手问题。在设计研究项目中，街道安全问题为安保监管部门职权范围内，超出设计师能力范围，也很难在建设、管理和维护的人力范围内可以解决。前文提到过，以安全为前提的社区纽带构建是这次包容性社区营造的必经之路，也是我们开始进行参与性设计构想的一个契机，如果我们没办法作为设计师解决社区安全问题，是否可以在社区营造的过程中曲线救国呢？所以，我们小组尝试将社区主街活化设计作为应对社区安全问题的对策，即以大家都熟悉且必须经过的社区主街作为故事场景（Scenario）地点，用生动形象的画面体现社区情况复杂问题。我组成员经商定讨论，结合实地调查加以想象演绎绘制场地故事“不安全的街道”场景速写（Sketching）（图 4-17-4），此为我组设计叙事（Storytelling）的雏形，后面确定将此方法组织故事线串联研究与设计方案。

图 4-17-4 “不安全的街道”场景重绘速写

经研究，我组确定以通过参与式设计应对社会文化壁垒为社区营造设计方向，对闲置空间进行活化为多元群体提供安全有趣、可提供收入机会的社区活动空间。本次设计方案通过讲故事叙事性设计的手法，以“共建城市（Co-City）”为设计主题，社区主要用户、设计师、建设者、运营维护者等参与社区营造过程——设计、建设、管理、维护全流程进行策划，制定“共教”（Co-Educate）、“共设”（Co-Design）、“共建”（Co-Construct）、“共营”（Co-Operate）四大设计策略进行场地与角色对应的叙事性场景（Scenario）设计，设计前后对比与设计成果体现于故事板（Storyboard）中（图 4-17-5）。

图 4-17-5 协作共建包容性社区故事板

在参与式设计的研究过程中，我组结合不同类型用户的行为、习惯等用户特征和需求及其自身能力价值进行对应的故事角色设计，合作共赢为我们本次包容性设计的价值取向。其中，“青年移民保安”可以进行共建、共学、共营等活动，考虑到业余时间比较多的青年劳动力等特征，策划以其为主要角色的“共建”场景，为移民提供锻炼语言、社交活动、做点小生意增加收入等融入意大利本土社会的机会；以“少年当地学生”为“共教”“共设”场景的主要角色，与社区工作者、在地设计专业大学生一起互动，是大小学生对社会问题研究和公共空间设计能力的实践机会，寓教于乐，一起建设儿童友好的趣味性空间；以“当地家庭主妇”为主要角色的“共营”场景，主要探索家庭主妇、退休人员等有闲暇时间和一定经济能力却难以找到社会存在感的城市弱势群体的包容性设计策略，以为其提供策展、摆摊、制作小吃等临时性设施的设计以介入方式帮助其参与到社区营造，在过程中培养目标角色的兴趣爱好、社交能力，重塑自我认同感和社会价值。

## 4 项目反思

图文结合的场景设计叙事取得了各方积极的反响，我在后续的学习和工作中多使用此方式进行方案组织和汇报有一些经验供参考。使用设计叙事的方法，将设计方案以第三人称视角进行场景重绘、故事创作，帮助社区居民、社会组织等非专业人士理解认同社区更新方案，体现参与式设计的研究和设计过程、成果展示的友好包容性，得到不同年龄、职业专业的多元群体社区服务者、专家和居民群体的普遍认同，推动倡导包容性设计的理念和成果需宣传被更广的群体认可接纳，有助于包容性社会的建设。

在合作共赢的价值的问题上，我认为，对于贫民窟社区的实例而言我们需从应对贫困、安全等实际问题出发，避免诸如饭都吃不上了、不敢到外面多停留还要搞设计的“曲高和寡”“用爱发电”等价值错位的情况。社会营造还是需要多到实地调研与观察，在设计师、用户（居民和非居民都可以是社区活动的力量）、运营方、建设方等角色中切换，考虑公众、政府、市场等多方利益，有社会影响力的设计师可以积极搭建社区共创平台促进价值循环流动。

在调研的边界问题上，三年多后的今天，已参加工作进行设计研究和实践多年的我认为，在调研过程中我们无法预设对方是善意还是恶意，我们首先要判断没有保全自身安全的能力。战地记者为真实而将生死置之度外的精神固然可贵值得学习，当时作为一个学生的作业项目，理想主义是我们返回社区补充调研的精神，而在居民都无法保证安全的现实情况下，我们两个女大学生如何保全自己在异国他乡探求真理呢？还是秉承着学生的心态去进行学习和研究比较可持续吧。

综上，这次宝贵的异国社区营造设计经历影响我至今，时刻提醒自己责任之重大，个人的有限。在多年的社会学研究中，我真切感悟到实践和理论的关系，知行合一的互为表里是何意义。而社区营造虽有无限可能，寻找支点撬动社会资源，创造平台社会资本流动为其持续造血才是长久之策。纵使困顿难行，亦当砥砺奋进。保持初心，我们在路上。

# 陈泳：社区营造是具有凝聚力和归属感的社会共同体

毛键源[1]　王嘉颖[2]

## 1　采访背景

陈泳，同济大学建筑与城市规划学院教授，博士生导师，杨浦区社区规划师。中国城科委历史文化名城委员会城市设计学部副主任委员，中国城市规划学会城市设计学委会委员，中国建筑学会城市设计分会理事。陈泳的主要研究方向是城市形态与城市设计，近年来关注机动化时代宜步行街区与社区更新建设。

## 2　访谈问答

**问：您如何看待社区营造这一概念？**

**陈泳：**社区营造是指在一个地缘范围内建立具有凝聚力和归属感的社会共同体。一个社会共同体它应该是有一定凝聚力的，有一定归属感的。社区营造应有地缘特征，建立在地域之内，通过地域连接实现人与场所的联系。我们现在乡村建设中有很多血缘关系的成员，但血缘并不意味着成为社区的核心。在现代社会中，一个社区的建立不仅仅基于血缘关系，还需要更广泛的社会关系。尽管在乡村中可能存在血缘关系，但血缘已不是主要评判标准。在当前社会条件下，作为地缘共同体的困难在于，即使大家住在同一个地方，平时也没有太多工作上的交集。如果小区的每个居住者都是朝九晚五的上班族，则很难构建社区营造关系，在社区营造中，人与人之间的联系应该是在一个实体环境中进行的。社区营造强调的是建设人文环境，通过社区营造形成一个有共同意识和归属感的社会共同体。斐迪南·滕尼斯有一本书叫《共同体与社会：纯粹社会学的基本概念》，里面提到共同体有三种关系：血缘、地缘、宗教。社区营造在强调时间与效率的当代社会中存在着挑战，很多人虽然住在同一地方，但很难有机会碰面聚会交流。共同体的形式可以建立在自然的基础、小的历史联合体和思想联合体中，但它必须建立在人们的本能、习惯、思想或者共同记忆的基础上。社区营造应建立在一个场地中，通过交流形成共同的价值观，如果缺乏这一点，社区就很难发展。追求理想状态的价值是有的，但并不一定非要实现这个理想状态。

**问：您对共同体的解读是怎样的？**

**陈泳：**共同体是一种人与人之间的关系，是社造的目标之一。在追求共同体的过程中，营

1　访谈采访者。同济大学建筑与城市规划学院博士后。
2　访谈整理者。同济大学建筑与城市规划学院硕士研究生。

造共识和共同价值观是关键。社区营造有时会涉及乌托邦式的理想状态，旨在促进个人成长和展现社区精神，以形成有归属感的场所。共同体的形成是一个过程，通过人与环境之间的联系逐渐建立起来。共同体不仅仅是一种组织形态，更是人们之间的关系，是对某个区域的认可度。共同体的形成尽管不一定在所有问题上都达成一致，但一定需要共同认同和取得共识。共同体的认同赋予了场所环境以意义，形成了共同治理的公共空间。这种场所精神在小团体中尤为明显。在整个社会连接中，社区是个人与集体之间的一种共同社团，与传统的家族和行业工会不同，社区的形成是基于地缘关系，也由于有不同等级的社区存在于不同的社区中。

**问：您如何定位社区营造的阶段和特征？**

**陈泳：**我认为目前仍处于探索阶段，尚未形成完善的社区营造模式。国内和国外的社区营造存在差异，主要是由于政治体制和文化传统的不同所致，国内社区营造在实现度上仍相对较少。国内很多的社区营造在政治体制和政策背景下是自上而下的，而社团组织的形成是自下而上生长的。如果管理变得僵化，社区营造的自然生长能力就会受到抑制。社区的形成是由于居民的归属感产生的，但目前社区营造中容易出现个人化特征或政府集体控制的两个极端，导致社团和社区发展相对较弱。如果政府的管理事务越多，会导致政府的作用越大，社团的作用就越小。社区营造的关键是培养成熟的社会人，而不仅仅是解决社区问题，培养居民的城市独立能力和基层力量是社区营造的重要目标。政府应该制定基本规则，强调引导性和大方向的把控，在公共服务供给决策中赋予本地社区以更大的参与权与影响力，同时界定自身的宏观管控角色，为社会组织提供支持和引导，从而促成政府与公民社会之间复杂的互动关系。

**问：您如何解读社区营造面临的问题和策略？**

**陈泳：**社区营造的问题把握很重要，社区营造为什么能活下来，它应该能解决社区中存在的问题。居民关心的是与自身利益相关的问题，而不是抽象的社区营造概念。因此，需要找到与居民利益直接相关的矛盾点，而不是追求表面的社区营造目标。不同地区存在不同的问题，确定这些问题是否与居民利益相关，是否具备解决问题的能力。组织只是实现社区营造的一种途径。在很多案例中，当政府部门无法解决某些具体问题时，社区营造组织往往会自发形成并逐步发挥作用。因此，社区营造组织的出现是因为某些社区问题的存在，而不是社区营造组织本身的需要，社区的活力存在于解决问题的过程中。在环境营造方面，应该要分为过程和结果两个导向来看的。结果导向意味着改善环境后能够促进居民的交流，而过程导向则强调居民的参与感。美丽的社区环境有助于促进共同体的发展，但美丽并不是社区营造的主要目标。社区营造强调的是共同使用和共同营造的理念。美丽更多的是为外来人士所看重，而对于熟悉的社区居民来说，并不是主要考虑因素。

**问：作为社区规划师，您认为目前的社区规划师制度有何问题与发展对策？**

**陈泳：**目前我们的社区营造主要由规划局负责，但与街道的结合相对困难，有些街道并没有意识到社区规划师的重要性。他们往往对自身社区营造的需求意识不够，不需要社区规划师的参与。同时，目前的社区建设更偏向于项目导向和成果导向，缺乏注重过程的方法。另外，相比社会工作者，社区规划师与居民之间的互动交流也较少。这种情况下，需要进行多方利益的协调，社区营造涉及政府、企业和社会等多方利益，现有的规划制度主要基于政府，往往缺乏对于市场运营与居民诉求的关注。这就需要多方利益主体的协同合作，包括社会工作者和物质环境规划设计师的结合。规划部门与民政部门也可以进行合作，政府规划部门侧重于建成环境和实际问题，而民政部门更关注社区的培养和发展。同时，要注重居民主体性的培育，社区营造的理想状态是居民具备主动性，能够自主运营和管理社区。需要注意的是，资金来源也会影响社区的关注点和做事方式，目前社区营造的资金主要来自政府，这可能导致政府对具体事务的决定权更大。然而，如果资金来自居民或第三方，出资的居民或商户会更加在意社区营造过程与内容，各方关注点和做事方式可能会有所不同，因此多源头资金的引入将会促成社区多元主体的互动机制。

**问：您如何看待政府、市场和居民等各主体的理想关系？**

**陈泳：**对于政府、市场和居民等各主体的理想关系，可以根据不同问题和不同区域进行分类和判断。在小区内，小区自主权可能更多一些；在小区外，政府的作用可能更为重要。另外，社区营造的不同阶段，政府、市场和居民之间的互动关系也可能有所不同。在某些项目中，政府在前期可能更多地扮演前导性的角色，关注宏观的目标管控和制度建设，而在后期则会相应地放手，培育社团和居民之间的互动。这意味着在不同的时间节点上，政府的作用也会有所不同。对于社区更新，有两种重要的界线需要考虑。一种是居民之间的关系，包括产权线和使用边界线等，需要搞清楚公共空间和私人空间之间的界限。另一种是不同政府管理部门之间的关系，例如在建设围墙时可能涉及规划部门、房产部门与市政部门等，需要协调各个部门之间的衔接关系。在社区环境更新中，涉及的建设用地越大、范围越广、利益方越多，操作就越困难。因此，需要达成有限的共识，确保利益能够平衡。关于未来社区营造的发展，很难确定。如果政府在社区的具体事务中都事必躬亲、事无巨细，那么社团可能没有太多发言权。社团只能在政府很少干涉或无法处理的事情上发挥作用。因此，政府的角色和赋权程度对于社区营造的未来发展至关重要。

**问：您如何看待破墙开店这件事情？**

**陈泳：**破墙开店是一个复杂的社会问题，会涉及不同方面的内容。首先，从法律的角度来看，破墙开店可能涉及违法。但其中有很多破墙开的店已持续了十多年，主要经营餐饮、服饰、烟酒杂货等日常用品，大多数是由于之前的计划经济不能满足居民生活所需而自发产生的。它们虽然是无证无照的非正规商铺，但长期被社区居民所接受，所带来的交往氛围、商业氛围、生活便利已经和社区的发展紧密结合。如果简单将这些“破墙开店”采用一刀切的措施进行封死与拆除，必然会影响了社区的自然生存状态。其次，如果这些商店危害了道路交通、市容景观或公共安全而遭到居民投诉，可以通过店主和社区居民的协商沟通机制来进行修正与监督。另外，如果这些商店的租金收益回归社区，而成为社区的财富，那么就可以为老社区的复兴助力，其实质是社区作为一个有机体在以非正式经济的形式进行富有适应性的自我更新。社区可以利用经营收益，不断改善公共环境、举办社区活动，也能反过来提升社区内居民自用资产的市场价值，促成老社区持续自主更新。可见社区内部的某些事务，社区可以自行组织解决，无须全部依赖执法管理部门。政府各个部门也需转变工作模式，正视正在发生于社区内部的有机更新，探索新时期规划及管理模式选择的路径。

# 致 谢

在举办研讨会之初，我们借着项飙老师提出“重建附近”作为本书的主题，希望通过多样的视角，号召大家重新观察第一个把我们和世界联系在一起的“500 米”，以我们生活的社区为原点审视我们附近，借此把 3 年来的社区花园故事结集成册。很幸运，在我们发出征稿的消息之后收到了很多小伙伴的来稿，在此特别感谢本次来稿的全国“种子”（Seeding）行动的伙伴及各高校的老师、参与“团园行动”、东明社区规划师的居民、社会组织的小伙伴们、第二届全国社区花园设计营造行动的参赛同学、其他参与到社区花园及社区营造的实践与研究的人员……正因为他们将自己的实践故事分享给我们，这本书才会如此丰富精彩。大家的共建与记录整理成就了本书的关键内容。

特别感谢森世海亚的赞助，有了他们的支持，本次书稿的出版和相关会议才能够顺利进行。感谢项飙老师为我们作序，感谢谢宛芸及毛键源博士在采访内容部分上的支持。感谢我们研究团队的谢宛芸同学与崔灵楠同学审稿对接的协助，感谢王奕辰同学对本书附录内容的支持，感谢周安铧同学的封面制作，感谢肖晓文的精美插画。

感谢四叶草堂团队的小伙伴们，由大家因为对自然的热爱，因为可持续的景观设计与营造聚在一起。我们的愿景是人人参与、共建家门口的都市桃源。我们的使命是带领居民走近自然、了解自然，协助居民打造社区中的公共花园，并促进人与人之间的交流，推动社区营造。让我们在各自的岗位上，在自己的社区，乐享我们的美丽家园。

最后感谢一路走来支持我们社花园事业的政府，通过政策支持和资源调配，为社区花园的发展提供了坚实的基础。感谢各家企业的支持，不仅为我们提供了资金支持，还为我们创造了更多的合作机会。感谢社区居民及商户，他们的热爱和投入，是社区花园得以持续发展的动力来源。感谢高校和研究机构的支持，他们在研究和实践方面的专业知识和经验，为我们提供了宝贵的指导和参考。最后感谢媒体的宣传和报道，为社区花园事业带来了更多的关注和认可。

一路走来，我们面对的声音有褒奖也有质疑，这几年十分艰难，但我们一直没有停止努力的脚步。在团队全力奋战下，上海新增直接参与设计营造的社区花园 60 个，总体数量达 260 个，通过团队培训赋能或市民自主学习，由社区设计、营造、维护的社区花园数量已经超过了 1 200 个。自 2021 年起，团队走出上海，支持南宁市老旧小区改造完成老友花园超过 600 个，继南宁之后进一步开拓参与宜昌和信阳。未来我们也将一直怀着谦卑与感恩之心砥砺前行，重建更加广泛的“附近”。

# 附：回望过往初心，耕耘当下实业，播种光明未来——“重建附近”之路

## 1　从“0”到“1”到“10 000”——团队的“重建附近”之路

同济大学社区花园与社区营造实验中心＋四叶草堂联合团队自2014至今在上海深度参与城市更新过程。通过创智农园0—1的创造性的突破与尝试，有关“共治共同体的可能性实验”和“睦邻门”项目化解了冰冷的工地悲剧，打通了空间的隔离，我们的“重建附近”迈出了重要的第一步，围绕创智农园的系列社区花园更新项目是上海城市更新的创新尝试，形成一定的社会影响力，吸引了更为广泛的社会力量加入社区花园和社区营造。东明路街道系统性社区花园与社区规划实践“1—100”，则是象征着团队参与式社区花园实践由社区花园迈向街镇系统性社区规划，由“点—线—面”串联起社区花园网络，并基于参与式实践开展其中参与式社区规划实践方法、机制及社区规划师制度探索。

自2021年起，团队走出上海，在南宁市、宜昌市、信阳市与当地住建、规划等条线合作，总结出一套可以在其他城市推行的可操作性共创流程，推动多地城市更新，目前这套工作方法已在南宁实现，通过多个城市社区花园的更新行动，我们成功从多地上海社区花园实践的100拓展至1 000。2022年疫情时期，团队联合全国社区花园力量，组织“种子”（Seeding）行动联盟正式发起“团园行动”，114位团长、参与团员行动人员涵盖9个省份十余个城市，完成中国社区花园白皮书和2022中国社区花园地图。孙晓（豸峰）团长的出现和433花园的建成，是中国社区花园研究实验进入到普惠广域的决定性瞬间，这标志着完全民间草根的自主社区花园营造进入到自组织阶段。通过“种子”（Seeding）行动，我们成功从多地城市更新实践的1 000拓展至10 000，团队通过多年行动培养出了区域城市更新力量，推动了全国城市更新行动的发展。

不仅在社区花园领域有所探索，团队还深入推进参与式社区规划作为更为广泛的行动领域，从社区花园走向社区与街区规划，探索社区与街区各类空间元素的共建共治共享，并在上海东明路街道、虹梅路街道等持续深耕，创建在地社会组织东明路街道社区规划与营造支持中心，制定东明路街道的《参与式社区规划手册》，每年汇编《参与式规划提案手册》，引导居民共同建设社区。

## 2　从上海走向全国——“大家”的“重建附近”之路

2021年起，为了更好地践行“人民城市”“健康中国”的重要理念、城市更新战略和中国风景园林学会“风景园林师在社区”及“积极应对全球气候变化”的倡议，同济大学景观学系协同《中国园林》《风景园林》杂志社和全国风景园林院校联合举办连续举办了三届全国社区花园设计营造竞赛与社区参与行动的活动。行动标志着通过学科竞赛的形式，通过同济大学与《中国园林》《风景园林》杂志社的大力支持，通过各地高校专家老师的赋能，社区花园的行动依托于高校的力量从地域性的实验逐步迈向了全国性的自主营建行动。

2021年的首届全国社区花园设计营造竞赛与社区参与行动吸引全国共计362人参赛，共有34支参赛队伍完成了社区花园的落地营建。选址分布于上海市浦东新区东明路街道的七个居民区。本次活动

的参赛团队成员来自不同地区、不同学校的不同专业，尽管营建的场地仅限于东明路街道，但活动吸引了来自全国的力量，推动了跨地区、多学校、融学科的综合交流与实践，为不同领域的参赛者们提供了共商、共建、共享的平台。

2022 年的第二届全国社区花园设计营造竞赛与社区参与行动正式从上海市东明路街道的有限范围行动，拓展到全国的行动。第二届竞赛活动共有 797 人报名参赛，43 位公共导师全程陪伴式赋能。来自 27 座城市的 48 所高校，21 个不同专业的同学共建成了 59 个落地的花园。发动居民参与超过 2 000 人，参赛队伍组织工作坊超过 100 次，通过活动新增社区花园相关公众号超过 15 个，在超过 15 个平台拥有超过 100 篇活动相关推文。活动的顺利举办标志着全国社区花园设计营造竞赛与社区参与行动逐步形成影响力，成为面向高校与各地社区的社区花园与社区营造的全国交流平台。

2023 年第三届全国社区花园设计营造竞赛与社区参与行动以“重建附近”为主题，旨在通过构建社区花园网络，专业者同居民协同合作，建立可持续运维的社区花园，探索自然疗愈在身心健康方面的潜力，切实提升人民生活质量、共同培养后疫情时代健康生活方式、为城乡社区发展提供创新方法思路贡献自己的力量。

行动链接 81 所高校 42 个学科，共 112 个小组超过 1 000 名同学和上万名市民在 33 座城市进行了社区花园共建行动。本次活动通过共议式赋能，既通过活动总群共议确定了主办方支持下的专题讲座主题，也发动了各地的伙伴们举行分享会实现自我赋能。本次活动主办方共组织活动 13 次，总参与人次超过 17 000。活动期间，各小组通过线上与线下的形式，形成了区域、市域，以及跨省市的交流和联动，通过讲座、交流等多种形式共议赋能，支持城乡更新与社区街区工作的融合与发展。活动切实做到了改变我们身边的一点点，并将希望的种子、花开的收获与喜悦传播到了我们所热爱的土地！

## 3　新的伙伴与未来

今天的我们收获了丰厚的空间与社群建设成果，我们也在不断探索中结识了新的伙伴，也慢慢对于我们未来的主题有了逐步清晰的认识。在 2023 年，团队与森世海亚集团有限公司（图附 -1）达成合作，森世海亚的座右铭“生命之叶（The Leaf of Life）”，传递着以自然之力促进真正的健康，以及人与自然的平衡与和谐发展的愿景，与社区花园的初心不谋而合，与森世海亚的合作也拓展了社区花园的自然疗愈主题。我们希望通过合作，共同践行和倡导可持续的健康理念和健康生活，以自然和艺术主题，以及基于朴门永续原则的疗愈景观，不断促进人们的健康福祉和自然生态环境的修复。

SA SynthAsia | 森世海亚

图附 -1　森世海亚图标

缘于建设人民城市，助力健康中国的共同愿景，我们非常荣幸与新的伙伴共同合作，全力推进以重建附近为主题的全国社区花园设计与营造的系列研究和实践，并设立健康疗愈主题来共同探索自然疗愈在身心健康方面的潜力和作用。 我们期待与各界伙伴共创共建共享，在社区、医院等不同场景和社会层面不断促进可持续发展，寻求并分享科学有效与可持续的系统化解决方案，共筑健康个人和健康社会。

目前借由第三届社区花园设计营造竞赛与社区参与行动，多个疗愈主题的社区花园已落地建成于上海、乌鲁木齐等地的社区、街区与医院。团队正在持续推进上海与乌鲁木齐的社区花园参与行动，我们也正在迎接新的未知和惊喜，依然走在将希望的种子传递到我们共同的每一寸土地的坚定的道路上。

通过全国社区花园设计营造竞赛与社区参与行动，我们唤起了大家对于重视附近、改变附近的意识，也让各地团队各自推进社区工作的“小家”，变成了共同分享、相互支持的社区花园“大家庭”。社区花园也不再是小众的“独自耕耘”，而是“大家”的“重建附近”行动。

## 4 阅读推荐

以下是本团队近年来部分相关成果，供读者们进行延伸阅读：


[1] 刘悦来,毛键源：社区营造(理想空间91),同济大学出版社,2023-08 ISBN：9787576506723.

[2] 刘悦来,谢宛芸,毛键源.城市微更新中治理共同体意识形成机制——以社区花园为例[J].风景园林,2023,30(8)：20-26.

[3] 刘悦来,尹科娈,孙哲,等.共治的景观——上海社区花园公共空间更新与社会治理融合实验[J].建筑学报,2022,(3)：12-19.

[4] 毛键源,孙彤宇,刘悦来.基于共治枢纽的公共空间包容性营造机制研究——以上海创智农园为例[J/OL].广西师范大学学报(哲学社会科学版)：1-9.

[5] 齐玉丽,刘悦来.在地自主 多元融合：上海社区花园公共艺术实践参与机制探索[J].装饰,2021(11)：45-49.

[6] 毛键源,孙彤宇,刘悦来,王润娴.公共空间治理下上海社区规划师制度研究[J].风景园林,2021,28(9)：31-35.

[7] 毛键源,孙彤宇,刘悦来,王润娴.面向社区生活圈的绿地空间共建机制——以上海五角场街道为例[J].新建筑,2021(4)：18-23.

[8] 刘悦来,寇怀云.上海社区花园参与式空间微更新微治理策略探索[J].中国园林,2019,35(12):5-11.

[9] 刘悦来,许俊丽,尹科娈.高密度城市社区公共空间参与式营造——以社区花园为例[J].风景园林,2019,26(6)：13-17.

[10] 刘悦来,尹科娈,葛佳佳.公众参与 协同共享 日臻完善——上海社区花园系列空间微更新实验[J].西部人居环境学刊,2018,33(4)：8-12.

[11] 刘悦来.陈从周先生与风景园林社会教化：文化启蒙和公众参与[J].同济大学学报(社会科学版),2018,29(6)：76-81.

[12] 刘悦来,尹科娈,魏闽,范浩阳.高密度中心城区社区花园实践探索——以上海创智农园和百草园为例[J].风景园林,2017(9)：16-22.